国家教师资格考试及师范类毕业生上岗考试参考教材
（依据《中小学和幼儿园教师资格考试标准及大纲（试行）》编写）

发展与教育心理学

◆ 主　编　侯秋霞　赖雪芬

◆ 副主编　叶艳晖　李运华

华东师范大学出版社
·上海·

图书在版编目(CIP)数据

发展与教育心理学/侯秋霞,赖雪芬主编. —上海:华东师范大学出版社,2017

ISBN 978-7-5675-6833-4

Ⅰ.①发… Ⅱ.①侯…②赖… Ⅲ.①发展心理学-高等师范院校-教材②教育心理学-高等师范院校-教材 Ⅳ.①B844②G44

中国版本图书馆 CIP 数据核字(2017)第 203224 号

发展与教育心理学

主　　编　侯秋霞　赖雪芬
项目编辑　皮瑞光
特约审读　郑渝萍
责任校对　宁振鹏
装帧设计　俞　越

出版发行　华东师范大学出版社
社　　址　上海市中山北路 3663 号　邮编 200062
网　　址　www.ecnupress.com.cn
电　　话　021-60821666　行政传真 021-62572105
客服电话　021-62865537　门市(邮购)电话 021-62869887
地　　址　上海市中山北路 3663 号华东师范大学校内先锋路口
网　　店　http://hdsdcbs.tmall.com

印 刷 者　浙江临安曙光印务有限公司
开　　本　787 毫米×1092 毫米　1/16
印　　张　20
字　　数　459 千字
版　　次　2017 年 8 月第 1 版
印　　次　2025 年 1 月第 12 次
书　　号　ISBN 978-7-5675-6833-4/G·10574
定　　价　42.00 元

出 版 人　王　焰

前言

百年大计,教育为本;教育大计,教师为本。《国家中长期教育改革和发展规划纲要(2010—2020)》明确提出,加强教师教育,深化教师教育改革,创新培养模式,提高教师培养质量,努力造就一支师德高尚、业务精湛、结构合理、充满活力的高素质专业化教师队伍。从2016年开始,广东省正式实行中小学教师资格国家统一认证考试。教师资格国家认证制度的推行,是教师职业化发展的必经之路。教师资格国家统一认证制度的推广,对提高未来教师队伍素质,提升教育质量起到重要保障作用。同时,也对传统的师范教育产生巨大影响。教师资格国家认证考试在重视学科知识、教育教学理论知识考核的同时,更强调职业技能的考核,具有应用性导向的特征。

教材是教和学的重要依据,是指导教师进行教学改革的重要资源。为了配合教师资格证考试在全国范围内推广后师范院校的课程设置和教学计划的调整,方便对报名参加教师资格证考试的在校师范学生、非师范学生和热爱教育的社会人士进行有效指导和系统培训,提高教师资格证考试的通过率,方便考生系统学习和复习,提高考试成绩,我们组织和编写了这本教材。

创新性、专业化、实践导向是当今教师教育发展的主流与关键词,本教材在编写的过程中尽量体现这一热点,具体来说,本教材在编写中着力强调并体现以下特色:

一、创新性。教材编写时在体系框架、内容设计及呈现方式上有独到之处,让读者有耳目一新之感。教材编写力求反映发展与教育心理学和教学实践领域的最新成果,语言通俗易懂,所选案例生动有趣,具有可教性、可读性和可学性,有利于学生自主学习意识和主动探究能力的养成。

二、科学性。科学性是教材编写的最基本原则,编写者在教材编写时恪守和遵循实事求是的、严谨的科学态度与学术规范,系统和精准地阐述发展与教育心理学的基本概念、基本原理和基本理论,力求使教材体系清晰完整,知识严谨规范,资料准确、立论正确、结论可靠,着力于提高学习者的认识和能力的形成。

三、实践导向性。教材编写时以实践导向为指导思想,改变已有教材理论偏多、内容陈旧的面貌,密切联系中小学教育实际,聚焦于解决中小学教育中的实际问题,培养学生分析和解决教育问题的技能技巧。

四、整合性。当前国内发展心理学、教育心理学和学校心理辅导教材都很多,但将三者结合在一起的教材还很少。考虑到学生学习的方便和课时的安排,我们在编写教材时将三者有机地结合起来,采用先总后分,先基础,后实践,遵循"在发展的基础上谈教育,在教育

前言

的基础上促发展"的理念安排教学内容。这样的设计和安排既符合心理学科自身的逻辑,又符合学生学习的规律,同时还具有本教材编写的特色。

《发展与教育心理学》教材是集体创作的成果。参与本教材编写的人员有:侯秋霞教授(第一章、第二章),赖雪芬教授(第七章、第十章、第十一章),叶艳晖副教授(第五章、第十二章),李运华副教授(第四章),张晓丽讲师(第三章、第六章),王艳辉讲师(第八章、第九章),徐文明讲师(第十三章、第十四章)。侯秋霞负责第一章至第六章统稿,赖雪芬负责第七章至第十四章统稿,侯秋霞负责全书统稿、定稿。

本书在撰写与出版过程中,得到了华东师范大学出版社的大力支持,感谢编辑部老师们的辛勤劳动和付出!在编写过程中,我们参考了国内外大量的文献与研究成果,在此谨向章末所附参考文献的原作者们致以诚挚谢意。编写者由于时间不足,水平有限,书中难免有不足和疏漏,恳请同行专家和读者给我们提出宝贵的意见和建议。

侯秋霞、赖雪芬
2017 年 6 月于梅子岗

目录

目录

目录

第一章 绪 论

教育是什么？ 如何看待教师和学生？

当在学校所学的一切全都忘记之后，还剩下来的才是教育。——爱因斯坦

名副其实的教育，本质上就是品格教育。——布贝尔

教育的艺术是使学生喜欢你所教的东西。——卢梭

教育的秘密在于尊重学生。——爱默生

要记住，你不仅是教课的教师，也是学生的教育者，生活的导师和道德的引路人。——瓦·阿·苏霍姆林斯基

你如果想要儿童变成顺从并守教条的人，你就会采取压服的教育方法；而如果你让他能独立地、批判地思考并有想象力，你就应该采取能够加强这些智慧品质的方法。活教育教人变活，死教育教人变死。——陶行知

最有效的教育方法：不是告诉他们答案，而是向他们提问。——苏格拉底

即使是普通孩子，只要教育得法，也会成为不平凡的人。——爱尔维修

孩子需要爱，特别是当孩子不值得爱的时候。——赫而巴特

光爱还不够，必须善于爱。——克鲁普斯卡娅

……

如何看待教育及教育过程中的学生，决定着教师教育的态度、理念和行动策略，也必然影响着教育的效果，最终决定教育的结果。发展与教育心理学可以帮助教师更好地了解学生身心发展规律，理解教育的本质，运用发展与教育心理学理论和规律，促进学生的发展，实现教育培养真正的人的终极目标。

第一节 发展与教育心理学概述

教师专业化是世界教师教育发展的潮流，发展与教育心理学是实现教师专业化的必修课程之一。通过该门课程的学习，师范生能掌握中小幼学生心理发展规律，增进对中小幼学生心理发展与成长的理解，形成基本的教育理念，懂得教育就是要促进学生的发展与成长，为师范生将来能够成为一名优秀的教师奠定基础。

一、发展与教育心理学的研究对象和内容

（一）发展与教育心理学的研究对象

作为一门独立的学科，发展与教育心理学有其独立的研究对象。发展与教育心理学是心

理学的一个分支学科，是发展心理学与教育心理学相结合的产物，主要是研究儿童心理发展特点和学习规律以及教学应用，促进儿童学习和发展的科学。由于发展与教育心理学是在发展心理学和教育心理学基础上建立和发展起来的，因此它以儿童心理发展为基础，以教育心理学理论为根据，目的是探讨如何更好地促进儿童的学习和发展。

1. 儿童心理发展特点与心理发展理论是发展与教育心理学的基础

儿童心理发展特点与规律是教育的出发点。教师要想教育好学生，首先必须要了解学生，了解学生的心理发展特点与规律。学生是教学活动的对象，是学习活动的主体，一切教育教学活动的最根本目的就在于促进学生的和谐发展。因此，学生的心理发展既是学习与教学活动的起点，也是学习与教学活动的目的，从而使得有关儿童心理发展特点与规律的研究成为发展与教育心理学的首要内容。

为了使未来的教师更好地了解和掌握学生的心理发展的特点，本书的第三章、第四章、第五章分别系统介绍婴幼儿、小学生和中学生的心理发展特点及其与教育的关系，作为未来教育的依据；本书的第二章专门介绍有关儿童心理发展的主要理论，第六章介绍品德形成与发展的规律和理论，未来的教师教育要以儿童心理发展理论为指导，针对儿童心理发展的特点进行因势利导，促进儿童心理更好、更快地发展。

2. 教育心理学的理论和规律是发展与教育心理学的重点

教育心理学是研究教育情境下学与教的心理现象和发展规律，以及教师如何通过这些规律对学生进行有效教育的科学。其中，学习理论、学习规律及其应用是教育心理学的主要内容。教育教学活动必须通过学生的学习活动才能促进学生身心和谐发展，因此，关于学生学习过程与规律的研究就成了发展与教育心理学的核心。教师只有了解了学生学习的条件、过程与特点，才能选择适合他们学习规律的教学方法，优化教学系统、提高教学成效。

因此，本书的第七章系统介绍了学生学习心理的主要理论流派，未来的教师必须明确任何教育教学措施都是建立在学习规律之上的，从而增强对教育教学科学性的认识，自觉学习和掌握相关的理论和规律。

3. 如何促进学生的学习和发展是发展与教育心理学研究的目的

研究儿童发展特点与学习规律，目的是为了提高教育教学质量，更好地促进学生的和谐发展。因此，发展与教育心理学在揭示学生身心发展特点及学习过程与规律的同时，要探讨如何根据学习理论和学习规律促进学生知识的掌握与迁移，提出适合的教育教学方法、教学技术，解决教育实践中的各种应用问题。

由于教育教学工作的复杂性和多变性，因此，运用发展与教育心理学的知识去解决教学实践中的问题是一件非常复杂的工作，不但要求教育者要掌握多门教育学科的知识，还要树立科学教育的观念，在工作中自觉灵活应用。需要注意的是发展与教育心理学不可能也不应该包揽一切，它主要是根据学生特点与学习规律，提出有利于教学技术开发的原则与方法，而不是具体的教学技术本身。因此，发展与教育心理学的应用不是简单照搬发展与教育心理学的原理、原则，而是要根据学习的不同内容与情境特点，创造性地加以应用。本书的第八章至第十一章分别介绍学生的学习动机、知识学习与学习迁移、学习策略、问题解决与创造性的培养。

综上所述,发展与教育心理学是一门有独立的理论体系且又有实际应用价值的学科。它对于教育科学来说,既有基础理论的性质,可为教育理论和实践提供心理学依据;又有应用学科的性质,主要表现在能揭示学生发展规律、掌握不同类型的知识形成规律,以及品德形成的规律等,能为教育工作者根据规律合理组织教学提供实际指导。

(二)发展与教育心理学的内容

在发展与教育心理学理论的基础上,结合本学科研究的最新成果与发展趋势,以及联系当前我国教育实践的特点与新课程改革的客观需要,我们认为发展与教育心理学应包含以下内容。

1. 发展与教育心理学概述,主要阐述发展与教育心理学的研究对象、研究内容、研究意义和研究方法等。

2. 儿童心理发展的理论,主要介绍儿童心理发展的基本特征,不同取向的心理发展的理论流派的主要思想。

3. 儿童的心理发展特点及教育,主要介绍婴幼儿、小学生和中学生的心理发展特点以及相应的教育措施。

4. 学习心理的基本理论,主要介绍不同流派对学习的解释,以及他们所提出的有关学习的理论。

5. 认知发展与学习,主要阐述学生认知发展特点,知识学习与迁移的心理过程与教育,学习策略的学习过程与培养,学习动机的形成与激发,问题解决和创造力的培养等。

6. 教师心理,主要介绍作为教育教学活动组织者和管理者的教师的心理特点及其对学生的影响。

7. 中小学生心理辅导,主要介绍中小学生常见的心理健康问题以及心理辅导方法。

本教材主要由发展心理和教育心理两部分组成,第二、三、四、五、六章主要是发展心理部分,第二章侧重介绍儿童心理发展理论,第三、四、五章介绍儿童心理发展特征和教育;第六章介绍品德的形成与发展的规律和理论。第七章至第十四章主要是教育心理部分,其中,第七章介绍学习理论,第八章阐述学习动机的激发,第九章介绍知识的学习与迁移,第十章介绍学习的策略,第十一章介绍问题的解决和创造性的培养,第十二章介绍教师的心理,第十三章介绍学生常见心理问题,第十四章介绍常用的心理辅导方法。

二、发展与教育心理学的历史发展

(一)西方发展与教育心理学的产生与发展

从历史发展看,发展与教育心理学的思想,均源于古代的哲学。发展心理学探讨的是古代心理学中有关人性本质变化的根本问题,而教育心理学所探讨的则是有关人性本质在教育情境中改变的问题。发展与教育心理学的产生是在心理学独立之后,一些心理学家的研究和贡献推动了发展与教育心理学的产生和发展。

在西方,儿童心理学理论可以追溯到文艺复兴以后一些人文主义教育家,如夸美纽斯、卢梭、裴斯泰洛齐、福禄贝尔等人的思想。他们提出尊重儿童、理解儿童的教育思想,为儿童心理学的诞生奠定了最初的思想基础。达尔文进化论思想直接推动了儿童发展的研究。它对行为遗传和行为倾向进化有重要启示,也对研究进化的比较心理学起到了重要的作用。

1882 年,德国生理学家和实验心理学家普莱尔(W. T. Preyer)出版《儿童心理》一书,这是公认的第一部科学的、系统的儿童心理学著作。普莱尔的著作犹如一剂强烈的催化剂,促进了此后儿童心理学的发展研究。普莱尔在对自己的孩子从出生后到 3 岁的观察实验笔记为基础上写出了这本书,为行为发展的科学观察制定了很高的标准,教会人们如何在生物科学的框架内进行儿童研究,演示了如何在发展心理学的研究中应用跨学科技术。

1904 年,霍尔(G. S. Hall)出版了《青少年:它的心理学及其与生理学、人类学、社会学、性、犯罪、宗教和教育的关系》(一般译为《青少年心理学》),从此确定了儿童心理学研究的年龄范围,即研究从出生到成熟各个阶段心理发展的特征。霍尔还创办了《教育研究》杂志(后改为《发生心理学杂志》),发表发展心理学和教育心理学方面的研究成果,成为发展与教育心理学的先驱者之一。

瑞士儿童心理学家皮亚杰从生物学的研究视角出发,通过对自己的孩子进行临床观察和实验,提出著名的儿童认知发展阶段理论,被称为最伟大的儿童心理学家,其研究结果对发展与教育心理学的发展与研究产生了巨大的影响。

埃里克森(E. H. Erikson)正式将发展心理学涵盖的年龄范围扩充到老年期。他的发展学说既考虑到生物学的影响,也考虑到文化和社会因素,他认为在发展中,逐步形成的自我过程在个人及其周围环境的交互作用中起着主导和整合的作用。

美国教育心理学家桑代克在实验心理学思想的指导下进行了一系列工作,他从 1896 年起开始从事动物的学习实验研究,后来又研究了人类的学习和测量,依据这些研究材料,他在 1903 年写成《教育心理学》一书,后又在 1913—1914 年扩充为三卷本的《教育心理学》,内容包括《人的本性》、《学习心理》和《工作疲劳、个性差异及其原因》,这是世界上公认的最早的、比较科学而又系统的教育心理学专著,成为教育心理学独立的标志,桑代克也由此被公认为教育心理学的奠基人和创始人。

其他心理学家都极力主张根据儿童心理发展特点进行教育,将心理学有关原理运用于儿童教育中。其中,詹姆斯强调心理学与教育学的结合,试图将心理学的实验研究与课堂教学融为一体;鲍德温重视个体认知发展、人格和社会性发展以及种系发展的研究;卡特尔注重个别差异和心理测量方面的研究;杜威极力主张将心理学的研究应用于教育问题,强调"做中学",倡导了儿童中心运动。

从 20 世纪 20 年代到 50 年代是发展与教育心理学的发展时期,西方发展与教育心理学吸取了儿童心理学和心理测验方面的成果,并把学科心理学作为自己的组成部分,大大扩充了自身的内容,极大地促进了发展与教育心理学的发展。这时期教育心理学的主要研究领域是学习理论,之后,随着认知心理学的兴起,西方发展与教育心理学的研究由行为范式转向认知范式,注重结合教育实际,为学校教育服务。20 世纪七八十年代以后,人本主义心理学、建构主义学习理论重新强调以学生为中心,强调儿童学习的主体性和创造性,强调知识的主体建构,促进了发展与教育心理学理论的发展,也使发展与教育心理学学科得到迅速发展。

（二）中国发展与教育心理学的产生与发展

发展与教育心理学的思想虽然在我国源远流长,但真正作为一门系统的科学进行研究却较晚。解放以前主要是翻译西方的著作,介绍西方有关的学说和研究方法,其中也做了一些学科方面的研究,但这些工作在观点和方法上大都因袭西方。我国出版的第一本教育心理学著作是1908年由房东岳译、日本小原又一著的《教育实用心理学》。1924年,廖世承编写了我国第一本《教育心理学》教科书。1925年,陈鹤琴出版了我国第一本儿童心理学专著《儿童心理之研究》。到新中国建立之初,我国研究者进行的工作主要是根据马列主义原理对旧教育心理学进行改造,同时,结合教育改革,对一些入学年龄、学科教改、学前教育的心理学问题做了一定的研究工作,这些都对我国发展与教育心理学的研究和普及提供了广阔的发展前景。其中,1962年朱智贤著的《儿童心理学》和1963年潘菽主编的《教育心理学》内部印发使用,各师范院校教育系也相继开设发展与教育心理学课程。然而,"十年动乱"使整个心理学研究被迫中断,教育和科研机构几乎全部被迫停办或撤销,研究队伍全部解散,一些心理学工作者甚至被迫害致死。拨乱反正以后,我国发展与教育心理学获得了新生,研究的队伍和范围不断扩大。1980年,人民教育出版社正式出版了朱智贤的《儿童心理学》和潘菽主编的《教育心理学》。之后,我国发展与教育心理学工作者经过不断努力,陆续出版了一些译著、专著和教材,发表了大量发展与教育心理学的研究成果,我国发展与教育心理学得到了迅速发展。进入21世纪后,随着教师教育改革的不断深入,发展与教育心理学课程建设和教材建设也在不断加强,广大发展与教育心理学工作者在吸收国内外先进研究成果的基础上,结合我国教育教学实际,开展发展与教育心理学的理论和应用研究,为我国发展与教育心理学的发展作出了应有的贡献。

第二节　发展与教育心理学的研究任务与作用

一、发展与教育心理学的研究任务

（一）描述儿童学习与发展的心理状态

发展与教育心理学作为一门独立的学科,首要任务是描述儿童心理发展状态,了解儿童学习的准备状态,即确定"是什么"或"怎么样"的问题,作为进一步研究的基础。通常可以通过观察、测量、问卷调查等方法来了解儿童学习与发展的心理状态。如可以通过观察了解学生听课和完成作业的专注情况;通过智力测验了解学生的智商;通过性格测验了解学生的性格类型;通过问卷调查了解学生学习的兴趣和动机水平;等等。在教学过程中,教师为了采取符合儿童学习与发展阶段的有效方法,需要对儿童的心理发展特征、学习准备状态、学习动机等有所了解,只有这样,教师的教才能更好地符合学生的学。

（二）解释儿童学习与发展的机制和规律

发展与教育心理学的研究不仅要描述儿童学习与发展的心理状态,而且要揭示儿童心理发展和学习的内部机制和规律,即需要探讨"为什么"的问题。心理机制是心理活动的内在工作方式,包括有关心理结构的组成成分及其相互关系与变化。如儿童心理的发展是遗传和后天环境与教育相互作用的结果。现代认知神经科学运用脑成像技术探查儿童学习和发展过程中神经活动的变化,揭示了儿童学习与发展的内在机制。儿童心理发展状态和学习状态都有其特定的原因和条件,发展与教育心理学家通常用实验研究来揭示儿童发展和学习过程中所蕴涵的因果关系。如班杜拉的模仿学习理论,就是在严谨的实验设计中获得。

(三)促进儿童的发展与教师的有效教学

发展与教育心理学是一门实践性很强的应用科学,它能提供儿童身心发展特点和学习过程与规律的理论知识和科学研究成果,帮助教师正确认识儿童的发展特点以及如何根据他们的身心发展特点与学习规律有效指导自己的教育教学活动,使自身的教育教学工作建立在科学理论的基础上,使教育教学工作的开展有据可依,提高工作质量。同时,从发展与教育心理学中吸取营养,为成为教育艺术家打下科学的基础。

此外,发展与教育心理学还能给教师提供各种研究方法和角度,帮助教师解决实际的教育教学问题。教师不仅要掌握发展与教育心理学各方面的研究成果,而且要面对实际的教学情境,不断地发现问题、提出问题和选择适当的方法和程序解决问题,不断总结自己的教学经验,通过阅读、观察和实验来解决自己的问题。

二、发展与教育心理学对教师的作用

发展与教育心理学作为研究儿童心理特点、学生学习规律及其教学应用的学科,对于促进教师的个人成长和专业发展有重要作用。

(一)帮助教师从新手教师走向专家型教师

专家型教师是指具备科学的教学知识、高超的教学能力、丰富的教学经验的教师。相对于新手教师而言,专家型教师具有三个特点:专家水平的知识、高效和创造性的洞察力。专家型教师在教学中采用更多的策略和技巧,他们比新手教师用更少时间,但能更有效地运用自己的知识,创造性地富有洞察力地解决问题。研究表明,新手教师在刚开始进行教学活动时,往往对教学活动会存在一些误解,如认为教学就是传递知识,教学只是个经验积累的过程以及具有某一学科的知识就能教授这门学科等等。学习发展与教育心理学将有助于教师懂得:要成为专家型教师,需要从所教学科内容、一般教学方法和讲授所教课程的特定教学方法中不断学习;需要进行反思,提高元认知能力,使日常工作和事情的完成逐渐自动化;需要培养洞察力和创造性地解决问题的能力。成为专家型教师不是短时间可以达到的,需要在实践中不断地练习、反思和再学习。成为专家型教师需要一个过程,这个过程大约需要经过新手阶段——高级新手阶段——胜任阶段——熟练阶段——专家阶段。本教材除了介绍发展与教育心理学的理论和有关论题外,还将探讨如何运用有关理论解决教育实践过程中所遇到的问题,提供一些专家型教师解决问题的方法,启迪智慧,帮助教师提高教学水平和解决问题的效率。

（二）有助于促进教师的专业成长

从第一点的论述可知，与新手教师相比，专家型教师不仅掌握了扎实的学科内容知识，而且还具有丰富熟练的教育教学知识，知道怎样激发学生的学习动机、怎样管理不同水平的学生、怎样教授各种类型的概念等特殊能力。发展与教育心理学可以为未来的教师提供有关这方面的知识经验和理论解释，从而加速教师专业成长与发展的进程。研究表明，发展与教育心理学对教育教学实践具有描述、解释、预测和控制的作用。

1. 帮助教师准确地了解问题

教育教学情况是很复杂的，一旦出现问题，如学生的学习困难，发展与教育心理学虽不能告诉教师具体的"处方"，但可帮助教师采用多种方法去了解困难的原因。例如，一名小学三年级学生数学学习困难，我们可以用智力测验、学习动机水平、师生关系以及亲子关系等来找出数学学习困难的症结所在。教师可以应用发展与教育心理学的理论和研究方法，对学生学习困难或心理发展过程中存在的有关问题追根溯源，准确了解学生，从而采取针对性的方法，促进学生的学业进步和心理的健康发展。

2. 为实际教学提供科学的理论指导

发展与教育心理学为实际教学提供了一般性的原则和技术。教师可结合实际的教学内容、教学对象、教学材料、教学环境等，将这些原则转变为具体的教学程序或活动。如根据学习动机的规律，在课堂教学中可以采取创设问题情境、积极反馈、恰当控制动机水平等手段来培养和激发学生的学习动机；依据学生的个性与社会发展规律，来促进学生自我意识的发展、道德品质的形成，帮助学生建立良好的人际关系，维护心理的健康和正常发展。

3. 帮助教师分析、预测并干预学生的行为

利用发展与教育心理学原理，教师不仅可以正确分析和了解学生，而且可以预测学生将要发生的行为或发展的方向，并采取相应的干预或预防措施，达到预期的效果。例如，根据学生青春期发展的特点，对即将进入青春期的学生进行亲子沟通和同伴交往的辅导；根据学生的智力发展水平，为智力超常或有特殊才能的儿童提供更为充实、更有利于其潜能充分发展的环境和教学内容，为智力落后或学习困难的学生提供具体的帮助或行之有效的矫正措施。

4. 帮助教师结合实际教学进行创造性研究

有效的教学需要教师因人、因事、因时、因地而灵活地进行，因为学生、班级、学校以及相应的社会环境各有不同，教学内容、教学时段、教学方法等也各有不同，普遍适用的教学模式是不存在的，需要教师结合教学实际，创造性地、灵活地将发展与教育心理学的基本原理和规律应用于教学中。否则，生搬硬套某些原理与规律，往往无助于教学效率的提高，甚至会适得其反。发展与教育心理学并非给教师提供解决一切特定问题的具体模式，相反，它主要是给教师提供进行科学研究的思路和研究的方法，使教师不仅能理解、应用某些基本的原理和方法，而且还可以结合自己的教学实际进行创造性的研究，去验证这些原理并解决特定的问题。

第三节　发展与教育心理学的研究方法

一、发展与教育心理学研究的基本原则

针对发展与教育心理学研究对象的特殊性,在进行研究时尤其应遵循、贯彻下列原则:

(一)客观性原则

客观性是任何学科及其研究都必须遵循的原则。所谓客观性原则是指研究者对待客观事实要采取实事求是的态度,从客观事实出发,如实地反映心理现象的本来面目,既不能歪曲事实,也不能主观臆测。发展与教育心理学的研究过程要注意几点:在进行研究设计时,要从客观实际出发,不做毫无根据的主观猜测,不轻易臆断;在收集资料时,必须如实详尽地记录作用于个体的外部刺激和他们的行为反应;在进行资料的处理和分析时,应尽可能运用客观的尺度来进行评定,不能根据自己的需要主观地评定;研究结论的得出要小心谨慎,必须以所收集的数据为基础,得出恰如其分的结论。

(二)发展性原则

发展与教育心理学的研究对象是处于发展中的学生,因此,在实施具体研究过程中,必须贯彻发展性原则,即用发展变化的观点来研究学生成长过程中的各种问题。变化是指研究者要牢记学生的心理是不断发展变化的,因此,不能用静止的观点来看待学生的现状与水平,也不能在评价学生心理发展水平时使用的标准与指标一成不变,而应该采用动态、变化的指标进行衡量。

坚持发展性原则还要求研究者必须贯彻教育是促进学生心理发展的决定因素的观点,要求教育者在发挥其主导作用的同时,不能忽略学生的主观能动性,要充分考虑学生已有的知识经验和态度对其心理发展的影响。

(三)系统性原则

系统性原则就是用系统论来考察心理现象,把人的心理作为一个开放的、动态的、整体的系统来加以考察,对人的各种心理现象及各因素之间相互作用的关系进行整合的研究。系统性原则要求研究者不仅要将研究对象放在有组织的系统中进行考察,而且要运用系统的方法,从系统的不同层次、不同侧面来分析研究对象与各系统、要素的关系。另外,坚持系统性原则,还必须注意做到分析与综合相结合,从而准确地揭示研究对象的本质与规律。在具体的研究中,系统性原则要求研究者从教育系统的整体功能出发去研究教师、学生和学校的特点以及他们之间的相互作用的心理学规律,而不是孤立地对某个心理学问题进行探索。否则,研究的结果对现实的指导意义是不大的。

（四）教育性原则

教育性原则指研究要符合学生身心发展规律,具有教育意义,有利于学生的正常发展,而不是为研究而研究。教育性原则要求在研究的选题上不仅要考虑课题实际的教育意义,使其结果有助于教育教学质量的提高,有助于学生良好道德品质的培养和知识与技能的形成,而且整个研究方案的实施过程也要考虑对学生是否有良好的教育影响,绝不能做有害学生身心健康的研究,不能给学生留下难以弥合的心理创伤。

二、发展与教育心理学的研究设计

发展与教育心理学与心理学一样,研究方法很多,主要的研究方法有观察法、实验法、访谈法、问卷法、测验法等等,但发展与教育心理学研究的特殊性在于它是专门研究随个体年龄增长,心理发展变化后的学与教的问题。为了更好地揭示个体心理发展变化和教育的规律,发展与教育心理学的研究设计有多种方式。

（一）纵向研究设计

纵向研究设计(longitudinal design)是对同一研究对象在不同的年龄或阶段进行长期的反复观测的方法,所以也叫追踪研究设计。这种方式是发展与教育心理学研究中的一个特色。纵向研究设计的优点是能系统、详尽地理解心理发展的连续过程和从量变到质变的规律。通过纵向研究,可以得到同一被试群体在某些心理发展方面的前后一贯的材料,有助于更为精确地了解该群体的心理发展过程或变化趋势。从纵向研究的数据中,可以看到个体发展的某些特征是缓慢变化还是突然的转变。在一些迅速、急剧转变的时期,帮助我们理解发展的转折期和阶段性特点的变化。

纵向研究设计的缺点是,花费大且耗时长,样本易流失,反复测查影响研究数据的可靠性。纵向研究的另一个问题是,长期追踪研究要经历时代、社会、环境的变化,出现跨代问题,很可能追踪研究的结论只适用于随着研究过程成长的那批被试。

（二）横断研究设计

横断研究设计(cross sectional design)是在某一特定的时间,同时对不同年龄的被试进行比较的方式。这是发展与教育心理学的研究最常使用的方法。这种方法的优点是能在短时间内发现同一年龄或不同年龄群体的发展相似性和差异性,确定发展的年龄特征,由于能够同时对几个年龄群体进行调查测量,获得的信息量大,经济且费时短。

横断研究设计的不足之处是被试只在某个时间点上接受检测,无法获得个体发展的连续性和非连续性的信息,不能有效揭示个体发展的趋势或发展变化规律。此外,横断研究设计关注的年龄效应可能会与代群效应相混淆。代群效应是指由于个体出生在特定时期并成长在特定的历史环境中,这对个体发展研究会发生干扰效应,也就是说两个年龄组被试之间的差异并不是由个体发展造成的,不只是年龄带来的差异,而是由于两组被试所经历的社会历史环境的不同造成的。

（三）聚合交叉设计

聚合交叉设计(cross-sequential design)是将横断研究设计和纵向研究设计结合在一起的研究方式。它选择不同年龄的群体作为研究对象，并在短时间内重复观察这些被试。与横断研究设计和纵向研究设计相比，聚合交叉设计具有这两种方法单独实施无法达到的效果。第一，它既有纵向研究设计的系统、详尽的特点，可以掌握心理发展的连续过程及其特点，又有横断研究设计中采用大面积测查的特点，克服了纵向研究设计样本少、受时间限制等问题。第二，聚会交叉设计采用静态和动态相结合的原则，缩短了长期追踪的研究时间。可以说，聚会交叉设计将横断研究设计和纵向研究设计结合起来，使两种方法取长补短，既可以分析心理发展的一般趋势，又能挖掘心理发展的潜力和可能性，提高了研究的科学性。

本章小结

1. 发展与教育心理学是发展心理学与教育心理学相结合的产物，主要是研究儿童心理发展特点和学习规律以及教学应用，促进儿童学习和发展的科学。由于发展与教育心理学是在发展心理学和教育心理学基础上建立和发展起来的，因此，儿童心理发展特点与心理发展理论是发展与教育心理学的基础，教育心理学的理论和规律是发展与教育心理学的重点，如何促进学生的学习和发展是发展与教育心理学研究的目的。

2. 在发展与教育心理学的发展过程中，很多心理学家做出了很多贡献。其中，德国生理学家和实验心理学家普莱尔出版的《儿童心理》一书，标志着儿童心理学的诞生；美国教育心理学家桑代克用量化的方法研究和解决有关学习的问题，成为教育心理学的奠基人。在中国，廖世承、陈鹤琴、朱智贤和潘菽等对中国发展与教育心理学的普及和发展起了积极的作用。20世纪20年代到50年代是发展与教育心理学的发展时期，之后，随着认知心理学的兴起，人本主义心理学、建构主义学习理论的应用，发展与教育心理学学科得到迅速发展。

3. 发展与教育心理学的任务有三个：描述儿童学习与发展的心理状态，解释儿童学习与发展的机制和规律，促进儿童的发展与教师的有效教学。发展与教育心理学对于促进教师的个人成长和专业发展有重要作用，可帮助教师从新手教师走向专家型教师和有助于促进教师的专业成长。

4. 发展与教育心理学的研究要遵循客观性原则、发展性原则、系统性原则和教育性原则。发展与教育心理学的研究方法主要有观察法、实验法、访谈法、问卷法、测验法等等，其中纵向研究设计、横断研究设计和聚合交叉设计是发展与教育心理学研究设计常用的方式。

思考题

1. 发展与教育心理学的研究对象是什么？
2. 简述发展与教育心理学的产生与发展。
3. 发展与教育心理学研究的任务是什么？
4. 发展与教育心理学对教师的成长起何作用？
5. 如何理解发展与教育心理学应遵循的原则？

6. 简述纵向研究设计、横断研究设计和聚合交叉设计的优缺点。

参考文献

1. 林崇德. 发展心理学. 北京:人民教育出版社,2009

2. [美]黛安娜·帕帕拉,萨利·奥尔兹,露丝·费尔德曼. 发展心理学(第10版). 李西营等译. 北京:人民邮电出版社,2013

3. [美]罗伯特·S·费尔德曼著. 儿童发展心理学(第6版). 苏彦捷等译. 北京:机械工业出版社,2015

4. 陈英和. 发展心理学. 北京:北京师范大学出版社,2015

5. 刘万伦,田学红. 发展与教育心理学. 北京:高等教育出版社,2014

6. 伍新春. 儿童发展与教育心理学. 北京:高等教育出版社,2008

7. 何先友. 青少年发展与教育心理学. 北京:高等教育出版社,2009

8. 莫雷. 教育心理学. 北京:教育科学出版社,2007

第二章　心理发展的基本问题和理论

你如何看待个体的发展？

关于个体的发展，我们听到过不同的观点。有人说："龙生龙，凤生凤，老鼠的儿子会打洞"、"一两的遗传胜过一吨的教育"，有人说："树大自然直"；也有人说："性相近也，习相远也"、"时势造英雄"、"勤能补拙，天才出于勤奋"；还有人说："三岁看八十"、"女大十八变"……

图 2-1

因此，在关于个体发展方面，一直存在有天生与教养、主动与被动、稳定与变化、连续性与阶段性等问题的争论。很多研究者从不同的理论角度看待人的发展，他们根据不同的取向提出自己的理论，每一种取向强调的是不一样的发展历程。这些理论取向是：(1)精神分析取向（精神分析理论，强调人的潜意识的情感和需要）；(2)学习取向（行为与社会学习理论，强调环境对人的影响及行为的习得）；(3)认知取向（认知理论，强调主客体的相互作用，分析思维的发展过程）；(4)进化的/社会生物学取向（习性学和进化心理学理论，强调行为的进化和发展的生物基础）；(5)情境取向（生态学理论，强调历史、社会以及文化等环境因素对发展的影响）。这些理论从不同的视角探讨人类个体的发展，尽管它们在发展问题的某些方面存在争议，但很多思想是互补而非对立的，每种理论对于解开人类毕生发展的谜题都作出了重大贡献。本章通过介绍心理发展的基本问题和理论，帮助大家认识人类毕生发展的全貌。

第一节　心理发展的基本问题

一、心理发展的基本原理

（一）遗传和环境在心理发展中的作用

先天遗传，指个体从父母那里获得的遗传信息。后天环境，指影响个体心理发展和经验获得的自然环境和社会环境的复杂因素。在发展心理学的历史上，没有比对遗传和环境哪个对个体发展影响大的争论更热烈的了。强调先天遗传作用的理论认为，进化和遗传基础决定人类成熟和发展的共性，人的心理发展趋势是由遗传决定的。个体的某些特征（如感知速度、机械记忆、语词）的水平也是由遗传的解剖生理方面的特性决定的。强调后天环境作用的理论则认为，环境经验是决定个体心理发展的重要因素，甚至是决定性因素。

历史上曾经出现过单因素决定论的观点，即把遗传或环境的作用无限夸大的理论。持遗传决定论的高尔顿说过："一个人的能力是由遗传得来的，它受遗传决定的程度，正如一切有机体的形态及躯体组织受遗传决定一样。"霍尔也认为："一两的遗传胜过一吨的教育"。而另外的一些心理学家则持环境决定论，最具代表性的就是美国行为主义心理学家华生的一个论断："请给我十几个健康而没有缺陷的婴儿，让我在我的特殊世界中教养，那么我可以担保，在这十几个婴儿中，我随便拿出一个来，都可以训练他成为任何一种专家——无论他的能力、嗜好、趋向、才能、职业及种族是怎样的，我都能够训练他成为一个医生，或一个律师，或一个艺术家，或一个商界首领，甚至也可以训练他成一个乞丐或窃贼"。

很多研究者都持一种比较折中的观点，即遗传和环境的作用不是绝对的，是相互作用的。先天遗传给心理发展提供了可能性，后天环境将这种可能性变为现实性，两者相辅相成，缺一不可。个体的很多心理特性，诸如智力、气质和性格等等，都是生物遗传和后天环境长期相互作用的结果。因此，发展心理学更多地研究遗传和环境是如何交织在一起促进个体的多样性发展。

 案例

天才与疯子

1942年5月22日，在美国芝加哥市，一位天才横空出世，他就是特德·卡辛斯基。这位被称为哈佛天才的人，年仅16岁就被哈佛大学数学系录取，20岁博士毕业。他从未为学习而操心，但在社交上却很吃力。卡辛斯基在大学期间就是一个孤僻的人，其室友回忆说，他为了躲避人群，常常快速闪开他们后"砰"地关上身后的门。获得数学博士学位后，年纪轻轻的卡辛斯基被聘为加州大学伯克利分校的教授。他的同事说他总躲避着社交圈，他没有朋友、没有同伴、没有人脉。他在伯克利任教7年后辞职归隐，后来独自搞起了"炸弹运动"。他在17年间寄出了16个邮包炸弹，使得23人伤残，3人死亡。1998年被判终身监禁。原本应该在数学界扬名立功的天才，最终成为一名恐怖分子。

个体的发展不可能单一地受某个因素的影响，各种影响因素在个体发展中存在交互作用。美国"炸弹客"卡辛斯基的例子也可以说明这个问题。卡辛斯基6岁时曾因过敏反应住院，父母被禁止探望。根据他母亲的说法，他从此不再是从前那个快乐的孩子了。他变得退缩和反应迟钝。当特德长大后，时常愤怒地"罢工"。在他母亲看来，幼年时期这一生理事件扭曲了儿子的思维和情绪的发展。

（二）心理发展的基本特征

第一，心理发展的主动性和被动性

个体在自身发展过程中是主动的还是被动的？对于这一问题的争论由来已久。"近朱者赤，近墨者黑"反映个体被动地受外部环境的影响，而"出淤泥而不染"则显示出个体发展具有内在主动性。著名发展心理学家朱智贤（1979，1982，1993）特别强调，在儿童心理发展中，外因的作用是重要的，且是儿童心理发展不可缺少的条件。但是，如果外因不通过儿童心理发展的内因，不对儿童心理发展的内在关系施加影响，是不可能起作用的。如果心理发展不存在某种特定的内因，则无论有多好的环境条件或教育措施，也不能使儿童心理发生某种特定的变化。

在个体心理发展上，既要重视外因，又要重视内因。人类身心发展是主动的，所以，外因要通过内因起作用。我们既要讲发展，又要强调内外因之间的关系和作用。

第二，心理发展的连续性和阶段性

发展的变化是平缓的还是突然的？大家想一想，在你的成长过程中，你是渐渐变成现在的样子，还是在成长的某个阶段感觉到突然的、明显的变化？

发展的连续性是指非成熟和成熟个体之间的区别在于某些心理或行为特征的数量或复杂性。连续论者认为人的发展是一个量变的过程，这个过程没有突然的变化，而是逐渐地、连续地变化。可以把个体的发展过程形象地比喻为爬斜坡。如同一颗橡树从幼苗长成参天大树，它的发展是连续的。发展的阶段性是指个体由非成熟到成熟存在一系列突然的变化，每一次的变化都把个体提升到一个新的、更高级的水平。阶段论者认为个体的发展经历一系列的质变而非量变的阶段，每个阶段都是生命中独特的阶段，以特定的一组能力、情感、动机和行为的整合作为阶段特点。可以把个体的发展过程形象地比喻为爬楼梯。如同一只昆虫从毛虫长成蝶蛹再变成蝴蝶，经历的是一个个质变的阶段。

目前较为综合的观点是：心理发展是连续性和阶段性的统一。心理活动和世界上其他事物的发展一样，当某些代表新质要素的量累积到一定程度时，新质就代替旧质而跃上优势地位，量变引起了质变，发展出现了连续中的中断，新的阶段开始形成。可以说，发展既是连续的，又是阶段的；前一阶段是后一阶段出现的基础，后一阶段又是前一阶段的延伸，但每个阶段占优势的特质是主导该阶段的本质特征。

第三，心理发展的方向性和不可逆性

一般情况下，心理发展具有一定的方向性和不可逆性，其先后顺序既不能逾越，也不会逆向发展。如个体动作的发展就遵循自上而下、由躯体中心向外围、从粗到细的动作发展规律；儿童体内各大系统成熟的顺序是：神经系统、运动系统、生殖系统；大脑各区成熟的顺序是：枕叶、颞叶、顶叶、额叶；脑细胞发育的顺序是：轴突、树突、轴突的髓鞘化。这种方向性和不可逆性在某种程度上体现出基因型在环境的影响下不断把遗传程序编制显现出来的过程。

第四，心理发展的不平衡性

个体从出生到成熟并不是总是按相同的速度直线发展，而是体现出多元化的特点，因此心理发展具有不平衡性。具体表现为：不同系统的发展速度、起始时间、达到的成熟水平不同；同一机能系统特性在发展的不同时期（年龄阶段）有不同的发展速率。从总体发展来看，幼儿期出现第一个加速发展期,然后是儿童期的平稳发展,到了青春发育期又出现第二个加速期,然后再是平稳地发展,到了老年期开始出现下降。心理发展的不平衡性可以概括为:(1)不同年龄阶段的心理发展,具有不同的速度。(2)不同的心理过程,具有不同的发展速度。(3)不同的儿童,具有不同的心理发展速度。

这里要涉及几个重要概念,如关键期和危机期。

关键期(又称敏感期或最佳期):个体发展在某一特殊的成熟时期,受适宜的环境影响,最容易习得某种行为,发展特别迅速,而如果错过该时期,某方面的发展就会变得较为困难,这个特殊时期便称为关键期。

关键期的概念源于奥地利动物学家洛伦兹(K. Z. Lorenz)关于小动物习性的"印刻现象"研究。小鹅、小鸭等把出生后第一眼看到的对象(包括动物、人)当做自己的母亲,并对其产生偏好和跟随行为。但如果刚出生时就把它们与母亲分开,这些小动物就不会出现跟随行为。这说明动物某些行为的形成有一个关键时机,错过了这个时机,有关行为就不能形成。洛伦兹将这种现象叫做"印刻"(imprinting),印刻发生的时期就叫做关键期。以后,人们又把这种动物实验研究的结果应用到早期儿童发展的研究上,于是就提出了儿童心理发展上的关键年龄问题。例如,有人认为0~2岁是亲子依恋关键期;3岁是计算能力发展的关键期;3~5岁是音乐才能发展的关键期;0~4岁是形象视觉发展的关键期;4~5岁是学习书面语言的关键期;5岁左右是掌握数概念的关键期;10岁以前是动作机能掌握的关键年龄……错过这些时期,效果就会差些,等等。

对于人类心理发展的关键期问题,目前还存在一些争论。有研究者认为,如果缺失关键期内的有效刺激,会导致认知、语言、社会交往等方面的能力低下,且难以通过教育与训练得到改进。但也有研究者认为,关键期缺失对人类发展造成的负面影响通常只在极端的情况下才难以弥补,对人类大部分心理功能而言,并非不可逆转,也许用敏感期的概念更为合适。各种心理功能成长与发展的敏感期不同,在敏感期内,个体比较容易接受某些刺激的影响,比较容易进行某些形式的学习。在这个时期后,这种心理功能产生与发展的可能性依然存在,只是可能性比较小,形成和发展比较困难。

危机期:指个体在发展的某些特定年龄时期,容易发生身体及心理紊乱,出现适应不良或一些行为问题。一生发展通常会出现三个危机时期:3岁(独立)、青春期、中年危机期。

第五,心理发展的普遍性和多样性(发展的个别差异)

心理发展的普遍性反映了个体发展的普遍规律和模式,有着同样的发展方向和顺序。这种发展的普遍性为我们构建了儿童心理成长的基本框架,使教育等影响手段要遵循发展的普遍规律,这样才能更有效地发挥影响作用。尽管个体的发展总要经历一些共同的基本阶段,但发展的个体差异仍然非常明显,每个人的发展优势、发展的速度、最终达到的水平各不相同。例如,有的人观察能力强,有的人记性好;有的人爱动,有的人喜静;有的人善于理性思维,有的人长于形象思维;有的人早慧,有的人则大器晚成。可见,人类的心理发展既有普遍性又有多样性。

二、个体心理发展

个体心理发展指人类从受精卵开始到出生、再到衰亡的整个过程中的心理发展。发展心理学家需要阐明个体发展的各个年龄阶段中，心理发展变化的特点和规律。

（一）年龄阶段的划分

对个体心理发展年龄阶段的划分有很多划分标准，有的以智力发展作为划分标准，有的以个性发展作为划分标准，有的以活动特点或生活事件作为划分标准等等。林崇德（2009）将个体心理发展划分为胎儿期、婴儿期、幼儿期、小学儿童期、青少年期、成年早期、成年中期和成年晚期八个阶段。

胎儿期是个体在母亲腹中孕育的时期。

婴儿期是指个体0—3岁的时期。它是儿童生理发育和心理发展最为迅速的时期。

幼儿期是指儿童3岁到6、7岁的时期。这一时期通常儿童会进入幼儿园，所以称为幼儿期。又因为这是儿童正式进入学校以前的时期，所以也称为学前期。

小学儿童期是指儿童6、7岁到11、12岁的时期。此时儿童开始正式进入小学学习。小学高年级阶段，随着儿童的生理变化逐步进入青春发育期，因此又称为前青春期。

青少年期指个体从11、12岁开始到17、18岁这段时期。其中，11、12岁到14、15岁这段时间可称为青春期或少年期。青春期是个体身体发展的一个加速期，由于身体与心理发展的不平衡，青少年会面临一系列的心理危机。14、15岁到17、18岁又可称为青年早期，这时个体正处于高中阶段，其生理发育上已经成熟，心理发展接近成人。

成年早期指个体从17、18岁到35岁这段时间，又称为青年期。成年早期在个体的一生发展中起定位作用，几乎决定了个体终生的发展方向。

成年中期，即中年期，一般指35—60岁这段时期。成年中期的个体无论是生理上还是心理上都发生了一系列变化，作为社会主要责任的承担者，中年人面临较大的压力和危机。

成年晚期也称为老年期，一般指60岁到衰亡这段时期。这一时期的个体出现生理上的退行性变化，离开工作岗位。这是人生的最后一个时期。

个体心理发展阶段的年龄划分范围是相对的，不是一成不变的。随着生活和医疗条件的改善，人的平均寿命不断延长，划分青年、中年、老年的年龄界限也会随之变动。

（二）个体心理的年龄特征

个体心理的年龄特征是一定的社会条件下，心理发展的各个阶段中形成的一般的、典型的、本质的特征。发展心理学通过实验研究，从大量的个别心理特征中概括出某一年龄阶段心理发展的一般的、典型的、本质的发展趋势，尽管这个趋势不能揭示这一年龄阶段人们的一切个别特点，但可以代表该年龄阶段心理发展的整体特征。在一定条件下，心理发展的年龄特征既是相对稳定的，同时又可以随着社会生活与教育条件等社会背景的改变而发生一定程度的改变。

第二节 精神分析的心理发展理论

精神分析(psychoanalysis)产生于19世纪末20世纪初,是西方现代心理学思想中的一个主要流派。它既是一种精神病症的治疗方法,也是在医疗实践中逐渐形成的一套心理理论。它的诞生给心理学、哲学等多个领域都带来巨大的影响。精神分析理论有早期和后期之分,早期理论以弗洛伊德的观点为代表,被称为经典精神分析理论;后期理论以阿德勒、荣格、埃里克森等人为代表,被称为新精神分析理论。

一、弗洛伊德的心理发展理论

西格蒙德·弗洛伊德(Sigmund Freud,1856—1939)是奥地利著名的精神病学家、心理学家、精神分析学说的创始人。1873年进入维也纳大学医学院学习,1881年获医学博士学位。1895年正式提出精神分析的概念,1900年出版《梦的解析》,他的系列著作的出版是精神分析心理学正式形成的标志。弗洛伊德理论的核心思想是,存在于潜意识中的性本能是人的心理的基本动力,是决定个人和社会发展的永恒力量。

(一)弗洛伊德的人格结构和动力观

在弗洛伊德早期的著作中,他将人格划分为意识(conscious)、前意识(preconscious)、潜意识(unconscious)三部分。后来,他又从另一角度将人格划分为本我(id)、自我(ego)、超我(superego)。

意识由个人当前知觉到的心理内容组成,是人能认识自己和认识环境的心理部分。在人的注意集中点上的心理过程都是意识的。如果说人的心理是漂浮在海上的冰山,那么意识是露出海面的一小部分,仅仅是冰山一角,而心理的绝大部分则是隐藏于海面下的潜意识。

前意识是指在潜意识和意识之间,我们加以注意便能觉察到的心理内容。正因为前意识的内容可以转变为意识,有的学者认为前意识是意识的一部分。然而从前意识到意识的转变难度受联想强度和心理内容本身所影响。从某种意义上讲,前意识扮演着稽查者的角色,它除去不合适的(比如痛苦的、羞耻的)潜意识内容,并把它们压抑回潜意识。

图2-2 弗洛伊德

潜意识是精神分析理论的一个重要概念,指个人不可能觉察的心理现象。在弗洛伊德的理论中,潜意识有着特殊的意义。弗洛伊德认为,潜意识是人的心理结构中最低级、最简单的因素,包括以性为中心的本能冲动以及出生之后的各种欲望。尽管人们意识不到潜意识的内容,但它实际上支配着个人的思想和行为。

本我由原始的本能能量组成,完全处于潜意识之中,包括人类本能的性的内驱力和被压抑的习惯倾向。遵循着"快乐原则",寻求满足基本的生物要求。在心理发展中,年龄越小,本我越重要。婴儿几乎全部处于本我状态,他们可担忧的事情不多,除了身体的舒适以外,尽量解除一切紧张状态。随着年龄的增长,儿童不断扩大与外界的交往,以满足自身增加的需要和欲望,并维持一种令其舒适的紧张水平。在本我需要和现实世界之间不断接通有效而适当的联络时,自我就从儿童的本我中逐渐发展出来。

自我是由本我发展而来,不能脱离本我而单独存在。自我的力量就是从本我那里得到的,自我是来帮助本我而不是妨碍本我的,它总是根据现实的可能性力图满足本我的要求。因此,自我是本我和外部世界之间的中介。自我是理智的,其活动遵循"现实原则",调节外界与本我的关系,使本我适应外界要求。它可以用于消除满足本能之外的其他目的,发展感知、注意、学习、记忆、推理和想象等。自我是人格的实际执行者。

超我由自我分化而来,是理想化的自我。超我大部分属于人格的潜意识部分,它像一个道德监督者,告诉人什么是道德的,什么是不道德的。超我在五岁左右开始发展,包括自我理想和良心两个部分,分别掌管奖与罚。自我理想是儿童因奖励而内化了的经验,当他再次产生或想要产生这些行为时,就会感到骄傲和自豪;良心是儿童因惩罚而内化了的经验,当他再次产生或想要产生这些行为时,就会感到内疚或羞愧。

弗洛伊德把人看成一个复杂的能量系统。存在于潜意识中的性本能是人的心理的基本动力,是决定个人和社会发展的永恒力量。弗洛伊德所指的"性",不仅包括两性关系,还包括儿童由吮吸、排泄和身体某些部位受刺激而产生的快感。在人的生活中,性的能量——力比多既可以直接表现为性欲,也可能被压抑在潜意识中,还可能转化为艺术、科学、哲学等高级文化活动。

(二)弗洛伊德的心理发展阶段论

弗洛伊德将儿童心理发展划分为五个阶段,称为心理性欲阶段。

1. 口唇期(0—1岁)

弗洛伊德认为,力比多的发展是从嘴开始的,这一时期,性感区是口腔。口唇期又分为初期和晚期。在口唇初期(出生至8个月),快感主要来自嘴唇和舌的吸吮与吞咽活动。在口唇晚期(8个月至1岁),此时婴儿长了牙齿,快感主要来自撕咬和吞咽等活动。弗洛伊德认为,口唇期的需要没有得到适当的满足或满足过度,易导致力比多固着在口腔部位,进而导致人格发展停滞,出现口腔型特征(oral character)。具有口腔型特征的人只对自己感兴趣,总要求别人给他什么东西(不论物质上还是精神上的),他们在生活和工作中追求安全感,扮演被动和依赖的角色。按弗洛伊德的看法,吃手指头、抽烟、酗酒、贪吃、贪财等行为都跟口唇期停滞有关。

2. 肛门期(1—3岁)

这一时期,力比多的区位在肛门。儿童通过排泄或控制排泄来获得快感。儿童以排泄或玩耍粪便为乐。这一时期,父母应对儿童进行便溺训练,使儿童学会控制排泄过程,以符合社会的要求。如果父母对子女的卫生训练过分严厉或放纵,都可能使儿童人格发展停滞,形成肛门型特征(anal character)。如果对儿童便溺训练过早或过于严厉,儿童成年后容易形成洁癖,或者十分吝啬;如果对儿童卫生训练过于放纵或不提任何要求,儿童成年后容易形成不爱干净或挥霍浪费的习惯。

3. 性器期(3—6 岁)

这一时期的性感区是生殖器。这时的儿童不仅对自己的性器官发生兴趣,而且他们的行为开始有了性别之分。在这个阶段,对人格发展最为重要的事件是在儿童心中产生了有关父母的情绪冲突,即男孩心中的恋母情结(Oedipus complex)和女孩心中的恋父情结(Electra complex)。男孩总想独占母亲的爱,把父亲看作是情敌;女孩则爱恋自己的父亲,把母亲视为多余的人,而且总希望自己能取代母亲的位置。由于作为竞争对象的父亲或母亲都十分强大,儿童惧怕自己的同性父母一方的惩罚,便压抑这种情结,而被迫与他们认同。此时,超我便产生了。继而在认同同性父母一方的过程中,形成与各自性别相符的价值观和性别角色行为。

4. 潜伏期(6—11 岁)

当儿童解决了恋母情结和恋父情结后,他们的力比多冲动就处于暂时的潜伏状态,性兴趣被其他兴趣,如探索自然环境、学习、文艺体育活动和同伴交往等所取代,其性欲对象为年龄相仿的同性别者,并有排斥异性的倾向,性的发展呈现出一种停滞或退化现象。这个时期,由于儿童生活范围的扩大和在学校吸取了系统知识,儿童人格中的自我和超我获得了更大的发展。

5. 生殖期或青春期(11 岁或 13 岁—成年)

这是性本能发展的最后阶段。个体在经历短暂且风平浪静的潜伏期后,青春期的惊涛骇浪就来临了。女孩约 11 岁,男孩约 13 岁开始,随着性的成熟,性的能量像成人一样涌动出来,生殖器成为主要的性感区。此时性欲对象不再是儿童时期的同性朋友,而是异性,而且希望与之建立两性关系。从这个时期起,人类个体就开始摆脱对父母的依赖,成为社会中一个独立的成员。他们寻找职业,选择婚姻对象,开始异性恋的生活,生育和抚养后代,直至走向衰老。

弗洛伊德的精神分析理论开拓了心理学的研究范围。将潜意识引入心理学的研究领域。此外,弗洛伊德的理论第一次强调早年经验对个体毕生发展的重要作用,使得儿童发展中的家庭关系的重要性得以凸现,对儿童早期发展和早期教育具有重要的启示。但是,弗洛伊德过分强调性在人的发展中的作用,忽略了社会因素的作用,具有很强的泛性论色彩,这显然是不符合实际的,也是不科学的。在批评性欲说的基础上,20 世纪四五十年代,新精神分析主义逐步形成,荣格、阿德勒、埃里克森等提出了一系列新的学说,逐步突出社会因素对人的心理发展的作用,其中,埃里克森的心理发展理论比较具有代表性。

二、埃里克森的心理发展观

埃里克森(Erik Homburger Erikson,1902—1994)是美国的精神分析医生,同时也是美国现代最有名望的精神分析理论家之一。埃里克森在精神分析中的主要贡献是他提出了自我同一性(ego identity)理论,提出了以自我为核心的人格发展的心理社会渐成说(psychosocial

图 2-3 埃里克森

theory)。与弗洛伊德不同,埃里克森认为,人格的发展包括有机体成熟、自我成长和社会关系三个不可分割的过程,经受着内外部的一切冲突。其发展顺序按渐成的固定顺序(即有机体的成熟程度)分为八个阶段,每一阶段都存在着一种发展危机。危机的成功解决有助于自我力量的增强和对环境的适应;不成功的解决则会削弱自我的力量,阻碍对环境的适应。埃里克森划分的心理社会发展阶段如下。

第一阶段:婴儿期(0—1 岁)(基本信任对基本不信任的冲突)。本阶段的发展任务为:满足生理上的需要,发展信任感,克服不信任感,体验希望的实现。如果能够满足儿童的生理需要,在儿童需要时及时给予敏感的、稳定的照顾,儿童就会感到周围世界是安全的、可信任的;否则,就容易产生不信任感。形成信任感的人容易信赖和满足,反之,则将成为不信任他人或苛刻贪婪的人。危机的解决会使儿童的人格产生一种品质,这就是希望。自我的希望品质是人际信任和健康人格的基础。

第二阶段:儿童早期(1—3 岁)(自主对羞怯和疑虑的冲突)。本阶段的发展任务为:获得自主感,克服羞怯和疑虑,体验意志的实现。自主性意味着个人能按自己的意愿行事的能力。此时的儿童可以控制自己的大小便,凡事想亲力亲为,表现出强烈自主的意愿。但是,成人不可能允许儿童为所欲为,而是要按照社会的需要来要求他们。如果儿童受到过于严格的训练和不公正的对待,就会产生羞怯和疑虑。因此,父母对儿童的教育既要让儿童学会适应社会规则又不至于丧失自己的自主性。本阶段危机的成功解决,将会在儿童的人格中形成意志品质。具有意志的儿童能表现出自由选择和自我抑制的不屈不挠的决心。

第三阶段:学前期或游戏期(3—6 岁)(主动对内疚的冲突)。本阶段发展任务为:获得主动感,克服内疚感,体验目的的实现。这一时期,如果儿童表现的主动探究行为和想象力受到鼓励,他们就会形成主动性和进取精神,为他们将来成为一个有责任感、有创造力的人奠定基础。如果儿童的想象力和主动行为受到成人的嘲笑和限制,他们就会产生内疚感,丧失自信心。

第四阶段:学龄期(6—12 岁)(勤奋对自卑的冲突)。本阶段发展任务为:获得勤奋感,克服自卑感,体验能力的实现。这一阶段,学习成为儿童的主要活动,如果儿童能在学习中获得乐趣、学业成功、被同伴接纳等,就能产生勤奋感,满怀信心进行尝试和探索;反之,则易感到无能,害怕失败,从而形成自卑感。

第五阶段:青春期(12—18 岁)(自我同一性对角色混乱的冲突)。本阶段发展任务为:建立新的自我同一性,防止同一性混乱,体验忠诚的实现。青少年因为生理的急剧变化,以及新的社会冲突和要求,而变得困扰和混乱。在这一阶段,儿童、青少年开始思考自己和社会的信息,以便确定自己是谁,以及自己在社会群体中的地位,也就是说获得自我同一性。他们会提出"我是谁""我过去是怎样的""我在社会上能干什么"等一系列问题,考虑自己在过去、现

发展与教育心理学

在和未来的社会角色。自我同一性对发展健康人格十分重要,如果这个阶段青少年不能获得同一性,就会产生角色混乱或消极同一性。角色混乱是指个体不能正确选择适应社会的角色,不能确定自己是谁,能干什么。消极同一性是指获得与社会要求相背离的同一性,即获得社会不予认同的、令人反感的角色。

同一性的建立是一个毕生发展的过程,埃里克森提出了"合法延缓期"的概念。这一阶段的青少年往往无力持续承担义务,要作出的决断未免太多太快,因此,在作出最后决断前会进入"合法延缓期",以缓冲他们强烈的内心冲突。在这期间,他们需要为日后的发展作充分的准备,比如接受高等教育或职业教育、服兵役、经历各种性质不同的社会工作等,这些都是青少年寻求同一性的方式。虽然对同一性寻求的拖延可能是痛苦的,但它最后能促进个人整合的一种更高级形式和真正的社会创新。

第六阶段:成年早期(18—25岁)(亲密对孤独的冲突)。本阶段发展任务是:获得亲密感,避免孤独感,体验爱情的实现。埃里克森认为,只有具有自我同一性的人才能勇于与异性建立稳定的亲密关系。当两个人愿意共享和调节他们生活中的一切重要方面时,才能获得真正的亲密感。没有确立同一性的人和缺乏工作能力的人是退缩的,他们避免与人建立亲密的关系,因而势必产生孤独感。如果这一阶段的危机得到积极解决,就会形成爱的品质;如果不能成功解决,就会产生混乱的两性关系。

第七阶段:成年中期(25—65岁)(繁殖对停滞的冲突)。本阶段发展任务是:获得繁殖感,避免停滞感,体验关怀的实现。这一阶段,个体已经建立家庭,他们的兴趣开始扩展到下一代;而且他们也非常关心各自在工作和生活中的状态。这里的"繁殖"是一个意义相当广泛的词,不仅指生儿育女,关怀、照料下一代,而且还包括为下一代的幸福生活创造物质与精神财富,如创造新事物和产生新思想等等。如果一个中年人能对家庭生活和子女成长做出自己的贡献,或者能胜任社会职务,取得满意的工作成果,都能获得繁殖感;反之,则容易感到生活像一潭死水,产生停滞感。如果这一阶段的危机得到积极解决,就会形成关怀的品质;如果不能成功解决,就会形成自私的品质。

第八阶段:成年晚期(65岁以后)(自我整合对失望的冲突)。本阶段发展任务是:获得完善感,避免失望和厌倦感,体验智慧的实现。这一阶段的个体主要工作已经完成,是回忆往事的时候。埃里克森认为,拥有幸福生活,对自己持满意态度的人,当他们回首往事的时候,自我是整合的,体验到生活的美满和人生的完善,能以一种"超脱的态度对待生活和死亡",即智慧的实现。如果发现自己虚度一生,毫无作为,但人生已到尽头,一切无法挽回,就会感到深深的失望和厌倦,产生悲观、绝望情绪,因而害怕死亡。当老年人感到失望和厌倦时,应当面对现实,从另一角度去总结自己的人生,努力获得自我整合感。

埃里克森的人格发展渐成说,不再过分强调弗洛伊德的本能论和泛性论,而是强调自我与社会环境的相互作用,重视家庭、社会对儿童教育的作用。这无疑是精神分析学派的一大进步。此外,埃里克森把发展界定为终身的任务,对各发展阶段相互关系的解释上体现了一定的辩证思想。因此埃里克森把自己的人格理论称为——心理社会发展阶段理论,以区别于弗洛伊德的心理——性发展理论。

第三节　行为主义的心理发展理论

行为主义是现代西方心理学的一个重要流派，也是影响最大的心理学流派之一。行为主义忽视遗传对个体心理发展的影响，强调后天环境的决定意义。行为主义的几个基本特点：第一，强调心理学应该研究动物和人的行为。早期的行为主义者重视研究动物外显的和客观的行为，后期的行为主义者更加重视人的内隐认知和社会行为。第二，行为主义着重从后天学习的角度探讨心理的发生和发展。第三，行为主义在研究方法上强调客观性和科学性，一般采用严谨的实验研究方法。

一、华生的心理发展观

华生（John B. Watson，1878—1958）生于美国南卡罗来纳州的格林维尔。1913 年华生在《心理学评论》上发表了《一个行为主义者眼中的心理学》一文，正式宣告行为主义心理学的诞生。1916 年，华生开始对儿童心理进行研究，是把学习原则应用到发展领域的第一人。

华生认为，心理学应该研究行为，而不是意识，他主张采用行为实验法来研究心理现象，摈弃内省法。他认为，行为的基本要素是刺激与反应，行为公式是：S—R。从刺激可以预测反应，从反应可预测刺激。行为的反应是由刺激所引起的，刺激来自于客观而不是来自遗传，因此行为不可能取决于遗传。

图 2-4　华生

（一）环境决定论

华生的心理发展观的突出观点是环境决定论。主要体现在以下几个方面：

1. 否认遗传的作用

华生承认机体在构造上的差异来自遗传，但他认为，构造上的遗传并不能证明机能上的遗传。由遗传而来的构造，其未来形式如何，要决定于所处的环境。华生的心理学以控制行为作为研究目的，而遗传是不能控制的。所以遗传的作用越小，控制行为的可能性则越大。因此，华生否认行为的遗传作用。

2. 片面夸大环境和教育的作用

华生从 S—R 公式出发，认为环境和教育是行为发展的唯一条件。

华生提出，构造上的差异及幼年时期训练上的差异就足以说明后来行为上的差异。儿童一出生，在构造上是有所不同的，但它们仅仅是简单反应而已，而较复杂的行为完全来自环境，尤其是早期训练。

华生提出了教育万能论。华生从行为主义控制行为的目的出发，提出了他闻名于世的一

发展与教育心理学

个论断："请给我十几个健康而没有缺陷的婴儿,让我在我的特殊世界中教养,那么我可以担保,在这十几个婴儿中,我随便拿出一个来,都可以训练他成为任何一种专家——无论他的能力、嗜好、趋向、才能、职业及种族是怎样的,我都能够训练他成为一个医生,或一个律师,或一个艺术家,或一个商界首领,或者甚至也可以训练他成一个乞丐或窃贼"(叶浩生. 西方心理学的历史与体系. 人民教育出版社,1998. 195)。

华生认为,条件反射是学习的基础,学习的决定条件是外部刺激,外部刺激是可以控制的。所以不管多么复杂的行为,都可以通过学习来获得。这条规律完全适合于行为主义预测和控制行为的目的,所以华生十分重视学习。华生的学习观点为其教育万能论提供了论证。

(二)对儿童情绪发展的研究

华生对心理发展的研究,主要集中在情绪发展的问题上。华生指出：初生儿只有三种非习得的情绪反应——怕、怒、爱。后来由于环境的作用,经过条件反射,促使怕、怒、爱的情绪不断发展,华生特别强调家庭环境在情绪发展中的作用,认为父母是儿童情绪的缔造者与种植者。直到儿童3岁,他的全部情绪生活和倾向,便已打好根基,已决定了儿童将来变成一个快活健康而品质优良的人;或是一个神经病患者;或是一个睚眦必报,作威作福的桀骜者;或是一个畏首畏尾的懦夫。

小阿尔伯特的恐惧实验

华生与雷纳(Watson & Rayner, 1920)进行了一项称为"小阿尔伯特"(Little Albert)的实验,其目的是通过小阿尔伯特与白鼠的实验证明环境刺激是如何通过条件反射机制使个体学会某种情绪行为的。

小阿尔伯特是日托中心一个健康、正常的幼儿,当时只有11个月零5天。小阿尔伯特刚接触小白鼠时,他最初的反应是好奇的,他看着它,似乎想用手触摸它。这时,华生用铁锤敲击一段钢轨发出一声巨响,听到这令人生厌的巨响,小阿尔伯特的反应是惊吓、摔倒、哭闹和爬开。在小白鼠与敲击钢轨的声音一起出现3次后,单独出现小白鼠时,就会引起小阿尔伯特害怕和防御的行为反应。在两种刺激结合6次之后,小阿尔伯特见到白鼠就产生了强烈的情绪反应。在小阿尔伯特1岁零21天时,华生将一只兔子(非白色的)带到房间,小阿尔伯特也变得紧张不安。对于毛茸茸的狗、海貂皮大衣,甚至华生戴上有白色棉花胡须的圣诞老人面具出现在他面前时,他都显示出相同的反应。华生和他的同事原本计划通过新的条件反射消除小阿尔伯特的恐惧反应,但小阿尔伯特在做完最后一个实验后不久就离开了医院。在华生的建议下,钟斯(1924)通过一个叫彼特的3岁小男孩(害怕几乎所有皮毛的东西)的实验证明,学习得来的恐惧可以再通过行为学习的方式逐渐消除。

华生第一个将条件反射法用于儿童身上,这是一个成功的开创,但是这实验内容违反了发展心理学的研究原则。总之,华生等人关于恐惧情绪形成与消退的研究以科学的、实证的方式有力地支持了行为学习观，被行为主义者奉为经典。

二、斯金纳的发展心理学理论

斯金纳（B. F. Skinner，1904—1990），美国行为主义心理学家，新行为主义的杰出代表。由于行为主义者否认机体内部心理过程的作用，片面强调环境的作用，受到了多方质疑和批评，新行为主义就此发展起来。斯金纳提出了 S—O—R 的公式，开始注意到心理内部过程的中介，是操作性条件反射理论的奠基者。20 世纪 50 年代前后，他开始尝试把研究结论及行为主义的哲学观点应用于人类生活的各个方面，在程序教学、行为矫治等方面取得瞩目的成就。

图 2 - 5　斯金纳

（一）儿童行为的强化控制理论

1. 强化的作用

斯金纳认为，强化作用是塑造行为的基础。儿童偶然做了某个动作而得到了教育者的强化，这个动作后来出现的几率就会大于没有受到强化的动作。强化的次数增多或强度增大，概率也随之增大，这就导致了人的操作行为的建立。如果一个动作发生后，未能得到及时的强化，那么强化的作用就不明显，甚至没有任何作用。如果在行为发展的过程中，儿童行为得不到强化，行为就会消退。所以对于儿童的不良行为，如无理取闹和长时间啼哭，可以在这些行为发生时不予强化，使之消退。对于儿童好的行为，就应该给予强化，使之得以巩固。

斯金纳把强化分为正强化和负强化。正强化是通过呈现愉快的刺激而增强行为发生的概率；负强化是通过消除或终止厌恶的、不愉快的刺激增强行为发生的概率。强化在行为发展中起着重要的作用，得不到强化的行为就会消退。斯金纳认为，不能把负强化与惩罚混为一谈，惩罚是呈现不愉快的刺激或消除与终止愉快的刺激降低行为发生的可能性。不管是正强化还是负强化，都是增加了反应发生的可能性。而惩罚是降低反应发生率。斯金纳认为惩罚只是一种治标的方法，它对被惩罚者和惩罚者都是不利的，他建议以消退取代惩罚，提倡强化的积极作用。

2. 儿童行为的实际控制

（1）育婴箱的作用。当斯金纳的第一个孩子出生时，他决定做一个新的经过改进的摇篮，这就是斯金纳的育婴箱。他在实验箱里长大的女儿后来很快就成为一名很有名气的画家。于是，斯金纳把它详细介绍给了美国的《妇女家庭》杂志，他的研究工作第一次普遍受到大众的注意和赞扬。在《育婴箱》（Baby in Box）(1945)这篇论文中，他描述到：光线可以直接透过宽大的玻璃窗照射到箱内，箱内干燥，自动调温，无菌、无毒、隔音；里面活动范围大，除尿布外无多余衣布，幼儿可以在里面睡觉、游戏；箱壁安全，挂有玩具等刺激物；可不必担心着凉和湿疹一类的疾病。这种机械照料婴儿的装置是斯金纳研究操作性条件反射作用的又一杰

发展与教育心理学

作。这种设计的思想是要尽可能避免外界一切不良刺激,创造适宜儿童发展的行为环境,养育身心健康的儿童。

（2）行为塑造和矫正。斯金纳认为,人的大多数行为都是操作性的,任何习得行为都与及时强化有关。因此可以利用强化手段来塑造儿童的行为。教育者对儿童采取积极的、有步骤的强化,可以培养儿童良好的行为习惯。而对于异常的行为,则可以采取行为矫正法。很多时候,行为的塑造和矫正过程是合二为一的。在矫正不良行为时,塑造良好行为;采用积极强化的同时,采用消极强化,甚至惩罚。

（3）程序教学。斯金纳将他的强化控制理论运用于教学,采用了机器教学或程序教学的方法。这就是将学习的内容编制成一套程序,逐步提供给儿童。程序教育中的三个原则：①小步子前进;②主动参与;③及时反馈。程序教学对美国的教育产生了深刻影响。

三、班杜拉的发展心理学理论

班杜拉（Albert Bandura，1925—），美国当代著名心理学家,新行为主义的主要代表人物之一,社会学习理论的创始人。华生和斯金纳理论被诟病的主要原因是忽略了行为的社会性因素。班杜拉的社会学习理论在某种程度上弥补了一些不足。

图 2-6　班杜拉

（一）观察学习及其过程

班杜拉认为,儿童社会行为的习得主要是通过观察、模仿现实生活中自己关注的人物的行为来完成的。任何有机体观察学习的过程都是在个体、环境和行为三者相互作用下发生的。

所谓观察学习,班杜拉把它定义为："经由对他人的行为及其强化性结果的观察,一个人获得某些新的反应,或现存的反应特点得到矫正。在这一过程中,观察者并没有外显性的操作示范反应"。简言之,就是指人通过观察他人（榜样）的行为及其结果而习得新行为的过程。

在观察学习过程中,学习者可以不直接作出反应,也不需要亲自体验强化,只要通过观察榜样在一定环境中的行为,以及榜样所接受的一定的强化,就能完成学习。也就是说,学习者是以榜样所接受的强化为强化的。班杜拉把这种强化对学习者的影响称做"替代强化"。例如,幼儿看到同伴因讲礼貌而受到表扬时,就会增强产生同样行为的倾向;当他看到同伴因骂人而受到惩罚时,就会抑制骂人的冲动。

班杜拉认为,新行为的习得过程是一个复杂的认知过程,包括注意、保持、运动复现和动机作用四个具体过程。

班杜拉认为,强化可以分为直接强化、替代强化和自我强化。直接强化是观察者的行为直接受到外部因素的干预。例如,幼儿园小朋友做一件好事,老师就给他一朵小红花,激励小朋友做好事的动机。替代强化是观察者自己本身没有受到强化,在观察学习的过程中,他看到榜样的行为受到强化。这种强化也会影响观察者行为的倾向。例如,幼儿看到榜样攻击行为受到奖励时,就倾向于模仿这类行为;当看到榜样攻击行为受到惩罚时,就抑制这种行为的发生。自我强化是观察者根据自己设立的标准来评价自己的行为,从而对榜样示范和行为发挥自我调整的作用。儿童在发展过程中通过观察学习获得了自我评价的标准和自我评价的能力,当他认为自己或榜样的行为合乎标准时就给予肯定的评价,不符合标准时则给予否定的评价,这样儿童就能够对行为进行自我调节。儿童就是在这种自我调节的作用下,改变着自己的行为,形成自己的观念和个性。

(二)社会学习在社会化过程中的作用

社会化过程就是儿童在与社会的交互作用中学习社会规范,以社会规范行事,成为社会认可的成员的过程。班杜拉十分重视社会学习在儿童社会化过程中的作用。

1. 攻击性。班杜拉曾有一个著名的实验:以 66 名幼儿园儿童作为被试,把他们分成三组,令他们观看示范者对一个玩具娃娃表现攻击行为。①奖赏组:另一个人对示范者的攻击行为给予赞扬。②惩罚组:另一个人对示范者的攻击行为给予谴责。③无强化组:只有示范者表现攻击行为。然后让三组儿童在同样情境中玩 10 分钟。实验者通过单向玻璃观察和记录儿童的行为表现,发现奖赏组的儿童和无强化组的儿童攻击行为要远远高于惩罚组儿童。这可以看出榜样在没有强化的情况下,自动模仿反应仍然有较高的水平。

然后,告诉儿童如果他们模仿示范者行为就会得到奖赏,再记录他们的表现,结果发现三组攻击行为差不多。说明模仿反应的获得是不受示范者是否受到强化影响的。惩罚组儿童在没有诱因的情况下,没有表现出攻击行为,而在有诱因情况下表现出攻击行为。这说明惩罚组儿童已通过观察学习而获得攻击行为,只是没有表现出来;替代惩罚只是阻止了新行为的操作,而并没有阻止新行为的习得。攻击行为的表现与否及何时表现,决定于儿童对行为后果的预期,认识过程起了重要作用。

班杜拉认为,攻击性的社会化是一种操作条件作用。当儿童用社会许可的方式表现攻击性时,比如竞技运动、自我防卫等,成人就表扬、奖励儿童;当攻击性以社会不许可的方式表现出来时,比如打架、骂人、破坏财物等,成人就制止、责罚儿童。这样就会增强儿童模仿得到正面强化的行为的动机和频率。

2. 亲社会行为。亲社会行为具体是指分享、合作、帮助等利他行为。班杜拉认为,采用训练、斥责等方法对儿童的亲社会行为几乎没有效果。强制命令或许能一时奏效,但效果难以持久。只有正面的榜样示范才对促进儿童亲社会行为的习得和表现有持久且有力的作用。

此外,班杜拉还研究了性别作用和自我强化。班杜拉认为男孩和女孩的性别角色的获得,也是通过社会化过程的学习,特别是模仿作用获得的。研究发现,儿童倾向于模仿和自己性别相同的成人的行为。

班杜拉的观察学习理论对于培养儿童良好个性的教育工作有重要的启示。我们在儿童的教育过程中应当给儿童树立有利于儿童身心发展的榜样,榜样必须符合社会的道德规范、符合儿童的年龄特点,具有典型性、权威性、生动性、感染力强,使儿童易于接受和学习。

第四节 维果斯基的心理发展观

维果斯基(Lev Vygotsky，1896—1934)是前苏联建国时期杰出的心理学家,社会文化历史学派(维列鲁学派)的创始人,他短暂的一生对苏联心理学的理论和体系的建立与发展做出了不可磨灭的历史贡献,他所创立的文化历史理论对心理学发展产生了广泛而深远的影响。

图 2-7 维果斯基

一、文化—历史发展理论

维果斯基创立的文化—历史发展理论,用以解释人类心理本质上与动物不同的那些高级的心理机能。

维果斯基认为,由于工具的使用,引起人的新的适应方式,即物质生产的间接的方式,而不像动物一样是以身体的直接方式来适应自然。在人的工具生产中凝结着人类的间接经验,即社会文化知识经验,这就使得人类的心理发展规律不再受生物进化规律的制约,而受社会历史发展的规律所制约。

当然,工具本身并不属于心理的领域,也不加入心理的结构,只是由于这种间接的"物质生产的工具",即人类社会所特有的语言和符号。生产工具和语言的类似性就在于它们使间接的心理活动得以产生和发展。所不同的是,生产工具指向于外部,引起客体的变化,符号指向于内部,影响人的行为。控制自然和控制行为是相互联系的,因为人在改造自然时也改变着人自身的性质。

二、发展的实质

维果斯基认为发展是指心理的发展。所谓心理的发展指的是一个人的心理(从出生到成年)在环境与教育影响下,在低级的心理机能的基础上,逐渐向高级的心理机能转化的过程。

心理机能由低级向高级发展的标志是:(1)心理活动的随意性增强;(2)心理活动的抽象——概括机能,也就是说各种机能由于思维(主要是指抽象逻辑思维)的参与而高级化;(3)各种心理机能之间的关系不断地变化、组合,形成间接的、以符号或词为中介的心理结构;(4)心理活动的个性化。

心理机能由低级向高级发展的原因:(1)起源于社会文化—历史的发展,是受社会规律所制约的;(2)从个体发展来看,儿童在与成人交往过程中通过掌握高级的心理机能的工具——语言、符号这一中介,使其在低级的心理机能的基础上形成了各种高级心理机能;(3)高级的心理机能是不断内化的结果。

由此可见,维果斯基的心理发展观,是与他的文化—历史发展观密切联系在一起的。他强调,心理发展的高级机能是人类物质生产过程中发生的人与人之间的关系和社会文化—

历史发展的产物；强调心理过程是一个质变的过程，并为这个变化过程确定了一系列的指标。

三、教学与发展关系

在教学与发展的关系上，维果斯基提出了三个重要的问题：一个是"最近发展区"的思想；一个是教学应当走在发展的前面；一个是关于学习的最佳期限问题。

（一）"最近发展区"的思想

维果斯基认为，至少要确定两种发展的水平。第一种水平是现有发展水平：这是指由于一定的已经完成的发展系统的结果而形成的心理机能的发展水平。第二种是在有指导的情况下借别人的帮助所达到的解决问题的水平，也是通过教学所获得的潜力。这两种水平之间的差异就是"最近发展区"。教学创造着"最近发展区"，第一个发展水平与第二个发展水平之间的动力状态是由教学决定的。

（二）教学应当走在发展的前面

根据上述思想，维果斯基提出"教学应当走在发展的前面"。这是他对教学与发展关系的最主要的理论。也就是说，教学可以定义为"人为的发展"，教学决定着智力的发展，这种决定作用既表现在智力发展的内容、水平和智力活动的特点上，也表现在智力发展的速度上。

（三）关于学习的最佳期限问题

怎样发挥教学的最大作用，维果斯基强调了"学习的最佳期限"。如果错过了学习某一技能的最佳年龄，对发展是不利的，它会造成儿童智力发展的障碍。因此，对儿童的教育教学必须以成熟与发育为前提，但更重要的是走在心理机能形成的前面。

四、智力形成的"内化"学说

维果斯基是"内化"学说最早推出人之一。"内化"是指外部的实际动作向内部智力动作的转化。维果斯基认为，人类的精神生产工具或"心理工具"，就是各种符号。运用符号就能使心理活动得到根本改造，这种改造转化不仅在人类发展中，而且也在个体的发展过程中。学生早年还不能使用语言这个工具来组织自己的心理活动，心理活动的形式是"直接的和不随意的、低级的、自然的"。只有掌握语言这个工具，才能转化为"间接的和随意的、高级的、社会历史的"心理技能。他指出，教学的最重要的特征便是教学创造着"最近发展区"这一事实，也就是教学激起与推动学生一系列内部的发展过程。从而使学生通过教学而掌握全人类的经验，内化为儿童自身的内部财富。

第五节　皮亚杰的心理发展观

皮亚杰(Jean Piaget，1896—1980)瑞士心理学家，是当代发展心理学领域最有影响的理论家，发生认识论的开创者，首次提出了儿童认知发展理论。皮亚杰系统地研究了儿童认知的发生和各个年龄阶段上的发展变化，阐述了从认知的起源到科学理论的发展，对儿童心理发展研究作出了巨大的贡献。

图2-8　皮亚杰

一、认知发展的基本观点

皮亚杰认为，发展是一种建构的过程，是个体与环境不断相互作用中实现的。他用图式、同化、顺应和平衡四个概念来解释这一过程。儿童心理发展的实质就在于不断地发展图式，在和环境不断的交互作用中适应环境的过程。图式，是指儿童对环境进行适应的认知结构。人最初的图式源于先天的遗传，表现为简单的反射，如抓握反射、吸吮反射等。儿童的适应是通过同化和顺应两种形式实现的。同化是指主体面对一个新的刺激情境时，把刺激整合到自己已有的图式或认知结构中。顺应是指改变主体已有的图式或认知结构来适应客观变化。比如当儿童脑中原有的关于"小鸟"的图式是指"有翅膀、会飞"的动物，当他接触到以前没见过的鸟类"喜鹊"、"鹦鹉"时，都会对它们进行同化，这样"小鸟"的图式，即关于鸟的知识、经验就更加丰富了；但当儿童遇见"蝙蝠"、"蝴蝶"时，会发现虽然它们也会飞，但跟"鸟"是不一样的动物，同化失败，从而产生认知上的冲突或"失衡"。这时，儿童就会通过顺应的方式，改变自己头脑中关于"小鸟"的图式，从而产生新的"鸟"的图式，即不再把会不会"飞"当作"鸟"的本质特征，而是"卵生的脊椎动物"作为本质特征，以此消除认知冲突，重新达到与环境之间的平衡。儿童就是通过不断地平衡——失衡——再平衡的过程适应环境的，他们在平衡与不平衡的交替中不断建构和完善其认知结构，实现认知的发展。

皮亚杰认为，影响心理发展的因素包括成熟、物理环境、社会经验和平衡。成熟，是指机体的成长，特别是神经系统和内分泌系统的成熟，这些为认知发展提供了生理基础。物理环境是指儿童通过与外界物理环境的接触而获得的经验，包括物理经验和数理逻辑经验。例如，儿童打球，知道球会弹跳；玩橡皮泥，知道橡皮泥是软的，但有时也会变硬；摆弄5块鹅卵石，发现不管摆成什么形状，其数量都是不变的。这些经验不是来自物体本身，而是动作。儿童认知发展的源泉就是主体和客体之间的相互作用活动。社会环境，指社会环境中人与人之间的相互作用和社会文化的传递，包括学校和家庭的教育、社会生活、同伴交往、语言等。儿童通过这些因素实现社会化。但这些因素只是心理发展的必要条件，而不是充分条件，它们并不能决定心理的发展，只是促进或延缓心理的发展。平衡，是机体通过自我调节的作用，使同化与顺应之间相互协调达到平衡的过程。也是机体在和环境发生不断地交互作用中，对环境的适应过程，是心理发展的决定因素。

二、认知发展的阶段

皮亚杰认为,儿童的认知发展按照固定的顺序,依次经过四个阶段,不能跨越某个较低的阶段而直接跨入高级阶段;每个阶段都是前一阶段的延续,都有自己独特的结构。

1. 感知运动阶段(0—2岁)。这一阶段儿童主要特征是:仅靠感觉和动作适应外部环境;获得了客体的永久性,即当某一物体从儿童视野中消失时,儿童知道该物体仍然存在。

2. 前运算阶段(2—7岁)。这个阶段有四个重要的特征:(1)万物有灵论,也叫泛灵论,认为一切事物都有生命。(2)自我中心主义。皮亚杰做了一个三山实验(图2-9),实验证明幼儿只能站在自己的经验中心或视角来理解和认识事物。(3)思维具有不可逆性和刻板性。(4)没有守恒概念。如果把高矮粗细不同的三个杯子里倒入相同水量的水,孩子往往会认为高瘦的杯子里的水多,就是因为他没有守恒概念。

3. 具体运算阶段(7—12岁)。这个阶段的发展成就是:(1)具有了守恒性和可逆性;(2)去自我中心主义;(3)进行群集运算。

4. 形式运算阶段(12—15岁)。这一时期的儿童已经脱离具体的实物支持,对抽象的形式化的符号进行运算,能够根据假设进行逻辑推理,思维发展接近成人的水平。

皮亚杰关于儿童认知发展阶段理论的主要观点可以归纳为:

其一,儿童认知发展的本质就是适应,它是在一定的认知结构(即图式)的基础上实现的。这种适应是通过同化和顺应达到的。

其二,儿童认知发展是按固定顺序依次进行的,没有什么阶段是突然出现的,也不会跳跃和颠倒,先后次序不变,前一个阶段是形成后一个阶段的基础,后一个阶段是在前一个阶段的基础上发展起来的。

其三,儿童认知发展具有明显的阶段性,不同阶段有其主要特征。

当然,皮亚杰为代表的认知发展理论并不是十全十美的。首先,许多心理学家认为,皮亚杰低估了婴幼儿的认知能力。许多研究表明,婴幼儿甚至能完成某些具体运算阶段的任务。其次,皮亚杰重视生物机能和先天遗传因素(图式)的作用,但不重视教育和文化因素对认知发展的作用。事实上,通过教学或训练,儿童的认知能力可以得到明显的提高。再次,皮亚杰

图2-9 皮亚杰的"三山"实验

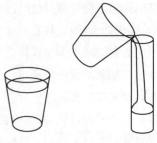

图2-10 皮亚杰的守恒实验

认为形式运算是思维发展的最高阶段,高估了青少年阶段的认知发展水平。一些研究发现,成年人的思维与青少年有很大的区别,变得更加辩证,可以称为"后形式运算"。最后,皮亚杰在研究认知发展时忽略了情绪、动机等因素的影响。这也是不全面的。

拓展阅读

皮亚杰的经典实验

三山实验:在桌子上放置三座山的模型,放置的方式使得在桌子不同的侧面看到的三山景象各不相同。给不同年龄儿童看反映这些不同景象的图片,让儿童预测放在桌子特定一侧的玩具娃娃所看到的景象,并据此挑出相应图片。结果发现,4岁或5岁的儿童在完成这项任务时往往会选择他们眼中的图景(不是玩具娃娃所"看"到的),直到8岁或9岁儿童才能正确预测娃娃看到的景象。皮亚杰将这个结果看作是幼儿的认知存在"自我中心"的例证。

守恒实验(图2-10):守恒(conservation)是皮亚杰理论中的一个重要术语。其含义是指对物质从一种形态转变为另一种形态时,物质含量保持不变的认识。皮亚杰认为守恒概念的获得是儿童认知水平的一个重要标志。儿童一般要到具体运算阶段(7~12岁)才能获得守恒概念。皮亚杰等人对儿童的守恒概念作了大量的研究,其守恒实验主要包括液体质量、物体质量、重量、长度、数量、面积、体积守恒等。其中液体守恒是皮亚杰最著名的实验。实验的开始首先给儿童呈现两杯等量的水(杯子的形状一样),然后把这两杯水倒入不同口径的杯子里,问儿童哪一个杯子的水多(或一样多)。他在实验中发现,对这个问题,6、7岁以下的儿童仅根据杯子里水的高度判断水的多少,而不考虑杯子口径的大小。而6、7岁以上的儿童对这个问题一般都能做出正确的回答,即他们都同时从水面的高度和杯子口径两个维度来判断杯子里水的多少。

第六节 布朗芬布伦纳的生态系统理论

布朗芬布伦纳(Urie Bronfenbrenner, 1917—2005)是美国当代心理学家。他出生于俄国,6岁时,随父母迁往美国。曾就读于康奈尔大学,并取得心理学和音乐双学位。之后就读于哈佛大学,取得发展心理学硕士学位,并于1942年取得密歇根大学博士学位。他曾以心理学家的身份任职于美国陆军部队。离开部队后,曾任密歇根大学助教职位。1948受康奈尔大学邀请任职教授。1960到1970年布朗芬布伦纳都是康奈尔大学董事会成员。布朗芬布伦纳是第一位关注"儿童研究和儿童政策之间的相互影响"的人,他提出了著名的心理发展的生态系统论。

一、儿童心理发展的生态系统

生态发展观将环境看作是一个不断变化发展的动态过程,强调发展来自于人与环境的相互作用,突破了以往研究对环境的局限性,拓宽了青少年心理发展的研究范围。布朗芬布伦纳把个体的社会生态系统划分为五个子系统(见图 2 - 11)。这五个子系统按它们对儿童发展影响的直接程度进行划分,由里到外按层次组织起来,分别是:微系统、中系统、外系统、大系统和长期系统。

环境层次最里层的是微系统,指个体活动和交往的直接环境,这个环境是不断变化发展的。微系统包括直接作用于儿童的各种行为的复杂模式、角色,以及家庭、学校、同伴群体、工作场所、游戏场所中的个人的交互作用关系。对大多数婴儿来说,微系统仅限于家庭。随着婴儿的不断成长,活动范围不断扩大。对学生而言,学校是除家庭以外对其影响最大的微系统。布朗芬布伦纳强调,要理解这个层次儿童的发展,必须看到所有的关系都是双向的,即成人影响着儿童的反应,但儿童决定性的生物和社会的特性与其生理属性、人格和能力也影响着成人的行为。

第二个环境层次是中系统,即各微系统之间的联系和交互作用关系。布朗芬布伦纳认为,如果微系统之间有较强的积极联系,发展可能实现最优化。相反,微系统之间非积极联系会产生消极的后果。例如儿童如果在家庭中处于被宠溺的地位,那么他在学校或其他地方享受不到这种待遇,就会产生极大的心理不平衡,会影响到与同学、朋友的亲密关系,可能还会影响到教师对其指导教育的方式。

第三个环境层次是外系统,是指那些儿童并非直接参与,但却对他们的发展产生影响的系统。例如父母的工作环境、人际关系等等。父母的工作环境可能影响到父母的情绪,从而影响到亲子关系和儿童的情绪发展。父母的亲戚、朋友可能影响到父母的教养态度,进而影响儿童的行为。

第四个环境层次是大系统,是指与个人有关的所有微系统、中系统及外系统的交互作用关系。大系统实际上是一个广阔的意识形态,是一个有文化特色的系统。例如不同的文化背景、价值观影响着父母和教师的生活方式、价值观和教育方式,最终影响着儿童的价值观和行为。

第五个环境层次是长期系统,是指在个体发展过程中所有的社会生态系统随着时间的变化而发生的变化。个体的微系统随着时间的推移可能会发生很多重要的变化,如弟弟妹妹的出生、父母离婚等。有时候,大系统也会发生变化。例如,在美国 20 世纪最后的几十年中,在家庭成员参加工作的模式(从一人挣工资发展为两人挣工资)、家庭结构(从双亲家庭到单亲家庭)、育儿方式(从家庭养育到选择其他保育方式)、生孩子的年龄(从低龄到高龄)等方面都发生了深刻的变化。显然,大系统的变化会直接影响个人生活于其中的微系统(家庭、家族和学校)。

图 2 - 11 布朗芬布伦纳的生态系统论

二、生态系统论的贡献和不足

布朗芬布伦纳的社会生态系统理论有助于我们理解社会环境对个体心理与行为的制约作用。首先，从空间上来看，人的行为不仅受直接的、面对面水平上的微系统的社会因素的影响，而且还受微系统之间交互作用的影响，微系统与中系统、外系统、大系统（文化和亚文化）交互作用关系的影响。其次，从时间上来看，人的行为不仅受传统文化的制约，而且受时代变迁的制约。

但是，社会生态系统理论也有缺点，主要是无法进行实证研究。例如，怎样对有着无数高度复杂的交互作用关系进行深入的分析并进行观测？怎样理清个体与其微系统、中系统、外系统之间的交互作用？长期系统、大系统是以怎样的方式通过微系统而直接作用于个体的发展？这些都是尚未解决的问题。

本章小结

1. 个体心理发展是指人类从受精卵开始到出生、再到衰亡的整个过程中的心理发展。在个体发展过程中，遗传和环境都起着重要的作用，而且是相互作用的。先天遗传给心理发展提供了可能性，后天环境将这种可能性变为现实性，两者相辅相成，缺一不可。

2. 心理发展的基本特征表现为：心理发展的主动性和被动性；心理发展的连续性和阶段性；心理发展的方向性和不可逆性；心理发展的不平衡性；心理发展的普遍性和多样性（发展的个别差异）。

3. 个体心理发展年龄阶段的划分有很多划分标准，一般将个体心理发展划分为胎儿期、婴儿期、幼儿期、小学儿童期、青少年期、成年早期、成年中期和成年晚期八个阶段。在个体心理发展的过程中存在心理的年龄特征，个体心理的年龄特征是指在一定的社会条件下，心理发展的各个阶段中形成的一般的、典型的、本质的特征。

4. 精神分析的发展理论中，弗洛伊德的理论注重儿童的人格和动机的发展，重视无意识和性本能的作用，重视儿童早期经验对人格发展的影响。他提出人格发展的阶段论，将人格发展分为五个阶段；埃里克森强调生物学因素、文化和社会因素对人格发展的作用，提出了毕生心理发展的八个阶段说。

5. 行为主义的发展理论强调外部环境的影响，而不太注重内在认知、动机和情绪的发展。华生认为，一个人的行为或反应是由周围的环境刺激决定的。斯金纳提出操作条件反射理论，强调强化在行为学习中的作用，他的理论成为儿童行为塑造和矫正的理论基础。班杜拉提出的社会学习理论主要解释了儿童的社会行为和态度习得问题，认为儿童的社会行为，包括攻击性行为和亲社会行为，主要是通过观察学习形成的。在观察学习过程中，榜样起着十分重要的作用。

6. 维果斯基的文化——历史发展观认为，发展的实质是一个人的心理（从出生到成年）在环境与教育影响下，在低级的心理机能的基础上，逐渐向高级的心理机能的转化过程。在教学与发展的关系上,维果斯基提出了三个重要的问题:一是"最近发展区"的思想;二是教学应当走在发展的前面;三是关于学习的最佳期限问题。

7. 皮亚杰的认知发展理论认为,发展就是主体通过动作对客体进行适应的过程,适应的本质是有机体与环境之间达到一种平衡,它是通过同化和顺应两种形式实现的。儿童的思维或认知发展依次经历四个阶段:感知运动阶段(0~2岁)、前运算阶段(2~7岁)、具体运算阶段(7~12岁)、形式运算阶段(12~15岁)。影响心理发展的基本因素包括成熟、物理环境、社会经验和平衡。

8. 生态系统理论注重儿童的心理发展与环境之间的关系。布朗芬布伦纳认为,儿童成长的环境是一个由微系统、中系统、外系统、大系统和长期系统构成的生态系统,这些子系统相互联系,共同影响着儿童心理的发展,而且,儿童与环境之间是相互作用的。

思考题

1. 论述遗传和环境在心理发展中的作用。

2. 心理发展的基本特征是什么?

3. 什么是年龄特征?

4. 简述弗洛伊德和埃里克森的心理发展阶段论。

5. 什么是观察学习?观察学习的过程是怎样的?

6. 试述维果斯基的心理发展观和"最近发展区"思想。

7. 试述皮亚杰的认知发展基本观点和认知发展阶段。

8. 简述布朗芬布伦纳的生态系统理论。

参考文献

1. 林崇德.发展心理学.北京:人民教育出版社,2009

2. [美]黛安娜·帕帕拉,萨利·奥尔兹,露丝·费尔德曼.发展心理学(第10版).李西营等译.北京:人民邮电出版社,2013

3. [美]罗伯特·S·费尔德曼.儿童发展心理学(第6版).苏彦捷,邹丹等译.北京:机械工业出版社,2015

4. 约翰·W·桑特洛克.发展心理学(第2版).田媛,吴娜等译.北京:机械工业出版社,2014

5. 陈英和.发展心理学.北京:北京师范大学出版社,2015

6. 刘万伦,田学红.发展与教育心理学.北京:高等教育出版社,2014

7. 伍新春.儿童发展与教育心理学.北京:高等教育出版社,2008

8. 莫雷.教育心理学.北京:教育科学出版社,2007

9. 何先友.青少年发展与教育心理学.北京:高等教育出版社,2009

发展与教育心理学

第三章　婴幼儿心理发展与教育

宝宝的成长

宝宝出生6个月了，现在可以自己坐在小床上了。有一天，妈妈看到宝宝猫着腰，头低得很低好像已经趴到床上了，正在聚精会神地做什么。妈妈走近一看，宝宝正在津津有味地啃着自己的脚趾头，那感觉太认真了。可是突然，宝宝哭叫起来，你猜是什么原因？是他把自己的脚趾头咬疼了。

时间过得很快，到了1岁左右。有一天，宝宝在小床上拿着一个玩具摆弄，不小心，玩具掉到地上，宝宝急忙叫了起来，妈妈听到后，马上跑了过来，把玩具捡起来并递到宝宝的手里。可是一转身，这个玩具又到地上了，妈妈又捡起来递给了宝宝。这时，有趣的一幕出现了：宝宝使劲地把玩具扔了出去，同时还非常开心地大笑起来。妈妈有些生气了，觉得这个孩子故意捣乱……

又过了一段时间，宝宝会说话了，妈妈经常听到宝宝像别人叫他一样，称呼自己"宝宝"……又过了很长时间，到了2.5岁左右，宝宝看到爸爸枕着自己的枕头，马上就去抢，还边说"我的"，真是一句令人吃惊的话……很快，宝宝会用"我"这个词了……

3岁时，宝宝逐渐开始评价"我乖"，当做了什么错事，还会不好意思呢，而且还能按照妈妈的要求做事了……

资料来源：邹晓燕：《学前儿童社会性发展与教育》，北京师范大学出版社，2015

上述孩子的一些表现，就是婴儿心理发展过程中必然经历的几个重要的阶段。这一阶段是儿童生理和心理发育最迅速的时期，儿童的心理发展是极为明显的。了解婴幼儿时期儿童生理和心理发展的基本规律，将会为儿童的发展提供理论支持。

第一节　婴幼儿发展概述

发展是指个体从出生到死亡的过程中所发生的、有次序的、持续的生理和心理变化的过程。简言之，发展是研究毕生的身心发展规律和特点。发展通常使个体产生更有适应性、更具组织性、更高效、更复杂的行为。从这里可以看出，发展首先表现为一系列的变化，但并非所有的变化都是发展：只有那些有顺序的、不可逆，且能保持相当长时间的变化才是发展。暂时的情绪波动、思想行为的短暂变化等不包含在内。

具体来讲，发展主要包括生理和心理的发展。生理的发展主要是身体机能的生长和发育；心理发展是指个体从出生、成熟、衰老直至死亡的整个生命进行中所发生的一系列变化，具体包括个体认知和社会性的发展等。

婴幼儿的发展,主要是指个体从出生到成熟(0～7岁)这一成长阶段中身心日益完善的过程。

一、婴幼儿身心发展的一般特点

1. 心理发展随着年龄的增长而逐渐发展

年龄阶段不同,心理活动的发展水平也会不相同。如幼儿园小、中、大班的儿童在认知、社会性发展等方面会表现出年龄阶段特征。

2. 认识活动对象以具体直观形象性为主

根据皮亚杰的认知发展理论,婴幼儿时期儿童的认知处于感知运动阶段和前运算阶段,婴幼儿的认知对象主要以具体的、形象的事物为主,5～6岁的幼儿表现出抽象思维的萌芽。

3. 心理活动以无意为主,并开始向有意方向发展

婴幼儿的认知过程是没有预定目的,也不需要意志的努力,新奇的、运动的、变化的事物都能引起婴幼儿的注意。此外,情绪也会影响到婴幼儿的活动方向和性质,自控能力比较差。到了幼儿后期,即5～6岁,由于受到年龄和教育的影响,孩子已经能进行有目的的活动,初步控制自己的行为,心理活动开始朝着有意方向发展,能有意识地控制自己情绪的外部表现。

4. 幼儿个性的初步形成

个性的初步形成是从幼儿开始的。在个体和周围环境的相互作用中,幼儿个性开始形成,显现出较为明显的气质和性格特点,有一定倾向的兴趣和爱好。

二、婴幼儿身心发展的年龄特征和发展趋势

1. 新生儿期(0～1个月)

新生儿期是儿童心理的发生期,这个时期的活动都是一些本能动作。新生儿的动作主要是一些先天反射活动。儿童出生后就开始认识世界,突出表现为知觉的产生和视觉、听觉的集中,这又是新生儿注意的出现。

婴儿的一些基本反射

眨眼反射:物体或气流刺激睫毛、眼皮或眼角时,新生儿会做出眨眼动作。这是一种防御本能,可以保护眼睛。眨眼反射在个体发展中是永久的。

莫洛反射:又叫吃惊反射。突如其来的噪声刺激,或者被猛烈地放到床上,新生儿立即把双臂伸直,张开手指,弓起背,头向后仰,双腿挺直。此反射大约在4—6个月时消失,随后以吃惊反射作出回应。

击剑反射：仰卧时，把新生儿的头转向一侧，小宝贝会立即伸出该侧的手臂和腿，屈起对侧的手臂和腿，做出击剑的姿势。

迈步反射：扶着其两肋，把新生儿的脚放在平面上，会做出迈步动作，两腿协调地交替走路。一般会在出生 2 个月后消失。

游泳反射：让其俯卧在床上，托住肚子，新生儿会抬头、伸腿，做出游泳姿势。如果俯伏在水里，新生儿会本能地抬起头，同时做出协调的游泳动作。此反射大约在 4～6 个月后消失。

蜷缩反射：新生儿的脚背碰到平面边缘时，会做出像小猫那样的蜷缩动作。一般在出生后 8 周左右消失。

吮吸反射：奶头、手指或其他物体碰到其嘴唇，新生儿立即做出吃奶的动作。这是一种食物性无条件反射，即吃奶的本能。吮吸反射在个体发展中是永久的。

觅食反射：如果你用手指轻触其面颊，新生儿会把头转向手指并把口张开。在出生后 3 周以后，新生儿就可以自主转头，觅食反射消失。

怀抱反射：被抱起时，新生儿会本能地紧紧靠贴着你。

抓握反射：用手指或笔杆等物体按压其掌心，新生儿会用手指紧握笔杆不放，甚至可以使自己的身体悬挂起来。此反射大约在 3—4 个月消失，并以自发性抓握来代替。

资料来源：亲子百科http://baike.pcbaby.com.cn/qzbd/174016.html

2. 婴儿期(0～3 岁)

半岁内，婴儿的视觉、听觉迅速发展，眼手的动作逐渐协调，6 个月时开始认生。之后身体、动作迅速发展，出现坐、爬、站等动作，能五指分工、手眼协调；语言开始萌芽。八九个月的孩子明显表现出分离焦虑。1 岁左右尝试直立行走，思维方式主要以直观动作为主，两岁左右出现最初的思维活动，想象也开始发生，有了初步的自我意识，各种心理活动初步发展。

3. 幼儿期(3～6、7 岁)

在幼儿初期，开始进入幼儿园，活动范围扩大，游戏成为孩子活动的主题。他们的认知、思维、语言等都是以具体的动作为基础进行的，他们爱模仿，对成人的依赖较大，因此情绪不稳定。进入幼儿中期，孩子的思维以具体形象思维为主，开始能遵守规则，自己组织游戏并能和其他小朋友合作，一般活泼好动。到了幼儿晚期，思维仍以具体形象为主，但具有明显的抽象逻辑思维的萌芽。开始掌握一些认识方法，能有意识地从事活动，心理活动的控制性、主动性逐渐增长，幼儿个性初步形成。

三、婴幼儿发展的影响因素

个体的心理是如何形成的，这是一个备受争议的话题：是先天的遗传素质，还是后天的环境教育？当代发展心理学家的共识是：婴幼儿心理的发展不仅由先天的遗传决定，还和后天的环境、教育、个人的特点等因素有关。

（一）生物遗传因素

遗传是指生物将自己的生理特征和形态结构相对稳定地传给后代的现象。人通过遗传而继承的生而具有的解剖生理方面的特点叫遗传素质。遗传对婴幼儿的发展表现在遗传素质上，它是个体心理发展的自然前提和物质基础，为个体心理的发展提供了可能性。

（二）环境和教育因素

遗传只是为婴幼儿的发展提供了生物基础和自然前提，为婴幼儿的发展提供了可能性，要使这种前提和可能性变为现实性，还需要通过后天的环境和教育。环境包括自然环境和社会环境。它决定了婴幼儿心理的速度与方向，将婴幼儿心理发展的可能性变成现实性。其中，教育作为一种有组织、有目的、有计划的影响人的身心发展的社会实践活动，在个体的心理发展中将产生深远的影响。

（三）实践活动

个体的心理发展是在实践活动中形成和发展起来的。离开了实践活动，即使有良好的遗传素质，优越的环境和教育，心理也很难顺利发展起来，尤其是在关键期的心理活动。如，婴幼儿的实践活动以游戏为主，参加游戏能够加快婴幼儿注意力、观察力、想象力等各种能力的发展，同时也有助于婴幼儿良好个性的形成。

（四）婴幼儿的主观能动性

不可否认的是环境和教育对儿童的身心发展很重要，但它们不是机械地决定心理的发展，而是需要发挥儿童的主观能动性，离不开儿童的主观能力，即个体主动、自觉地参与发展的过程。现实生活中，常常遇到这样的情况：两个孩子的先天遗传素质差不多，所处的环境、接受的教育以及参加的实践活动也类似，唯独两个人的主观努力不同，结果个体心理发展的速度和水平差距很大。出生同一个家庭中的双胞胎姐妹，妹妹喜欢探索、喜欢活动，她的手眼协调能力就发展得早一些、好一些；姐姐不喜欢活动，吃饱了就睡，因此，手眼协调相对就差一些。

总之，婴儿的发展是先天和后天中依赖多种因素作用的结果。虽然，各种因素的作用在婴幼儿发展中的具体影响比重难以精确估算，但不可否认的是，生物遗传因素、环境和个体的主观能动性在婴幼儿的身心发展中是缺一不可的。

第二节　幼儿的生理发展

幼儿期（3～6、7岁）是儿童进入幼儿园的时期，称为幼儿期。同时也是儿童正式进入学校以前的阶段，所以又称学前期。幼儿期生理发展最明显的标志就是身高和体重。

一、幼儿身体发育的规律

人体的生长发展速度是不均衡的,有时快,有时慢,呈现波浪式。儿童生长有两个显著的时期:(1)从出生到两岁,发育非常迅速;(2)2岁到青春发育期,发展有些平缓;(3)青春期变化极大,发展十分迅速(男生约在13～15岁,女生约在11～13岁)。

刚出生时,足月新生儿身高约50 cm,前两年内增长很快,其中第一年增长25 cm左右,第二年内增长约10 cm。到了幼儿期,身体发育的速度比婴儿期慢,但仍在快速发展。幼儿期头部的比例还是较大,但随着年龄的增长,躯干和腿的生长速度增快。到了6～7岁时,幼儿身体各部分的比例接近成人。总体来说,幼儿期身体成长遵守"头尾原则"和"近远原则"。近远原则是指身体的发育是从身体的中部开始慢慢扩散到周围边缘,由中心到末梢。胎儿期的头、胸、躯干最先发育,然后是大臂、大腿、下臂、小腿的发育;到了婴儿和童年期,还是手臂和腿先发育,手和脚的发育较迟。头尾原则是指身体的发育是从头部延伸到身体的下半部。儿童的头、大脑比躯干和双脚先发育,在产前是这样,出生后也是这样,从上到下。所以,头、脑的发育就大得不成比例,直到身体的其他部分发育赶上来时,这种不相称的现象才完全消失。具体见图3-1。

图3-1 随着年龄的增大而引起的人体外形的变化

在整个幼儿时期,儿童的身高每年平均增长5～8 cm,体重每年平均增加2～3 kg。幼儿体重、身高的发育状况见表3-1。

表3-1 幼儿体重、身高参照表

年龄	体重(kg)		身高(cm)	
	男	女	男	女
2.5	12.1—15.3	11.7—14.7	88.9—95.8	87.9—94.7
3	13.0—16.4	12.6—16.1	91.1—98.7	90.2—98.1
3.5	13.9—17.6	13.5—17.2	95.0—103.1	94.0—101.8

年龄	体重(kg)		身高(cm)	
	男	女	男	女
4	14.8—18.7	14.3—18.3	98.7—107.2	97.6—105.7
4.5	15.7—19.9	15.0—19.4	102.1—111.0	100.9—109.3
5	16.6—21.1	15.7—20.4	105.3—114.5	104.0—112.8
5.5	17.4—22.3	16.5—21.6	108.4—117.8	106.9—116.2
6	18.4—23.6	17.3—22.9	111.2—121.0	109.7—119.6
7	20.2—26.5	19.1—26.0	116.6—126.8	115.1—126.2

二、幼儿神经系统的发育

幼儿的脑和神经系统的发育速度没有婴儿期快,但仍在发育。到了幼儿末期,已经接近成人。幼儿大脑和神经系统的成熟和发育为心理的发展提供了自然前提。

大脑重量:继续增加。婴儿刚刚出生时,大脑脑重有300~390克,是成人的1/4(成人脑重1 400克)。出生后脑的重量随着年龄的增长而增长,其速度是先快后慢。第一年脑的重量增加最快。1岁时,脑重900克左右,是成人的一半。3岁时脑重1011克,是成人脑重的75%,之后的几年中发展相对缓慢,到7岁时,儿童的脑重接近成人,约1280克,相当于成人脑重的91%。此后,儿童大脑的重量不再有明显变化。

大脑皮质结构:日趋复杂。儿童出生后,脑的发展除了在重量上有所增加外,更重要的是大脑皮质的结构日趋复杂和脑机能的日趋完善。大脑生理学的研究表明:儿童大脑重量的增加不是神经细胞大量增殖的结果,而是由于神经细胞结构的复杂化和神经纤维的拉长。幼儿时期的神经纤维继续增长,2岁左右大脑额叶的表面积增长达到一个高峰,5~7岁时又有明显加快,此后将会维持在一个稳定的水平。这意味着幼儿大脑皮层已经达到比较成熟的程度。

大脑机能:兴奋——抑制机能发展,但仍不平衡,出现偏侧优势。高级神经活动的基本过程兴奋——抑制在幼儿期继续增强。兴奋的增强表现在觉醒时间的延长。通常,幼儿晚上睡10~11个小时,白天睡1~2个小时,比婴儿期的觉醒时间要长。抑制机能的增强表现在幼儿已经能比较好地控制自己的言行,冲动行为减少,尤其是上了幼儿园之后,对规则等事物的分辨更加精确。尽管幼儿的兴奋——抑制都在增强,但总体而言,两者还不太平衡,兴奋和抑制比较起来,仍稍微占优势。此外,大脑两半球的发育速度也是不一样的。3~6岁大多数儿童的左半球发育较快,6岁以后趋于平稳。但在幼儿期,大脑右半球的成熟速度较慢,表现出明显的偏侧优势。

三、婴幼儿动作的发展及对心理发展的意义

(一)婴幼儿动作的发展

初生婴儿的运动多是无条件的反射活动,到了幼儿时期,动作的灵活性、协调性、稳定性

等方面有了较大的发展,总体而言,婴幼儿动作的发展遵循着一定的规律:由整体向分化动作发展、由不随意动作向随意动作发展、动作的发展具有一定的方向和顺序性,主要表现在大动作的发展和精细动作的发展。

大动作的发展(gross motor development)主要是指对身体动作的控制,包括:坐、爬、挺胸、站立、行走等。精细动作的发展(fine motor development)是指较小的动作发展,是手指的抓握动作。幼儿精细动作的发展主要表现在开始写字、绘画和穿衣、吃饭等自我服务能力的增强。

表 3-2　婴儿大运动和精细运动的发展

贝利(Bayley)量表			范存仁量表	
运动技能	达到的平均年龄范围	90%达到该技能的年龄范围	项目名称	年龄定位
抱着立起时,头部竖直稳定	6 周	3 周~4 个月	头竖直:垂直的	0.8 个月
俯卧时用双臂支起上身	2 个月	3 周~4 个月	仰卧举头 45°	1.4 个月
从侧身到仰卧	2 个月	3 周~5 个月	……	
够积木块	3 个月 3 周	2~7 个月	伸手够积木块	4.1 个月
从仰卧到侧身	4.5 个月	2~7 个月	从仰卧到侧卧	4.4 个月
独坐	7 个月	5~9 个月	独坐:协调好	7 个月
爬行	7 个月	5~11 个月	爬行	10 个月
扶着站立	8 个月	5~12 个月	依靠家具站起来	10 个月
独自站立	11 个月	9~16 个月	独自站立	11 个月
独自行走	11 个月 3 周	9~17 个月	独自行走	11.7 个月
用两块积木建一塔	13 月 3 周	10~19 个月	用两块积木搭搭	13.8 个月
乱涂乱画	14 个月	10~21 个月	自发地乱涂画	14.0 个月
依靠帮助上楼梯	16 个月	12~23 个月	扶栏上楼	21.9 个月
站在原地跳	23 月 2 周	17~30 个月	双脚跳	24.4 个月

(资料来源:方富熹,方格.儿童发展心理学.北京:人民教育出版社,2005:188)

表 3-2 的数据样本分别来自美国和中国的婴儿。从表中可以看出,每种运动技能的年龄基本上一致,而且都遵循着相同的发展规律,即头尾原则、近远原则、粗细原则。婴儿会先控制自己的头部动作,然后是手臂、躯干、最后是腿脚,儿童的动作发展总是沿着抬头——翻身——坐——爬——走的顺序成熟的。而且对身体的控制是从中心到外周的,即先控制头部,躯干,然后是手臂的动作,手的精细动作如够物、抓握等发展得较晚。

（二）动作发展对心理发展的意义

首先，动作发展是婴幼儿心理发展的前提。婴幼儿运用感知觉和已有的动作模式对外界环境和刺激作出反应，能够获得对周围世界的最初的认知，正是借助动作及动作本身的发展，才能使婴儿在主体与客体间的相互作用过程中构建自我，形成自我意识等。可以说，没有动作，婴儿心理就无从发展。

其次，动作是婴儿心理发展的外部表现。婴儿的动作可以折射出其心理发展的特点，婴幼儿心理发展的内容、水平和程度都可以通过动作的表现来进行解释和说明。

最后，动作的发展可以促进婴幼儿认知及社会交往能力等的发展。手的抓握和独立行走等动作的发展可以促进婴儿空间认知能力的发展。动作的发展也可以诱导婴幼儿社会交往能力的发展，随着动作的发展，婴幼儿与周围人的交往逐渐从依赖、被动转向主动。

四、幼儿的游戏

游戏是幼儿的主导活动，是幼儿非常喜爱的一种活动方式，也是幼儿的主要学习方式。通过游戏活动，幼儿不仅能获得愉悦，得到生理和心理上的满足，而且还能促进幼儿身体各项动作的发展、认知能力的提高和社会性的发展。可以说，游戏是幼儿全面发展的基本途径。

（一）游戏的特点

什么是游戏？游戏的实质是什么？从达尔文开始，人们就从不同的角度对游戏进行了大量的研究，也从各自的角度给游戏做了界定和说明。因此，至今关于游戏的定义还没有一个公认的说法。尽管这样，大多数研究者都认为儿童天生就是爱玩的，在所有能玩的活动中，游戏是最适合幼儿身心发展特点的一种独特的活动，是促进幼儿的生理和心理发展的一种比较好的活动方式，是教育活动不可取代的。因此有人主张，幼儿的任何玩或自由活动都可以称之为游戏。具体来说，游戏具有以下特点。

首先，游戏是幼儿自发的、主动参与的活动。爱玩游戏是孩子的天性，游戏不像学习那样具有强制性，而是幼儿自己感兴趣的、自发自愿进行的活动。他们游戏的目的就是活动本身，重在过程，往往不在乎结果如何。因此，在整个游戏中，幼儿能放松身心、积极活动、充分展现自我，因而他们的游戏行为是在没有外界压力下轻松、愉快地进行的。

其次，游戏不是现实生活的简单复制，而是现实和想象的结合，因而富有创造性。幼儿的游戏是以客观现实生活为基础，同时又可以展开想象的翅膀对现实生活赋予自己的理解。如孩子喜欢的过家家、打针等游戏，幼儿可以利用假想的情景从事自己喜欢的活动，又能真实地再现和体验成人的生活和人际关系，因而具有创造性。

最后，幼儿游戏是一种社会性的活动。游戏反映了幼儿的现实生活。幼儿在与成人的交往中，渴望参与一些成人的活动，如像老师一样给学生上课。可这又受到幼儿身心发展水平的限制，而游戏可以很好地解决这一问题。游戏中，幼儿通过和其他伙伴的交往，可以锻炼他们多方面能力的发展，为孩子社会性的发展提供基础。

（二）游戏的分类

幼儿的游戏是多样的，按照不同的标准，可以将幼儿的游戏进行不同的分类，这里主要介绍三种。

1. 根据游戏的目的，将幼儿游戏分成：创造性游戏、教学游戏、活动游戏

（1）创造性游戏：是由儿童自己想出来的游戏，如角色扮演、建筑性游戏、表演游戏等。其目的是发展儿童的主动性和创造性。

（2）教学游戏：是结合教学目的而编制的游戏活动。可以有计划地培养儿童的注意、记忆、观察、想象等良好的个性品质。

（3）活动游戏：是发展儿童体力的一种游戏。这种游戏可以有效地训练儿童的一些基本动作，如走、跑、跳等，尤其对婴幼儿来说，活动性游戏可以发展小肌肉的精细动作，训练手眼协调能力，还能培养儿童勇敢、坚强、合作等优秀品质。

2. 根据认知发展水平分：感知运动游戏、象征性游戏、规则游戏

（1）感知运动游戏：主要发生在感知运动阶段，也称练习性游戏或机能游戏。主要是一些简单的、重复性的动作，如撕纸、敲打物体、引逗时的嬉笑、反复扔掉捡起的东西等。其目的是获得感觉或运动器官在使用过程中的快感，这是一种最简单、最基本的游戏形式。

（2）象征性游戏：又称假装游戏，是幼儿阶段最常见的、比较典型的游戏形式。幼儿在游戏中通过以物代物、以人代人，以假想的方式反映现实生活和自己的愿望，如过家家、当妈妈、当医生等。一般情况下，1岁以下的婴儿不会玩象征性游戏，2～3岁是象征性游戏发展最迅速的时期，而6岁以上的儿童很少再玩这种游戏。

（3）规则游戏：发生在具体运动思维阶段。游戏往往按照一定的规则进行，规则可以是儿童自己制定，也可由具体的游戏情境决定。简单的规则游戏出现在4～5岁，如丢沙包等。

此外，美国的心理学家帕腾（M. B. Parten）根据儿童在游戏中的社会性程度把游戏分为六种：偶然的行为、单独游戏、旁观游戏、平行游戏、联合游戏、合作游戏。

我国学者在学习、借鉴国外游戏理论的基础上，根据教育的目的，在实践中形成了幼儿园实用的游戏分类：创造性游戏和规则性游戏，其中创造性游戏的规则是内隐的，儿童在游戏中的自由度大，具体包括角色游戏、结构游戏、表演游戏；规则性游戏的规则是外显的，儿童在游戏中的自由度较小，具体包括：智力游戏、体育游戏、音乐游戏。

（三）游戏的功能

1. 游戏促进身体的发展

游戏活动中，幼儿可以调动局部或全身的大、小肌肉去活动，一方面可以促进骨骼肌肉的成熟，有利于内脏和神经系统的发育，另一方面可以促进对肌肉运动的控制和协调，发展幼儿的基本动作和技能，增强幼儿对周围环境变化的适应能力。

2. 游戏可以提高认知发展

在游戏活动中，儿童直接接触周围的各种事物，会广泛利用已有的知识、经验来保证游戏

的顺利进行,这会扩展和加深儿童对外界事物的认知,增长知识。此外,在游戏中,特别是假想游戏,儿童通过与同伴交流、制定规则等,增强了幼儿口语表达和想象能力,思维能力也得到提高。

3. 游戏促进幼儿社会性的发展

游戏给幼儿提供了社会性交往的机会。通过游戏,幼儿在与同伴的交往中,学会如何合作、如何处理冲突等,这一方面发展了幼儿的社会交往能力,另一面也有助于幼儿学会理解和接纳,学会对规则等的掌握,克服以自我为中心的想法。

4. 游戏能丰富、调节幼儿的情感

游戏是幼儿自愿、主动参与的,因而氛围是轻松、愉快的,这有利于培养幼儿的积极情感,疏导消极情感。另外,幼儿在轻松愉快环境下进行游戏活动,解决问题,可以体验成功的快乐,增强自信心和成就感。最后,丰富多彩的游戏给幼儿提供了一个感受美、创造美的机会,有助于培养幼儿对自然、社会、艺术等的审美情趣。

总体来讲,游戏可以促进幼儿的身体发育,扩大幼儿的认知,丰富幼儿的情感,促进其社会性发展。为了更好地发挥游戏的教育功能,家长和老师在适当的场合应给儿童一些指导。如,积极鼓励儿童参加游戏活动,不要限制儿童玩的时间、给儿童提供一些好的活动场地、合适的玩具。

第三节　幼儿的认知发展

认知发展是儿童心理学研究的重要课题,是儿童在感知世界、与周围环境相互作用的过程中形成的一种智能发展能力。幼儿认知发展的特点是具体形象性和不随意性占主导地位,抽象逻辑性和随意性初步发展。这些特点具体体现在幼儿的感知觉、注意、记忆、想象、思维、语言等方面。

一、幼儿感知觉的发展

感觉是人脑对直接作用于感觉器官的客观事物的个别属性的反应,是心理活动的初级形式,是人类认识世界的开端。现实生活中,我们对事物的认识是从感觉开始的。知觉比感觉复杂得多,它是对事物整体属性的反应,感觉和知觉合起来,简称感知觉。感知觉是儿童发展较早的部分,其发展呈现出一些特点:从无意感知向有意感知发展、感知觉从未分化向分化发展、感知的过程逐渐趋向协调、统一。

(一)幼儿感觉的发展

感觉可以分为外部感觉和内部感觉,外部感觉又包括视觉、听觉、嗅觉、味觉、肤觉;内部感觉包括运动觉、平衡觉、机体觉。

1. 视觉的发展

视觉是人类认识世界的最主要的形式,也是儿童认识周围环境的最重要的感觉通道。新

生儿在刚出生时,视觉系统极不发达,以致有人认为新生儿根本看不清东西,其实不然。在刚出生几周内,婴儿是可以看清楚大多数物体的线条、形状及界限。但他们的双眼运动是不协调的,出现对眼,或一只眼睛往左,另一只眼睛偏右。遇到光线刺激,眼睛立刻会眯起来。出生第三周,真正的视觉出现,能很好地注意爸爸或妈妈的脸。注视的时间和距离都很短,大概只有几秒钟,能注意到20米左右的距离。随着年龄的增长,注视的时间和距离都会增大。2个月时能注视几分钟,3个月能集中注意10分钟,5～6个月能注意更远的物体,如远处驶来的小汽车。

在觉察事物的细节能力方面,即视敏度上,到1岁时,幼儿的视敏度跟成人非常接近,但1岁后,儿童视觉的精确性和结构性在不断改变,其发展速度也不一致。5～6岁与6～7岁幼儿的视敏度很接近,4～5岁与5～6岁幼儿的视敏度相差较大,10岁左右的视敏度最高。

在颜色视觉方面,新生儿虽然具备原始的颜色视觉,能看到彩色的世界,但直到满月后,才能分辨彩色与非彩色。4个月时其颜色的辨别力跟成人已非常接近,直到3岁,幼儿对颜色命名的正确率仍比较低。颜色视觉的发展很大程度上受到生活经验的影响。

儿童的感知觉发展越充分,其他高级的心理活动越有可能发展到较高级水平。教育实践中,要促进儿童视觉的发展,首先,要保护儿童的视力:创设明亮的学习环境;提醒儿童少看手机、电视,保持正确的坐姿,避免用眼过度导致疲劳;预防近视,经常做眼保健操。其次,根据儿童年龄发展阶段的特点,提供适当的玩具,促进其视敏度和颜色视觉的发展。对于较小的婴儿,玩具应尽可能简单、颜色对比鲜明;幼儿时,玩具可以相对复杂,以鲜明的颜色为主,而且玩具尽可能放在儿童的视野范围内。

2. 听觉的发展

婴儿一出生就有听觉,能区分声音的高低、强弱等品质,具有一定的听觉辨别力。一般情况下,新生儿对低频声音的辨别力要好于高频的声音,但新生儿却能记住妈妈的低频音,而不是爸爸的高频音。6个月后相反,对高频音的敏感性好于低频音。到12～13岁时,其声音辨别力达到顶峰,之后一直发展趋缓,直到成年,再慢慢降低,老年后,高频听力部分会逐渐丧失。

保护儿童的听力,首先要为儿童创设良好的环境以避免嘈杂的声响。其次,提醒儿童少戴耳机听音乐。最后,提供刺激丰富的声音,如下雨声、泉水声促进儿童听觉辨别能力的发展。

3. 嗅觉和味觉的发展

嗅觉早在胎儿时期已经形成,新生儿已经能区分若干种气味,对不同的气味做出不同的反应。研究发现,出生一周的婴儿已经能分辨出母亲和其他人的气味。研究人员将两个母亲喂奶用过的胸垫分开放在婴儿头部的上方,结果,婴儿转头注视自己母亲用过的胸垫的次数多于注视陌生母亲。这说明,婴儿在出生几天后就能分辨出自己母亲的气味。但吃配方奶粉的婴儿出生两周后,仍不能准确辨别自己母亲的味道。1岁左右,大多数儿童不仅能辨别出成人和儿童的气味,还能区分出不同食物的味道。6岁,儿童的嗅觉已经发展较好。嗅觉一旦形成,比较稳定,一般不会随着年龄的增长而衰退。

儿童的味觉也是生来就有,且能辨别不同的气味。新生儿对甜味情有独钟,当尝到甜味时,会做出吮吸、有满意的微笑;当尝到苦味时,会表现出厌恶的表情;遇到酸味时,会紧闭小嘴巴。这些表现与成人较一致。但1岁以内的婴儿对咸味不敏感。咸味过重对婴儿的发展是不利的,婴儿越小,影响越大。因此,我们一般不提倡给1岁之前的婴儿吃太多咸味的食品,哺乳的妈妈也应尽量少摄取过咸的食物。

4. 肤觉的发展

肤觉就是皮肤的感觉,具体包括触觉、痛觉、温度觉。

触觉是所有感觉中发展最早,衰退最迟的一种感觉。触觉在胚胎期就出现了。研究发展,母亲在怀孕32周,胎儿整个身体对触觉已很敏感。出生时,婴儿的触觉已经很敏感,能感受到妈妈是否抚摸他。之前介绍的各种无条件反射,如抓握反射等都是婴儿的触觉反应。婴儿的触觉探索有两种方式:口腔探索、手的探索。遵循头尾原则。较小婴儿的触觉探索以口为主,喜欢拿起东西就往嘴巴里放,通过吮吸来认识这一物体。鉴于这些反应,家长和老师在教育时,应注意不能给孩子过小的、能够放入嘴巴里的玩具或物体,如硬币、纽扣等;其次,不要给孩子不卫生的或含有毒素的东西玩,以免孩子放入口中感染病毒;最后,不给孩子,尤其是学步儿坚硬的物体玩,如筷子、长勺等,以免幼儿受到伤害。

拓展阅读

哈洛的恒河猴实验

美国心理学家哈利·哈洛(Harry Harlow)在1958年做了一个经典的实验:恒河猴实验,也称代母养育实验。哈洛和他的同事们把一只刚出生的婴猴与母亲分开,婴猴放进一个隔离的笼子中养育,并用两个假猴子替代真母猴。这两个代母猴分别是用铁丝和绒布做的,实验

图 3-2　恒河猴实验

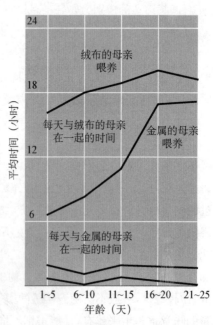

图 3-3　婴猴与金属和绒布的代理母亲的接触时间

发展与教育心理学

者在"铁丝母猴"胸前特别安置了一个可以提供奶水的橡皮奶头。按哈洛的说法就是"一个是柔软、温暖的母亲,一个是有着无限耐心、可以 24 小时提供奶水的母亲"。刚开始,婴猴多围着"铁丝母猴",但没过几天,令人惊讶的事情就发生了:婴猴只在饥饿的时候才到"铁丝母猴"那里喝几口奶水,其他更多的时候都是与"绒布母猴"待在一起;婴猴在遭到不熟悉的物体,如一只木制的大蜘蛛的威胁时,会跑到"绒布母猴"身边并紧紧抱住它,似乎"绒布母猴"会给婴猴更多的安全感。这一研究清楚地证明,猴子对温暖、柔软的"母亲"的偏好要胜过提供食物的铁丝"母亲"。喂养不是依恋过程中最关键的因素,而接触的舒适性非常重要。

(资料来源:桑特洛克.发展心理学(第 2 版)田媛,吴娜译.北京:机械工业出版社,2014:92~93.)

关于痛觉的研究不是很多,但儿童出生就有痛觉,这点无可置疑。可是新生儿对痛的感受性比较低,对一些较强的痛觉刺激,婴儿的情绪反应要迟钝很多、强度也很弱。但他们对痛觉的感受能力随着年龄的增长会逐渐提高。儿童对痛觉的感受性会受到一些因素的影响,如饥饿状态下的婴儿痛觉感受性高;母亲的拥抱、催眠曲都会使得孩子的痛觉降低。

胎儿对温度反应相对迟钝,因为有母亲的保护,温度相对恒定。但新生儿对冷暖很敏感,2 个月以前,婴儿体内会有一层脂肪作为保护层,帮助调节体温。但早产儿中很多缺少这个保护层,无法适应母亲体外环境的变化,死亡的概率较高。温度觉的感受性存在性别差异,不管是儿童还是成人,女生比男生更敏感。

教育实践中,建议有意识地多抚摸孩子,为年幼的孩子提供适当的袋鼠式的护理方式,充分为儿童提供适当的、安全的活动方式促进其肤觉的发展。

(二)幼儿知觉的发展

知觉是人脑对直接作用于感觉器官的客观事物整体属性的反映,是多种感觉分析器官协同合作的结果。儿童的知觉发展主要有物体知觉、空间知觉、时间知觉。

1. 物体知觉

物体知觉是儿童对客观世界存在的物体的大小、形状等方面的知觉。

物体所处的位置发生改变,因而投在视网膜上的影像也会发生变化,但个体对感知的物体大小却没有改变,这就是物体大小恒常性。有研究者(Aslin,1987)发现,3 个月以内的婴儿不具有大小恒常性。5~7 个月时才具有一些大小的恒常性,到 1 岁半时,儿童已经能按言语的指示分辨大小物体,快到 4 岁时,儿童判断物体大小的精确度就大大提高。6、7 岁以后就可以摆脱对事物的依赖,只依靠视觉,对大小的判别力大大提高。儿童对图形知觉的发展也较快,4 个月已经能按照形状识别物体,3 岁能找出常见的相同的几何图形,如圆形、方形、三角形等,但还不能准确说出图形的名词,5 岁左右才可以。

2. 空间知觉

空间知觉是对物体的空间位置、方向、深度等空间特性的知觉。主要包括方位知觉和深度知觉。

图 3-4　视崖实验

方位知觉是对前后、左右、上下等物体所处方向的知觉。对于正常的儿童来说，方向定位较多依靠视觉来进行。研究表明，大多数 2～3 岁的儿童能辨别上下，3～4 岁能辨别前后，5～6 岁能辨别左右，7 岁时已完全能摆脱以自我为中心，代而以他人为中心进行左右的判断。对左右概念的掌握直接反映了该阶段儿童思维的发展水平。也有研究说，儿童要到 11 岁左右才能真正、灵活地掌握左右的概念。这也是为什么 3、4 岁的幼儿尽管会自己穿鞋子，但常常穿反、刚入学的儿童在学习拼音 b、d、p、q 时常常混淆，把左右结构的汉字两边颠倒的原因。这个教育规律告诉我们，在指导儿童的空间方位时，要按照儿童空间发展的规律进行，千万不能操之过急。另外，在讲解方位词时，要有示范，这个示范的左右方向要以儿童的站立方位为准。

深度视觉是物体的远近距离或同一物体的凹凸程度的知觉。儿童的深度究竟是生来具有还是后天习得的？为了回答这个问题，吉布森等人做了一项经典的实验：视崖实验。视崖是由一种玻璃制作的长方形大桌子，桌子周围有隔板，以保护儿童的安全。中间被分成两半，一半的玻璃下面铺着一层有图案的垫布，类似于"浅滩"；而另一半有玻璃，能看得到地下，对应的地下铺了相同的垫布，类似于"悬崖"。将婴儿放在浅滩处，让妈妈站在悬崖的对面，诱使他爬过悬崖。用这种方法测查了 6～14 个月大的 36 个孩子。结果会怎样？

结果发现，只有 3 个孩子爬到悬崖一侧，大部分孩子只是爬到浅滩的一侧。即使母亲在悬崖的一侧大声呼喊，引诱，孩子也只是表现出愿意爬到母亲身边的样子，但就是没有实际行动，一直在哭喊。这说明，很小的儿童已经能分辨深浅，具有深度知觉。

3. 时间知觉

时间知觉是对客观物体的顺序性和延续性的知觉，由于时间没有具体直观的形象，因而无法直接去感知。相对而言，儿童的时间知觉出现较晚。3 岁时，儿童的时间开始发展，4～5 岁的儿童会使用一些标志时间的词，如"早上"、"晚上"、"昨天"、"明天"等，但他们还是不能正确感知时间。7～8 岁时，儿童能较准确地把时空关系分开，很多学者认为 7 岁是儿童时间知觉发展的飞跃期。教育实践中，应遵循儿童时间知觉的发展规律进行指导，养成有规律的生活，让儿童根据自然界的一些现象和生活的规律促进其时间知觉的发展。

二、幼儿注意的发展

注意是意识或心理活动对一定事物的指向与集中，是伴随着儿童进行各项认知活动的一种心理状态。新生儿出生两三周，就表现出了视觉和听觉集中的现象，这是注意的萌芽，但这时的注意主要是一些无条件反射，易受刺激的强度、新异性等特点影响，3 岁之前，儿童以无意注意为主。进入幼儿时期，注意的随意性逐渐增强。虽然这时仍以无意注意为主，但有意注意也逐渐形成，到 6～7 岁时，幼儿的注意表现出目的性和意志性，可以根据家长或老师的指导去关注某些事物,但有意注意发展水平还较低,稳定性较差。进入小学后,有意注意进入飞速发展的时期。

幼儿注意的发展还表现在注意品质的明显提高。在注意的范围上,儿童年龄越大,注意的范围越大。研究者用不规则的黑点测儿童的注意广度,发现同一时间内,4 岁儿童能辨认 2 个,6 岁儿童能辨别 4 个,少数 6 岁儿童能辨别 6 个。在注意的稳定性上,婴儿期和幼儿期孩子的稳定性都比较差。但随着年龄的增长,注意的稳定性会逐渐提高。研究发现,1.5 岁婴儿能注意 5～8 分钟,2 岁能注意 10～12 分钟,3 岁时的幼儿在从事感兴趣的事情时,最多可以注意 20 多分钟。当然,注意的时间长短受到客观刺激物和儿童本身的兴趣爱好所影响。儿童注意的分配和转移,在 3 岁之前都还很差,3 岁以后儿童的认知能力和有意注意的发展使得他们开始能适当进行注意的分配和转移。

针对幼儿注意的特点,实践教育中,应以鲜明、有趣的事物吸引儿童的注意,也可以创设一定的活动,在活动中可以有意识地训练儿童的注意力。当儿童集中精力做事情时,不要轻易打扰,以培养其专注性。

三、幼儿记忆的发展

记忆是儿童过去经验的积累,包括识记、保持、再认或回忆三个环节。研究发现,新生儿在出生两个月左右,就已经具备听觉的记忆了。因此,新生儿能对出生前听过的音乐表示习惯化的现象。2 岁以后,无意记忆进一步发展,同时,伴随着语言的产生,有意记忆也开始萌芽。总体来讲,幼儿期记忆的发展有以下几点:

(1)以无意记忆为主,有意记忆也进一步发展。幼儿初期,无意记忆表现特别明显。主要是直观、形象的物体或者是符合儿童兴趣、爱好的物体都能引起他们的注意。随后,在环境和教育的影响下,幼儿晚期,幼儿的有意记忆逐步发展起来。7 岁以后有意记忆飞速发展,到 11 岁左右逐渐超过无意注意,成为影响儿童记忆的主要方式。

(2)形象记忆占优势,语词记忆逐渐发展。根据皮亚杰的认知发展理论,幼儿的思维处在具体形象阶段。因此,幼儿的记忆主要是形象记忆。随着语言的发展,语词记忆逐渐出现。不过,一直到幼儿期末,形象记忆一直占据主导地位,而且记忆的效果要好于语词记忆。

(3)机械识记占优势,理解记忆逐渐发展。机械识记和理解记忆的主要区别在于是否能够理解材料的内容,并采取一定的组织方式去识记。由于认知能力有限,儿童以机械识记为主。如 1～2 岁的儿童背诗歌,都是在简单重复基础上的记忆。3 岁以后,意义

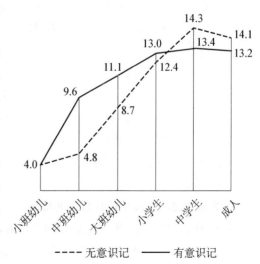

图 3-5 无意记忆和有意记忆的发展

识记开始萌芽并发展,进入小学后逐渐占优势。因此,教育中,一方面我们要注意提高儿童的机械记忆能力,另一方面又要培养儿童的意义记忆能力。

（4）记忆保持的时间逐渐增长,记忆容量扩大

研究发现,随着年龄的增加,儿童记忆的容量和保持时间也逐渐增加。在记忆保持时间上,出生六周的婴儿能记住 24 小时前发生的事情。3 个月大的孩子对发生的事情可保持 4 周,16 个月时,能再认 4 个月之前的事情。3 岁幼儿能再认几个月前感知过的事物,再现几周前的事物;4 岁幼儿能再认 1 年前感知过的事物,再现几个月前的事物;7 岁时可再认 3 年前感知过的事物,再现 1 年前的事物。在记忆容量上,成人短时记忆容量是 7±2 个组块,但 7 岁前,幼儿还没有达到这一标准。幼儿从 3 岁到 7 岁短时记忆的容量分别是 3.91、5.14、5.69、6.10、6.09 个组块。

四、幼儿思维的发展

思维是对人脑对客观事物间接的、概括的反映,是借助于语言产生的,往往能揭示事物的本质和内在的活动规律。

（一）幼儿思维发展的一般特点

思维是在感知觉的基础上发展起来的较高级的心理过程。儿童真正思维的产生是在 2 岁左右,幼儿的思维是在婴儿思维发展的基础上产生,其主要特点表现在三个方面。

1. 思维的具体形象性

思维的具体形象性是指幼儿在思维时,需要借助于事物的具体形象或事物形象之间的关系来进行。虽然幼儿思维不再受动作同步性的依赖,但仍受事物的具体形象和动作的影响,还不能凭借对事物的内在关系或本质的理解去思考问题,因而幼儿思维带有很强的具体形象性。如,在教 3+4＝? 的问题时,对于幼儿园小班的学生,我们只能借助具体的事物,如苹果、粉笔或数手指头等告诉他们结果。大多幼儿都喜欢看绘本和动画片,因为绘本和动画片中会呈现出生动、鲜明的人物形象,让孩子容易理解。正因如此,幼儿思维的具体形象性还派生出思维的经验性、表面性、拟人化等特点。

2. 思维的抽象逻辑性开始萌芽

幼儿初期,儿童较多使用具体形象思维,到了幼儿中期以后,思维的抽象逻辑性开始萌芽。思维的抽象逻辑性是指儿童运用概念、判断、推理、理论知识等来解决问题的思维。幼儿思维的抽象逻辑性主要表现在幼儿在思维中开始使用一些规则,逐渐表现出去自我中心化,幼儿开始学会站在他人和不同的角度考虑问题,开始获得"守恒"的概念,具有一定的可逆性等。

3. 言语在思维发展中的作用逐渐增强

幼儿初期的思维活动最初是靠行动进行的,语言只是对行动的总结。幼儿中期,语言伴随行动同时进行。幼儿晚期,思维活动主要依靠言语进行,言语成为行动的计划者和组织者,并开始带有逻辑的性质。

（二）思维基本形式的发展与表现

概念、判断、推理是思维的三种基本形式。

1. 幼儿概念的发展

概念是思维的基本单位，是人脑对客观事物的一般特征和本质属性的反映，一般用词来标志。幼儿对概念的掌握直接受其思维概括发展水平的制约。幼儿的概括水平是以具体形象概括为主，幼儿晚期能掌握一些本质抽象的概括词汇，如礼貌、勇敢等。总体来讲，幼儿概念的发展表现出以下特点。首先，概括的内容较贫乏，一个词语只能代表一个或一些具体事物的特征，而不代表类的共同特征；其次，概念的特征较多是外部，而非本质特征；最后，概念的内涵往往不精确，外延也不恰当。

在对实物概念的掌握上，幼儿最初掌握的是一些具体的、日常的、熟悉的实物和动作，如电视、鞋子、苹果、走、跑等，中班儿童能在概括水平上指出某些实物比较突出的特征，尤其是功能上的特征；大班儿童在教育的引导下，可以初步掌握某一实物概念的本质特征。

幼儿对数的概念的掌握要稍微晚一点，因为数字本身比较抽象。幼儿对数字的掌握最初是通过对实物的感知来认识数字，如通过数苹果掌握数的概念。然后，凭借实物的表象来认识数字；最后，在抽象概念的水平上真正掌握一个数字，可以计算 20 以内的加减法。

在理解、掌握了词语、数字的基础上，儿童可以对事物进行分类，幼儿对类概念的掌握大多会经历四个阶段：第一阶段是随机分类：2～3 岁儿童处于这个阶段，此阶段儿童经常把物体成对放在一起，但不能说清楚理由。第二个阶段是知觉分类：3～4 岁儿童能根据知觉到的物体特征把物体分类，如把凳子和桌子放一起，因为都有四条腿。第三个阶段是功能性分类：根据物体的功能或主题放一起，如把粉笔和铅笔放一块，因为都能写字。第四阶段是基于概念的分类：幼儿开始把事物按照水果、动物、植物等进行分类，一般 6～9 岁儿童的概念分类会快速发展。以上四个阶段是儿童对类概念掌握的大致趋势，但在实际发展中，幼儿经常会采取混合的方式对事物进行分类。

2. 判断和推理的发展

判断和推理是抽象逻辑思维发展的表现形式。幼儿在一定程度上可以进行简单的判断和推理，但推理和判断的概括性、逻辑性和自觉性都不高，因此判断和推理的水平较低。他们只能根据事物的表面现象或偶然联系进行判断和推理，但有自我中心倾向，以自己的感受作为判断和推理依据。

根据幼儿思维发展的特点，教育实践中，应注意给儿童多提供一些直接感知和手工操作的机会，教学活动中的教具要具体、形象鲜明，并适当地创设问题情境，培养儿童勤动脑思考的习惯。最后，通过提高语言的能力水平促进其思维的发展，尽可能提供机会让幼儿描述发生的事件。

五、幼儿语言的发展

3 岁左右的儿童已经掌握了本民族语言的基本语音。幼儿期是掌握口头语言的关键时期，口头语言的顺利发展为儿童书面语言的发展奠定了基础。

（一）语音的发展

进入幼儿园后，在教师和伙伴群体的影响下，儿童的发音能力迅速提高。一般来说，在正常情况下，4岁儿童能够掌握本地区的语言，发音基本正确。研究者调查了不同年龄阶段幼儿的语音发展情况，具体见表3-3。

表3-3　3～6岁幼儿语音发展的正确率(%)

语音	幼儿来源	3岁	4岁	5岁	6岁
声母	城	66	97	96	97
	乡	59	74	75	74
韵母	城	66	100	99	97
	乡	67	85	87	95

(资料来源：王惠萍,孙宏伟. 儿童发展心理学. 北京：科学出版社,2010：152.)

从表中可以看出，在幼儿的发音中，韵母的正确率较高，声母的发音正确率较低。4岁以后发音正确率明显提高。因此，3～4岁是幼儿正确发音的最佳时期。如果能抓住这个关键期，幼儿可以学会多种语言的发音。

（二）词汇的发展

幼儿词汇的发展主要表现在数量的增加、内容的丰富和深化、词类范围的扩大和积极词汇的增加。

1. 词汇数量的增加

幼儿期是词汇数量增加最快速的时期。每年几乎增长一倍,具有直线上升的趋势。关于词汇数量的增加程度，国内外的研究者进行了大量的探索，尽管由于研究背景和方法有差异，研究结果各有差异，但幼儿词汇发展的总体趋势是一致的，具体见表3-4。

表3-4　幼儿词汇数量发展的比较

年龄	德国		美国		日本		中国	
	词量	年增长率	词量	年增长率	词量	年增长率	词量	年增长率
3岁	1 000～1 100		896		886		1 000	
4岁	1 600	52.4%	1 540	71.9%	1 675	89%	1 730	73%
5岁	2 200	37.5%	2070	34.4%	2050	22.4%	2 583	49.3%
6岁	2 500～3 000	15.9%	2 562	23.8%	2 289	11.7%	3 562	37.9%

(资料来源：林崇德. 发展心理学. 北京：人民教育出版社,2009：195.)

从表中可以看出，幼儿词汇量随着年龄的增长大幅提升，但增长率却逐年减少。3～4岁幼儿词汇的年增长率最高。这一结果再次证明，3～4岁是幼儿口语发展的关键期。

2. 词汇内容丰富化

在词汇数量不断增加的同时，幼儿的词汇内容变得丰富。从掌握日常较熟悉的词逐渐到

发展与教育心理学

与日常生活较远的词，从比较具体的词汇发展到概括性较高、较抽象的词。幼儿对所掌握的每个词的外延和内涵的理解也不断丰富和深刻。这一方面反映了幼儿的具体形象思维占主导地位的年龄特点，另一方面也表明，词的抽象性和概括性的增加使幼儿有了进行初步抽象思维的可能性。

3. 词的类型的增加

幼儿掌握词汇的顺序是先具体后抽象，即由实到虚。幼儿首先学会的是实词，比较直观形象，然后才是虚词。常见实词的掌握顺序是名词——动词——形容词——量词，虚词的掌握顺序为连词——介词——助词等。尽管幼儿可以掌握一些虚词，但由于思维的具体形象性，对词的概念仍以实词为主，虚词只是占很小一部分比例。

4. 积极词汇的掌握

积极词汇是指儿童既理解了词的意思，又能正确使用词。与之相对应的是消极词汇，是指儿童不能理解词的意思，或者是即使理解词的意思，但不能正确使用。幼儿认知水平发展相对较低，虽然能掌握一些词汇，但并不能都正确使用。研究发现，幼儿初期对词的理解常常有使用过宽或使用过窄的现象，如把说成胖，水果和苹果当成同级概念使用。但随着年龄的增长，幼儿对词的理解更加准确，程度加深，他们不但能理解词的表面意思，还能理解深层的意思。有时甚至知道一词多义，这样，他们的积极词汇就会迅速增加。

（三）句子语法的掌握

语法是把零散的词组成句子的规则。儿童使用语言交流，不光需要一些简单的词，有时需要一句话或多句话来表达自己的意愿。因此，儿童在掌握词汇的基础上，还必须掌握一定的语法。通过对句子的分析，可以初步了解幼儿对语法的掌握程度。

中国的心理学者通过对儿童使用语法的大量研究发现，幼儿使用的句子结构主要有三个趋势。

1. 从简单句到复合句。幼儿在句子习得的过程中，起初使用的是一些简单的词，然后发展成使用多个词。2岁前儿童虽然能使用一些简单的复合句，但仍不多。之后，随着年龄的增长，复合句出现的比率越来越高。

2. 从陈述句到多种形式的句子。儿童最初使用的是陈述句，到幼儿期使用的疑问句、祈使句、感叹句等逐渐增加。但对一些比较复杂的句子如被动句、双重否定句还不能正确理解。

3. 从无修饰语到有修饰语。儿童最初使用的句子很简单，没有修饰语。随着年龄的增长逐渐出现简单的修饰语和复杂的修饰语。研究发现，2岁儿童使用的句子中有修饰语的仅有20％，3岁儿童达到50％，6岁时达90％以上。

（四）口语表达能力的发展

幼儿的言语发展还突出表现在口头语言的表达能力上。

首先，幼儿语言从自我为中心言语逐步过渡到社会性语言。皮亚杰曾指出儿童的言语可分为两种形式：自我中心语言和社会性语言，幼儿言语发展的规律就是从自我中心发展到社会语言。皮亚杰认为自我为中心的语言是儿童对自己说的不需要考虑听者的感受。常用的形式有三种：(1)重复，儿童经常重复自己听到的一些话，只是觉得好玩，但其实自己也不理解。(2)独白，大声地对自己说话，帮助自己思考和解决问题。(3)集体独白，几个儿童在一起各说各的，不管别人是否在听，不过这也不是他们关心的。自我中心的语言是受幼儿自我中心的认知影响，到了6～7岁时，自我中心的语言逐渐被社会性语言代替，这时儿童不仅要把自己的想法说出来，还关心对方的反应。

其次，从情境性语言逐渐过渡到连贯性语言。3岁前儿童的语言大多数是情境性的，往往想到什么就说什么，没有计划性，经常与所处的环境有关，并且说话时断断续续，没有条理和逻辑性。4～5岁时，幼儿说话的连贯性有所增强，但仍有断续，不完整。直到6～7岁时，幼儿能相对比较连贯的进行叙述。连贯言语的发展可以让儿童流畅、清楚地表达自己的观点，增强孩子的自信心，同时也为书面语言的发展奠定了基础。

针对幼儿语言发展的规律和特点，教育实践中，对儿童语言的训练越早越好，尤其是要抓住口语关键期的教育，即3～5岁之间的教育尤为重要。

(1)及早给儿童提供丰富的语言刺激。儿童对音节最敏感的时期是半岁之前，几乎能分辨所有的语音之间的差别。因此，给儿童提供的语言刺激越早越好。

(2)与儿童交流的语言要简单、清晰、语速要慢，可多次重复，以保证儿童能听得清楚。

(3)积极给儿童创造听和说的机会。创设一定的情景，给孩子多听舒缓的音乐、讲故事，还可以鼓励孩子多说话，陈述事件的经过，表达自己的想法。教师可以将语言活动贯穿到幼儿园一日的活动中去。

(4)积极回应儿童的语言表达。回应儿童言语表达最有效的方式就是重复儿童的话，多肯定、少否定，可以增强儿童语言表达的信心。

第四节　幼儿的情绪、情感的发展

幼儿情绪是指幼儿对客观事物是否符合自己的需要而产生的态度体验和相应的行为反应。如，快乐、悲伤、愤怒、恐惧等。情绪在幼儿心理发展中起着非常重要的作用，对儿童的心理活动和行为具有明显的动机和激发作用，能组织幼儿的认知活动，也是幼儿人际交往的工具，从而影响着个性的形成。婴儿在刚出生时的情绪主要是一些原始的、本能的情绪反应，在外界环境和成熟的作用下，情绪逐渐分化并获得初步发展，如愉快的情绪表现为高兴和喜爱，不愉快的消极情绪表现为厌恶、愤怒等。到了幼儿期，随着幼儿认知能力的提高，社会经验尤其是与同伴交往的经验不断丰富，情绪情感的发展也呈现出一些特点。

一、幼儿情绪发展的特点

(一)从情绪情感的发生过程看，幼儿情绪的自我调节能力逐渐增强

1. 情绪情感的稳定性逐渐提高

幼儿情绪很不稳定，但随着年龄和社会经验的增加，情绪和情感的稳定性会逐渐提高，然而仍不稳定，易变化。幼儿的两种对立的情绪，喜和怒经常在短时间内相互转化，破涕为笑的

情况在幼儿身上很常见。如,当幼儿得不到自己喜欢的玩具时会伤心难过没有兴致,但这时老师给他提供另外一个好玩的玩具,或参加一个有兴趣的游戏时,孩子会非常开心,立刻笑起来。这种情况在幼儿身上很常见,他们的情绪易受外界环境的影响。但到了幼儿中期,随着幼儿情绪理解力的提高,自我调节能力的增强,其不稳定性逐渐减少,趋于稳定。

2. 情绪的冲动性逐渐减少

幼儿初期常常处于激动的情绪状态。幼儿会因为某种外来的刺激而处于情绪兴奋状态,易冲动。如,看到一个喜欢的玩具想拥有但又得不到时,会大哭大闹短时间也不能平静。但到幼儿中期,儿童开始对自己的情绪有所控制,冲动性逐渐减少。幼儿逐渐参加一些集体活动,在老师、家长或活动规则的约束下,儿童会逐渐控制自己的情绪,减少行为的冲动性。

3. 情绪情感由外露到内隐

情绪很重要的一个功能就是信号功能。婴儿期和幼儿初期,儿童的情绪是外露的,丝毫不加掩饰,高兴就笑,不高兴就哭。到了幼儿晚期,随着语言等能力的发展,儿童逐渐能控制自己的情绪,使情感显得有些内隐。如,孩子受委屈了努力控制自己不能哭,在害怕时告诉自己要勇敢、坚强。

(二) 从情绪、情感所指向的事物看,幼儿的情绪、情感日益丰富和深刻

1. **情感日益丰富**

幼儿的情绪、情感日益丰富主要表现在两个方面:(1)幼儿情感指向的事物不断增加。幼儿情绪情感的发展与其社会性需要的发展紧密联系。由于幼儿的需要发生了变化,引起其情绪和情感的事物及其性质也会发生改变。如,先前好玩的玩具、好吃的食物会引起幼儿高兴的情绪体验,而到了幼儿中、晚期,活动的成功、和其他伙伴友好相处、老师的表扬会让孩子更高兴。(2)幼儿情绪逐渐分化,出现许多高级社会性情感,如道德感、理智感、美感等。道德感是指幼儿在评价自己或别人的行为是否符合社会道德标准时产生的内心体验。对于幼儿来说,掌握道德准则并非易事,形成道德感也很复杂。3 岁以后,特别是在幼儿园集体生活中,幼儿会逐渐掌握各种行为规范,道德感会逐渐发展。小班儿童的道德感主要是指向个别行为,受成人的道德评价影响;中班幼儿不仅关心自己的行为是否符合行为规范,还会监督其他小朋友,如看见其他幼儿违反规则就会"告状",这就是由道德感激发的行为。大班儿童的道德感进一步复杂化,对好和坏、好人和坏人有不同的情感。美感是幼儿的审美需要是否得到满足而引起的情绪体验。幼儿从小喜欢鲜明的、有图案的事物、新的衣服。他们自发的喜欢漂亮、帅气的伙伴,而不喜欢形状丑陋的事物。在教育和环境的影响下,幼儿逐渐形成自己的审美标准,如玩具摆放整齐会产生美感。理智感是幼儿的认知活动、解决问题、求知欲等需要是否得到满足而产生的内心体验。幼儿的求知欲特别强,很喜欢提问题,并由于提问和得到满意的答案而感到高兴。一般情况下,幼儿在 5 岁时理智感明显迅速发展。

2. **情感日益深刻**

幼儿情绪情感的深刻化是从指向事物的表面到指向事物更内在的特点。如,拥抱。婴儿和较小幼儿被人拥抱感到很亲切,较大幼儿会感到害羞、不好意思。

二、幼儿积极情绪的培养

1. 创设良好的教育环境，家长和教师要树立好榜样，让幼儿学会表达自己的情绪

首先，家长和教师要在孩子面前多多表达自己的情绪，让幼儿有学习的榜样。如当接受别人的帮助时，要微笑着说"谢谢"。当被别人称赞有礼貌、懂事时，也要表达快乐的情绪。当小朋友不讲卫生，乱丢垃圾时，家长要表现出生气的样子。家长和教师在日常生活中的榜样，往往会为孩子的成长创造一个良好的环境。其次，多与儿童谈论情绪、讨论情绪表达的规则，让儿童学会如何正确地表达自己的情绪。

2. 充分利用各种活动培养幼儿的情绪情感

人的情绪情感是在具体活动中产生的。因此，家长和教师要善于利用各种活动培养幼儿的积极情绪，如绘画、涂鸦、玩泥沙、唱歌、跳舞等都可以让幼儿在活动中表达自己的情绪情感，使幼儿感到轻松愉快。此外，经常鼓励幼儿参加一些自己喜爱的活动，如琴、棋、书、画等文娱体育活动，有助于养成其活泼、开朗的情绪和健康的情感。

3. 正确调节幼儿的不良情绪

首先，通过观察自己和他人，让幼儿意识到每个人或多或少都可能存在消极情绪，这很正常，但会影响我们的行为，因此需要学会调节。

其次，给幼儿提供一些情绪调节的方法。如转移法、冷却法、运动法等使孩子宣泄自己的情绪，逐渐学会自我调节情绪。

第五节　幼儿个性和社会性发展

个性实质上是一个系统或结构，这个结构是一个相对稳定的、具有一定倾向性的各种心理特征的总和，主要包括个性倾向性、个性心理特征和自我意识。其中，个性倾向性是个体活动的动力，主要包括需要、动机、兴趣、理想、价值观等；个性心理特征相对比较稳定，包括能力、气质、性格等。人刚出生时，只是一个生物个体，无所谓个性和社会性。婴儿的心理活动只是一些片段的、零碎的、无系统的且容易改变，仅有自我意识和社会性的萌芽。和婴儿期相比，幼儿的语言、思维等认知能力的飞速发展，幼儿期个性初步开始形成，此时社会性也有了进一步的发展。

一、自我意识的发展

自我意识是个体对自身状态及自己与周围环境的关系的意识，是主体我对自己自身的反映过程，包括对生理我（身体特点：相貌、性别、健康状况等）、心理我（情绪特点、兴趣、爱好、性格等特征）、社会我的反映。自我意识是一个多维度、多层次的复杂的心理现象，主要包含三种心理成分：自我认识、自我体验和自我控制。其中，自我认识主要表现为自我感觉、自我观察和分析、自我评价；自我体验主要涉及自尊、自卑、责任感、义务感、优越感等情感方面的自我感受;自我控制主要表现为自主、自立、自制性、自强、自律等意志方面。这三个方面相互联系,相互制约,形成一个完整的自我意识。

(一)自我认识的发展

自我认识是主体我对客体我的认知和评价,即自我认知和自我评价。其中,自我认知是自己对自己身体和心理特点的认识,自我评价是在自我认知的基础上对自己作出的评价判断。

刚出生的婴儿没有自我意识,不能区分属于自身和不属于自身的东西,经常看到早期的婴儿吮吸手指是因为他们把自己的手脚和身边玩具视为同样性质的东西玩耍摆弄。阿姆斯特丹的点红实验展示了婴儿自我认识的发展历程。阿姆斯特丹研究了88名3~24个月大的婴儿,实验开始时,研究者在婴儿无察觉的情况下在孩子们的鼻子上涂上一个无刺激的红点,然后把婴儿带到镜子前面去观察他们的反应。根据研究者的假设,如果婴儿能在镜子中能立即发现自己鼻子上的红点,并用手去摸或试图擦掉,表面婴儿已经能够区分自己的形象和加在自己身上的形象。结果发现,大多12个月以下的儿童还不能认出镜中的自己,大多15~24个月的婴儿能够认出镜中的自己,因为他们会用手擦自己的鼻子。这说明这个阶段的婴儿表现出了自我认识的反应。

随着感知能力的发展,当婴儿发现咬手指和要玩具的感觉不一样时,说明儿童已经意识到手指是身体的一部分,这种自我感受可以看作是儿童自我意识最初的形态。自我认识的进一步发展是儿童开始用语言来标示自己,能够用第一人称"我"来称呼自己,这是儿童客体自我形成的主要标志。随后,儿童的语言能力飞速发展,其对自我的认知较多体验在自我描述方面。7岁之前的幼儿对自我的描述通常限于一些具体可见的特征,如身体特征、性别、喜爱的活动、拥有的物品、年龄等。如一个4岁的孩子会这样描述自己:"我叫六六,今年四岁了,我有很多玩具,我会唱歌、跳舞、背诗词……"这个年龄只是描述具体特征,还不会描述自身内部比较稳定的特征,而且此时的描述有高估现象,如"我会唱所有的儿歌"。

自我评价是自我认识发展的另一个方面。幼儿的自我评价能力一般出现在3.5~4岁,大多数5岁幼儿已经可以进行一定程度的自我评价,6.5岁幼儿已经基本可以进行自我评价。总体来讲,整个幼儿期的自我评价因受其认知发展水平及情感的影响,自我评价水平较低。主要表现出以下特点:

(1)从他评到自评。幼儿初期,儿童不加考虑地相信成人对自己的评价,对自己的评价主要是对成人评价的简单重复。如,儿童评价自己是好孩子,因为"妈妈和老师都说我很乖"。但到幼儿晚期,儿童开始出现独立的自我评价。

(2)从对外部行为到内心品质。幼儿初期的自我评价只是一些对自己外在行为表现的描述,6岁左右开始出现一些抽象的、对自身内在品质的描述。小班儿童评价自己是好孩子时,是因为"我上课不说话",而中班、大班儿童会说"我上课很认真,我懂得分享"。

(3)从笼统到细致。幼儿初期的评价一般比较笼统、简单,只是从某方面或局部一两个方面进行自我评价,幼儿晚期的自我评价逐渐具体、细致、全面。

(4)从主观情绪性到初步客观化。幼儿初期的自我评价带有很强的主观情绪色彩,且有高估倾向。幼儿晚期逐渐趋向客观,有时还表现出谦虚的特点。

（二）自我体验的发展

自我体验属于自我的情感成分，反映了主我的需要与客我的现实之间的关系。当客我满足了主我的要求时，个体就会产生积极、肯定的自我体验，反之则产生消极、否定的自我体验。儿童自我体验的产生大概在4岁左右。韩进之等发现，儿童在3岁时自我情绪体验还不明显，自我情绪体验发生的转折年龄在4岁，5~6岁儿童大多数已表现出自我情绪体验。总体来讲，幼儿的自我体验是从低级的与生理相关的体验（如愉快、愤怒）向高级的社会性体验（如自尊、自信等）发展的。在幼儿的自我情绪体验中，自尊显得尤为重要。自尊的需要得到满足，个体将会产生积极肯定的自我体验，如自信，否则个体可能会产生消极否定的自我体验，如自卑、退缩等。幼儿在3岁左右出现自尊的萌芽，6岁左右基本都能体验到自尊。也有研究发现，6~7岁的儿童至少已经形成了身体自尊、学业自尊、社会自尊三个方面的自尊。

（三）自我控制的发展

自我控制是自我意识的意志部分，有两个作用：发动和制止，主要表现为个体对自己的行为、态度的调控。儿童自我控制的能力一般出现在4~5岁。5~6岁的儿童大多具有一定的自我控制能力。但总体来讲，幼儿的自控能力比较弱。

二、同伴关系

同伴关系是年龄相同或心理发展水平相近的个体在相互交往过程中建立起来的一种人际关系。在幼儿生活中，同伴关系是除亲子关系之外的又一重要社会关系。同伴关系在儿童认知、自我意识、情绪、人格的健康发展和社会适应中都具有非常重要的意义。

（一）同伴关系的发展

儿童同伴关系的发展是一个从最初的简单的、不熟练的、零散的相互作用逐步发展到复杂的、熟练的、互惠性的过程。研究发现，2个月大的婴儿就能注视同伴，6个月时能朝着同伴微笑并发声，尽管此时的交往是短暂的、单向的，甚至有时彼此间是互不理睬的，但这也是同伴真正交往的第一步。1岁以后的婴儿同伴交往之间会有反馈，出现双向交流，如模仿等。2岁以后的婴儿和同伴交往的主要形式是简单的小游戏，并开始借助语言来交流。尽管这样，婴儿期同伴关系只是相对较简单、零散的存在，婴儿的社会交往相对也很有限。到幼儿期，随着儿童认知能力的发展和活动空间的扩展，其交往的对象不断丰富、交往的频率也更加频繁，同伴互动的质量也有所提高。游戏是幼儿同伴交往的主要形式。幼儿初期，儿童的游戏常常是独自进行。到了幼儿中期，幼儿的平行游戏和联合逐渐增多。在游戏中，儿童彼此间有一定联系，互相借用玩具，但大多是各自玩自己的玩具，较少有交流，即使有交流也是偶然没有组织性的。幼儿晚期，合作游戏开始发展，幼儿在游戏中不仅有分工还有合作，还能明白这个游戏要完成一个什么样的目标，遵守共同的规则，并且相互提醒对方。此时，虽然幼儿能够协调、分工，一起分享游戏的快乐，但还没有形成真正的友谊，好朋友的交往只是满足于时间、空间上的密切联系，比较表面化，很脆弱。如问一个5岁的小女孩："你的好朋友是谁？"她会回答:"六六"。"为什么六六是你的好朋友?""因为她刚才还和我在一起玩过家家"。可是,当过一段时间再去问同样的问题时,答案可能已经变了,因为一起玩过家家的伙伴已经换人了。因此,此时的友谊是非常短暂的,认为伙伴就是朋友。

(二)同伴关系的价值

1. 同伴交往可以满足幼儿的心理需要,使幼儿产生安全感和归属感,促进幼儿情绪的社会化

人本主义心理学家马斯洛认为安全感、归属感是人类的基本需要,幼儿也是如此。在幼儿的同伴交往中,良好的同伴关系可以使儿童放松、愉快、自主地交往,从而满足其安全感、归属感,获得社会支持。良好的同伴关系也能成为幼儿在情感上的一种依赖。当幼儿在不熟悉的环境中,或父母不在身边时,同伴就可以提供一定的感情支持。在成长过程中遇到困惑与烦恼时,幼儿也可以从同伴交往中得到安慰、理解、宣泄,甚至摆脱困境,此时,幼儿会因在情感上得到同伴的理解和支持而产生安全感、归属感和爱的情感,有利于幼儿身心的健康发展。

2. 同伴交往有助于儿童认知能力的发展

不同幼儿的生活经历和认知发展水平不同,在同伴交往中会有不同的表现,即使面对同一个游戏和玩具,不同幼儿的玩法和表现也不一样,这就为儿童提供了一个学习和交流的机会,有些儿童还会模仿其他孩子的行为。同时,在同伴交往中,儿童通过合作、交流、制定规则等,儿童能够学会与人友好相处,遵守规则,承担责任,这有利于儿童认知能力和社会化的发展。

3. 同伴交往有助于儿童自我意识的发展

同伴交往为儿童的行为提供了参考的框架,对自我评价也提供了参照标准。幼儿的自我评价往往是从他人对自己的评价开始,幼儿常常会将自己的行为或习惯与其他小朋友进行简单的对比,如3岁的小朋友会说:"妈妈,我会自己吃饭,可我的好朋友开开就不会。"同伴的行为就像一面镜子,给儿童提供了一个自我评价的参照,有益于儿童更好地认识自己,为儿童积极概念的形成打下了良好的基础,此外,同伴的反馈也可以使儿童了解自己行为的结果和性质,知道哪些是好的行为,哪些是不受欢迎的行为,这样,儿童就可以调控自己的行为,有助于儿童自我意识中的自我调控系统的发展,从而促进其人格的健康发展。

三、亲社会行为和侵犯行为

随着儿童认知能力和同伴关系的发展,儿童的社会化行为也迅速发展。其中,侵犯行为和亲社会行为是心理学着重研究的两种社会化行为,也是幼儿社会行为研究的重要问题。

(一)亲社会行为

亲社会行为又叫积极的社会行为,是人们在共同的社会生活中表现出的对他人有益或对社会有积极影响的行为,如宽容、谦让、同情、分享、合作、助人、捐赠等。亲社会行为是人们在社会交往过程中形成的,是个体社会化的结果。

儿童在很小的时候就会表现出亲社会行为,如同情、分享、合作等利他行为。1岁以前的婴儿已经能对别人的微笑产生积极的友好反应,2岁的儿童会与别人"分享"自己感兴趣的活动,把自己的玩具给别人看,或给别人玩。2岁以后,随着儿童社会交往经验的增多和语言能力发展,儿童能够识别他人的一些不太明显、细微的情绪变化,并能推断他人的处境,用动作或语言作出帮助或安慰的行为。如,三岁的小朋友摔倒之后,一起玩耍的伙伴会在一边鼓励他说:"别害怕,东东,跌倒了爬起来,你很勇敢!"格鲁塞克考察了4~7岁儿童的亲社会行为。他要求孩子的母亲在4周内用摄像机镜头记录下他们孩子的利他行为,结果见下表3-5。

表3-5　母亲记录的一些利他行为

利他行为	4岁组	7岁组	利他行为	4岁组	7岁组
承认、感谢、表示赞赏	33%	37%	赞扬行为或赞扬儿童	19%	16%
微笑、热情、感谢、拥抱	17%	18%	无外在反应	8%	9%

从表中可以看出,4岁组儿童和7岁组儿童都有不同程度的利他行为。实验还显示,当母亲看到自己的孩子作出助人行为时,大多会得到母亲的肯定,获得言语的奖励:有的被感谢,有的受到赞扬,有的报以微笑,有的被拥抱。家长的这种热情、支持和爱护大大地肯定了孩子的利他行为,有利于孩子利他心理倾向的发展。

每个儿童表现出的亲社会行为具有一定的稳定性,即他们的利他行为很少因时间、地点而发生变化。从总体上看,利他行为和年龄没有必然的联系。但近年来的研究也发现,随着年龄的增长,有些儿童的利他行为不仅没有增加,反而呈现减少趋势。如当面对一个摔倒受伤的儿童时,较小儿童会比较大儿童表现出更多的同情行为。

(二)侵犯行为

侵犯行为也叫攻击性行为,是指有意伤害他人身心健康的行为,对他人的敌视、破坏性的行为均可视为侵犯行为。它可能是身体的攻击,也可能是言语的攻击,如抓、拍、打、踢、掐、咬、闲话、辱骂、威胁、欺负、破坏等。侵犯行为和亲社会行为一样,都是儿童社会化发展的一个重要方面。侵犯行为的出现会导致儿童出现很多问题行为,是个体社会化成败的一个重要标准。

按照侵犯行为的性质,可将侵犯行为分为两种:工具性侵犯和敌意性侵犯。工具性侵犯是为了达到某种目标,如财务或权力,而以侵犯行为作为手段,相互推、打、喊等。如常见的儿童争抢玩具,小朋友为了从其他孩子手里拿到自己喜欢的玩具,就伸手去抢,甚至推、强夺。而敌意性的侵犯是以伤害他人为目的的侵犯,伤害他人的身体、感情、自尊等,如报复、嘲笑、痛打一个伙伴等。

儿童在1岁左右出现工具性侵犯,2岁左右会表现出明显的冲突,如推、打、踢、咬等,其中大多数为了争夺物品而发生。总体来讲,幼儿侵犯行为的频率在4岁前最多,4岁时达到顶峰,但4~5岁之后,幼儿侵犯行为的数量会逐渐减少,特别是幼儿常见的无缘无故发脾气、抓人、扔东西等行为逐渐减少。

从侵犯行为的性质看,尽管幼儿期以工具性侵犯为主,儿童为了争夺玩具、物品而争吵、打架,但慢慢地幼儿会表现出敌意性的侵犯行为,如有意骂人、打人、抢玩具作为报复。也常见幼儿会说:"哼,有什么了不起的,我才不要跟你玩呢!"

从侵犯行为的具体表现形式看,侵犯的形式随着年龄而发生变化。多数儿童采用身体攻击的形式,3岁左右的幼儿,踢、打、踩,甚至去撞人等身体攻击逐渐增多,身体侵犯在4岁时达到顶点,4岁以后,幼儿的身体侵犯逐渐减少,但言语侵犯却增多,如嘲笑、取绰号、奚落等。

从侵犯行为的性别差异看,幼儿期男生的公开性侵犯行为明显比女生多,且有较多的报复行为,而女生在受到侵犯时,很少有报复,只是小声哭泣、忍让。

由于认识、交往方式和自我意识发展的不成熟,幼儿经常为玩具或物品发生冲突,并且采用言语的或身体的攻击方式作出侵犯行为,但即使这样,幼儿期的侵犯行为很少是以"故意伤害他人"为目的实施的。因此,需要我们正确认识和分析,并适当引导。

(三)促进幼儿社会性行为的发展

1. 移情训练

移情是指能够体验他人的情感,识别和接受他人的情感、思想和活动等的能力。具体包括认知因素和情感因素。个体首先能够识别他人的情感、思维,然后引起个体情感上的共鸣。在移情训练中,儿童能够设身处地站在别人的角度来看待问题,感受他人的需要,产生和他人一样的心情,想象某一行为可能带来的后果,从而有效地促进儿童的亲社会行为,抑制可能出现的侵犯行为。移情训练对儿童的助人、合作、分享等亲社会行为的培养和提高有非常显著的效果。如让一个攻击性较强的幼儿扮演一个常常受到攻击的角色,他就会理解遭受攻击的感受和心情以及给他人带来的影响,以后他的侵犯行为很可能就会减少。

2. 榜样和认知、行为训练

榜样的力量是无穷的。社会心理学家班杜拉也强调,在儿童社会化学习过程中,儿童经常会通过观察榜样的行为来强化自己的行为。因此,在教育中我们也可以利用榜样的作用来增强儿童的亲社会行为,减少攻击性行为。

当有儿童表现出分享、合作、同情等亲社会行为时,家长和教师要注意肯定儿童的积极情绪,同时还要通过提示、分析、讲解和讨论,引导其他儿童积极认识榜样的示范作用,从而在日常生活中践行榜样的行为。让儿童经常接触亲社会行为的榜样可以增加个体的亲社会行为,而且榜样的影响还有长期的效果。因此,幼儿的教育实践中,榜样、认知和行为训练相结合使用,会大大提高教育的效果。

3. 恰当使用奖励

奖励是对幼儿的某种行为给予肯定和表扬,以使幼儿继续保持这种行为。在教育中,奖励可以使良好的行为巩固、强化,惩罚对行为具有减缓作用。恰当地使用奖励,能有效地促进幼儿亲社会行为的发展,并在一定程度上抑制儿童的侵犯等不良行为。

当幼儿表现出互助、分享、合作等良好行为时,要给予及时的奖励。奖励作为一种外在的强化手段,使用时需要注意:奖励要适度,因人而异;精神鼓励为主,物质奖励为辅。

四、性别角色发展

性别是儿童自我概念发展的一个基本成分,性别角色的建立和发展是儿童个性和社会化发展的一个重要方面。幼儿期是完成这一任务的重要阶段。儿童对有关性别的认知主要表现在性别概念的获得和性别角色的习得。

(一)性别概念的获得

儿童的性别概念主要包括性别认同、性别稳定性、性别恒常性。

性别认同是对一个人在基本生物学特性上属于男还是女的认知和接受,也就是对自己和他人性别的正确认知。包括正确使用性别标签,理解性别的稳定性和恒常性,知道男女生理上的差别。性别认同出现得最早,大约在 1.5～2 岁,大多数 2.5～3 岁的儿童已经能说出自己的性别,但他们对性别的理解只是外部特征层面的,还不能真正明白男生和女生的不同,不能意识到性别是恒定的。

性别稳定性是指儿童对性别的认识不随其年龄、情景等的变化而变化,3～4 岁儿童已经出现性别稳定性,认识到一个人的性别在一生的发展中都是不变的。在一项研究中,研究者向儿童提问考察儿童的性别稳定性:"当你是个婴儿时,你是男孩还是女孩?""当你长大以后,你是当爸爸还是当妈妈?"结果发现,4 岁孩子能作出正确回答。

性别恒常性是指儿童对性别的认识不会因为其外表或活动的变化而变化。儿童到 6、7 岁才能获得性别恒常性,儿童知道即使发型改变,换了衣服,但自己的性别不会改变。

(二)性别角色的习得

性别角色具有较强的情境性,受社会文化的影响较大。所谓性别角色就是在一定的社会文化中,人们赋予男性或女性各自适宜的方式,如男生应该玩小汽车,女生玩布娃娃;成人男性要独立、果断、主动,保护家庭及成员,女性要温柔、服从。由于性别角色的存在,性别角色刻板印象也就自然形成,在父母和生活环境的影响下,儿童逐渐习得一些性别刻板印象。研究发现,3 岁左右的幼儿就知道"男孩子容易打架"、"女孩子爱玩布娃娃"等性别角色的判断,但这种认识相对比较刻板,他们坚定地认为男孩子玩布娃娃是不对的,女孩子玩打仗游戏也是不对的。5 岁左右的儿童已经认识一些与性别有关的心理成分,如"男孩要胆大、不能哭"、"女孩要细心、文静"。4～5 岁幼儿会将许多玩具、衣着、工具、游戏、颜色与一种性别联系起来,而与另一种性别隔离,形成性别角色刻板印象。

第六节　幼儿身心发育中出现的问题及个体差异

一、幼儿身体发展中常见的问题

(一)肥胖

儿童肥胖一般指儿童的体重超过同年龄、同性别健康儿童平均体重的 20%,或两个标准差。近年来随着生活条件的改善,儿童肥胖有增多的趋势,已成为一个社会问题,多见于由单纯地饮食过多引起,也称单纯性肥胖症。

1. 表现

(1) 智力发育正常,性发育正常。

(2) 饮食习惯不合理,生活方式不当,好吃懒动。自幼食欲很旺盛,食量大大超过一般儿童,喜欢淀粉、油炸、肉类、甜食等,不喜欢吃蔬菜、水果等清淡食品。不喜欢运动,爱卧床睡觉,怕热、多汗,易疲劳。

(3) 生长发育比正常儿童快。一般身材较高大,体重明显超过同龄人,皮下脂肪厚,以腹部、颈部为主,呈全身性分布。

2. 原因

(1) 遗传。遗传在儿童生长发育中起着较为重要的作用,为儿童的发展提供了可能性。肥胖有一定的家族遗传倾向。研究发现,父母中,有一方肥胖,子女会肥胖的概率是 40%～50%;如果父母均胖,子女肥胖的概率是 70%～80%。因此,如果父母肥胖,子女出现肥胖的可能性也会增大。

(2) 不良的饮食习惯。一种是暴饮暴食。研究发现,肥胖者 20%～40% 由暴食引起。另外,营养失衡也会导致肥胖。一般来讲,喜欢吃含脂肪多的食品或甜食容易发胖。儿童大多天生爱吃甜食和零食,如奶油、薯条、可乐等高热量食物,导致体内糖分和脂肪含量过高,出现肥胖。

(3) 缺乏运动。现在的儿童缺少交流的机会,喜欢宅在家里看电视、玩游戏,缺乏体育运动,这就减少了体能的消耗。再加上营养过剩,脂肪较多也就不足为奇。越肥胖就越不想运动,导致体重直线上升,发生肥胖。

以上三个原因是导致肥胖的常见原因。除此之外,肥胖还与生活习惯、疾病、心理等因素有关。

3. 肥胖的预防

近 30 年来,全球肥胖和超重孩子增加了一倍。这与家长的过度喂养不无关系。儿童肥胖对日后的身体发育、生活学习带来诸多不便,对儿童的健康甚至预期寿命都会形成威胁。儿童越肥胖,治疗越难。因此,肥胖的预防就显得特别重要。

(1) 改善不良的饮食习惯,少吃或不吃脂肪含量高的食物或甜食,少吃零食。

(2) 防止暴饮暴食,可以少食多餐。

(3) 鼓励孩子多参加运动。从孩子感兴趣的活动开始,家长可以参与孩子的游戏运动。此外,家长还可以创造条件,为儿童多找一些伙伴一起运动,效果更佳。

(4) 一旦发现儿童出现肥胖,及早治疗,及早控制。

专家还建议,预防肥胖应该从胎儿期就开始,在出现肥胖的几个关键期:婴儿期、5～8岁、青少年期采取措施,效果较佳。总之,家长应该为孩子创造一个有规律的生活环境,注意饮食、睡眠、休息等各方面的调节,从而避免儿童的肥胖。

(二) 发育迟缓

发育迟缓是指儿童在生长发育过程中出现速度放慢或顺序异常等现象,发病率在

6%~8%。

1. 主要表现

生长发育迟缓的表现是多方面的,常见的有体格发育迟缓、运动发育迟缓、智力发育障碍等。

(1)体格发育落后。身高、体重、头尾的测量值全部偏低,表明儿童的发育出现了全面迟缓,应到医院检查咨询;如果只是某一项的指标偏低,就说明儿童可能出现了部分发育迟缓,可做进一步的检查确定问题。

(2)运动发育落后。精细运动技能和大动作技能发育迟缓,如双侧肢体运动不对称,动作迟缓、僵硬。

(3)语言发育落后。语言能力的接受能力和表达能力都发育迟缓。

(4)智力发育落后。自理能力发育迟缓,如穿衣服、如厕等。

(5)心理发展落后。社会认知和交往技能的学习掌握迟缓,不能很好地与伙伴一起玩耍。

2. 原因

(1)遗传因素。家族性矮小、体质发育延迟等,与先天遗传素质或宫内发育不良有关,这些属于正常的生长变异,大约占发育迟缓的 80%~90%,其生长速度基本正常,不需要特殊治疗。

(2)病理性因素。代谢性疾病,内分泌疾病(甲状腺功能低下症)、脑垂体侏儒、染色体异常(唐氏综合征)、慢性疾病等疾病引起的发育延迟。

(3)营养不良。由饮食习惯不良或不均衡的饮食造成。

(4)精神因素。由社会、生活环境的改变等造成的儿童精神上的问题引起发育迟缓。

3. 预防

(1)对于由先天遗传因素引起的发育迟缓,生长速度基本正常,不需特殊治疗。但家长要尽量创造后天的生活条件,促进其潜能的发挥。对于病理性因素引起的发育迟缓,应视情况进行特殊治疗。

(2)改善儿童的饮食习惯和方式,创造条件让儿童全面、均衡饮食。忌吃辛辣、腌制、加工复杂的食品。

(3)由精神因素引起的迟缓,应该积极改善儿童的生活环境,让儿童在生活上得到照顾,在精神上得到安慰。

（三）佝偻病

佝偻病又称"软骨病",是由于缺乏维生素 D 引起的体内钙、磷代谢紊乱,致使骨骼钙化不良。佝偻病多发于 3 岁以下的婴幼儿,潜伏期较长,发病慢,不易及时发现。

1. 表现

(1)佝偻病初期多为精神神经症状,主要表现为烦躁不安、易激惹、容易发脾气、睡眠较浅、多汗特别是睡熟之后多汗、夜惊(晚上睡觉突然会惊醒、苦恼)、枕秃等。

(2)病情进展时,出现肌张力低下、关节韧带松懈。动作发育迟缓、独立行走较晚。1 岁以上的儿童走路会向内侧或外侧弯曲,呈"O"或"X"形。

2. 原因

(1) 维生素 D 摄入不足,或吸收不良。儿童生长所需要的维生素 D 大多来源于食物,但仅仅靠食物,一般很难满足儿童生长发育的需要。有时即使摄入了维生素 D,也很难被儿童吸收。

(2) 日照光照不足。人的皮肤在充足的紫外线照射下能产生足够的维生素 D。维生素 D 的多少与紫外线的强度、照射时间、皮肤暴露的面积成正比。但现在高楼林立、空气污染,导致很多儿童不愿进行户外活动,很少直接接触阳光。

(3) 生长发育过快。由于 2 岁特别是 1 岁前宝宝生长发育比较快,其体内的维生素 D 很难满足宝宝快速生长的需要,这就导致患佝偻病的概率增加。特别是早产儿、双胞胎更易患病。

3. 预防

佝偻病的主要病因就是缺乏维生素 D,因此,预防和治疗的关键就是帮助宝宝对维生素 D 的摄入和吸收。

(1) 孕妈妈要注意孕期保健。胎儿在母体内可以通过母亲摄入维生素 D,出生后通过母乳摄入营养,因此对于母亲来说,为使宝宝健康,在孕期和哺乳期应加强营养,多食用富含维生素 D 和蛋白质食物,或常进行户外活动、多多晒晒阳光,为宝宝提供充足的维生素 D。

(2) 饮食调理。经常摄入一些含有维生素 D 的食物,如动物肝脏、蛋黄、鱼肝油、坚果、海产品等。

(3) 充足的户外活动,常沐浴阳光。将适当维生素 D 的摄入和户外活动、日光浴相结合,有利于宝宝对维生素 D 的吸收。小宝宝满月之后,不管是冬季还是夏季,每天进行 1～2 小时的户外活动,有益于维生素 D 的吸收。

二、幼儿心理发展中常见的问题

(一) 咬指甲癖

1. 表现

咬指甲癖是指反复地、控制不住去咬指甲,将长出的手指甲或脚趾甲咬去。咬指甲癖是儿童常见的一种不良习惯,常见于 3～6 岁之间。

2. 原因

儿童出现咬指甲与精神紧张、心理情绪有关。在生活节奏改变,如去上幼儿园、缺少伙伴时容易诱发此症。情绪紧张、焦虑、低落、抑郁、沮丧、自卑时,以咬指甲自慰。

3. 预防和治疗

(1) 既然咬指甲与紧张焦虑的心理情绪有很大关系,预防矫治时应从消除儿童的心理紧张入手。当出现咬指甲时,父母应耐心说服教育,转移儿童的注意力,如讲故事、多鼓励儿童参加户外活动和游戏,经常调动儿童的积极情绪。

(2) 养成良好的卫生习惯,经常修剪指甲。

(3) 心理治疗中,行为疗法的强化、消退法、厌恶法等效果较佳。

一般来说,多数儿童的咬指甲行为会随着年龄的增长自行消失,少数顽固者可持续到成人。在矫正治疗时,家长和儿童要紧密配合,并持之以恒。

(二)口吃

1. 表现

口吃俗称结巴,是一种语言障碍,表现为正常的语言频率和强度与常人明显不同,不自觉地重复某些音节、单词或短语,发音停顿或延长,说话时伴随有摇头、跺脚、歪嘴、挤眼等动作才能费力地将字说出来。

2. 原因

(1)心理原因。精神紧张、焦虑、恐惧、害羞、自卑、孤僻、不合群等精神因素是引起口吃的主要原因。有时对口吃越关注、越恐惧,越怕越口吃,终成心理疾病。多始于2~5岁儿童,男生多于女生。

(2)模仿与暗示。一些儿童由于好奇,模仿同伴或成人的口吃现象所致。

(3)发育性口吃不流利。2~5岁是语言发展的关键期,儿童的词汇逐渐丰富,但言语功能尚未成熟。可能是左脑发育不正常,导致大脑皮层与说话能力有关的地带不衔接,令说话不流畅。一般到幼儿末期,就可口齿流利,这种现象不属于"口吃",而是"发育性口吃不流利"。如果在幼儿期间,家长对儿童的"发育性口齿不流利"过分关注,并经常提醒、甚至责骂孩子,或强迫孩子"把话说清楚",长此以往,儿童的心理就会形成高度紧张的状态,就更结巴,从而发展为其正义上的"口吃"。

3. 预防和矫治

大多数口吃与心理因素有关,因此预防的关键是消除儿童心理紧张的情绪。儿童说话时,要避免受到家长的责骂、周围人的嘲笑、小伙伴的模仿。家长和老师也不要当众议论儿童的口吃现象,或强迫他们不结巴。相反,应该多鼓励儿童大胆表达自己内心的想法,树立孩子的信心。同时,家长和老师说话时,要口吃清晰、缓慢、轻柔地跟孩子交流,一方面给孩子树立一个良好的榜样,另一方面感染孩子说话时不要紧张、全身放松,尤其是不去注意自己的结巴。让孩子多听朗诵和音乐,并鼓励孩子去表达。

(三)夜惊

1. 表现

夜惊又称睡惊,是指儿童在睡眠中突然惊醒、哭喊出声伴有惊恐动作和表情,两眼直视,从床上坐起,手脚乱动。发作持续数分钟,难以唤醒,醒后对发作不能回忆。这属于一种常见的儿童睡眠障碍。

2. 原因

(1)儿童夜惊大多由心理因素引起,与白天的紧张、焦虑等情绪有关。如父母吵架、受到惩罚等,儿童受到惊吓,紧张不安。睡前受到惊吓,或精神紧张也容易引起夜惊。如听到可怕的故事,看了恐怖的电影,或受到威胁入睡都易导致夜惊。

(2)生活环境中的一些不良因素也容易导致夜惊。如卧室的温度过高、被子盖得太厚、胸前被重物压着等都可能使儿童出现夜惊。

3. 预防与矫治

（1）解除儿童紧张、焦虑的情绪，合理安排儿童的生活，使其形成规律。家长尽量给儿童创造一个轻松、愉快、和谐的家庭环境，让儿童有安全感，感觉到自己被关爱；此外，不要经常给孩子讲授一些恐怖的故事情节，尤其是在睡觉前，不要采取威胁的方式吓唬孩子，可以跟孩子讲讲话，听一段轻松的音乐等，让孩子能够在轻松的氛围中进入睡眠。

（2）给儿童创造一个良好的作息环境。经常保持室内通风、保持正确的睡姿等，提高儿童的睡眠质量，促进大脑的发育。

大多夜惊的儿童长大后可以自愈，因此不需要特殊治疗，平日只需要稍微注意饮食起居，使其心情放松即可。

（四）恐惧症

1. 表现

恐惧症又称恐怖症，是儿童对日常生活中的事或情景产生的一种过分和毫无理由的惧怕情绪，并出现退缩或回避行为。发作时，伴有明显的焦虑和自主神经症状，如紧张、心慌、出汗、面色苍白、尿急尿频等，其程度严重影响了儿童的社会功能和日常生活。

2. 原因

（1）不当的教养方式所致。研究发现，儿童恐惧症与其心理成长过程中的教养方式有很大的关系。过分严厉、教条化的家庭教养方式会使儿童的社会理解和适应能力较低，过分粗暴、压抑的家庭教养方式也会使儿童的心理发育受到扭曲。对环境惧怕、不信任、敌视环境、在环境中充满威胁的儿童都容易出现惧怕情绪，产生回避行为。

（2）行为学习理论认为，恐惧是经过学习而习得的。如果个体的行为受到强化或奖励，那么行为就会保持下去。患有强迫症的儿童对某个事物或情景产生恐惧情绪时，回避可以马上缓解焦虑，这就形成了一个自动奖励。如此下去，儿童通过负强化习得了对恐惧刺激的回避，这种习得性的反应，就维持着儿童的恐惧，即使刺激不存在也会如此。如父母的威胁、教师的惩罚、同伴的侵犯等均可作为强化因素，使儿童惧怕上学。

3. 预防和矫治

（1）改变不当的教养方式。父母不要太溺爱孩子，不可无缘无故地对孩子发脾气，同时也不要过分责难孩子，这样会打击孩子的自尊心，甚至加重儿童的恐惧心理。相反，应该给孩子创造一个民主、宽松的家庭气氛。

（2）心理行为治疗中的一些方法也很有效。如认知疗法、暴露疗法、系统脱敏法、冲击疗法等。

（五）自闭症

1. 表现

自闭症又称孤独症，多发于婴幼儿时期，典型的儿童自闭症有以下特点：

（1）语言障碍。这是自闭症最明显、最重要的症状，也是引起大多数家长警觉的主要原因。大多数自闭症儿童语言发育迟缓或有语言障碍，开始讲话比别人晚，通常在2～3岁仍不会说话，经常沉默不语或在极少数情况下使用有限的语言。语言接受和表达能力均存在不同程度的障碍。

（2）社会交往障碍。自闭症儿童不能与别人建立正常的人际关系。逃避与他人的对视，表情和肢体语言贫乏。对人态度冷淡，对父母和亲人都是如此。和同龄伙伴之间难以建立正常的友谊关系，对他人的呼唤不理睬，恐惧时也不会寻求保护。

（3）兴趣狭窄，行为刻板。自闭症儿童总是以奇异、刻板的方式行事。对正常儿童感兴趣的玩具、事物等一点都不热衷，而喜欢一些非玩具物品，如瓶盖、锅盖，单调地摆放积木等。有时会出现自我伤害，咬唇、吮吸等动作。行为刻板，固执地保持不变，如外出同一路线、转圈圈、反复拍手等。如果改变了患者的刻板行为，儿童马上会表现出不高兴的情绪，焦虑甚至有反抗行为。

（4）智能障碍。有些儿童会有不同程度的智力障碍、精神发育迟滞。但少数患儿在智能低下的情况下表现出"孤独症才能"，如在音乐、数学、记忆等方面表现超常，被称为"白痴天才"。

2. 原因

自闭症的原因尚不明确，但比较一致的看法是先天生物学因素和后天环境均有影响。先天因素主要是孕期和围产期造成胎儿脑损伤，如宫内窒息、产伤等。环境因素主要是指早期的生活环境比较单调，缺乏语言、情感等丰富的刺激，以致儿童相对情感淡漠，形成孤独症。

3. 预防和矫治

教育和训练是最主要、最有效的训练方法。首先要为儿童创造良好的生活和学习条件，可以视情况将不同程度的患儿与正常孩子放在一起学习、游戏，以促进其语言的发展和社会交往能力的提高。其次，对于比较严重的患儿，家长和教师可以一起制定康复计划。如应用行为分析疗法、自闭症教育课程训练、人际关系训练等，帮助自闭症儿童对环境的理解和适应。最后，教育者要树立自闭症儿童康复的信心。研究发现，随着年龄的增长和教育训练的加强，自闭症儿童的症状都会有不同程度的改善。

（六）多动症

1. 表现

儿童多动症是一种常见的儿童问题行为，又称轻微脑功能障碍综合征或注意缺陷障碍，以注意障碍和活动过度为主要特征，概括起来，其主要表现有：

（1）注意集中困难。注意力集中困难是多动症儿童表现最突出、最持久的症状之一。儿童比同龄人缺乏专注和坚持到底的能力，注意力集中时间短暂，且易受环境的干扰而分散。如上课东张西望、心不在焉，注意对象频繁地从一个活动转移到另一活动上。

（2）活动过多。这是多动症的核心症状。婴幼儿表现为好哭闹、不安静、多动、难以入睡等。上学后在安静的场所表现出明显好动，如上课时左顾右盼、做小动作、屁股在凳子上扭来扭去，严重的还在教室走来走去。多动症儿童的活动是无目的性的，杂乱、缺乏组织性。

（3）冲动性。多动症儿童情绪不稳定，易激惹，冲动任性。幼稚、任性、易受外界刺激干扰而兴奋。做事不经过思考就行动,不分场合,不计后果,难控制。如,课堂上大喊大叫,离座奔跑、攻击别人、经常惹是生非等。

(4)学习困难、动作协调困难,伴有行为问题。多动症儿童大多智力正常或接近正常,但由于注意力难以集中,因此在学习上都存在着不同程度的困难,不能专心听讲、安心做作业,以致学业不良。此外,几乎半数的多动症儿童动作协调存在困难,如精细动作、协调运动等方面,如有的体操动作不准确、不会骑自行车,有的手眼配合不好。最后,多动症儿童往往不听家长和老师的管教,由于其冲动性,会表现出一系列的行为问题,如干扰集体、打架斗殴、偷窃等行为。这些不良行为的出现不是儿童的品德不端,而是他们实在不能自我控制。因此,要注意及时加强教育。

以上几个表现中,注意集中困难、活动过多、冲动性是儿童多动的核心症状,其他是一些继发的行为障碍。

2. 原因

儿童多动症可能与多种因素有关,先天遗传、神经递质缺乏、脑组织损坏等生理遗传因素和环境、教育方式不当都会导致儿童出现多动。

(1)生理遗传因素。多项研究发现,遗传与儿童多动有密切关系。父母和亲属中童年患有此病的,儿童也很容易患有多动。此外,生理因素方面,患儿的脑干网状结构的系统内,缺乏去甲肾上腺素、多巴胺、5-羟色胺等神经递质中的一种,使得神经系统不能及时传递信息,降低了神经系统的抑制,导致儿童的行为过多。据统计,大约85%的多动儿童由于脑组织受损所致,如缺血、缺氧、母亲孕期有高血压等症状,分娩过程中出现早产、难产等异常状况。

(2)社会心理因素。不良的社会环境和家庭环境都可能成为儿童多动的诱因。由于工业社会的发展,铅中毒是引发儿童多动症的原因之一。食物中、空气含铅量高、食品添加剂的增多都会增加多动,不良的社会风气、噪音、家庭不和谐、父母教养方式不当、过分溺爱放纵、教师教育方法不当,均可诱发多动。

3. 预防和矫治

(1)多动症儿童的教育属于特殊儿童教育,家长和教师要多给予一些耐心,进行教育性的指导。给儿童提出的要求要切合实际,不能像要求正常儿童那样严格。增加儿童的活动,促进其活动协调能力的发展。培养儿童有规律的生活和习惯,教给儿童一些社会交往的技能,以增强其自尊,培养其自信。

(2)心理治疗方面,多注重认知疗法、行为治疗、放松训练等方法的使用。

(3)环境和饮食方面。多带儿童去空气新鲜的地方,少接触汽车尾气,工厂排放的废气,如条件允许,尽量不居住在有大气污染的工厂附近,多与纯净环境接触,有助于症状的缓解。饮食上,给儿童多吃一些含铁的食物,限制使用某些调味品如胡椒油等,不使用含铅的食器和玩具,不吃可能受铅污染和铅含量较高的食物,如皮蛋、爆米花等。

三、幼儿身心发展的个体差异

"世界上没有完全相同的两片树叶,同样也没有完全相同的两个人。"每个人都是一个独特存在的个体。幼儿的发展也是如此，每个幼儿都有自己独特的地方，他们之间的个体差异是客观存在的。幼儿在成长过程中，由于遗传和环境等的相互作用，使得幼儿的身心发展表现出不同的特点，即个体差异。这些差异主要表现在幼儿的智力、气质和性格、性别、学习类型等方面。

（一）幼儿智力差异

智力是一个人在认知活动中表现出来的能力。幼儿智力的差异主要表现在智力发展的水平、发展的早晚和类型三方面的差异。

幼儿智力的发展水平有高低之分。幼儿的智力水平呈常态分布：两头小，中间大，即大多数幼儿的智力发展水平在90～110之间，属于正常。但有少部分幼儿的智力会超过110，表现出卓越的才能，属于高智商；也有少数幼儿的智力发展水平会低于常人，智商分数低于90。

幼儿智力发展的早晚也会存在差异。生活中常说"才华早露"、"大器晚成"等，就反映了个体智力发展的早晚差异。有的幼儿很早就表现出了卓越的才华，会唱歌、跳舞、背诗词等，被称为"小天才"，但有的幼儿到五岁左右语言能力才开始慢慢发展，会说出简单的句子。

幼儿智力的类型也存在差异。幼儿在感知、记忆、思维、想象、言语等活动中存在个体差异。美国教育心理学家加德纳的多元智力理论就反映了儿童智力类型的差异。

（二）幼儿气质、性格差异

幼儿期儿童的个性开始形成，但在表现上却大不相同。其中，气质是儿童一出生就有的，相对比较稳定。心理学将儿童的气质按照心理活动的强度、速度、稳定性等，将儿童气质分为四类：胆汁质、多血质、黏液质、抑郁质。这四种基本的气质类型从外向逐渐过渡到内向，都有自己的特点。不同气质类型的儿童，在心理和行为表现上存在很大的差异。如有的儿童安静、心细，或不善言谈，内向；有的儿童大大咧咧，外向、热情等。此外，性格是幼儿对现实的稳定态度和习惯化了的行为方式，是"先天"和"后天"的合金。在气质和后天环境、教育的影响下，幼儿的性格也开始萌芽。有的儿童活泼好动、相对比较独立；有的儿童依赖性较强，比较内向。

（三）幼儿性别差异

幼儿期是性别角色形成的关键期，幼儿已存在明显的性别差异。一般来说，女孩的身体发育比男孩早，语言认知等方面的发展也比男孩早。女孩普遍爱漂亮，相对文静，遵守规则，乐于助人；男孩多动，喜欢威武、神气的角色，好冲动，自控力差。因此，在幼儿期，女孩比男孩更成熟，学习成绩好于男生。

（四）幼儿学习类型差异

学习类型是个体在学习过程中的一种习惯化的方式，主要涉及认知风格、学习策略等，通过个体的认知、情感、行为等习惯表现出来。教育、生活中常见的儿童学习类型有视觉性、听觉型、身体型、书面型、群体互动型。这五种学习方式各有特点,且对每个儿童的影响都是不一样的,因此,幼儿的学习类型也存在明显的差异。

幼儿个体之间的差异是客观存在的,究其原因主要是因为遗传、环境、教育等因素的影响。遗传、生理成熟等为儿童的个体差异提供了自然前提和物质基础,环境包括家庭环境、幼儿园环境、社会环境可以把儿童个体差异的可能性变为现实性。在同一时代,儿童所处的环境是千差万别的,具体的生活和教育条件影响着儿童心理发展的水平和方向,是造成儿童个别差异的重要因素。同时,个体的主观能动性把主体与客体相联系,对个体的差异具有不可忽视的作用,是儿童身心发展的根本动力。

四、针对个体差异进行的教育

针对幼儿发展中存在的个体差异,教育工作者首先应尊重个体差异,然后仔细分析、研究差异的类型及原因,再制定措施,因人施教,使教育始于天然,趋于自然。接下来介绍几种教学中常见的模式。

(一)取长补短模式

这是资源利用模式和补偿模式的结合。教师在教育过程中,要认清儿童的优、缺点。充分发挥儿童的优势,并尽量利用优势去弥补自己的弱势,引导、鼓励儿童健康发展。如,内向、不爱说话的幼儿,我们可以鼓励他展示自己的特长;活泼好动的儿童,我们鼓励他帮助教师和小伙伴做事情,为大家服务,培养其劳动习惯和责任心;安静、比较听话的幼儿,我们可以鼓励他大胆地发言,并对其大胆的行为给予及时的鼓励强化。教育实践中,帮助儿童设置恰当的目标,取长补短,因势利导,促进儿童身心健康发展。

(二)个别化教育模式

个别化教育模式起初用于对特殊儿童的问题行为进行干预和矫正,由于在现代教育中,幼儿个体间的差异逐渐受到关注,因此,教育中经常会针对幼儿某一方面能力的缺陷,进行有针对性的个别化教育,即在尊重学生的基础上,为每个幼儿提供个别化的教育计划,促进其潜能的开发。常见的教学策略有三种方式:(1)调整儿童的学习速度以适应其要求;(2)提供多样性的教材以满足不同的学生需要;(3)适当调整教师角色,教师要少一些权威,多一些包容和尊重。在个别化教育中,最常用的是档案评价,为每个幼儿都建立档案袋,记录其学习、活动,从而针对不同学生的特点进行个别化指导。

(三)性向与教学处理交互作用模式

这一模式也叫"教学相适"理论:教学应配合儿童的性向,教师根据不同性向的学生,应该提供不同的教育计划和措施,以使教学的效果最大化。如在幼儿中班手工折纸小狗的课堂上,教师可以提供手工书、已经折好的作品,彩笔、油画棒等多种材料,由幼儿自己选择材料和方式进行手工制作。结果发现,有的幼儿根据手工书的操作说明折出了小狗,有的幼儿把成品拆开后又还原折出了小狗,还有的幼儿是观察老师教授的每个步骤折出来的。在课堂上,有的幼儿画,有的涂色,有的制作,有的玩,不亦乐乎。儿童不仅自主地活动操作,还在活动中学到了新的方法和知识。这就避免了教师在统一折纸教学中有部分学生不喜欢学、学了跟不上的现象,既发挥幼儿的主观能动性,又能大大提高教学的效果。

需要说明的是,任何一种教育方法都不是孤立的,教育实践中,我们要具体情况具体分析,充分认识、尊重儿童的个体差异,采取适当的教学模式,也可将几种不同的教学模式相结合,促进儿童的全面发展。

本章小结

1. 发展主要包括生理和心理的发展。婴幼儿的发展,主要是指个体从出生到成熟(0～7岁)这一成长阶段中身心日益完善的过程。其特点是:心理发展随着年龄的增长而逐渐发展、认识活动对象以具体直观形象性为主、心理活动以无意为主,并开始向有意方向发展,幼儿个性初步形成。

2. 婴幼儿心理的发展不仅由先天的遗传决定,还和后天的环境、教育、个人的特点等因素有关。

3. 幼儿期身体成长遵守"头尾原则"和"近远原则"。幼儿动作的发展主要表现在大动作的发展和精细动作的发展。

4. 游戏是幼儿自发的、主动参与的活动。游戏不是现实生活的简单复制,而是现实和想象的结合,因而富有创造性。幼儿游戏是一种社会性的活动。根据游戏的目的,将幼儿游戏分成:创造性游戏、教学游戏、活动游戏。根据认知发展水平分:感知运动游戏、象征性游戏、规则游戏。

5. 幼儿感知觉的发展是从无意感知向有意感知发展、感知觉从未分化向分化发展、感知的过程逐渐趋向协调、统一。记忆的发展特点:以无意记忆为主,有意记忆也进一步发展;形象记忆占优势,语词记忆逐渐发展;机械识记占优势,理解记忆逐渐发展;记忆保持的时间逐渐增长,记忆容量扩大。思维表现出具体形象性;抽象逻辑性开始萌芽;言语在思维发展中的作用逐渐增强等特点。3岁左右的儿童已经掌握了本民族语言的基本语音。幼儿期是掌握口头语言的关键时期。幼儿情绪、情感的特点是:从情绪情感的发生过程看,幼儿情绪的自我调节能力逐渐增强;从情绪、情感所指向的事物看,幼儿的情绪、情感日益丰富和深刻。幼儿的个性初步形成,社会性进一步发展。

6. 幼儿发展中的个体差异主要表现在幼儿的智力、气质和性格、性别、学习类型等方面。

7. 幼儿身体发育中常见的问题有肥胖、发育迟缓、佝偻病等;心理发育中存在的主要问题有咬指甲癖、口吃、夜惊、恐惧症、自闭症、多动症等。

思考题

1. 简述婴幼儿发展的含义、过程和影响因素。

2. 简述婴幼儿身心发展的年龄特征和发展趋势。

3. 简述幼儿身体、动作发展的基本规律和特点。

发展与教育心理学

4. 简述游戏的特点和分类,游戏在儿童发展中的作用。

5. 简述幼儿认知发展的基本规律和特点,如何促进幼儿的认知发展?

6. 简述幼儿情绪、情感发展的规律和特点,如何促进其情绪、情感的发展?

7. 简述幼儿个性、社会性发展的基本规律和特点。

8. 简述幼儿存在的个体差异、身心发展中易出现的问题。

参考文献

1. [美]约翰·W·桑特洛克.发展心理学(第 2 版).田媛,吴娜等译.北京:机械工业出版社,2014

2. [美]罗伯特·S·费尔德曼.发展心理学.苏彦捷,邹丹等译.北京:世界图书出版公司,2013

3. 林崇德.发展心理学.北京:人民教育出版社,2009

4. 张向葵,桑标.发展心理学.北京:教育科学出版社,2012

5. 王惠萍,孙宏伟.儿童发展心理学.北京:科学出版社,2010

6. 邹晓燕.学前儿童社会性发展与教育.北京:北京师范大学出版社,2015

7. 刘金花.儿童发展心理学.上海:华东师范大学出版社,2013

第四章　小学儿童心理发展与教育

不想让孩子输在起跑线上

"小孩子总是贪玩的,父母如果不多用点心帮孩子学习,他会落后人家一大截子。"某母亲说,"我邻居家三年级的孩子识字量比同龄人多出很多,英语、数学成绩也很好,我听着既美慕又着急,看到其他孩子都在努力向前跑,生怕自己的孩子落在别人后面,只能在校外给孩子报学习班,自己的孩子说什么也不能落下。"她坦言,其实她内心也希望能让孩子想玩就玩,度过一个快乐的童年,自己不求孩子变成神童,但起码不能落后别人的孩子太多。

小学儿童心理发展是发展心理学中的重要研究内容,它研究的是学龄初期(6、7 岁～11、12 岁)儿童心理和行为的发生与发展规律,以及这个时期儿童的心理年龄特征。小学儿童心理发展主要包括儿童认知、语言、智力、情绪、个性、道德等各个领域的发展特点与发展趋势。

小学阶段是儿童在各方面打好基础的重要时期,是个体发展的关键期。小学儿童身心发展具有特殊性,这一时期儿童的心理发展水平对他们今后的成长影响巨大。在小学教育过程中,只有遵循儿童生理、心理发展的自身特点采取有效的教育教学措施,才能促进儿童的健康发展,取得良好的教育效果。

在本章开头引子中,那个母亲不太了解儿童的心理发展有其规律性,处在不同年龄阶段的儿童,具有不同的心理发展特点。儿童的认知发展存在个体差异,他们对知识技能的掌握速度、学习适应能力、领悟能力等有所不同;小学儿童学习的目的不仅仅是掌握知识技能,更重要的是发展智力、培养能力;作为父母和教师,培养孩子的学习兴趣、引导孩子形成良好的学习习惯比多识几个字,比在考试时多考几分更为重要。

第一节　小学儿童心理发展概述

小学儿童心理发展主要研究小学儿童发展过程中的各种心理现象及其发展变化的规律,关注小学儿童的发展、学习、认知、个性、一致性与差异性等,强调小学儿童认知、情感和社会性发展的特点,强调小学儿童的个体差异如认知差异、人格差异等。

一、小学儿童的身体发展

儿童心理发展的物质基础是大脑及高级神经系统的发育。包括生理成熟在内的身体发展是儿童心理发展的前提和重要的物质保证。

　　小学儿童的年龄一般为6、7岁至11、12岁。从脑和神经系统的发育来看,小学儿童的脑重量已逐渐接近成人水平。随着大脑皮层的生长发育,儿童大脑的兴奋过程与抑制过程逐渐走向平衡,觉醒时间逐渐延长,睡眠时间缩短,儿童有更多的时间从事学习、游戏和社交活动。儿童到了6、7岁时,脑重约1 280克,已接近成人脑重的90%,以后增长缓慢,9岁时约1 350克,到了12岁约1 400克,脑重量基本上和成人一致。小学儿童的神经系统,特别是大脑结构逐步完善,他们的条件反射形成呈现出时间缩短、潜伏期较短和比较容易巩固的特征,他们能更好地接受外界刺激,更好地支配、控制自己的行为。

　　小学生的身体发育,处于两个生长发育高峰之间的相对平稳阶段。身高平均每年增长4～5厘米,体重平均每年增加2～3千克,胸围平均每年增宽2～3厘米。从发育时间看,女生发育加速期比男生早1～2年,身高生长高峰期和体重增加高峰期比男生提早1～2年,随着物质生活水平的提高,男、女生的生长发育期出现提前的趋势。同幼儿相比,小学生的骨骼更加坚固,但由于骨骼中所含的骨质较少,比较容易变形、脱臼。

　　小学儿童的身体肌肉组织有所发展,但不够强壮,不易长时间从事过于激烈的体育活动。小学生的肌肉发育呈现两个特点:第一是大肌肉群的发育比小肌肉早;第二是先肌肉长度的增加,然后才是肌肉横断面的增大。小学生能做用力较大和动作幅度较大的运动,如跑、跳、投、掷等活动,但他们对小肌肉运动精确性要求比较高的运动则很难做好。由于小学生的腕骨尚未完全骨化,骨骼系统的许多软组织、椎、骨盆区和四肢的骨骼还没有骨化,他们的骨骼组织含水分多,含钙盐成分少,骨骼硬度小、韧性大,富于弹性,易弯曲变形。因此在小学阶段,不能对儿童提出太高的要求,特别是手部活动,不能长时间连续地书写、演奏乐器和做手工劳动,家长要注意配合学校帮助孩子保持正确的书写姿势,矫正错误的用笔姿势,防止写太小的字,要特别注意孩子坐、立、行、读书、写字的正确姿势的培养训练,尤其要防止驼背的产生。

　　从体内机能发育来看,小学生的心脏和血管在不断增长,其容积没有成人的大,但新陈代谢快,所以小学生心跳速度比成人快。伴随着心脏、肺、呼吸肌、胸廓形态发展的同时,小学生的心肺功能也相应增强,血管的发展速度大于心脏发展速度,血液循环量加大,新陈代谢加快。小学生的呼吸频率随着年龄增长而递减,肺活量大小随着年龄增长而显著增加,从肺的发育来看,6、7岁儿童肺的结构就已发育完成,12岁时已发育得较为完善。由于小学生的心脏容积小于成人,脉搏频率远超成年人,因此要注意不能让孩子开展剧烈的运动和进行繁重的体力劳动,以防损害心脏。

　　儿童进入小学学习以后,手关节肌肉运动大为增加,手关节肌肉感觉同时发展起来,但缺乏耐力,容易疲劳。小学低年级儿童在拿铅笔写字画画,使用尺子、用橡皮、削铅笔时,动作会显得笨拙和费劲,教师应注意指导儿童的书写动作,开始时练习时间不宜过长,以免疲劳和失去兴趣,中高年级儿童处于向青少年过渡的儿童期的后期阶段,大脑发育处在内部结构和功能迅速发展和完善的关键期,身体各种机能得到迅速发展,学校和家长应让他们参加各种活动,促进儿童的身心发展。

二、小学儿童的心理发展

小学阶段是儿童个体心理发展的关键时期,在学校教育影响下,他们的认知、情感、意志、性格诸多方面引起了巨大的变化。他们发育快,可塑性强,其身心发育和内心世界产生了诸多显著特点。与幼儿相比,小学儿童心理有了较大变化:一是心理机能的不断深化。儿童的兴奋和抑制进一步增强,条件反射比以往更容易形成和巩固,第二信号系统在学习活动中以及人际交往中得到进一步发展。二是心理动力的转化。儿童入学后从以游戏为主导的活动转化成以学习为主导的活动,开始承担一些社会义务,学习新需要与儿童原有心理发展水平的矛盾,成为儿童入学后心理发展的新动力。三是认知活动的快速发展。小学儿童的知觉、记忆、注意从无意性向有意性方向发展,思维从以具体形象思维为主逐步过渡到以抽象逻辑思维为主。四是个性品质的逐渐形成。儿童的情感内容逐渐丰富、情感体验更加深刻,他们的自控能力增强,自我意识加速发展,个性在逐渐形成。

第二节　小学儿童的认知发展

儿童心理发展主要表现在认知能力和社会性发展方面,儿童的社会性发展和认知发展是相互依存的,其中认知发展水平是其社会性发展的基础。小学阶段儿童的认知结构体系基本形成,在学校教育下,他们的观察、记忆、想象能力发展迅速,思维更成熟、抽象思维逐渐占优势,认知活动自觉性明显增强,认知与情感、意志、个性等心理活动得到协调发展。

一、小学儿童感知觉和观察力发展特点

小学时期是一个儿童感知觉发展非常重要的过渡时期。小学儿童感知觉发展迅速,具有很大的潜力和可塑性。

(一)小学儿童感知觉发展特点

小学儿童的感知觉逐渐完善,空间知觉和时间知觉的发展较为明显。

1. 小学儿童感觉发展。小学儿童的各种感觉感受性由低到高迅速发展,感受性是有机体的分析器对刺激的感受能力。小学时期,由于教学和学习的作用,小学儿童各种感觉的感受性都获得了显著的提高,各种感觉的感受性向敏锐、精细方向发展。

视觉发展。视觉在人们的认识活动中占有极重要的地位,人们所获信息量的80%来源于视觉。小学儿童的视觉在整个感知觉中占主导地位,且在一定年龄内随着年龄的增长而提高。一是视敏度的发展。视敏度俗称视力,指在一定距离上感知和辨别细小物体的视觉能力。10岁前儿童的视敏度不断提高;10岁时儿童的视觉调节能力范围最大,远近物体都能看清楚;10岁以后,随着年龄增长,视力逐渐下降。二是颜色视觉的发展。入学前儿童只能辨别红、黄、蓝、绿等基本颜色,而对同一颜色的深浅色度却难以辨认。小学一年级儿童已能对红、

黄分别辨别出二三种色度,能对各种不同颜色进行配对游戏,对于经常接触的一些颜色也能叫出名称。至于颜色的精确命名,即不同饱和度以及混合色的命名,如大红、紫红、桃红、玫瑰红;米黄、橘黄、鹅黄;天蓝、湖蓝;青灰、银灰;淡绿、碧绿、墨绿等等,其正确率直接受小学教育的影响。有人曾做过这样的试验,用红、蓝两种深浅各不相同的 20 个毛线团对 20 个孩子进行训练,每天训练 20 次,每次按颜色深浅顺序排列 5 遍,如果出现错误就纠正。经过 4 天训练,结果为红色由原来能辨别 3 种提高到能辨别 12 种,黄色由原来能辨别 2 种提高到能辨别 10 种。为此,教师要充分利用美术课以及其他活动,让学生有机会接触多种色彩,教会儿童对各种颜色的正确命名和正确使用,以引起儿童关心和注意周围五颜六色的彩色世界,正确地反映客观世界。

听觉发展。听觉发展包括纯音听觉的发展和语音听觉的发展。纯音听觉方面,小学儿童听觉的敏感度随年龄增长逐渐提高,以儿童辨别声音高低的听觉能力为例,假设 6 岁入学儿童的听觉能力为 1 个单位,经过训练后,到 7 岁就可发展到 1.4 个单位,8 岁可达 1.6 个单位,9 岁可达 2.6 个单位,10 岁可达 3.9 个单位,但整个小学阶段儿童的听觉敏感度都不如成人,更未达高峰。语音听觉方面,儿童入学后在语音教学特别是汉语拼音教学的影响下,语音听觉发展迅速,一年级末小学生已能很好地辨别汉语的四声和相近的字音,可达到成人水平,儿童的听觉能力因先天条件不同而有较大的个别差异,但都可因训练而提高,在非普通话地区,小学生语音听觉的发展关键在于教师的正确指导。

运动觉发展。运动觉包括大肌肉运动觉和小肌肉运动觉。大肌肉运动觉成熟较早,刚入小学的儿童已有相当发展,能自如地做各种基本动作,如走、跑、跳、爬行、攀登、伸展、弯腰等等。小肌肉运动觉发展较迟,刚入学时还未发展好,手指、手腕运动不够灵活协调。如当学生刚学写字时,笔对他们显得很重,握笔时手指、手腕显得木僵,他们的肌肉紧张度很高,常需移动前臂或上身,甚至移动纸张来写字。小学低年级学生的字迹歪歪扭扭,竖不直,横不平,间架结构比例不当,他们在写字时经常把纸戳破。小学毕业时,儿童的手指小肌肉运动觉已有相当发展,灵活性和协调性都有较大的提高。整个小学阶段,儿童大、小肌肉运动觉都在发展中,其发展速度和水平与训练直接有关。小学教师要充分利用课内外各种活动,从耐力、速度、灵活、协调等方面对小学生进行训练,但应考虑到小学生的运动器官比较稚嫩,训练时要循序渐进,切忌操之过急、过量训练,不可把书写、朗读等动作训练作为惩罚手段。

2. 小学儿童知觉发展

空间知觉发展。空间知觉是人脑对物体空间特性的反映。空间知觉包括大小知觉、形状知觉、方位知觉、距离知觉等,人们没有专门感知空间的感觉器官,它是由多种感觉器官联合协调活动的结果。小学儿童空间知觉的发展表现在:一是大小知觉方面。小学儿童不仅能熟练地用目测和比测进行直觉判断,而且还逐渐能用推理进行判断。研究发现,对图片空间面积大小的判断能力,7~8 岁儿童处在直觉判断和推理判断的过渡阶段,高年级儿童有 85% 以上人次已能运用推理判断来比较空间和面积的大小,大小知觉发展到新的水平。二是形状知觉方面。在小学教育影响下,儿童形状知觉水平逐年提高,他们能正确辨认几何图形,正确绘制各种图形,用语言正确说明图形的特征。小学儿童对几何图形的认识,已由对具体直观图形的认识过渡到对一类图形共同特征的掌握。但由于认识水平的局限,小学儿童在识别和说明图形的特征时常常会把非本质特征当做本质特征,或把本质特征作为非本质特征,从而产生缺漏或错误的判别。如把"直角在下方""摆得端正"这些非本质东西,加到直角三角形特征中去,把"由上到下垂直着"这一非本质因素作为垂线的特征等等。另外,小学儿童的立体几何图形知觉水平不高,表现为小学儿童对描绘在纸上堆积在一起的立方体数,因不懂透视原理和缺乏立体感,常常不能正确辨认。随着儿童思维水平的提高和对几何图形的学习,他们的识别几何图形能力逐年提高。三是方位知觉方面。刚入学儿童方位知觉的水平不高,对上下、前后方位已能正确判断,对左右方位,只能比较固定化地辨认,而且不够完善,如做体操课时,对"向左转""向右转"的口令反应不够灵敏和准确,往往有 1/3 的儿童出现错误;对字形的感知,注意形状而不注意方位。在小学教学的影响下,儿童在方位知觉上有了较大的发展。7~9 岁儿童已能初步、具体地掌握左右方位的相对性,9~11 岁儿童已能比较概括、灵活地掌握左右概念。

小学儿童方位知觉的识别错误

刚学汉字和阿拉伯数字时,小学儿童常把"3"写成"ε",把"8"写成"∞","9""6"不分,"b""d"和"q""p"不分等。

小学儿童时间知觉的发展。人类没有专门感知时间的器官。由于时间比空间更为抽象,为了正确地感知它,必须借助于中介物,如天体的运行、人体的节律或专门计时的工具。儿童入学后逐渐掌握了数概念和计时工具,学会利用中介物来认识时间,时间知觉水平迅速提高。7、8 岁以后的儿童对一日前后延伸时序和跨周、跨年的延伸时序能正确认识,能用时间标尺来估计时距,能利用钟表、日历来定时、定序,逐渐能掌握常用的时间单位,在语言水平上理解时间关系,高年级儿童对无法直接觉察到的时间单位,如世纪、年代等也能逐步掌握。

总的来说,小学儿童从笼统、不精确地感知事物的整体渐渐发展到能够较精确地感知事物的各部分,并能发现事物的主要特征及事物各部分间的相互关系。小学儿童的感知觉模糊性由强变弱,越是低年级的儿童,感知觉的模糊性越强,越是高年级的儿童,感知觉的模糊性越弱,刚入学的小学儿童感知觉内容不丰富、不具体、不精确;他们的感知觉内容不深刻、不准确,分不清重要方面和次要方面,在感知事物时,往往只留一个大概轮廓。随着年级升高和学习深入,经过老师和家长反复训练,小学儿童感知觉的模糊性会不断克服,感知觉会变得越来越精确。

小学儿童的感知觉的目的性是由弱变强。目的性即有意性,小学儿童感知觉有意性逐渐增强。初入学的小学儿童感知觉的选择性较差,经常受无关刺激的干扰,例如有时对老师要求感知的对象好像熟视无睹,而对于无关对象的感知却又聚精会神,但随着儿童年龄增长和学习训练,他们感知觉的选择性逐步提高;低年级小学儿童不能在较长的时间内持续地感知对象,随着儿童年龄的增长和学校学习生活的锻炼,他们的感知觉持续性不断增强;儿童越来越能够主动地、积极地、持久地去感知客观事物,他们的感知觉有意性日益增强。

感知觉在儿童整个心理活动中的作用和影响由大变小。越是低年级的儿童,对感知觉的依赖性越强;越是高年级的儿童,对感知觉的依赖性越弱。小学低年级儿童,不具备抽象思维的能力,他们的思维在很大程度上依赖于感性经验,依赖于直观的、经验的材料,常常跟着感觉走,随着年级不断升高,知识经验不断积累,儿童对感性经验的依赖程度不断减弱,不再跟着感觉走,而是比较理智地去思考问题。

(二)小学儿童观察力的发展特点

在小学教育影响下,小学儿童的观察力水平和观察品质均得到较大的提高。

1. 什么是观察

观察是有目的、有计划、有准备的持续性知觉,是人从现实中获得感性认识的主动积极的活动形式。观察是人们学习知识、认识世界的重要途径,观察过程和注意、思维等密切相联。

观察力是学习能力的重要组成部分,观察力的发展是小学生智力发展的重要条件。儿童从小学开始系统学习文化科学知识,各科知识的学习需要具备一定的学习能力,语文课中字形的辨认和掌握,作文中景色的描写、情节的记述,数学课中几何图形特征的辨别,自然课中物体形状、结构以及自然物的发展变化等等,都需要有精细的观察力。学生的智力发展离不开观察力的发展,观察力是智力发展的基础,观察力高低直接影响学生的感知水平,影响学生想象力和思维力的发展。培养学生的观察能力和良好的观察习惯,是小学教育极为重要的任务。

2. 小学儿童观察力发展水平的特点

观察力是儿童感知能力的综合体现,小学儿童观察力的发展水平随年级增高而提高。小学儿童的无意观察多,有意观察少;观察对象多,观察背景少;笼统观察多,仔细观察少;无序观察多,有序观察少。

(1)小学儿童观察能力发展的阶段性

我国学者根据对幼儿园到小学高年级儿童观察图画能力发展的研究,认为儿童观察力的发展有下列四个阶段:第一阶段是认识"个别对象"阶段,儿童只看到个别对象,或各个对象的某一方面;第二阶段是认识"空间联系"阶段,儿童可以看到各对象之间能够直接感知的空间联系;第三阶段是认识"因果联系"阶段,儿童可以认识对象之间不能直接感知到的因果联系;第四阶段是认识"对象总体"阶段,儿童能从意义上完整地把握对象总体,理解图画主题。小学儿童分属于第二、第三、第四阶段,其中小学低年级儿童大部分属于认识"空间联系"和"因果联系"阶段,小学中年级儿童大部分属于认识"因果联系"阶段,小学高年级儿童大部分属于认识"对象总体"阶段。

(2)小学儿童观察品质的发展

随着年龄增长,小学生观察品质水平不断提升,且发展平稳。

观察的目的性。初入学儿童,观察的目的性较低,他们一般不会独立地给自己提出观察任务,对于教师提出的任务不能很好地排除干扰,不能集中注意观察所需要观察的对象,他们的观察主要由刺激物的特点和个人兴趣、爱好所决定。因此,小学低年级儿童观察的时间短,错误较多,三、四年级儿童有所改善,但提高不很明显。

观察的精确性。低年级小学生观察事物极不细心、不全面,常常笼统、模糊,只能说出客体个别部分或颜色等个别属性,对事物间细微的差别难以觉察,不能表述;三年级学生观察的精确性明显提高;五年级学生只是略优于三年级学生。例如,低年级儿童在刚学写字时,常常不是多一点就是少一横,对"己"和"已"、"析"和"折"等形近字常混淆。

观察的顺序性。低年级学生观察事物零乱、不系统,常常东看一下西看一下,看到哪里算哪里;中、高年级学生观察的顺序性有较大发展,一般能做系统观察,在表述观察情况时能先想一下再做表述;高年级学生能把观察到的点滴材料进行适当加工,使观察内容更加系统化。

观察的深刻性。低年级学生对所观察的事物难以从整体做出概括,他们往往较注意事物表面的、明显的、无意义的特征,看不到事物之间的内在关系,不善于揭露事物的本质特征;三年级学生观察的深刻性有较大的提高;随着抽象思维的发展,五年级学生观察的深刻性有显著发展,表现为正确判断明显提高。

案例

小学儿童不善于揭露事物的本质特征

教师将语文课本第三册《美丽的公鸡》这课的插图涂上色彩,并且放大,让学生观察。许多学生只看到公鸡的大红鸡冠、美丽的羽毛和金黄色的爪子,而偏偏就没有看到公鸡站在水边欣赏自己的形象、表现出洋洋得意的骄傲神态。

3. 小学儿童观察力的培养

儿童观察力是在实践活动中,通过有目的、有意识的培养发展起来的。提高小学生的观察能力,可以从以下几个方面着手:

(1)要使儿童明确观察的目的任务

低年级儿童,他们还不善于自己主动提出观察的目的任务。教师在组织儿童观察事物时,应向儿童提出具体、明确的观察任务,诸如"好好看""认真看""仔细看"之类笼统的要求对发展儿童的观察力收效甚微。对于中高年级儿童,教师要善于启发他们自己独立地进行观察,由教师先提出观察的总要求,让学生自己考虑观察的步骤与方法等,然后再用观察的总要求来检验观察的结果。

(2)要使儿童具有相应的知识准备

只有理解了的东西才能更好地感知,没有相应的知识准备,即使有了明确的观察目的,也不知如何着手去观察。一个完全陌生的事物,既不会引起学生强烈的兴趣,也可能不会引起学生稳定的注意和积极的思维。儿童只有拥有了相应知识准备,他们在观察时才能激发和保持观察兴趣,按计划进行观察,才能更好地理解观察对象。例如,教师带着学生到八达岭参观长城,事前应向学生介绍有关长城的历史知识,使学生有充分的知识准备,参观过程中应进行讲解,让学生有足够的知识去理解参观对象。否则,学生就会走马看花,收不到应有的观察效果。

(3) 指导儿童观察的方法,培养观察的技能

一是要加强观察方向的引导,教师要用语言引导儿童观察方向,使他们掌握观察顺序。二是要引导学生充分利用感官,勤于思考。教师根据观察的目的任务,要引导学生思考看不见、摸不着但能表明事物本质的东西。三是指导学生观察时要细致耐心,学会运用比较。四是要引导学生重视观察结果的处理和运用。在观察过程结束后,应指导学生做好观察结果的处理和运用。

二、小学儿童记忆发展特点

在整个小学阶段,小学儿童记忆能力在量和质上都得到显著而迅速的发展,儿童的记忆最初以无意识记、具体形象识记和机械识记为主,逐渐发展到以意义识记为主。

(一)小学儿童记忆类型特点

小学儿童从以机械识记为主逐渐发展到以意义识记为主,以具体形象识记为主逐渐发展到以抽象记忆为主,从不会使用记忆策略发展到能主动运用记忆策略。小学低年级儿童的不随意记忆水平高于随意记忆水平,随年级升高,儿童的随意记忆能力逐渐增强,但在整个小学阶段,不随意记忆仍然占主导地位。

小学儿童的意义识记能力在迅速发展,对一些有意义的材料,能够通过逻辑加工来进行识记。如:对于已经理解的教材,按意义联系来识记课文,按偏旁部首归类来识记生字等。

小学儿童的抽象记忆能力逐渐增长。形象记忆在低年级儿童记忆中占有重要地位,随着年龄增长、理解能力不断提高,小学儿童对词的抽象识记和意义识记的能力不断提高。总的来说,小学生能记住一些具体的、直观的材料,较难记住抽象的词、公式和概念,他们对一些有趣事情能很好地记住,但对一些老师交给的学习任务却有时忘记。

(二)小学儿童使用记忆策略特点

记忆策略是指主体对自己的记忆活动进行有意识控制,使用能增强记忆效果的方法或认知活动。小学儿童从不会使用记忆策略发展到能主动运用记忆策略,他们刚开始不能很好地组织自己的记忆活动,不能适当地运用识记的方法。

系统的记忆策略有三种,分别是复述策略、组织策略、精加工策略。在小学阶段,儿童的复述策略和组织策略占主导地位。

学前儿童一般是不会采用复述策略的,与学龄前儿童相比,小学儿童开始逐渐有效地采用复述策略。随着年龄增长,小学儿童复述的质量不断提高、复述的灵活性不断增强,他们的复述方式由被动复述模式向主动复述模式转变,但整个小学时期儿童的记忆灵活性水平较低,他们的复述策略存在一定的个体差异性。

9～10岁儿童在使用记忆组织策略方面的能力有明显提高。一年级儿童不能自发使用组织策略，即便策略训练后也不能提高回忆量；三年级儿童不能自发使用组织策略，但经过训练后能提高回忆量；五年级儿童能自发使用策略，如果再加以训练，那么就能对回忆有积极的效果。

小学儿童的精加工策略一般到小学高年级后才能出现。随着年龄的增长，学生所创造出的关系从呆板、固定转向生动、丰富；低年级儿童所创造的关系较混乱、意义含糊，很难对记忆产生较明显的促进作用，高年级儿童所创造的关系具有非常明确的意义，也合乎逻辑。

三、小学儿童思维发展特点

小学儿童思维的基本特征是以具体形象思维为主要形式过渡到以抽象逻辑思维为主要形式，他们的抽象逻辑思维在很大程度上仍是直接与感性经验相联系的，具有很大成分的具体形象性。在整个小学阶段，儿童逻辑思维发展迅速，完成由具体形象思维向抽象逻辑思维的过渡，一般情况下，三年级之前偏重形象思维，10岁左右是形象思维向抽象逻辑思维过渡的转折期。

小学低年级儿童的形象思维所占成分较多。低年级儿童具有一定的抽象概括能力，掌握了一些概念，能够初步进行判断和推理，但他们的思维水平仍很低，思维有很大的具体形象性，思维过程往往依靠具体的表象，不易理解较为抽象的知识经验。他们在不能直接观察到事物特征的情况下，对某些概念进行概括会感到困难。随着年龄的增长，他们学习概念时，所掌握的概念直观、外部特征成分逐渐减少，所掌握的概念抽象、本质特征的成分不断增多；到了高年级，他们开始能够依靠表现一定数量关系的词语来进行概括，他们的抽象思维的成分较多。例如对于抽象的时间概念，小学生入学时能掌握他们经验范围内的时间概念，但对于与他们的生活关系不太密切的时间单位不能理解，而且对时间长短的判断力也比较差，但随着年龄的增长，他们对时间单位的理解力和对时间长短的判断力不断提高。

低年级儿童的思维带有很大的依赖性和模仿性，独立而灵活地思考问题的能力很差，他们不善于使自己的思维活动服从于一定的目的任务，在思考问题时往往被一些不相干的事物所吸引，以致离开原有的目的任务，高年级学生能逐步分出主要与次要的内容，学会独立思考。

小学儿童思维的独立性

老师让学生在指定的格子里画十个圈，有些儿童被画圈活动本身吸引，不按照老师指定的任务进行思维活动。

四、小学儿童想象发展特点

随着年龄增长,小学儿童的想象从形象片断、模糊向正确、完整地反映现实的方向发展。低年级小学生,想象具有模仿、简单再现和直观具体的特点,到中高年级,他们对具体形象的依赖性会越来越小,创造想象开始发展起来。例如小学生讲故事,低年级学生复述、模仿的成分较多,高年级学生对情节的创造性日益增多。

小学儿童的有意想象能力增强,想象的创造成分增多,想象更富于现实性,高年级学生想象的有意性迅速增长并逐渐符合客观现实。例如他们越来越善于主动地、有目的地根据老师的讲述或书本文字的描述来想象"桂林山水"。

小学儿童想象的现实性

低年级的小学生爱听童话故事、神话故事、动物故事,高年级学生逐渐对英雄故事、惊险小说、科技读物感兴趣,因为后者更接近生活现实。

五、小学儿童注意的特点

小学儿童注意不稳定、不持久,他们的注意与兴趣有密切的关系。在小学阶段,女生的注意品质发展明显好于男生,且女生的注意品质发展较均衡,没有男生那样的大起大落。

(一)小学儿童的注意发展从无意注意占优势,逐渐发展为以有意注意占主导地位

课堂上有笔盒掉到地上了,往往会引起小学生的张望,这是无意注意。无意注意是被动的,取决于刺激物的强度、新异性和变化性等方面特点。随着年龄的增长和大脑的发育成熟,小学儿童神经系统活动的兴奋与抑制过程趋于平衡,内抑制能力得到发展,他们逐渐理解自己的角色与学习意义,有意注意得到有效发展。到五年级时,小学儿童的有意注意已基本占主导地位。

利用无意注意规律提高课堂教学效果

为了把课上得生动形象,王老师带去了不少直观教具,有实物、图片,还有模型。进教室

后，王老师就把这些教具放在桌子上，或挂在黑板上，他想今天的课效果一定很好。可是结果并非如此。

加强教学的直观性，是利用无意注意规律来提高教学效果的办法之一。但教具过多，反而会分散学生的注意，特别是进教室后把教具放在讲桌或挂在黑板上，学生的注意会被这些教具所吸引而不注意听讲，而到该用教具时已缺乏应有的新颖性，因而教学效果无法达到预期目的。

（二）小学儿童的注意范围较小

小学儿童的注意范围随着年级升高不断发展，从一年级到六年级，小学男生经历了一个快速增长期，五年级为稳定发展期。五年级小学儿童的注意广度明显高于一年级小学生，小学低学生的注意范围小，不足 4 个对象，到了中高年级可达到 5、6 个对象。

另外有研究表明，女生在注意广度上优于男生，而且随着年龄的增长会拉开差距。同年级女生的注意广度普遍高于男生，到了五年级这一差距更明显。

（三）小学儿童的注意稳定性差

在小学阶段，学生注意的集中性和稳定性是逐步发展的。心理学家阿良莫夫认为，7～10 岁儿童可连续集中注意约 20 分钟，10～12 岁约 25 分钟，12 岁以上约 30 分钟。

儿童在一年级到二年级阶段的注意稳定性平稳增强，到了三年级以后，他们的注意稳定性会出现明显的差异。低年级儿童的注意还不稳定、不集中，容易受不相干的事物吸引而分散注意，如上课时注意了自己的新铅笔盒，而没有注意听教师讲解。只有在教师正确的教育和帮助下，小学儿童的注意稳定性才能迅速发展起来。

 案例

小学儿童注意的稳定性差

教师讲课过程如果过于单调，或太易太难，或节奏速度不适当，都容易造成儿童注意分散。

（四）小学儿童的注意分配能力差

一年级到六年级儿童的注意分配能力发展缓慢，表现出顾此失彼的现象，尤其是低年级学生明显表现出不善于分配注意的特征。小学儿童不善于分配自己的注意，如果要求同时注意几件事情，他们往往做不到。例如小学低年级儿童往往注意了写字，忘了写字姿势；注意了汉字结构，忘记汉字读音。

案例

小学儿童注意的分配能力差

在课堂教学中不能要求儿童边听讲边抄写,而是应先让儿童听讲,等儿童听懂了,再让他们抄写。原因在于小学生尤其是低年级儿童的听讲、做笔记和思考等技能均没有完全达到自动化程度,学生不能有效地进行注意分配。

（五）小学儿童的注意转移能力差

低年级学生需要在老师的帮助下才能实现转移,随着年龄增长,小学生注意转移能力会有显著提高,相较于女生,男生的转移能力提高较快,一年级男生的转移能力差,高年级男生的转移能力发展迅速,能够很快进行注意的转移。例如在语文课堂上,低年级学生从写字活动转移到听讲,总是显得慢悠悠;他们在家里做作业时,从做数学作业转换到做语文作业,总是动作缓慢,或是精神老转不过来。

第三节　小学儿童的情意发展

一、小学儿童情绪情感发展特点

小学儿童的情绪情感内容不断丰富,情绪情感深刻性、稳定性不断增强。小学低年级儿童能初步控制自己的情绪,但常常不稳定,小学高年级儿童的情绪情感表现较为稳定,随年级升高,儿童的情感能力逐渐提高、情感内容日益丰富、情感稳定性和控制力不断增强。

中高年级是小学儿童情感能力发展的重要时期。在中高年级,小学儿童的道德感有很大发展,他们自我尊重、希望获得他人尊重的需要日益强烈,他们能以具体的社会道德行为规范为依据,能意识到自己的情感表现及随之可能产生的后果,开始出现内化的抽象道德观念作为依据的道德判断。但他们情感的实践性和坚持性较差,依赖成人监督。

（一）小学儿童情绪外显、易变

小学儿童的情绪情感表现明显,喜、怒、哀、乐很容易在他们的表情上反映出来,表情是他们情绪情感发生变化的"晴雨表",他们在得到老师的表扬和夸奖后,常喜笑颜开,受到老师批评,会感到难为情,低头不语或哭泣。小学儿童的情绪情感易受具体事物的支配,容易激动,随情境的变化而变化。例如当同学们高兴时,自己也跟着高兴,"破涕为笑"是他们常有的事。

（二）小学儿童情感不断丰富

随着年级的提高,小学儿童的情感内容不断丰富。入学后,小学儿童通过学习活动进入了更广阔的天地,他们的道德感、理智感和美感得到迅速发展。例如在阅读文学作品时,优秀人物使他们产生敬仰、爱慕之情,反面人物使他们产生憎恨、厌恶之感。此外,在共同的集体生活学习中,同学之间的团结互助活动使他们的友谊和集体荣誉感不断得到增强。

(三)小学儿童情感日益深刻

随着社会性需要的发展,小学儿童的情感日益深刻,道德情感逐渐发展起来。例如学前儿童的互助友爱,多数是在模仿成人的生活,是为了能在一起玩;小学儿童的互助友爱,则更大成分是处于责任感。同样是惧怕,学前儿童可能怕黑暗、怕打针,小学儿童则主要是怕做错了事挨批评,怕考试成绩不好等。

(四)小学儿童冲动性减少,稳定性增加

小学儿童的情绪情感稳定性日益增长,冲动性、易变性逐渐减少。入学后,在学校教育下,小学儿童的控制、调节自己情感能力不断提高,他们在一定程度上,已能抑制自己当前情绪去克服困难,去完成自己应该完成的任务。

二、小学儿童意志发展特点

小学儿童的身体各器官、生理系统生长发育得很快,他们精力旺盛、活泼好动,但他们的自制力不强,意志力较差,遇事容易冲动。

(一)小学儿童行动的动机和目的性特点

小学儿童行动的动机和目的具有较强的被动性与依赖性。他们不善于自觉地、独立地提出行动的动机和目的,往往需要家长或教师的帮助和指导,随着年级升高,他们开始学会根据行动目的去计划自己的行动和反复思考自己的行动计划,但水平还很低,例如多数小学生不能主动地去完成作业,他们完成作业是因为教师有要求。中年级儿童的学习动机从直接动机向间接动机转化,即使没有直接的奖励,为了得到老师、同学、家长和其他人的赞扬,他们也会努力达到较好的学习效果。

(二)小学儿童的意志品质较差

小学儿童的意志薄弱,遇到困难时,常不愿独立去解决,而是寻求他人的帮助。他们意志活动的自觉性、自制力和持久性比较差,容易受暗示,他们在完成某一任务时,常不是自觉行动,而是靠外部压力,在完成作业的过程中,当出现自己的答案与他人的不一致的情况时,他们常常放弃自己的主张。小学儿童意志活动的自制力不强,遇事容易冲动;他们的意志活动持久性比较差,在学习活动中,常表现出开始时劲头足,但不能持久,虎头蛇尾。

随着年龄的增长,小学儿童的意志品质水平渐渐提高。低年级学生自觉地投入学习的心理机制不完善,他们有一定的自主能力,但自觉学习的主动性不强;大部分儿童对待学习带有游戏的态度,难以有效地连续学习。中年级学生的意志发展开始从他律向自律过渡,开始具有自觉克服困难的意志,四年级是培养孩子学习恒心的关键期。高年级学生的自觉性、果断

性、自制性、坚持性有一定发展，但不显著，他们的行动冲动性和受暗示性大为减少，行为的自我调节能力有了明显的进步，但果断性和坚持性还比较差，还依赖于父母或教师的监督。

第四节　小学儿童的个性与社会性发展

儿童进入小学以后，他们的社会关系发生了重要变化，与教师、同学在一起的时间和活动越来越多，师生关系和同伴关系对他们的社会性起着极重要的影响作用。小学儿童的社会性发展突出地表现为逐渐摆脱对父母的依赖性，重视伙伴关系，且往往以同伴的评价为依据形成自我评价。

一、小学儿童个性特征的特点

小学儿童的个性发展在心理发展中占重要地位，个性特征是个人身上经常表现出来的本质的、稳定的心理特征系统，主要包括气质、性格和能力等。小学儿童的个性带有很大的社会性，但社会性不稳定、可塑性大。

（一）小学儿童气质发展特点

气质是人所具有的典型的稳定的心理活动动力特征，具有明显的天赋性和稳定性。气质使一个人全部的心理活动染上了独特的色彩，一个具有易于激动气质特征的小学生，在争辩时会情绪激动，听课时会沉不住气，回答问题时会迫不及待地抢先发言；而一个具有安静稳重气质特点的小学生，在任何场合下会显得不急不慢、安静。

任何一种气质类型既有积极的一面，又有消极的一面。如多血质类型的小学生，有朝气、灵活，易与人相处，但做事缺乏一贯性；抑郁质类型的小学生，敏锐、细致、体验深刻，但较冷漠、多疑。教师和家长要了解并尊重学生和孩子的气质特点，在教育活动中有针对性地开展教育活动，建立和谐健康的师生关系和亲子关系，指导他们学习和生活，培养他们健全人格。

（二）小学儿童性格发展特点

在小学阶段，儿童的性格可塑性大，行为渐渐形成习惯，性格越来越稳定，越来越难以改变。他们已经逐渐形成了自己的态度特征，但不稳定，易受环境影响而发生改变。如小学儿童已表现出对用功学习、关心集体的积极的态度倾向，但在某些诱惑下，可能会放弃自己的主张。小学低年级儿童性格的不稳定性明显，随着自我意识的发展，高年级儿童对自我言行的统一性要求增强，稳定性大大提高，并逐步成为稳定的性格特征，但仍有不少儿童的态度和行为不够稳定统一，未能形成明显的性格特征。

小学儿童的性格发展水平随年龄的增长而逐渐提高，但发展速度不平衡、不等速。小学二年级至三年级儿童的性格发展较慢，表现出发展的相对稳定性；四年级到六年级发展较快，表现出迅速发展的特点。

小学低年级学生处在适应学校学习生活的过渡期，他们性格的发展受到限制；二年级学生心理趋向稳定,显示出一定的个性特征,自信心不断增强,即使遇到什么困难,不会像一年级学生那样马上哭泣起来;小学三年级学生求知欲旺盛、身体发育迅速,他们愿意参加集体活动,积极做事,什么事都想听一听、看一看、干一干,但他们缺乏耐心,好动,行为多变,做事情手脚不稳当,在大多数情况下对他们的指责和批评只起短暂作用,过一会儿后他们会故态复萌。

四年级至六年级是儿童性格的快速发展时期,他们的组织性、纪律性、勤奋、坚毅等优良性格特征,逐渐获得健康发展。中高年级的学生已经适应学校的学习活动,集体生活范围扩大,同伴交往日益增加,他们的性格日益丰富和发展起来,教师、集体、同伴对儿童性格的影响作用越来越大,四年级是学生养成良好学习习惯和改变不良习惯的重要时机,四年级以后,除非进行特殊的训练,孩子的行为习惯将很难改变。小学六年级是儿童性格发展的关键期,六年级学生开始步入青春期,他们性格发展受到青春期身心变化的深刻影响。他们有强烈的情绪体验,对人、对事敏感,缺乏自我分析、自我宽慰的能力。六年级学生的性格处于矛盾和不平衡之中,缺少克服困难的意志和毅力,一些学生对日常行为要求觉得不屑做或不坚持做,一些学生出现厌学情绪,他们需要加强良好性格的培养。

(三)小学儿童能力发展特点

能力是指直接影响人的活动效率并使活动任务得以顺利完成的那些最必需的个性心理特征。小学阶段儿童的能力在生理成熟、家庭环境、学校教育等因素的作用下,通过自身努力得到迅速发展。

随着大脑发育的成熟以及知识经验的积累,小学儿童的智力水平不断提高,他们的观察力、记忆力、理解能力、思维能力和表达能力等不断增强。低年级学生可以做自己想做的一些简单事,能把自己的想法简单地记下来,写字、绘画和游戏能比较自由;中年级学生的思维经历一个由量变到质变的飞跃过程,抽象思维逐渐成为一种重要的思维形式,四年级是儿童学习能力发展的关键期。中高年级学生的学习能力发展迅速,可以胜任复杂的学习任务,他们的记忆力、理解能力、思维能力和语言表达能力发展迅速,中高年级是学生写作和阅读能力发展的关键期。

小学生能力在发展速度、能力类型上出现显著的个体差异。例如,在能力类型上,有的学生在观察时善于分析细节但缺乏整体概括本领,有的学生能概括地看待现象却容易忽略细节;有的学生擅长于视觉记忆,有的学生擅长听觉记忆;有的学生擅长绘画,有的学生擅长动手操作。

二、小学儿童社会性交往特点

小学儿童的交往对象主要是父母、教师和同伴。随着小学儿童交往范围的扩大和认识能力的发展,小学儿童与父母、教师的关系从依赖开始走向自主,从对成人权威的完全信服到开始怀疑和反思,他们与同伴交往日益增多。

（一）小学儿童与成人交往的特点

小学儿童与父母依旧保持着亲密的关系，父母和教师是小学生学习和生活的主要支持者，对小学生的心理发展依然起很大的影响作用。但在小学阶段，儿童与父母、教师的交往呈下降趋势，而与陌生人的交往水平呈上升趋势。

低年级儿童交往关系尚处于依从性关系，他们依从作为权威人物的教师。低年级学生对教师的信赖感在交往中占有重要地位；小学三年级的师生关系最好，从中年级开始，儿童的道德判断进入可逆阶段，他们不再无条件地服从、信任教师，不一定都听老师的话，特别是高年级学生，教师的影响作用显著减弱。另外，女生与教师的师生关系优于男生。

高年级学生在交往时的独立意识和成人感较强，他们不希望老师和家长把自己当作小孩子对待，但他们独立处理人际关系的能力不强，需要成人的指导和帮助。

（二）小学儿童与同伴交往的特点

平等关系的同伴交往在儿童交往中占据重要地位，随年级升高，小学儿童同伴之间的信赖感越来越强，影响越来越大。同伴行为是强化物，是小学儿童社会交往的一种模式，同伴行为也是参照物，他们在同伴的社会比较中认知自己，建立自我形象，他们"近朱者赤，近墨者黑"。

三年级学生的社会交往与二年级孩子明显不同，他们的朋友"突然"多起来，伙伴间联系增多，常常成群结队地玩耍；中年级儿童的交往活动较为活跃，他们在学习生活和集体活动的交流增多，他们开始按照接近关系、外在因素相似性以及个人需求爱好等组成各种群体。中高年级小学生的同伴交往保持较高的水平，中年级学生开始建立自己的同伴关系，但他们的辨别是非能力有限，缺乏社会交往经验。高年级学生注重同伴间共有的价值观，关注自己在同伴中的威信和地位，重视同伴对自己的评价，他们的独立能力增强，常自发组织团体活动，他们的团体组织带有一些普通社会团体活动特点，而且这些小团体不会轻易解散。

随年级升高，小学儿童与异性同伴关系呈逐渐上升的趋势，尤其是女生，从三年级以后与异性同伴的关系逐渐上升，而与同性同伴的关系逐渐下降。

三、小学儿童自我意识发展特点

自我意识是指一个人对自己的了解和认识，表现为对自己的存在和对自身与周围环境关系的认识。个体的自我意识并非与生俱来，它是在个体的社会化进程（实践活动、社会交往）中不断发展的，自我意识经历一个从无到有、从低级到高级逐步发展的过程。自我意识是个性结构的自我调节系统，是个性结构中的重要组成部分，它支配着个体行动，使个体在与周围世界打交道的过程中对自己有所认识、有所体验、有所控制。自我意识是一个人心理健康的基础和重要成分，体现个性形成和发展的总水平。

小学儿童的自我意识是通过对外界和他人的评价的内化逐渐形成的，随着自身生理发展成熟，小学儿童的自我意识不断发展、不断深刻化。小学儿童的自我意识发展趋势并不是随年龄的增长呈直线上升，在小学阶段，儿童的自我意识发展过程既有上升期，又有平衡发展时期，一年级到三年级处于发展上升期，尤其是一年级到二年级的上升幅度最大，是主要发展时期；三年级到五年级处于发展平稳期；五年级到六年级处于第二个快速上升期，他们的自我意识更加深刻。

（一）小学儿童自我概念发展的特点

自我概念是指一个人对自己的印象，包括对自己存在的认识，以及对自己身体、能力、性格、态度、思想等方面的认识。

小学阶段是个体自我概念逐渐形成的重要时期，学业成败、社会技能、教师及同伴的社会支持等，对儿童的自我概念有很大的影响作用。小学儿童的注意力和兴趣主要集中在自身以外的世界，对"自我"的了解较肤浅，较少把自己心理活动的过程、内容和特点当作认知的对象。小学低年级儿童对自己的认识表现在对诸如姓名、年龄、性别、住址、自身特征等外部特征方面的了解，小学高年级儿童对自己的描述开始根据自己的品质、行为动机及人际关系等内在特征来进行。

（二）小学儿童自我评价发展的特点

自我评价能力是自我意识发展的主要成分和主要标志。小学儿童自我评价的发展，表现为独立性日益增长，评判性有一定程度的提高，自我评价内容逐步深化和扩大。随着年级升高，他们开始从对自己表面行为的认识、评价转向对自己内部品质的全面认识和深入评价。由于小学儿童经验贫乏，思维能力发展水平较低，他们自我评价的总体水平还是较低。

学龄前儿童已经能从成人对别人或对自己进行的评价中获得积极或消极的情绪体验，并从模仿成人对行为的评价开始，逐渐形成自我评价能力。进入小学后，儿童自我评价的能力不断增长，他们能进行评价的对象、内容和范围进一步扩大，小学低年级到高年级，儿童从顺从别人的评价逐渐发展到自己有一定独立见解的评价，独立性日渐发展，并且有了一定的批判性；从比较笼统的评价逐渐发展到比较准确、全面的评价，从对具体行为的评价发展到有了一定概括程度的、涉及到某些个性品质的评价，逐渐发展到对自己多方面行为的优缺点进行评价。小学儿童自我评价的稳定性逐渐增强，低年级儿童自我评价标准具有片面性，稳定性差，他们的自我评价几乎完全依赖老师，容易看到自己的优点，不容易看到自己的缺点；较多地评价他人，不善于客观地评价自己。随着年龄和见识的增长，小学儿童的自我评价逐渐摆脱依赖教师评价，能把自己与别人的行为加以对照，独立地做出评价。高年级儿童的评价具有较为明显的批判性，评价的稳定性增强，能一分为二地评价自己。

案例

小学儿童自我评价的几种表现

过高的评价。 自我评价过高的儿童，往往会过高地估计自己的能力、活动的成果以及某些个性品质,他们很容易形成过分自信、高傲、势利眼、不讲策略和难于相处等性格特征。

过低的评价。自我评价过低的儿童,对自己的能力以及今后的发展缺乏信心,他们很容易形成自卑、退缩、不合群等性格特征。

适当的评价。自我评价适当的儿童表现为积极、富有朝气、机智、好与人交往。

(三)小学儿童自我体验发展的特点

自我体验主要是指自我意识中的情感问题,包括对自己所产生的各种情绪情感的体验。自我体验的一个重要表现形式是自尊,自我体验的发展与自我认识、自我评价的发展密切相关,一般来说,愉快感和愤怒感发展较早,自尊感、羞愧感和委屈感发生较晚。小学儿童自我体验的发展与自我意识的发展总趋势比较一致,在小学阶段,儿童的自我体验与自我评价发展具有很高的一致性。小学儿童的自我情感在小学期已建立起来,随着儿童理性认识的增加和提高,他们的情绪体验逐步深刻。

自尊心强的儿童往往对自己的评价比较积极,缺乏自尊心的儿童往往自暴自弃,小学儿童中自尊心强和自卑感强的儿童较为常见。在小学时期,如果儿童体验到成功,他们的竞争意识和行为的动力就会不断增强,他们就能形成良好的自我认同感,成为一个积极的社会成员,相反,过多的失败体验会使儿童产生无能感,容量形成自卑心理,对未来生活缺乏信心。

(四)小学儿童自我调控发展的特点

自我调控是自我意识在意志方面的表现,自我调节、自我监督、自我激励、自我教育等是自我调控的主要形式。随着年龄的增长和意志水平的提高,小学儿童自我调控的能力也得到了初步的发展,已经能够逐渐摆脱对外部控制的依赖,用内化了的行为准则来自觉监督、调节与控制自己的行为。在整个小学阶段,学生的自我调控能力很不完善,容易受外界各种因素和他们自身情绪的干扰,自我控制所持续的时间很有限,需要教师和家长的教育和引导。小学高年级儿童的独立意识和成人感相对较强,他们不希望老师和家长把他们当小孩进行监督和控制,他们能离开教师的监督遵守课堂纪律,集中注意力听课;不用父母督促能自觉地起床、主动做家务等。

四、小学儿童道德品质发展的特点

小学阶段是儿童道德品质发展的质变时期,是道德品质发展的关键时期,其中三年级下学期前后最为关键。小学儿童道德品质发展主要表现在道德意识、道德行为等方面的发展。

掌握道德原则和信念是道德意识形成的标志,从小学阶段开始,儿童开始具备了自觉运用道德意识来评价和调节道德行为的能力。小学儿童的道德意识发展特点为:①对道德知识的理解,从比较肤浅的、表面的理解逐渐过渡到比较准确的、本质的理解。但整个小学阶段,儿童理解道德知识的抽象水平不高、概括性较差。例如他们难以分清"勇敢"和"冒险"、"胆怯"和"谨慎",他们常会把别人不敢做的事而自己敢做当成勇敢,把爬树、爬墙、从高处跳下,甚至故意对抗老师等行为看做是勇敢表现。②对道德品质的判断,小学儿童从只注意行为的效果过渡到能比较全面地考虑动机与效果的统一关系。③对道德原则的把握,从简单依赖于社会的、他人的规则逐步过渡到内化社会道德规则。

小学儿童的榜样教育效果

二年级学生李敏在学校操场上拾到一角钱交给王老师,老师在班上表扬了她。第二天,钟明向妈妈要了一角钱,说是老师要求交的,到校以后他交给王老师,说是在路上拣的。

钟明见到李敏把拾到的钱交给老师,得到了表扬,他也要向李敏学习,说明对小学低年级儿童进行活生生的榜样教育,会收到及时的效果。但钟明向妈妈要钱,到学校把钱交给老师,两次说谎,说明小学低年级儿童道德认识水平低,只是从表面去模仿榜样,他们的道德评价只是根据行为效果作出判断,而未能从道德动机作出判断。

三年级是儿童道德观念形成的重要时期,三年级学生初步懂得,对自己有利的事就做,有利的话就说,不利的事就躲避。他们崇拜有力量的英雄人物,对崇拜的人物有时会达到入迷的程度。动画片中的英雄,电影电视中的主人公形象、影视明星、体育明星、歌星舞星,都可能成为他们的偶像;他们在身边的"孩子王"面前表现出服服帖帖,言听计从。

中年级儿童的趋利避害现象

中年级学生往往会有意识地回避对自己不利的一面,当老师询问吵架的理由,双方只拣对自己有利的说,不利的话则不说。所以,不管是家里人之间发生争执,还是和别人吵架,家长、老师一定要听双方的意见,做出自己的判断。

道德行为是将这些原则和信念在一定场合付诸行动的能力。从道德行为的发展来看,小学阶段儿童的道德意识和道德行为、言行基本上是协调一致的。年龄越小,他们的言行越一致;随着年龄增长,他们逐步会出现言行一致和不一致的分化。小学生有时出现言行脱节的现象是正常的,需要老师和家长的理解和教育,出现这种现象的原因较复杂,一方面,由于认知的发展,小学生的道德观念、道德意识有了提高,但由于自控能力较差,有时道德行为没能跟上,就会出现行为脱节的情况;另一方面,由于模仿、出于无意或成人的要求不一致,也可能是由于外界不良因素的干扰、自控能力差造成言行不一。针对小学生这种言行不一致、言行脱节的问题,教育者应该做到正确了解儿童的真实内心状况和体验,针对实际情况,采取有效、适当的教育措施,而不应该一味地责怪、惩罚。

第五节　小学儿童的学习心理发展

学习是小学儿童的主要任务与主导活动,小学儿童的身心发展主要是通过学习来实现的。学业成就是衡量学生身心发展状况的重要指标,直接影响学生的情绪变化和身心发展。

一、小学儿童学习的目的

小学儿童的学习以掌握间接经验和发展智力、培养能力为主。

间接知识经验是人类长期积累起来的社会历史经验、知识,小学儿童所需要学习的间接知识经验通过教科书具体呈现出来。儿童进入学校学习的主要目的就是掌握教科书上的这些知识经验和相关技能,学校对小学生的明确要求就是学生必须积极地、出色地完成学习任务,不仅要理解和掌握前人所创造的现成的书本知识,而且还要通过积极思考,创造性地掌握这些知识并能用以解决实际问题;学生不仅要学习感到兴趣的材料,而且对不感兴趣而必须掌握的材料也要努力学习。

小学儿童在学校学习的另一重要目的就是发展智力和培养能力。学习是一种具有社会意义的创造性活动,通过学习活动,培养小学生深入钻研、积极创造的精神。在各种学习活动中,学生的观察能力、记忆能力、想象能力、思维能力、创造性地解决问题能力,以及他们的一些特殊才能都能在教师指导下得到迅速发展。学生最宝贵的时间几乎都在课堂中度过,课堂学习能力是儿童需要获得的最重要的一种学习能力,课堂学习能力和学习效果的提升,直接决定儿童今后发展的速度和质量。

二、小学儿童学习方式的特点

小学时期是一个人学习生活的启蒙阶段和入门阶段,小学儿童的学习是在教师的指导下,在集体和个别活动中有目的、有计划、有组织地进行的,同时伴随有大量的自学活动。

小学生的学习不是自发地独立完成的,课堂学习是小学儿童学习的基本形式。在课堂教学中,教师按一定的教育目的和教学计划,向学生指明学习目标,激发学习需要、动机,创设良好的学习情境,提供学习活动的机会和内容,引导他们积极进行探索活动。但小学儿童在教师指导下开展学习,容易造成学习上过分依赖教师,容易造成学习上过分被动,缺乏独立作业、独立思考、独立解决问题能力、独立思考精神。

小学生的学习内容较单一,学生在老师的有效指导下进行科学知识的再生产,能在较短的时期内掌握大量的知识,他们的认识速度比较快,但也容易遗忘,巩固性差。

三、小学儿童学习态度的特点

(一)小学儿童的学习态度由被动到主动

小学生特别是低年级学生的学习自觉性水平较低,他们基本上是按照教师和家长的要求去学习,一些学习能力差的小学生是被老师或家长逼着学习的,相当被动。随着学习的不断深入,小学儿童对学习的目的、意义的理解逐步加深,在丰富多彩的小学生活、生动有趣的学习内容的影响下,大部分小学生的学习兴趣会越来越浓厚,学习的热情越来越高,他们呈现出越来越高的积极性、主动性和自觉性。

快乐与成功感是儿童学习的动力之源。学习活动会给小学儿童带来各种不同的感受,只要学习活动给学生不断带来成功和快乐,儿童就会真正喜欢学习。

(二)小学儿童的学习态度由不稳定到稳定

由于小学生的心理结构是不成熟的、稚嫩的,他们的心理动力主要是兴趣和快乐因素,因而对待学习的态度也和对待其他事物一样由不稳定到稳定,具有较大的波动性、不稳定性。随着年级的升高和知识的积累,小学儿童对学习的目的越来越明确,开始懂得希望通过自己努力学习,成为一个有用、有作为的人,他们的学习态度日趋稳定。在整个小学阶段,三、四年级是小学生学习习惯、学习态度从可塑性强转向逐渐定型的过渡阶段。榜样对儿童影响很大,小学生天天生活在伙伴中、集体中,经常可以看到成绩好、学习好的同学总能更多得到教师和他人的关爱,得到同伴的认可和尊重,成为大家学习的榜样,在这样的环境中耳濡目染,会使小学生逐步形成要成为好学生的目标、信念,逐步形成要认真学习的动力和准则。

四、小学儿童学习策略的特点

学习策略是学习者提高学习的效果和效率、有目的有意识地调节学习过程的方法和措施,它的运用能够促进学生学习,提高学生学业成就。小学儿童的学习策略是逐步形成和发展的。小学儿童学习策略的形成和发展是一个从无到有,策略水平由低到高的发展过程,发展趋势是从自发使用、他人暗示使用到自觉使用。小学儿童的学习策略表现出相对简单性,他们不能自发地产生某种策略,但他们能在教师的指导下学会和使用某种策略。

五、小学儿童的学习指导

学习指导是一种特殊的教学活动,是学生在老师指导下按一定学习内容和程序进行的学习活动,表现为学生对学习材料的感知、理解、保持和应用等。学习指导要以培养学生学习能力、提高学生学习效率为目标,通过学习指导的实施,使学生掌握学习方法,增强知识获取和应用的能力,养成良好学习习惯和形成健康的学习心理。

学生是一个具有独立主体意识、独立人格的个体。教师在对学生进行学习指导时,要尊重学生个性,要重视发掘学生的潜能,要积极、合理对学生寄予期望。一是进行学习品质的培养和指导。培养小学生的学习独立性,磨练他们的学习坚韧性和学习自制力。二是进行常规学习方法的指导。指导学生制订学习计划,使学生形成课前预习、专心上课、及时复习、独立作业、系统小结等学习方法。例如在课堂教学过程中,按照小学儿童的心理特征和需求,引导他们独立思考,把他们的学习思维逐步引向纵深。三是进行学科学习方法的指导,引导学生开展充分的思维来获取知识,实现知识与能力的同步发展,解决学生乐学、善学问题。例如针对学生爱提问题的特点,学生学习语文时,指导学生在预习课文时提出问题,让他们在课堂上各抒己见,随着一个个问题的解决,引导学生理解课文并形成知识运用的能力。四是进行学生学习能力训练的指导,锻炼学生的观察能力、记忆能力、思维能力、想象能力、表达能力、自学能力、动手能力、创造能力等,以提高他们的学习品质。五是进行个性化学习方法的指导,培养、发展学生的个性化学习特点和学习方法,充分发挥学生的学习潜能,激发学生的学习创造力。

教师要根据学生和各学科学习的具体情况,对学科学习内容指导作出合理安排:一是重点内容和难点内容的指导。学生不一定知道哪些是重点内容、哪些是难点内容,教师要在学习指导中侧重指导这方面的内容。二是关键点的指导。学科知识都有它的关键之处,教师应明确指出关键点,保证学生知识结构的合理性和完整性。三是易错点的指导。小学生在某些知识点容易出现思维误区,教师在指导过程中要提醒学生这些易错点,引导学生使用正确思考方法,让学生少走弯路。

六、小学儿童学习的个体差异与因材施教

儿童的认知发展存在个体差异。小学阶段的儿童在各类认知任务上的发展不是完全同步的,同一年级儿童的认知发展水平也并不完全相同,他们的最近发展区存在着较大的差异,他们对知识技能的掌握速度、学习适应能力、领悟能力等有所不同,一个儿童可能优先或滞后地掌握一些知识技能。

教育者了解儿童认知发展的个体差异有重要意义,对认知发展速度和水平不同的学生应采取不同的教育措施,以适合他们的最近发展区,最大限度地促进每个儿童的认知发展。小学教育过程中,教师要坚持从实际情况出发,根据学生的实际情况制定培养方案,根据学生不同的特点进行因材施教。教师设计因材施教教学内容时,不仅要结合学生实际的学习能力,还需要考虑学生的学习兴趣与爱好、学习习惯等。例如,对于学习成绩较差的学生,学习目标不应要求过高,避免打击他们的自信心,对于学习成绩较为优秀的学生,设立的学习目标则要有一定的挑战性,激发他们的学习动机。

七、小学儿童学习兴趣的激发与培养

有浓厚学习兴趣的学生心境良好,在学习过程中愉快、乐观、开朗、满意;他们热爱自己的学习,能自觉地投入学习,把主要精力集中在学习上,完成自定或指定的学习任务;他们能随事物的变化而产生合理的情绪变化;他们在学习中能独立思考,自觉地支配自己的学习活动;他们的学习压力感适中,学习自我效能感高,对学习充满自信,较少学习焦虑;他们善于抑制干扰学习的欲望、情感,克服学习障碍。

小学儿童对能获得愉快感、满足期待心理、可能获得成功和难易适中的学习任务容易发生兴趣。例如小学低年级学生对形式新异、生动活泼的东西特别容易发生兴趣,一旦有了兴

趣，他们就会发挥极大的主动性，小学教师在课堂教学中，可以运用画画写写、模仿表演、设疑质疑等教学方法，引导学生通过对一些问题主动地多思多想发展自己的智力；中年级以后的学生喜欢独立完成作业，喜欢开动脑筋思考问题，教师在教学过程中则要想办法满足学生的好奇心、求知欲。

教师应采取相应的方法提高学生的学习兴趣。一是教师要发掘教学过程中的智力与非智力因素。例如，可以在教学过程中营造"情境问题"的氛围，把教学内容加工成动画情境、游戏情境、生活情境、儿歌情境、悬念情境等，使学生兴趣盎然地积极参与、体验学习过程；二是创设生活化的学习情境。在教学中教师应努力激发学生运用知识解决问题的欲望，引导学生自觉地应用所学知识解决生活中相关的问题，例如学生学习长度单位，可以让他们测一测自己和父母的身高，估一估从家到学校的路程。三是通过开展多元评价，促进学生产生学习兴趣。教师对学生学习做出客观、公正和及时的评定，能使学生受到鼓舞、产生对学习的兴趣，教师的一个微笑，一个点头，一种手势，一句简单语言，都可能对学生的学习兴趣产生重要的影响作用。

融洽的师生关系能使学生产生愉快感，教师对学生学习成功的鼓励，易使学生产生学习兴趣。

 案例

师生关系对小学儿童学习的影响

在小学，小学生学习普遍存在这样的现象：如果学生喜欢某个老师，那么学生对这个老师所教的学科也学得较好，相反，如果学生厌恶或憎恨某个老师，那么学生对这个老师所教的学科也学不好。

这是因为学生喜欢某个教师，就会对这个教师所教的学科感兴趣，就能提高该科学习成绩，反之，学生则对这个老师所教的学科没有学习热情，学习成绩也不好。

八、小学儿童良好学习习惯的养成

学习习惯在学习过程中发挥着稳定、持久的作用，学习习惯一经形成就变成个体的一种学习需要，它将推动学生的学习活动。学生养成良好的学习习惯，对他们提高学习效率和提升学习能力有重要的影响作用。学生良好的学习习惯包括预习的习惯、认真听讲的习惯、独立钻研的习惯、积极思考的习惯、善于复习的习惯、独立完成作业的习惯，等等。

学习习惯是条件反射长期积累、强化以致成为一种动力定型的行动方式，小学阶段是良好学习习惯养成的最佳时期，教师可以从以下几方面帮助小学儿童养成良好的学习习惯：一是引导儿童养成预习的习惯。预习的习惯是提高学生自学能力重要而又有效的途径；二是引导儿童养成质疑问难的习惯。质疑问难的学习习惯有助于激发学生的学习积极性、主动性。

例如对那些能提出有价值的问题的学生,教师应给予表扬和鼓励,对那些喜欢提出简单问题或不着边际问题的学生要给予及时引导;三是引导儿童养成学以致用的习惯。知识的学习与知识在生活的应用不应被割裂,小学儿童把所学知识技能应用到生活实践中,能激发他们的学习兴趣,巩固所学的知识技能,提高实践知识的能力;四是引导他们养成复习的习惯。复习是巩固知识和技能最有效的方法,教师要帮助儿童理顺知识之间的关系,把有关知识进行横向和纵向的比较和联系,让学生的所学知识在头脑中形成知识网络。

九、小学儿童的学习心理卫生

学习心理健康的学生对自己的期望与要求比较客观,对自己的能力、气质、性格和优缺点能做出较为客观、恰当的分析和评价。他们制定的学习目标较符合自己的实际,能够为自己设定真实的、富有挑战性的目标,遇到学习挫折时能进行理智性归因,使自己的行为不脱离学习目标。

学习心理健康的学生在学习的过程中能根据学习环境、学习内容等的变化不断调整自己的学习计划和学习方式,他们能根据不同的学习任务、学习条件和身体状况,主动做出身心调整,使自身的学习心理和行为与不断变化的学习条件相适应,使自己在积极的情绪状态下进行学习,使自己处在学习环境内外平衡的有利状态。

学习心理健康的学生能发挥个人的学习主观能动性,有效地使用正确的学习策略、方法和技巧,他们的学习符合学习规律和心理发展规律,能理解、灵活运用所学知识,他们业余生活丰富多彩,学习强度适当,能劳逸结合,有较高的学习效率。

学习心理健康的学生能和周围的人建立起良好人际关系。他们尊重老师,积极配合老师的教学,认真完成老师布置的学习任务;在与同伴交往学习过程中尊重他人,他们能与同伴互动互助,共同解决学习上的问题;他们热爱生活、精神愉快、奋发上进,有较强的学习自信心,还会感染同伴,给予他人鼓励。

教师可以从培养小学儿童的好奇心、求知欲、兴趣等方面出发,引导小学儿童确立适当的学习目标,形成良好的学习动机,树立积极主动的学习态度,引导小学儿童进行自我调节、自我激励,发挥他们的主体作用,培养他们的主体意识,提升他们学习的心理品质。

本章小结

1. 小学儿童从笼统、不精确地感知事物的整体逐渐发展到能够较精确地感知事物的各部分,并能发现事物的主要特征及事物各部分间的相互关系。低年级儿童观察的目的性较差,观察事物极不细心、全面,常常笼统、模糊、零乱、不系统,三年级学生的观察精确性明显提高,他们的观察深刻性有较大提高,五年级学生的观察深刻性有显著发展,中、高年级学生一般能做系统观察。

2. 小学儿童记忆在量和质上有显著而迅速的发展,儿童的记忆最初以机械识记为主,逐渐发展到以意义识记为主,从不会使用记忆策略发展到能主动运用记忆策略。

3. 小学儿童思维的基本特征是以具体形象思维为主要形式过渡到以抽象逻辑思维为主要形式,他们的抽象逻辑思维在很大程度上仍是直接与感性经验相联系的,具体形象性仍较明显。

4. 低年级小学生的想象具有模仿、简单再现和直观具体的特点,随年龄增长,他们对具体形象的依赖性会越来越小,想象的有意性增强、创造成分增多、更富于现实性。

5. 小学儿童的注意从无意注意占优势,逐渐发展为有意注意占主导地位。小学儿童的注意范围较小,小学儿童的注意稳定性、注意分配能力、注意转移能力较差。

6. 小学低年级儿童情绪外部表现明显,能初步控制自己的情绪但不稳定,随年级升高,儿童的情感表现能力逐渐提高、情感内容日益丰富、情感稳定性和控制力增强,小学高年级儿童的情绪情感表现较为稳定。中高年级儿童的道德感有较大发展,中高年级是小学儿童情感能力发展的重要时期。

7. 小学儿童行动的动机和目的具有较强的被动性与依赖性。他们意志活动的自觉性和持久性比较差,容易受暗示,常表现出虎头蛇尾;他们意志活动的自制力不强,遇事容易冲动。

8. 小学儿童的性格可塑性大,随年龄增长他们的性格发展水平逐渐提高,但发展速度不平衡、不等速。小学二年级至三年级儿童的性格发展较慢,表现出发展的相对稳定性;四年级到六年级发展较快。他们已经逐渐形成了自己的态度特征,但不稳定,易受环境影响而发生改变。

9. 小学儿童的智力不断提高,他们的注意力、记忆力、理解能力、思维能力和表达能力等能力不断增强。小学生的能力在发展速度、类型上出现显著的个体差异。

10. 小学儿童的自我意识不断发展、不断深刻。随着年级升高,他们从对自己表面行为的认识、评价转向对自己内部品质的全面认识和深入评价,他们已经能够逐渐摆脱对外部控制的依赖,用内化了的行为准则来自觉监督、调节与控制自己的行为。

11. 小学阶段是儿童道德品质发展的质变时期,是道德品质发展的关键期,其中三年级下学期前后最为重要。小学儿童道德品质发展主要表现在道德意识和道德行为的发展。

12. 小学儿童的学习由被动到主动。小学低年级学生的学习自觉性水平较低,一些学习能力差的小学生是被老师或家长逼着学习的,相当被动。随着学习的不断深入,他们表现出越来越高的学习积极性、主动性和自觉性。

小学儿童的学习态度由不稳定到稳定。三、四年级是小学生学习习惯、学习态度从可塑性强转向逐渐定型的重要过渡阶段。

13. 小学儿童对能获得愉快感、能满足期待心理、可能获得成功和难易适中的学习任务容易发生兴趣,融洽的师生关系能使学生产生学习兴趣,难易适中的学习容易引发学生的学习兴趣。

思考题

1. 试述影响儿童心理发展的因素。

2. 小学儿童观察力发展有哪些特点？

3. 提高小学生识记效果的方法有哪些？

4. 小学儿童思维有哪些基本特征？

5. 你若是低年级的教师，如何结合学生注意特点组织好教学工作？

6. 小学儿童意志发展的一般特点表现在哪些方面？

7. 小学儿童性格发展过程呈现什么特点？

8. 试论述小学儿童自我意识发展的特点。

9. 如何评价小学阶段儿童品德的发展？我们从中能得到什么启示？

10. 小学儿童学习态度特点表现在哪些方面？

11. 如何激发与培养小学儿童的学习兴趣？

参考文献

1. 王惠萍，孙宏伟.儿童发展心理学.北京：科学出版社，2010

2. 齐建芳，钟祖荣.儿童发展心理学.北京：中国人民大学出版社，2009

3. 林崇德.发展心理学.北京：人民教育出版社，2009

4. 梁建宁.基础心理学.北京：高等教育出版社，2011

5. 黄希庭.心理学.上海：上海教育出版社，1997

6. 刘金花.儿童发展心理学.上海：华东师范大学出版社，2013

7. ［英］H. Rudolph Schaffer(H.鲁道夫·谢弗).儿童发展心理学.王莉译.北京：电子工业出版社，2016

8. 边玉芳，梁丽婵，张颖.充分重视家庭对儿童心理发展的重要作用.北京师范大学学报（社会科学版），2016(5)：46～54

9. 卢素玉.儿童观察力培养缺失现象分析与应对策略.教育评论，2015(1)：137～139

10. 马宏，张帝.与学生脉搏一起律动——儿童思维给学校教育带来的变化.人民教育，2014(1)：62～65

11. 唐宏.不同学业成就小学生注意加工水平的比较研究.心理科学，2008(5)：1143～1146

12. 李勃.儿童性格结构中道德素质的培养.当代青年研究，1998(6)：27～29

13. 赵南.对学校教育目的与功能的新构想——基于儿童自我意识发展的视角.教育研究与实验，2012(4)：12～19

14. 陆文静.在家教育对儿童社会化影响的个案研究齐学红.教育科学研究，2013(7)：50～55

15. 周宗奎.儿童社会交往自主性训练.教育研究与实验，1994(3)：49～55

第五章 中学生心理发展与教育

中学生的苦闷

下面是几个中学生在周记中流露出的内心苦闷。小张同学写道："进入高中后，我精力一直很难集中，一点小小的事情都要想上好久，反应也越来越迟钝，现在对学习也渐渐失去了兴趣，有时候看到自己不会做的题目，同学们都做出来了，会很自卑和紧张……"小红同学写道："这个世上还有谁真正了解我？我像小朋友迷路时一样迷茫，我的心情糟糕透了……"小明同学说："我在班上非常孤独，不知道怎么去和同学们交往，每当看见周围同学无忧无虑地谈笑，我心里都有一种说不出来的滋味，是嫉妒，还是羡慕？"……

中学阶段，是人一生中最关键又有特色的时期，是人一生中黄金时代的开端。处在青春期阶段的中学生心理会表现出种种的特点，会普遍遇到心理发展问题。如随着身体的快速成长和变化，他们开始对异性产生了好感和兴趣，对性产生了渴望；他们的独立意识增强了，情感丰富了，想法增多了，烦恼也多了，他们经常会表现出心理上成人感与幼稚性的矛盾。如何帮助中学生解除烦恼和矛盾？作为教育者，我们一定要了解中学生心理发展的特点，了解中学生在认知、情绪、人格和身心发展过程中出现的新变化和新问题，在此基础上，制定具体的、个性化的教育方案，对他们进行教育、引导，帮助他们正常、健康、和谐地发展。

第一节 中学生的心理发展概述

中学阶段包括初中阶段和高中阶段，年龄范围在 11、12 岁～17、18 岁，历时 6 年左右的时间。在人一生的发展中，该阶段处于由童年向成人过渡的时期。这一阶段属于人生长发育的"第二个高峰期"，经历这一阶段，中学生的身体发育、心理和社会性的发展将日益成熟。该阶段，典型的特点是"第二性征"的出现，即中学生进入青春期，生理上发生急剧的变化，这种急剧变化也冲击着心理的发展，使身心发展在此阶段失去平衡。

一、中学生心理发展的矛盾性

中学生由于身体外形的变化，成人感也逐步增强。在心理上希望自己能够进入成人的世界，但由于心理发展的相对迟缓，这种身心发展的不平衡导致了中学生心理活动的种种矛盾现象。所以，也有人把这一阶段称为"动荡期"。总体来说，中学生的心理发展有如下特点：

（一）闭锁性与开放性并存

闭锁性即中学生进入青春期后表现出的文饰、委婉、内隐的特点。进入青春期后，中学生出现心理的闭锁性，使他们往往将自己的内心世界封闭起来，不向外袒露，主要是不向成人袒露，这是因为其成人感和独立意识增强所致；另一原因是此时的中学生认为成人不理解他们，由此对成人产生不满和不信任，更进一步增加其闭锁性的程度。社会生活要求人们有自我调节或克制情绪的能力，闭锁性是中学生处于本能而设置的心理屏障，是其适应能力增强的表现。但是，与此同时，中学生成长的诸多苦恼又使他们备感孤独和寂寞，很希望与他人交流、沟通，并得到理解。这种开放胸怀的愿望促使他们愿意向同龄朋友推心置腹。当遇到知心、知音、知己的时候，他们的真心、真情、真话就会倾诉和表露出来。

（二）自尊性与自卑性并存

由于身心的迅速发展，带来了中学生自我意识上的强化，处于青春期阶段的中学生对别人如何评价自己比较敏感，自尊心和自信心明显增强。但是中学生由于社会经验少，看问题比较偏激，易走极端，当现实难以达到自己的理想状况时，又容易走向自卑。当遇到外界某种条件的刺激，遇到挫折和困难时，自卑很可能导致绝望轻生的危险结果。

（三）批判性与创造性并存

随着中学生思维能力的发展，其独立思考能力也相应地发展起来，主要表现在对他人的思想观点，一般不轻信盲从；对自己的想法和见解也常常反复思考，这是其思维成熟的表现。但也易使其认识问题表现出比较固执的一面，甚至怀疑一切。

（四）独立性与依赖性并存

成人感使中学生产生了强烈的独立意识，他们要求在精神生活方面摆脱成人的羁绊，不愿听取父母、老师及其他成人的意见，希望有自己独立自主的决定权。在生活中，从穿衣戴帽到对人对事的看法，常常处于一种与成人相抵触的情绪状态中。但是，在面对许多复杂的矛盾和困惑时，中学生的独立性将较易受到挫折和压抑，往往会形成自卑心理，并产生依赖性。他们依然希望得到成人在精神上的理解、支持和保护。

（五）稳定性与可塑性并存

对人生有自己独到的看法，是中学生心理具有稳定性的主要特征。但这种稳定性是相对的，仍具有较大的可塑性。青春期学生通常期望表现出成人式的果敢。如获得成功或良好成绩，就会享受超越平凡的优越感与成就感；如遇到失利或失败就会产生自暴自弃的挫折感。这两种情绪体验常常交替出现，一时激情满怀，一时低沉沮丧。

（六）青春期冲动性与压抑性并存

随着"第二性征"的出现和性功能的发展，中学生出现了性好奇和接近异性的欲望。同时，又由于环境和舆论的限制，这种朦胧的好奇心和欲望得不到释放，使之往往处于莫名的烦躁与不安之中。中学生既要面临性骚动带来的欲望，又要面对舆论的压力，还要在他人面前进行掩饰。如果在与异性的交往过程中，其某种行为受到指责或非议，他们还要经受压力。因此，中学生常常为此烦恼和烦躁，在家庭中常因为这类事情而发生矛盾，或严重冲突，乃至引发离家出走的事件。

二、中学生社会性发展的特点

在个体毕生发展过程中，个体在与他人关系中表现出来的观念、情感、态度和行为等随着年龄而发生的变化，即"社会性发展"。如个体所表现出的同情心、自制力、遵守规则、善于交往、乐于助人、合群等，它是人们进行社会交往、建立人际关系、掌握和遵守行为准则以及控制自身行为的心理特征。中学生由于其生理心理发展的阶段性特点，在社会性上主要表现为以下几个特点：

（一）自我意识增强

进入青春期后，身心发展速度不一致的矛盾给中学生带来了苦恼，也促使中学生开始对自己的内心世界和个性品质等方面进行高度的自我关注和评价，并且凭借这些来支配和调节自己的言行，如开始思考"我是谁"和"自我的哪些方面是真实的"等问题。

青春期自我认识的兴趣首先表现在关注自己身体形象上，强烈地关注自己的高矮胖瘦、着装等，十分在意别人对自己外貌打扮的反应，会因为一些不令人满意的外貌特点产生极度的焦虑感或自卑感。

此外，中学生的学习能力和学业成绩及在同伴中的行为表现影响着他们的自我意识，并逐渐影响着自我的评价。

青春期对自我的探索还表现在对自己的人格特征与情绪情感的过分关注上，他们把自己想象为"独特的自我"，把周围人视为"假想的观众"，似乎这些假想的观众随时随地都在关注、观察着自己这一独特的自我。常常主观上把自我欣赏、自感不足等心理状态都投射到周围人身上。这种过分夸大自己的感受和体验的现象是带有强烈主观色彩的自我中心倾向。

成长中的中学生因其自我意识还不稳定，加上经验不够丰富，难以对自己做出客观的评价。有时会过分夸大自己的能力，自我评价过高。一旦遇到暂时的挫折和失败，他们往往又会走入另一极端，灰心丧气、忧郁不振，甚至自暴自弃。评价别人时也常常带有片面性、情绪性和波动性。

（二）性成熟带来性意识的萌发

性意识是关于性的心理因素的总称，包括个体对两性生殖器官在发育过程中所产生各种变化的认识，对男女之间关系的认识，对自己向往和爱慕异性那种比较特殊的感受或体验的领会和理解。中学生性意识的萌发是随着他们性机能的成熟、第二性征的出现及其在社会环境因素的影响下产生的，是中学生心理发展的重要特征之一。

中学生开始有了性冲动,十分渴望了解性知识。在与异性交往中,会感到一种相互吸引的力量,对异性表现出好奇与爱慕,在异性面前表现得紧张和兴奋。他们一方面希望自己在异性面前表现得更出色;另一方面,在这种强烈的动机驱使下往往显得过于紧张、兴奋,以至有时在行为上显得笨拙、失态。

此时期的男女交往极其敏感、容易冲动,常常表现为激情。而他们此时思想尚未成熟,道德观念不强,意志力薄弱,强大的生理冲击力有时会使他们做出违反道德规范的行为,给身心健康带来严重的不良后果。因此这个时期应特别注意青春期性知识与性心理的教育,使他们的性意识发展走向健康的道路。

(三)人际关系发展的特点

中学生较突出的一个特征是渴望交往。他们一方面心理封闭,不愿向外吐露心声,独自承受着孤独和烦恼;另一方面,又想求得别人的理解和慰藉,产生交往欲望。在中学生的交往关系中,以同伴(学)交往关系为主,其次是亲子关系、师生关系。

1. 与同伴关系的变化特点

中学生阶段的同伴关系跟以前相比,变成了更为亲密的、支持性的沟通关系。良好的同伴关系对中学生正常的社会性发展非常有必要,可促使他们学会更好的人际交往技能,也能够促使其建立更高的自我价值感。不良的同伴关系(如遭到同伴拒绝或忽视)容易使其形成孤独感或敌意。不良的同伴团体文化也会影响中学生价值观的形成。因此,在这个阶段,教师要注意培养和引导中学生的人际交往技能和态度。

2. 与父母关系的变化特点

青春期的中学生通过反抗期走向自主自立。中学生与父母的交往水平从初一到初二迅速下降。父母在初中生心中的榜样形象开始瓦解,代之为看到父母也有很多缺点,对父母的信赖减少了,而反抗性情绪却增加了,所谓的"青春期风暴"多在这一阶段出现。到了高中阶段后,心理发展日趋稳定,反抗性成分逐渐减少。同时由于自身洞察力与对他人认识能力的增强,能够比较全面地看待父母的优缺点,认为父母虽有缺点,但应受到尊敬,与父母的关系有所改善。

虽然在这一阶段,中学生与父母相处的时间大大减少,但与父母的关系仍然非常重要,如对未来定向的职业和教育方面的影响。另外,与父母关系的质量也会影响与同伴的交往。中学生依然期望得到父母的注意、陪伴和支持,但也强烈地期待父母给予自己足够的自由和空间。

3. 与教师关系的变化特点

相对而言,中学生与教师的关系一直保持在较低的水平上,主要在学习上与老师发生联系。随着中学生认识能力的提高,逐渐以独立批判的眼光看待自己与教师的关系。学生不再盲目接受教师,他们开始对教师品头论足。对所喜爱的教师讲授的科目,他们会努力地学习;而对不喜欢的教师所讲授的科目则持排斥态度。中学阶段,尤其是高中阶段,学生的学习任务较重,许多教师对学生的学习有着较高的期望。在这种情况下,学生的情感和人格等方面的发展在一定程度上受到忽视,师生心灵沟通受到限制,或多或少会增加师生之间的冲突和冷漠的成分。因此,教师在教育教学过程中,应多关注学生的心理需求,以形成相对良好的师生关系。

第二节　中学生的认知发展

认知,就是人们认识、理解事物或现象,保存信息并利用有关知识经验解决实际问题的过程。它包括感知觉、注意、记忆、思维等心理过程。所以,认知发展就是个体在感知觉、注意、记忆、思维等方面的发展。

一、中学生认知发展的总体特点

中学生正处于个体身心加速发展的第二高峰期,生理的发展为其认知的发展提供了重要的物质前提。社会活动和学习要求的增加,也对中学生认知发展提出了更高的要求,为他们的认知发展创造了有利的条件,所以整个中学时期学生的认知发展都处于迅速上升阶段,并出现了一些新的特征。皮亚杰认为,11～15岁的青少年思维能力已进入了形式运算思维阶段。新的认知结构的出现使得中学生能熟练地运用假设、抽象概念、逻辑推理等手段解决问题。在初中阶段,学生认知的特点是思维的抽象逻辑性占主要优势,但还属于经验型的逻辑思维阶段,在一定程度上还需要感性经验的直接支持。到了高中阶段,学生的认知迅速发展,认知结构不断完善,辩证逻辑思维和创造思维有了大幅度的发展,已经能够用理论作指导来分析综合各种事实材料,从而不断扩大自己的知识领域。中学生的认知发展主要呈现出以下特点:

(一)中学生认知结构的基本体系形成

中学生认知结构的各种要素迅速发展,认知能力不断提高,认知的核心成分——思维能力更加成熟,基本上完成了向理论思维的转化,抽象逻辑思维占优势地位,辩证思维和创造性思维有了很大发展。

(二)中学生认知活动的自觉性明显增强

由于理论思维和自我意识的发展,中学生的观察力、有意识记能力、有意想象能力迅速发展,思维的目的性、方向性更明确,认知系统的自我评价和自我控制能力明显增强。

(三)认知与情意、个性得到协调发展

中学生的认知发展离不开情感、意志和个性等。情感、意志、需要、兴趣、动机、理想、世界观、人生观、价值观等对认知活动起趋向、发动、维持和调控的作用;同时,认知发展又促进了情感、意志、个性等发展。因此,中学生的认知结构和情感、意志、个性等形成了协调发展的新局面,使其心理的整体水平得到提高。

二、中学生感知觉的发展

（一）感觉的发展

在感觉方面,中学生的视觉感受性和听觉感受性进一步发展,精确区分各种颜色和音高的能力也在不断增加。研究表明,初中生区分各种色度的能力比小学要高60%以上,15岁前后,视觉和听觉感受性甚至会超过成人。同时,中学生的运动觉和平衡觉也在不断发展。

（二）知觉的发展

知觉方面,首先,中学生知觉的有意性和目的性提高,能自觉地根据教学的要求去知觉有关事物;其次,知觉的精确性和概括性发展起来;再次,青少年期学生开始出现逻辑知觉,这种知觉是和逻辑思维密切联系的,即在知觉过程中,能够把一般原理、规则和个别事物或问题联系起来;最后,青少年期学生的空间知觉和时间知觉有了新的发展,他们学会了在抽象水平上理解各种图形的形状、大小以及空间位置的相互关系,在时间知觉方面,对于较长时间的单位如"纪元"、"世纪"、"年代"等开始初步理解,但往往很不精确,容易把遥远的过去在观念上缩短。

另外,中学生知觉的发展还体现在以下几个方面:

第一,知觉的选择性。一切影响中学生注意发展的因素都影响着他们知觉对象的选择,比如知觉事物的直观性、新异性,学生自身的性格、兴趣、动机等。

第二,知觉的整体性。中学生已经具备了整体知觉的能力,在教学活动和日常活动中,中学生能够对存在一定欠缺的知觉对象进行修补。

第三,知觉的恒常性。中学生知觉的恒常性已经发展较为完善,不论物体的运动形式如何、所处位置有何种变化,他们都能准确知道物体本来的形状。

三、中学生观察力的发展

观察是人们认识世界、增长知识的主要手段,是人的一种有目的、有计划、持久的知觉活动,也是感知能力的核心和感知觉发展的高级形态。观察力是感知能力的重要表现,观察力的强弱决定着一个人的智力发展水平。

（一）中学生观察力的发展特点

1. 观察的目的性增强

中学生观察力的发展经历了由被动消极的盲目观察向主动自觉和有目的的观察过渡的过程。在初中阶段,学生一般能使观察服务于一定目的,并保持较长的时间,但学生的感知活动还带有一定的偶然性和盲目性。他们的观察活动主要是根据成人的要求进行的。到了高中阶段,学生的独立性、自觉性明显增强。他们逐步学会根据观察目的制订相应的观察计划并确定观察范围,能有意识地进行集中的、持久的观察,并能对观察活动进行自我调控,观察变得积极主动,观察力有了明显的发展。

2. 观察更具有持久性

中学阶段是学生注意稳定性迅速发展的时期,由于随着年龄的增长,中学生的意志力和自我调控能力都得以增强,这使得他们在观察时能保持集中而稳定的注意,能够主动排除各种干扰刺激,使观察活动维持较长的时间。

3. 观察的精确性提高

随着年级的升高,中学生观察的精细性和准确率有了明显提高。它的主要表现是:观察事物时能够仔细而全面,对细节观察的感受性逐步提高,并能发现事物之间的细微差别;对比事物的正确率逐步提高,理解所观察事物的抽象程度逐步提高。而这些与中学生感受性的迅速发展有密切的关系。

4. 观察的系统性和概括性增强

观察力与个体的知识经验是密不可分的,由于知识经验的积累以及观察方法的掌握,中学生的观察活动逐渐变得有条理,严谨周密;获取的材料也开始井然有序,全面完整,而不再是杂乱无章、零散不全的。同时由于思维的相应发展,他们观察的概括性明显增强。初中生在观察过程中已经能够区分不同事物的特征,从一般事物中看出特殊性,发现事物的本质。高中生的抽象逻辑思维日趋完善,言语表达能力快速发展,因而观察的概括性、深刻性明显提高,能概括事物的本质特点和规律。这是思维和感知协同发展的结果。

(二)中学生观察力的培养

在学校教育教学中,培养学生的观察力一般从以下几个方面入手:

1. 提出明确的观察目的与任务

向学生提出明确的观察任务是发展学生观察力的首要条件。观察区别于一般的知觉活动,因为观察是一种有目的的知觉活动。只有具有明确的目的性,才能提高学生观察的主动精神,增强知觉的选择性,从所要观察的事物和现象中,主动地选择自己所要认识的对象,把注意力集中在它们的主要特征上,而不是去感知一些无关紧要的细枝末节。

2. 激发学生的观察兴趣

只有对观察有兴趣,学生才能主动而持久地观察周围的事物,产生了解事物的愿望。教师要多鼓励学生观察身边的事物,并尝试讲给朋友、家人听,从而激发学生观察的兴趣,促进他们观察能力的提高。

3. 指导学生掌握观察的方法和技能

培养学生的观察能力,要从细心地指导学生观察的方法,培养学生良好的观察品质入手。指导学生有计划、有步骤地进行观察,在观察的同时进行记录,之后对观察结果进行分析和总结。观察的操作性极强,在进行观察时要注意:(1)有顺序地进行;(2)多感官的活动;(3)有积极的思维。

四、中学生注意的发展

注意是认识选择性的高度表现。认识有各种水平,如感知、记忆、思维等,而不论哪种水平的认知,总是有选择性的。注意是在各种认识活动里都能够表现的一种状态。注意主要有三种形式:无意注意,有意注意和有意后注意。

(一)中学生注意发展的特点

1. 中学生的注意由无意注意逐渐向有意注意发展

随着年龄的增长和大脑的成熟,经过小学时期的培养和锻炼,中学生的学习目的性日益增强,学习的自觉性日益增长,他们能够更加独立、专心地完成学习任务,能够有意识地调节和控制自己的注意,使自己的注意指向和集中在必须注意的事物上。

在注意发展的整个过程中,小学阶段是有意注意发展的重要阶段,而有意注意最终取代无意注意的主导地位是在初中阶段。

2. 有意注意与无意注意都在逐步深化

无意注意虽然在中学时期逐渐居于次要地位,但却有了进一步的深化,并达到成人的水平。这主要体现在:产生无意注意的原因由外部为主转变为以内部为主,无意注意开始主要受到兴趣、爱好等因素的影响。研究表明,由于强烈的直接兴趣的影响,约有90%的中学生明显地表现出偏科现象,这是无意注意发展和深化的具体表现。在无意注意得到深化的同时,有意注意也在逐渐发展并得到深化,有意注意是随着个体在社会交往中对语言的掌握和使用逐渐发展起来的,并在初中阶段才开始显露其优势。

3. 注意特征存在个体差异

虽然中学生的有意注意有了明显发展,但无意注意的作用在学习活动中仍占有一定的地位。这就决定了中学生注意的发展明显存在着几种不同的类型:以无意注意占优势的情绪型;以有意注意占优势的意志型;以有意后注意占优势的自觉意志型,即智力型。

4. 注意的品质进一步发展

随着年龄的增长和教育的影响,中学生的注意品质得到进一步发展,具体表现在:

(1)注意的目的性增强。与小学生相比,中学生越来越能将自己的注意集中在所从事的活动上,使注意与所从事的活动保持一致。

(2)注意的稳定性逐渐提高。随着神经系统的发育完善,大脑抑制功能的不断增强,中学生的注意稳定性得到了迅速的提高。研究表明,7～10岁儿童每次注意稳定时间约20分钟,10～12岁约25分钟,而12岁以后则是30分钟左右。

(3)注意的广度接近成人。随着学习的不断深入、生活经验的丰富和见识的增长,中学生注意的广度也有了明显的增长,13岁时的注意广度已接近成人。

(4)注意的转移能力缓慢增长。注意的转移能力是随个体大脑神经系统内抑制能力、第二信号系统的发展而得到迅速发展的。小学二年级到初中二年级是迅速增长期,初中二年级至高中二年级是发展的停滞期,高中二年级到大学二年级是缓慢增长期。

(5)注意分配能力还不够成熟。个体的注意分配能力发生较早,但发展较为缓慢。基于对学生注意分配能力的考虑,在教学活动中,老师不要求初中生记笔记,对高中生只要求记讲课要点。

（二）中学生注意力的培养

1. 培养间接兴趣

间接兴趣和注意有密切的关系，它是培养注意力的一个重要的心理条件，是引起和保持有意注意的重要条件之一。有时活动本身缺乏吸引力，但活动的目的与结果使人感兴趣，为了完成活动任务，活动本身则成为有意注意的对象。

2. 养成良好的学习习惯

良好的学习习惯有助于提高注意力。要使学生养成力图把握重点的学习习惯，无论是听课还是读书写作业，都要认真思考。要养成劳逸结合的学习习惯，疲劳是集中注意力的大敌，保持精力充沛的状态，才能增强注意力集中的水平。

3. 保持良好的心理状态

导致注意分散的最重要的因素是自己不稳定的心理状态，因此，保持良好的心理状态是维持注意的重要条件。自信心是关键，心理愉快有利于注意集中，平静的心情有益于注意集中，情绪稳定有助于个人控制自己的心理状态，使自己集中精力，指向学习目标。

4. 重视集中注意的自我训练

培养自己注意力的可靠途径就是训练自己能在各式各样的环境条件下都专心学习或工作。一旦确定了要做的事情，就要有计划、有目的地集中注意，不受其他刺激的影响和干扰。在进行集中注意的自我训练时，要注意培养学生对不良刺激的容忍力，对于抗干扰要特别注意的是，不管是对外部的还是对内部（内心的烦乱）的干扰，应处之泰然，加强锻炼自我调节和自我管理的能力是非常重要的。

五、中学生记忆的发展

记忆是人脑对过去经验的反映，是决定学习和工作效率的重要心理条件。

（一）中学生记忆发展的特点

中学阶段是人的记忆力发展的高峰期，此时期较儿童期在记忆的方式上发生了很大的变化：从无意记忆向有意记忆发展；从机械记忆向理解记忆发展；从听觉记忆向视觉记忆发展；从形象记忆向抽象记忆发展。记忆方式的变化，使中学生的记忆发生了质的变化，迅速、持久、准确，而且范围广、内容丰富、形式多样。总体而言，中学生记忆发展具有如下特点：

1. 高中阶段记忆能力趋于成熟

随着年龄的增长，中学生的记忆力是不断提高的，到高一、高二年级趋于成熟。高中生处于记忆发展的"黄金"时代。高中一、二年级学生记住的学习材料的数量，比小学一、二年级几乎多四倍，比初中一、二年级多一倍多，达到了记忆的高峰。

2. 有意识记日益占主导地位

中学时期是由儿童向成人的过渡时期，也是教育最重要的时期。随着年龄的增长，在教学的影响下，中学生逐步学会使自己的记忆服从于识记的任务和材料的性质，因而有意识记日益占据主导地位。初中一年级学生的无意识记常常还表现得很明显，从初中二、三年级开始,他们能自觉检查自己的记忆效果,选择适合的记忆方法。在中学阶段,不仅有意识记在发展,无意识记也在发展。所以教师不仅要发展中学生的有意识记,而且要有计划地培养学生的无意识记的能力。

3. 中学生意义记忆不断发展

初中的学习对学生的意义识记的能力提出了更高的要求,要求学生对识记材料进行逻辑加工。随着中学生知识经验的日益丰富,思维的进一步发展,他们在学习过程中不断掌握学习方法和技巧,促使意义识记发展。但是,意义识记与机械识记不是对立的,二者相互补充、相互依存。意义识记要靠机械识记的补充,以达到对材料识记准确和熟练的程度;机械识记也需要意义识记的帮助和指导,为了有效识记那些缺乏内在联系的材料,可以人为地将其意义化,以便增强记忆效果。

4. 中学生抽象记忆的水平显著提高

中学阶段,抽象材料识记数量大大增加了,中学生必须掌握大量的科学概念,必须进行逻辑判断、推理、证明,因而中学生的抽象识记能力日益发展起来。中学生的抽象识记是在具体形象识记的基础上形成的,同时,它又反过来改造着形象识记。此时,中学生开始运用抽象原理、公式来理解具体事物,这代表他们的认识能力向理性水平迈进了新的一步。

(二)中学生记忆能力的培养

1. 教给学生基本的记忆策略

记忆策略是指主体控制自己的记忆活动,增强记忆效果的方法。个体在记忆活动中常用的记忆策略主要有注意策略、复述策略、精细阐述策略、组织策略和提取策略等。

(1)注意策略。注意是感觉记忆的内容进入短时记忆的前提。加强个体对记忆对象的注意,是提高记忆效果的重要条件。一种重要的注意策略是针对记忆对象提出相应的问题,这些问题可以激发个体注意并观察对象。

(2)复述策略。复述是短时记忆的内容进入长时记忆的基本条件。研究表明,有无复述、复述方式的不同都会对记忆效果产生很大影响。有复述比无复述的记忆效果好;根据记忆材料的内部结构复述比简单重复地复述记忆效果好。因此,好的复述策略就是根据记忆材料的内部结构进行复述。

(3)精细阐述策略。精细阐述策略就是在记忆材料中添加一种意义,或增加一定的细节,使较为分离的对象组合为一个整体。

(4)组织策略。组织策略就是将一组信息划分为若干较小的单元,并且表示它们的关系。例如,为了记住课文的内容,对课文进行分段、概括段意就是组织策略的运用。

(5)提取策略。提取策略就是根据需要提取信息的方法。一种有效的提取策略是分类提取,就是将要提取的对象归入一定知识类别,然后在一定的知识类别中进行搜索。分类提取可以缩小信息搜索的范围,提高搜索的成功率。

个体记忆策略的发展,受个体的经验、思维发展水平和学习动机等因素的制约,其中思维发展水平是最重要的因素。个体思维发展水平的年龄特征决定了个体记忆策略发展的阶段性。研究表明,个体可以通过训练获得记忆策略,一旦个体掌握记忆策略,其记忆效果就会得到明显的提高。

2. 重视对中学生记忆活动的指导

（1）唤起记忆的愿望。愿望是记忆的动力。为此，教师在各科教学中应及时向学生提出识记的目的、任务和具体要求。

（2）增强记忆的信心。记忆活动是一种艰苦的脑力活动，每一种知识的识记都是一个需要付出艰辛活动的过程，这就要求学生必须意志坚强，信心十足。

（3）培养自我检查的习惯。再认和回忆既是检查记忆的指标，又是加强复习、巩固记忆的一种有效途径。自我检测、自我复述、自我回忆、自问自答、独立作业等都是自我检验的有效方式。

（4）讲究记忆卫生。学生记忆力的培养，除上述措施外，讲究记忆卫生也是重要一环。记忆卫生是个内涵丰富的概念，主要包括以下几个方面：保持稳定而愉快的情绪；做到劳逸结合，参加文体活动；合理地遵循作息制度，保证适当的睡眠；利用最佳的记忆时间；科学地使用大脑；以及有适当的营养、清新的空气等。

3. 合理组织学生复习

与遗忘进行斗争的首要条件是组织识记后的复习。复习在保持中有很大的作用。刺激物的重复出现是短时记忆向长时记忆转化的条件，没有复述的信息是不可能进入长时记忆的。

六、中学生思维的发展

思维是智力的核心，中学生的智力发展主要体现在其思维能力的发展上。

（一）中学生思维的发展特点

1. 抽象逻辑思维占优势地位，并由经验型向理论型过渡

整个中学阶段，中学生的思维能力迅速发展，他们的抽象逻辑思维日益占据优势地位。此时，他们掌握了更多抽象的概念和原理，逐渐理解事物的复杂性和内在的规律性，而且能够自觉地做出恰当的判断，并进行合理的逻辑推理。

从发展的角度来看，初中生和高中生的思维有所不同。初中生的思维中，抽象逻辑思维虽然开始占优势，可是很上程度上还属于经验型，他们的抽象逻辑思维还需要具体直观的感性经验的支持。而高中生的抽象逻辑思维则转化为理论型，他们基本掌握了辩证思维，能够运用理论作为指导，进而分析综合各种事实材料，从而不断地扩大自己的知识领域。

2. 辩证逻辑思维发展迅速，但明显滞后于形式逻辑思维发展

中学阶段，由于学习活动、社会活动、人际交往等都发生了本质的变化，促使中学生的辩证思维得到快速发展。但从发展的绝对水平来看，在整个中学阶段辩证逻辑思维仍明显滞后于形式逻辑思维。

辩证逻辑思维是思维发展的高级阶段。在中学生的思维活动中，形式逻辑思维和辩证逻辑思维是密不可分地联系在一起的。前者是后者的基础，后者是前者的发展，前者的发展为

后者的发展提供了可能性,后者的发展可以促进前者的进一步发展。

3. 思维的独立性和批判性有了显著的发展

在中学阶段由于独立思考的要求,使中学生思维的独立性和批判性有了显著的发展。中学生开始理解自然现象和社会现象中的一些复杂的因果关系。同时,由于自我意识的自觉性有了进一步的发展,常常不满足于教师、家长或书中对于问题的解释,他们更喜欢独立地寻求答案,也喜欢与他人争论。这样,他们思维的独立性就达到了一个新的水平。

但是中学生对问题的看法通常还比较片面,也难以深刻地理解事物的本质。他们的思维还不够成熟,这是因为他们的知识、经验不足,辩证思维也尚未完善。因此,教师和父母一方面要鼓励他们进行独立思考,另一方面还要对他们在独立思考中出现的缺点给予耐心的说服教育。

4. 对问题情境的思维有质的飞跃

在提问方面,与小学生相比,中学生对问题情境的思维具有三方面质的飞跃。

(1)提问趋于探究性。小学生好问,但其作用主要在于扩充知识,问题偏重于"是什么";而中学生的问题偏重于"为什么",主要在于寻求事物的内在联系和本质特征,尤其到了高中阶段,提出的问题更有探究性和思辨性。

(2)提问具有开拓性。小学生提问的范围比较窄、直观性强,主要围绕自身能够直接接触到的事物。中学生由于生活领域的扩大,学习内容的增多以及自我意识的发展,使得其提问的范围大大扩展,涉及诸多的社会现象直至学科规律和人生意义。尤其到了高中阶段以后,学生更能以其丰富的想象和抽象的思维,摆脱时空束缚,在更广阔的背景上思考社会与人类、历史与现实、未来与理想、信仰与人生等具有哲理性的问题,使得问题的范围得到开拓。

(3)提问具有批判性。中学生的提问不再像小学生一样,因为很快得到成人的答案而感到满足,他们对成人现成的答案多持有怀疑、批判的态度,从而使其提出的问题富有逆反性和挑战性,这也使得他们更容易从习以为常的现象中发现和提出问题。

在求解方面,中学生对问题情境的思维能够运用假设,他们能撇开具体事物,使用以概念支撑的假设进行思维;而不是像小学生一样要么直接向成人索取答案,要么经验性地归纳。这使问题解决过程合乎科学。同时,中学生对问题进行求解有预见性,他们会拟定计划,思考步骤,有条理地求解问题。

5. 思维品质的矛盾性

中学时期学生的思维品质虽有了较大的发展,但与心理发展的矛盾性特点相对应,中学生在思维品质的发展中表现出明显的矛盾性,这种矛盾性在初中阶段尤为突出。具体说有以下三个方面:

(1)思维的深刻性与表面性共存。随着思维的抽象概括能力的提高,中学生思维的深刻性也有了明显的发展,但思维的表面性还明显存在。在初中阶段,学生在分析问题时还常被事物的个别特征或外部特征所困扰,而难以深入把握事物的本质。

(2)思维的批判性与片面性共存。随着自我意识和独立性的发展,中学生在初二以后其思维的批判性得到了显著的提高。他们已经不满足于教师或者教科书上关于事物和现象的解释;不再像小学生那样相信家长、教师和权威的意见;喜欢独立地寻求和争论各种事物现象的原因和规律;常常会独立、批判地对待一切。但中学生(特别是初中生)的思维批判性还不成熟,具有一定的片面性。

(3) 思维活动中的自我中心出现。初中生思维活动的自我中心主要表现在:虽然他们能区别自己和他人的想法,但却不能明确区分他们自己关心的焦点与他人关心的焦点的不同所在。初中生自我中心式思维的结果之一就是在心理上制造出了假想的观众,他们感觉每天就像生活在舞台上一样受到别人的欣赏或者批评。在初中生自我中心的思想中,与"想象的观众"相对应的是关于"个人的虚构"。初中生将别人如此关注他们的原因解释为自身的"与众不同",即他们具有一个独特的自我。高中阶段开始后,这种自我中心倾向会逐渐削弱,逐渐会明确区分出自己与他人思想上关注点的区别,认识到自己的主观意见与现实之间的差异,更好地掌握分析问题的客观标准,这时个体的思维又发展到一个新的水平。

6. 中学生的创造性思维不断发展

随着年龄的增长,中学生的创造性思维水平总的趋势是不断向前发展的,年级越高,创造性思维成绩越好,但发展速度是不均匀的。高二是创造性思维发展的高潮,初一和高三是创造性思维发展的低潮。随年龄的增长,高中生创造性思维的流畅性呈下降趋势,变通性处于平稳发展,独特性逐渐提高。

(二)中学生思维能力的培养

1. 遵循思维规律,提高思维能力

要培养中学生的思维能力,必须自觉遵循初、高中阶段学生各自不同的思维规律,抓住思维发展的关键时期,因势利导,促进思维能力发展。

初中生的思维还属于经验型,应重点掌握知识的系统性,以便为逐步形成复杂的概念系统打好坚实的基础,训练初中生的抽象思维,要多用猜谜语、智力测验、趣味比赛等形式来进行。高中生则应重点培养理论型抽象思维,力求对各种材料做出理论的、规律性的说明,训练高中生的抽象思维,可多用解数学题、推导公式、演绎论证等方法。

2. 加强对思维品质的训练

对中学生思维能力的培养,还要从思维的品质入手,这些品质包括:

(1) 思维的敏捷性,即思维的速度快、效率高,这就要对中学生在作业、考试中提出速度要求,特别是在平时就要练习掌握提高速度的要领。

(2) 思维的灵活性,即思路广、灵巧度高,这就要提高学生灵活运用各种法则、公理、规律的自觉性,要指导学生养成善于"迁移"的好习惯,能够"举一反三"。

(3) 思维的抽象性,即逻辑性强、善于归纳概括、能深挖事物的本质。为此,应该加强语言交流训练,有计划地发展中学生的言语能力。

第三节 中学生的情绪发展

情绪是指人对客观事物的态度体验及相应的行为反应,也就是客观事物是否符合自己的需要而产生的内心体验。那些满足人们需要的事物和对象,能引起各种肯定的态度,产生满意、愉快、高兴、喜悦、爱慕等情绪体验；相反，那些妨碍人们需要得到满足的事物和对象，就会引起否定的态度，产生不满、痛苦、忧愁、厌恶、恐惧、憎恨等不快之感。心理学侧重研究情绪和情感的发生、发展、表现、功能、调节与控制等问题，本节侧重于探讨中学生情绪发展的特点以及情绪培养与调节等方面内容。

小珍怎么了？

刚上初中，小珍就发生了很大的变化，变得妈妈都有点不认识她了。

她不像以前那样活泼外向了，有的时候，她好像郁郁寡欢，心事重重。小的时候，不论学校里发生了什么，小珍总是像"实况录像"似的在家叙述一遍。吃饭的时候，爸爸妈妈就听她不停地说呀说呀，连插话的机会都没有。可现在，小珍不在饭桌上讲学校的事了，即使有时妈妈问起来，她也只是敷衍几句，爱理不理的样子。吃完饭，就把自己锁在她的小屋子里，在一个小本子上写呀写呀的，那个本子可是她的宝贝，小珍还特意买了一把小锁把它锁在自己的抽屉里，爸爸和妈妈是难得一见的。小珍有时写着写着，还会莫名其妙地流出几滴眼泪；有时又什么也不做，就那么望着窗外呆一下午。别看小珍在家里的话越来越少，和朋友在一起的时候可不是这样，有一次妈妈在下班的路上看到她和几个要好的"姐妹"在一起，那眉飞色舞的样子绝对是家里见不到的⋯⋯

小珍的妈妈真的读不懂女儿，她这是怎么了？

一、中学生的情绪特点

青春期是"疾风怒涛"的时期，是人生的"第二次断乳期"。处在青春期的中学生情绪体验跌宕起伏、剧烈波动，情感活动广泛且丰富多彩，表现出很明显的心理年龄特征，具体表现为以下特点：

（一）爆发性和冲动性

中学生的情绪具有强烈的爆发性和冲动性，他们喜欢感情用事，遇事好激动，因此有人形容此时期是"暴风骤雨"时期。这种情绪特点与中学生自我意识迅速发展，心理行为自控能力较弱有关，同时与他们的生理发育，特别是神经活动的兴奋和抑制过程不平衡也有一定关系。他们一旦激起某种性质的情感，情绪就如火山般猛烈爆发出来，表现出强烈的激情特征，情感情绪冲破理智的意识控制，淋漓尽致地显露出他们对外界事物的爱、恨、不满或恐惧、绝望等情绪。他们常常因为一点小事就欣喜若狂、手舞足蹈，或者垂头丧气、无精打采，有时彼此之间只因为一句话不合就怒不可遏，拔拳相向。

（二）不稳定性和两极性

中学生情绪虽然强烈，但波动剧烈，两极性明显，很不稳定，情绪很容易从一个极端剧烈地转向另一个极端，顺利时晴空万里，受挫时愁云满天，今天对某人佩服得五体投地，明天又觉得不屑一顾。他们对事物看法较片面，很容易产生偏激反应。心理学家曾把处于这个时期中学生的情感情绪形象地比喻为"一个钟摆"，在寻求平衡点的过程中摇晃于两极之间，这主要与中学生的认知发展特点有关。

（三）外露性和内隐性

随着年龄的增长、认知范围的扩大、个人知识经验的积累及自我意识的逐渐成熟，中学生情感情绪的自我认识、自我观察体验、自我监控的能力逐渐增强，他们逐渐学会控制自己的情感表现和行为反应。他们既表现出强烈的情感情绪反应，对外界事物的喜怒哀乐形于色，淋漓尽致地抒发他们的内心感受；又能逐渐掩饰、压抑自己的情绪，使这种情绪的表露有时往往带有很大的掩饰性，并逐渐学会用理智控制自己的情绪反应。

（四）心境化和持久性

中学生的情绪在时间上比小学生有更长的延续性，一件事情引起的反应能够较长时间留在心头，这种延长了的情绪状态会转为较稳定的心境。由于情绪延续性的增强，他们不再出现破涕为笑的现象，在一段时间内，或是欢乐愉快，或是安乐宁静，或是抑郁低沉。一方面中学生会因为成功或收获而使快乐的情绪体验延长为积极良好的心境；另一方面因挫折或失败会使不愉快的消极情绪延长为不良的心境。中学生的许多不良情绪（如焦虑、抑郁、自卑、烦躁、失望等）往往具有情绪心境化色彩。这种不良心境如果延续下去，不仅会影响中学生的学习和生活，也会影响他们的身心健康。

二、中学生常见的情绪问题

（一）忧郁

表现为情绪低落、心情悲观、郁郁寡欢、闷闷不乐、思维迟缓、反应迟钝等。忧郁情绪是中学生群体中一种比较普遍的消极情绪表现。有这类情绪问题的中学生一般能基本适应学校生活，但心理压抑、情绪苦闷，而且持续时间较长，对他们的身心健康危害较大。在学习和生活上表现为兴趣降低、缺乏自信、精力衰退、封闭退缩、不愿交往、无助感强；在躯体上表现为头疼、背痛、肢体酸痛、消化不良、失眠等症状。

中学生的忧郁多半是由于学习或生活中各种各样的烦恼造成的。如果一个人在工作、学习和生活中遇到困难和挫折而且暂时不能克服或摆脱，便会出现烦恼。如有的人总是觉得"生不逢时"，抱怨生活对自己不公平；有的人将个人的利害关系、荣辱得失看得过重，为一些微不足道的小事，整日患得患失以至造成心理疲劳；有的人甚至杞人忧天，自寻烦恼。当这些烦恼长期不能摆脱，就会导致忧郁。

（二）恐惧

恐惧是指对某种特定对象或境遇产生强烈的、非理性的害怕,而实际上这类引起害怕的对象或境遇,一般并不导致危险或威胁,如怕黑、怕孤独、怕一些小动物,等等。当人处于这种恐惧状态时,不仅会出现明显的紧张、焦虑等情绪反应,有时还常伴有心悸、出汗、头痛、头晕等生理反应。

恐惧心理有各种各样的表现。中学生常见的恐惧情绪有社交恐惧和学校恐惧。社交恐惧表现在怕与人打交道,遇到陌生人特别是异性时面红耳赤、神经紧张,怕成为别人的耻笑对象,不敢在公开场合讲话、做作业、吃饭等,严重时拒绝与任何人接触,把自己孤立起来,对日常生活、学习造成很大的妨碍。学校恐惧是一些中学生对学校产生恐惧,害怕去学校,如害怕看到校门、害怕见到老师和同学、回避学校生活等。

（三）孤独

孤独感是青春期一种常见的情绪感受,进入青春期的男孩女孩经常都有这样一种体验:觉得自己是大人了,于是总想一夜之间成熟起来。父母的关心不再像过去那样暖融融打动心扉,反而觉得唠叨刺耳;老师在我们心中似乎也失去了往日的威信,我们干什么都不能理解;就连平时挺要好的同学,现在也不是那么亲密无间、无话不谈了,自己一肚子的心事,不知道该和谁谈。青春期的少男少女们总会经常感叹:"没人理解我!"、"我好孤独!"。中学生在某一阶段中出现孤独是很正常的事,但是,长期孤独会使人变得消沉、脆弱、萎靡不振、痛苦,进而严重影响身心健康,影响正常的学习、生活和人际关系。

孤独在各个年龄阶段都会产生,但青春期表现特别明显,它标志着中学生独立意识、自我意识的发展,随着中学生年龄的增长、社会生活经验的丰富和自我探索的深入,他们会逐渐获得一种熟悉自己、对自己有信心、有把握的感觉,这时,他们既能够独立思考,也会乐于与人交流了。

（四）愤怒

中学生由于思维片面、偏激,控制冲动的能力较差,容易产生愤怒情绪。从生理角度说,愤怒会使人的神经系统出现紊乱,容易诱发高血压、脑溢血、心脏病、溃疡、失眠等疾病;从心理角度而言,愤怒会破坏人际关系,阻碍情感交流,暴怒使人丧失理智,甚至导致违法犯罪。导致愤怒的原因主要有两方面:一是与自身的气质类型有关系,一般说来,胆汁质的人比其他气质类型的人更容易急躁,更爱发脾气;二是与缺乏涵养、自尊心太强、虚荣心过盛有密切联系,只知爱惜自己的"脸面",满足虚荣心,不惜伤害朋友和同学之间的感情。

这四种情绪问题,对有的中学生来说,是极容易出现的,一旦出现,要及时地进行调控,避免身心健康受到严重损害。

三、中学生良好情绪的培养

中学生良好的情绪情感不是自发产生的,需要通过教育和自我调节而产生和保持。良好的情绪和情感对于中学生的学习、生活、交往、成长都具有非常重要的作用,因此,要重视加强对中学生良好情绪和情感的培养。

 案例

不快乐的大儿子

有一位母亲,她有两个儿子,大儿子整天闷闷不乐,干什么都没有精神,觉得什么都没意思;相反,小儿子则整天都快快乐乐,对自己做的任何事都表现出极大的兴趣。母亲不知道这是为什么,以为可能是两个儿子在一起的时候,大儿子总是要让着小儿子,所以就想给他改变一下环境,于是她把大儿子领到一个装满了新玩具的屋子里,把小儿子关在了马圈里。结果发现,大儿子仍然愁眉不展,坐在那里什么也不干,看着那一堆玩具碰都不碰。妈妈感到很奇怪,问大儿子:"你为什么不玩那些玩具呢?"大儿子回答:"如果玩那些玩具的话,万一把他们弄坏了,我会很伤心。"可当妈妈去看小儿子时,却发现他在马圈中的马粪堆里掏啊掏,似乎在寻找着什么,依然很开心。妈妈问小儿子:"你在干什么,怎么玩得那么开心?"小儿子回答说:"妈妈,我想没准下面会藏着一匹小马呢?"看了这个故事,你从中受到了什么启发呢?

(一)敏锐觉察情绪

敏锐地觉察情绪就是能够自我觉察、了解自己当时的主要情绪,并能予以命名,且大概知道各种感受的前因后果。只有首先觉知自己的情绪及产生的真正原因,才能适时对自己的情绪做出适当的反应,进而给情绪一个转化的出口。中学生可以通过以下方式了解自己的情绪:了解自己的个性特征;了解自身成长经历及早期经验;反思自己的情绪状态。

(二)平和接纳情绪状态

在人们眼里,正性情绪都是好的,而负性情绪都是不好的,其实,这是对情绪的重大误解。抽象地看,快乐的确比痛苦好,振奋一定比沮丧好,但是,我们无法脱离具体的情境来判断情绪的好坏。不论是负性情绪还是正性情绪,都赋予生活以意义,每一种基本情绪都是与生俱来并有各自不同的适应功能,所以我们需要学会以平和的心态接纳自己的所有情绪。负性情绪也有它存在的价值,如恐惧提醒我们危险的存在,愤怒是一种强大的力量。坦然接受自己的情绪,不苛求自己,不过于追求完美,以平常心来面对自己情绪上的波动。

(三)正确调整情绪

面对各种使人痛苦、愤怒、烦恼的情境,中学生要善于及时调整自己的不良心态,让消极情绪得以减轻或消除。有效调控情绪的方法包括:

1. 宣泄

采用一定的方法和方式把人的情绪体验充分表达出来。现在许多学校都设有宣泄室,当学生满腹心事和不愉快时,可以击打沙袋或在涂鸦墙上宣泄情绪,这样情绪会变得好些。那些难以排解的情绪比较适合采用宣泄的方法,如突然失去亲人,人们常用的安慰方法是劝其哭出来。宣泄情绪的方法很多,除了哭、喊、诉说外,还可通过剧烈运动,打、骂象征物等方法,排解不良情绪。在宣泄情绪的过程中,要非常注意的一点就是"度",也就是宣泄要适当,不能为了缓解情绪伤害了身体。

2. 转移

从主观上努力把注意力从消极或不良情绪状态转移到其他事物上去的自我调节方法。转移可以使人从消极情绪中解脱出来,从而激发积极愉快的情绪反应。如中学生上课时有几道题目不会做,老师讲解也听不懂,心里很烦,如果下课后和同学做做游戏,或听个笑话,心情就会好许多。如在班上和同学产生矛盾时,马上离开当时的环境,就会及时化解一场无谓的争论。另外,看看电视,听听音乐,散散步也是帮助我们转移注意力的好方法。

3. 调节认知功能

主要是运用艾利斯 ABC 合理情绪疗法合理改变认知。对自己习惯化的思维方式进行重解,学会从不同的角度看问题,以更宽广的视角理解自己和他人。

4. 积极的自我暗示

运用内部语言或书面语言以隐含的方式来调节和控制情绪。当中学生被消极情绪所困扰时,可以通过言语的自我暗示来调节和放松。例如,可用言语暗示自己"不要发愁,发愁无济于事,还会损害身体健康"、"不要着急,冷静处理,一切都会好起来的"等等,安慰和鼓励自己。通过这种积极的自我暗示,对情绪的调节就会有明显的正向作用。

(四)有效表达情绪

每个人都会产生喜怒哀乐的情绪,这是十分正常和自然的,中学生要学会正确表达、合理宣泄情绪。在恰当的时候以恰当的方式表达自己的情绪体验。不要把情绪隐藏在心里,情绪不会因为压抑而消失,累积的情绪越多,心里的压力就越大,总有一天会爆发出来。

(五)保持和创造快乐的情绪

快乐,是一种愉悦心情,大家不断追求,渴望拥有。在生活中我们要学会通过陶冶性情的兴趣爱好、身体锻炼、创造愉快的生活环境等等方式来保持和创造积极快乐的情绪。如我们要善于从身边平凡的琐事中发掘生活乐趣,积极参与生活;做你喜欢的健康有益的事情,如画画、跳舞、听音乐、旅游、看电影等等。俗话说:"赠人玫瑰,手有余香",我们还可以在帮助别人的过程中,自己也收获快乐。同时,学会心怀感激,就会减少很多愤怒,真正快乐起来。

第四节 中学生的人格发展

在心理学中,人格也称为个性,是指构成一个人的思想、情感及行为的独特统合模式,这个独特模式包含了一个人区别于他人的稳定而统一的心理品质。人格既有自然性又有社会性,是自然性与社会性的统一;人格既有稳定性,又有一定的可塑性,是稳定性与可塑性的统一;人格既有独特性,又有共同性,是独特性与共同性的统一。

中学阶段是人格由不稳定到稳定、由不成熟到成熟的发展阶段。在埃里克森关于人格的心理社会发展理论中，中学阶段是个体寻找自我同一性的时期，需要克服角色混乱。中学阶段是人格发展的关键期，对人一生的影响非常大，因此，重视中学生的人格发展，要在充分了解中学生人格发展特点的基础上，对中学生进行教育，促进中学生健全人格的形成。

一、中学生人格发展的特点

（一）人格倾向逐步向高层次方向发展

人格心理倾向性是指一个人所具有的意识倾向性和对客观事物的稳定态度，是人从事各项活动的基本动力，它决定着一个人的态度、行为的积极性与选择性，它可以分为低层次的需要、动机、兴趣和高层次的理想、信念、价值观等。随着中学生在生理上的逐渐成熟，知识和能力的逐步增长，中学生的人格倾向也逐步发展，表现为由低层次人格倾向向高层次人格倾向发展，每一种人格倾向内部也在逐步向高层次方向发展，具体表现为下面几个方面。

1. 由低层次需要向高层次需要发展

人类的需要是多种多样的，有生理需要与社会需要，物质需要与精神需要等。人本主义心理学家马斯洛认为人的需要是有层次的，并将人的需要由低到高分为生理需要、安全需要、归属与爱的需要、尊重的需要、求知的需要、审美的需要和自我实现的需要。中学生的需要结构已逐渐完善，他们并不满足于一些生理需要与物质需要，而是追求社会需要与精神需要。像友谊的需要、独立自主的需要、理解和尊重的需要、求知的需要、审美的需要和发展自我的需要等高层次的社会需要与精神需要已经逐渐成为中学生的主导需要。

2. 兴趣逐渐深刻与稳定

中学生兴趣发展的特点表现为：（1）兴趣由肤浅向深刻发展，已从有趣、乐趣发展到志趣；（2）兴趣由不稳定逐步向稳定发展；（3）兴趣广泛且具有中心兴趣，中心兴趣将逐步发展成为爱好。

3. 理想、信念和价值观逐渐形成与发展

中学生将经历理想、信念和价值观形成的准备、观察与探索、定向与确立这样三个阶段。小学高年级到初中低年级是理想、信念、价值观形成的准备阶段，初二到高二是对理想、信念、价值观的观察与探索阶段，高二到大学阶段是理想、信念、价值观的定向与确立阶段。中学阶段，尤其是高中阶段是理想、信念、价值观形成的关键阶段，要格外关注，学校要结合中学生的升学和就业加强对他们的理想、信念和价值观的培养。

（二）性格特征渐趋稳定

性格是指一个人表现出来的对现实的稳定的态度以及与之相适应的习惯化的行为方式。性格主要是在后天形成的，中学生已经形成许多较稳定的良好的性格特征，如勤奋刻苦、谦虚、热情、大方等，同时，中学生已表现出相当明显的性格类型，就内外倾向来说，中学生性格的内倾型和外倾型已逐步定型。

（三）自我意识的高涨

进入青春期后,由于身体的迅速发育,中学生很快出现了成人的体貌特征。正是因为这种生理上的变化,他们自觉或不自觉地将自己的思想意识指向主观世界,进入自我,导致自我意识的发展。自我意识高涨是中学生自我意识发展的基本特点。中学生这种突然高涨的自我意识,使得其人格出现了暂时的不平衡性。

中学生自我意识的高涨突出表现在:

1. 内心世界日趋丰富。中学生在日常生活和学校生活中,将很多心思用于内省,内心世界日趋丰富。

2. 独立意识明显增强。中学生对许多事情都有自己的观点和看法,不再盲目听从成人的教导。中学生迫切地要求享有独立的权利,甚至将父母曾给予的生活上的关照及情感上的爱抚视为获得独立的障碍,将教师及社会其他成员的指导和教诲也看成对自身发展的束缚。

3. 个性上出现主观、偏执。中学生总认为自己正确,听不进去别人的意见,他们把主观上的偏执看成有主见的表现。

4. 表现出反抗心理。中学生很注重维护自我形象,追求独立和自尊,当他们的某些想法及行为不能被现实所接受时,就产生一种过于偏激的想法,认为其行动的障碍来自成人,于是便产生了反抗心理。其实中学生的反抗心理在很大程度上是为了否认自己是儿童,而确认自己是成熟的个体。

 拓展阅读

心 理 断 乳

青少年在心理上脱离父母或其他养育者而变得相对独立的过程称之为“心理断乳”。它是相对于“生理性断乳”而言。进入青春期前后的青少年,显著的特点是“变”。孩子开始发育了,生理上在变,心理上也有变。家长会发现,不知从什么时候起,孩子不听话了,你要东,他偏要西。这种现象,心理学上称之为“逆反心理”。这个时期,心理学上称之为“心理断乳期”。

这个时期的孩子,最主要表现是独立活动的愿望变得越来越强烈,但由于缺乏生活经验,不能正确理解自尊,只是强烈要求别人把他们看作成人。如果这时家长还把他们当孩子来看待,他们就会厌烦,就会觉得伤害了他们的自尊心,就会产生反抗心理,萌发对立情绪。这个时期的孩子,尽管自我意识发展了,但自我控制能力还很差,常会无意识地违反纪律。他们喜欢与人争论,但论据不足;喜欢发表见解,却又判断不准;喜欢批评别人,但又容易片面;喜欢怀疑别人,却又缺乏科学依据。

二、中学生自我意识的发展

自我意识是指个体对自己的生理状况、心理特征以及自己与他人关系状况的认识。自我意识由自我认识与评价、自我体验、自我控制几部分构成。自我的发展是人格发展的核心，而中学阶段是自我形成与发展的关键期，因此尤其要重视中学生自我的发展。

（一）中学生自我意识发展的特点

1. 中学生自我认识与评价的发展

正确地认识与评价自我是自我意识发展的重要标志。中学生的自我认识与自我评价能力在逐步发展，他们已经能够较为全面、客观、辩证地看待和分析自己，既能够认识到自己的长处，也能够认识到自己的不足之处。中学生的自我评价实现了由依附性向独立性，由具体性向抽象性、概括性的转变，并且自我评价的深刻性和稳定性都发生着质的变化。在独立性方面，中学生的自我评价已经基本上能够摆脱对成人的依赖，有自己独立的看法。但是初中生的自我评价还不够成熟，对自我的评价相对于对他人的评价要偏高一些，对自我的评价容易受到同伴评价的影响。到了高中阶段，就逐渐克服了同伴的影响，能够较为客观地评价自己，独立倾向明显。在抽象性、概括性方面，中学生已经能够概括地评价自己，能够使用较为抽象的概念概括自己的特点，如"团结、友爱、自信、谦虚"等。在深刻性和稳定性方面，中学生已经能够从内在品质方面评价自我，且不受外部情境的影响，这表明中学生的自我认识和评价已经成熟。

2. 中学生自我体验的发展

中学生自我体验的发展具体表现为成人感明显增强，自尊心显著增强，内心体验日益丰富和深刻。出现成人感是中学生自我发展中最明显的变化。随着成人感的出现，中学生的自尊心也明显增强，他们特别希望别人尊重自己，希望自己的观点和行为得到别人和社会的认可，希望通过自己的努力获得一定的地位。当他人或社会的评价与自己的希望相一致的时候，他们的自尊心就得到满足，反之，自尊心就会受到伤害，就可能出现叛逆、自卑，甚至自暴自弃。随着自我认识的深入和成人感的增强，中学生的自我体验也日益丰富和深刻，他们不仅对自己的身材、相貌等方面感到喜悦或烦恼，还对自己的个性特征、道德品质、社会价值、人际关系、学习成绩等方面产生肯定或否定的态度体验。

3. 中学生自我控制的发展

中学生的自我控制能力得到了初步的发展，但是还不成熟、不稳定。中学生在对行为的自我控制方面由自发性、冲动性向自觉性、计划性方向发展。初中生的自我控制的目的性、计划性还较差，对行动的结果和影响还缺乏远虑，到高中阶段，他们的行为目的性和计划性明显增强，不仅能够预计行为的后果，还能规划出行动的方案。

（二）中学生自我意识的培养

中学生是在教师的引导下逐步学会主动地、协调地发展自己的自我认识、自我评价、自我体验和自我控制的。加强中学生自我意识的培养，可以从提高中学生的自我认识与评价能力、促进他们积极的自我体验、增强他们自我控制与调节的能力三方面入手。

1. 提高中学生自我认识与评价的能力

（1）引导中学生全面地认识和评价自我

许多中学生在进行自我认识和评价时，仅仅从长相、成绩或者能力等某一方面进行评价，就得出自己了不起或不行的结论,这是片面的。教师要引导中学生对自己进行全面的评价,包括学业成绩、人际交往、活动能力、身体特征、家庭背景、在同伴中的地位等各方面的优势与不足。一般可以从身体自我、心理自我、社会自我三个方面进行认识和评价,这样是比较全面的。

(2) 指导中学生客观地评价自我

小学生一般会高估自己,中学生相对来说对自我的认识和评价会客观一些,但是随着身体的发育与成熟、知识的增多和能力的增强,中学生往往也会出现高估的倾向。因此,要指导中学生客观地认识和评价自己,既要了解自己的长处和强项,不要自卑,也要认清自己的短处与弱项,不能自傲。只有认识到自己的长处和短处,同时认识到每个人都有自己的长处和短处,才能客观地对待自己的长处和短处,从而保持积极向上的学习和生活态度。

(3) 教给中学生正确认识和评价自己的方法

教师要教给中学生正确认识和评价自己的方法,一方面可以通过对自己的行为及行为结果进行观察和分析来了解自己的优势与不足,比如我虽然成绩一般,但是我运动能力很强,或者我虽然数学成绩不怎么样,但是我英语水平很高,等等;另一方面可以通过自我反省来认识自我,经常不断地反思自己,可以比较客观地认识和评价自己的优点和缺点;还可以通过与他人的交往来认识自我,因为在与他人的交往中,一是可以通过与他人相对照来了解自己的长处和短处,二是可以通过他人对自己的评价来认识和评价自我。

2. 促进积极的自我体验

积极的自我体验是自我意识健康发展的关键。促进中学生积极的自我体验主要是通过增强其自尊感和自我效能来实现的。

(1) 充分尊重和关爱学生以增强其自尊感

首先,教师要充分尊重学生。教师要尊重学生的人格,平等地对待学生。教师要充分认识到学生的个体差异,并承认这种差异;要认识到每个人都有优点和缺点,要接纳学生的缺点;要允许学生犯错误,把犯错误看成学生成长的一部分。这样教师就不会轻易地指责学生的缺点和错误,而能够正确对待学生的缺点和错误,从而做到尊重学生,让学生有自尊感。教师尊重学生还表现在能耐心地听取学生的观点和意见,对于正确的意见要予以充分的支持和尊重。

其次,要充分信任学生。教师要信任学生,对学生产生积极的期待,这会使学生体验到做人的尊严,还会激发学生的积极性和向上的信心。如果教师总是不信任学生,学生就会产生挫败感,缺乏自尊感。

再次,教师要善于建立相互尊重的氛围,使学生在一个自由、平等、互敬互爱的环境中学习和生活,从而充分体验到自尊感。

最后,教师要给学生以无条件的积极关注和关爱。教师要积极关注学生的成长,善于发现学生微小的进步,给予积极鼓励,激发其积极性,增强其自信心和自尊感。在教育过程中要以表扬为主,慎重批评,尤其要避免在众人面前批评学生,以免伤害他们的自尊心。

(2) 通过对中学生进行积极评价以增强其自我效能

自我效能是指个体对于自己能否成功完成任务的主观评价。高自我效能是一种积极的自我体验,对于学生的成功具有非常重要的意义,因此要提高学生的自我效能。首先,教师要善于发现学生的进步,并给予及时的表扬和鼓励。对学生的积极评价是增强学生自我效能的首要因素。在教学中,教师要正确对待学生在学习中出现的错误,要耐心地启发学生,当发现学生在学习上有进步时要及时给予鼓励和表扬。其次,要增加学生的成功体验。教师应设法使学生在学习活动中获得更多成功的体验,减少失败的体验。再次,要给学生树立榜样和示范。教师在教学过程中要适时地、经常地给学生介绍榜样人物,让他们通过观察榜样的成功而获得替代性的成功经验,从而提高自我效能。最后,引导学生正确归因。教师要引导学生学会正确地、积极地归因,将成功归为内部的主观努力,将失败归为环境因素和学习策略等,这样可以增强其自我效能。

3. 提高中学生的自我控制和调节的能力

在中学生的自我意识结构中,自我控制相对来说较弱,因此要重视提高中学生的自我控制能力。首先,要引导学生发扬"一日三省吾身"的精神,加强自我监控,对自己的身心发展状况进行及时把握,通过分析过去自我、现实自我和理想自我的异同,真正做到实事求是地对待自我。其次,要帮助学生主动发现和及时纠正自我意识的偏差。最后,要引导学生经常进行自我信息反馈,在收集前一阶段有关自我调节的信息的基础上,对这些反馈信息进行分析,以便确定学生自我调节的策略或方法是否适当,从而增强其自我调节的能力。

三、中学生良好人格的塑造

中学时期是人格培养的重要时期。一个人能否成才,不仅取决于他是否有较高的知识水平与能力,更重要的取决于他是否有良好的道德行为习惯及性格。因此,学校教育应重视学生健康人格的建构,具体需要做好以下几方面的工作:

(一)激发中学生自我教育的意识

中学生的自我意识在自身人格发展中发挥着组织者、推动者的作用,影响并塑造着人格品质结构的其他成分和这些成分的相互关系,制约着个人行为。教师必须充分尊重和调动中学生的主体能动性,想方设法促使中学生成为人格教育的主人,使其意识到自我的需要,自我存在的价值。教师要激发中学生进行人格教育的意向、确立人格教育的目标、培养人格教育的方法和能力,都依靠其人格自我教育积极性的发挥。

(二)实施以提高文化素质为基本内容的综合素质教育

良好人格的培养与塑造必须以提高中学生的文化素质为前提和基础。现实工作中尤其要注意:一是要走出应试教育的泥潭,切实贯彻落实德智体美全面发展的素质教育,通过综合教育培养全面的素质;二是在丰富文化底蕴的同时,要强化思维训练;三是要注意传授新思想,学习新知识,及时用反映当代世界发展的新知识、新科技武装青少年的头脑,促使他们的思想、信念、目标和行为能跟上时代的发展步伐,与社会的要求相符合。

（三）强化情感陶冶与行为训练

良好的人格品质是知、情、意、行等要素的和谐发展与统一。在中学生的人格培养中要注意和尊重情感、意志等因素在人格品质形成中的特殊地位和功能，要强化情感的陶冶以及行为的训练。在现实生活的特定情境中获知、育情、炼意、导行，实现知、情、意、行的和谐均衡健康发展，达到身心的统一，人与社会的协调。

（四）优化育人环境，协调家庭、学校、社会教育，形成人格培养的正合力

学校进行人格教育时，不仅要在学校内部形成齐抓共管的合力局面，而且也要依赖于社会教育、家庭教育各自功能的发挥和三者的密切配合，才能收到良好的效果。因而，必须建立以学校教育为主体，家庭教育为基础，社会教育为延伸的人格教育体系，实现人格教育的整体化、系统化、一体化。

（五）大力开展心理健康教育

大力开展心理健康教育工作是当前德育及其人格培养的重要任务。心理健康教育的水平很大程度上决定了人格培养的水平，普及心理健康知识、完善个性心理品质、培养心理调适能力、预防心理障碍及矫治行为偏差等等都需要心理健康教育来完成，这样才能有效促使中学生人格健康发展。

（六）建立健全良好人格培养的激励与约束机制

完善的激励和约束机制不仅对组织教育过程是必要的，而且对中学生自身进行人格自我训练也是必不可少的。通过健全的激励和约束机制，鼓励和强化那些社会需要的思想行为，制约或惩罚那些超越社会规范的言行，让中学生知道什么该做，什么不该做，什么是社会倡导的，什么是社会反对的，从而明确是非，掌握行为的准则和规范，逐步形成健全高尚的人格。

第五节　中学生的性心理发展

性的发育和成熟是中学生身体发育的突出特点。性的成熟包括第一性征和第二性征的成熟。第一性征的成熟是指性器官、性机能的发育成熟；第二性征的成熟是指性的体形、体态的出现。男生的第一性征一般在13岁开始出现显著变化，睾丸体积增加，重量增大，内部结构逐渐发育完善，能够产生精子，分泌雄性激素，并开始出现遗精现象；女生则从十一二岁开始，卵巢发育加快，重量增大，能够产生卵细胞，分泌雌性激素，出现月经初潮。第一性征发育的同时，中学生的第二性征也开始出现。男生主要表现在胡须、腋毛等毛发的生长，喉结突出，声音变粗，声调较低等；女生的第二性征则主要表现在骨盆宽大、乳房增大、声调较高等方面。随着第二性征的出现和性机能的成熟，中学生对性的关注加强，性意识逐渐觉醒，开始对异性产生好奇与爱慕，并出现性欲望和性冲动。

一、中学生性心理的特点

性心理是指在性生理的基础上，与性生理特征、性欲望、性行为有关的心理状态和心理过程，也包括了与异性交往和婚恋等心理状态。处于青春期的中学生性心理发展最主要的特征就是性意识的逐渐觉醒和对性的敏感。具体表现在以下几个方面：

（一）渴望了解性知识

由于第二性征的出现，中学生渴望认识自己和异性的不同，渴望了解新奇的生理变化，希望探究生理需求产生的原因和满足的方式。因此，他们从各种途径去探索和获取性知识。

（二）对异性充满好奇和爱慕

当中学生发现异性与自己的差异时，他们充满好奇并希望通过多种途径进行了解。他们喜欢与异性交往，愿意互相接近，相互怀有好感，出现感情上相互吸引和爱慕。他们会不自觉地用遐想来达到精神上的满足，如憧憬未来的生活，构想与心目中的异性在一起的浪漫情景，有时会想入非非，迷恋、爱慕自己心目中的偶像，以满足精神上的需求。

（三）在异性面前容易紧张和兴奋

中学生发现自己的确有很多地方与异性不同，发现异性也很注意自己，他们希望自己在异性面前表现得更出色，展示自己的才华和外貌，以吸引异性。如男孩希望在自己钟爱的女生的心目中成为英雄和崇拜的对象，女孩则以文静庄重或矜持等方式展现自己的女性美。这种心理动态又需隐蔽，因此往往过于紧张、兴奋，反而出现缩手缩脚，行为失态。有时弄巧成拙，可能损伤自尊心，有时甚至可能因此出现心理障碍。

（四）性冲动和性欲望的出现

中学生进入青春期以后，出现性欲望和性冲动，是发育中的正常生理现象和心理现象。如有的学生出现手淫、性幻想、猎黄等行为，以满足自己的性冲动和性欲望。

对一位高中生困惑的解答

问：我是一名高一学生，我从初中时学会了手淫，对我身心伤害很大，我控制不了我自己。我该怎么办？

答：首先应祝贺你正在长大，进入了人生很美好的青春期——这是人的一生中生命力最旺盛的时期。你所说的手淫，又称为性自慰行为。进入青春期后，人的性腺和性器官发育成熟,就会有性欲望和性冲动,因此,人们有时会以自慰行为方式来满足自己。客观地说,适度的自慰行为可以缓解性欲望和性冲动,从而摆脱过分压抑带来的焦虑,所以当事人没有必要对自己这一行为过分自责和悔恨。当然,在这生命力最强盛的时期,更需要把精力放在学习知识、体验外部世界上,故而减少或避免对易引起性冲动的各种刺激的接触,如色情小说和网络等。对你目前而言,不必太苛责自己,顺其自然,不需刻意控制,反而会减少的。

二、中学生性心理的发展阶段

(一)疏远异性阶段

这个时期大约在小学五、六年级到初中一、二年级。中学生在青春发育初期,由于生理上的急剧变化,开始朦胧地意识到两性差别,往往对性的问题感到害羞、腼腆、不安和反感,于是在心理上和行为上表现出不愿接近异性、彼此疏远、男女界限分明、喜欢和同性伙伴密切相处等情况。这时的异性疏远是个暂时现象,也是正常现象。这种对异性疏远的背后潜藏着对性别差异的神秘心理。这一时期的性意识是由对两性关系的无知到有意识,是一种朦胧状态。随着青春期对自身和异性生理心理的理解和适应,他们之间的交往障碍会逐渐消除。

(二)接近异性阶段

大约从初二、三年级开始,中学生随着年龄的增长,生理、心理的进一步成熟,男女同学之间会上产生一种情感上的吸引,相互怀有好感,对异性表现出关心,萌发出彼此接触的要求和愿望。开始喜欢一起学习、参加各种活动和交往,并对异性表示关心、体贴,乐于帮助异性同学以博得异性好感,这个阶段的性意识带有朦胧的向往的特点。有位初二的女孩在进行心理咨询时焦急地说:"我在初一时,看到男孩就厌烦,到了初二忽然变得想和男孩说话了,有时看到男孩过来,就不自觉地迎上去,喜笑颜开地打招呼。在学习活动中有男孩在场才觉得有劲,和男孩一起做事,总想显示自己,以引起男孩的注意"。这其实正是此阶段的中学生性心理发展变化的典型外在表现。此时的青少年男女间的相互吸引与好感多数还属于异性间朦胧感情的自然表露。他们对两性关系仍处于一种似懂非懂的状态,还分不清好感与初恋的区别,因此常常造成心理上的困惑与苦恼。此时,要提醒中学生,既要告诉他们对异性的兴趣出于自然,不必紧张和自责,又要鼓励他们把注意力转向学习,确立远大的人生目标,为将来的生活旅途积累资本。

(三)异性眷恋阶段

随着生理上的进一步成熟及社会生活的全面影响,此时男女学生在异性好感的基础上,各自形成一个或几个异性的"理想型",并在众多男生女生交往中,逐渐由对群体异性的好感转向对个别异性的依恋,他们仅把特定的异性视为自己交往的对象,持续的交往,相互爱慕,进入恋爱。这个阶段的爱情多为内心隐蔽的爱情,他们一般有蕴藏在内心的强烈眷恋,可又不敢公开表露,大多数还不倾向直接以肉体接触来表达恋情,而是用精神心理交往的方式来显示自己的情感纯洁性。

我恋爱了吗?

王蕾,一个初三年级的女生,在过15岁生日时,邀请了班上十几位同学作客。班上的文艺委员赵涛还唱了一首王蕾最爱听的歌来助兴。王蕾望着赵涛,听着他委婉动听的歌声,联想到赵涛平时对她的热情和主动帮助,突然有一种从来没有过的特殊感受。从那儿以后,她一看到赵涛便不知所措,她想见他,又怕见他。并且,她认为赵涛也处处留心自己。王蕾在日记中写道:"我能感受到他常常注视着我,比如上体育课我跑步时,下课我与别人讲话时,他都在看着我。他既然对我好,为什么不向我表白呢?他是不是不好意思开口呢?"

赵明,一位初三年级男生。前段时间,自己觉得与同班的女生小丽相爱了。那时,他们常常形影不离,一起上学,放学一块回家,好像有说不完的话,一到星期天,他们就千方百计从家里跑出来,一起上图书馆、逛公园、看电影、滑冰等等。不管干什么,只要两人在一起都觉得特别开心。但不知为什么,过段时间后,两人在一起似乎没什么话可说了,一块玩也没什么兴致了。因此,赵明想:"我和小丽是不是真有爱情呢?"

三、中学生正确处理异性交往的指导

众所周知,异性交往是人类社会生活中不可缺少的重要组成部分,在个体成长历程中的各个阶段都是必不可少的。中学生由异性吸引所萌发的异性交往是性生理和性心理走向成熟的必然结果,是一种自然表现,没有这种表现,反而是不正常的。有渴望异性之间交往的心理并自然而正常地进行,是开朗、纯真的表现,而压抑或扭曲自己,往往会造成一定的心理障碍。在中学时代,异性同学交往是一个颇为敏感的话题,其实对中学生而言,异性同学之间的正常交往不仅有利于学习的进步和个性的全面发展,而且能增进性心理健康和日后处理婚恋问题的能力。但如果男女同学之间的交往处理不当,也会影响和妨碍中学生的学习和身心健康,带来情绪和行为上的困扰,因此,教师应正确引导中学生进行异性交往。

（一）加强教育,理解性生理和性心理的变化

中学生由于缺乏必要的性知识,他们常常为性意识活动所困扰,如出现性梦、性幻想,或者出现男性遗精、女性阴道分泌物增多等兴奋现象,关注异性,或者产生接触异性的念头。这

发展与教育心理学

是青春期生理和心理发展的正常现象,具有发展的积极意义。

教师可以采取恰当的方式如开设青春期心理健康和生理健康教育课程,让学生了解青春期的生理发育和心理发展的相关知识,从思想、认识、观念、态度上对这些问题给予正确的认识,并对可能出现的性心理问题予以指导,使他们从科学的角度认识这些问题,消除盲目性和神秘感。

(二)更新理念,认识异性交往的意义

处于青春期的中学生,对异性产生兴趣,认为异性对自己有吸引力,自己对异性有好感,因而渴望了解异性,希望引起异性的注意,更向往与异性的交往。异性交往是青少年身心发展的必然结果,青少年时期是个体社会化的关键期,在这一阶段,个体与异性同伴的正常交往对他们的成长和发展具有重要的适应意义。

家长、教师和学校绝不应忽视这方面的教育,更不该因噎废食,将其作为不正当行为而一味驳斥。教育者应当提高自身的鉴别能力,坚决摈弃对异性友谊和情感"一刀切"的干预方式。

(三)指导行为,让学生能够正确地处理性冲动,恰当地与异性交往

青春期学生的一个特点是冲动和盲目,因此教师需要指导中学生按照社会文化规范的要求,约束和调整自己的性欲望和性行为,正确认识和恰当处理与异性相处的关系,帮助学生增强自我控制能力及提高性道德水平,从而让他们严肃地对待恋爱、婚姻及性等问题。对于青少年的某些性欲望,如与异性正常交往的欲望应该予以满足,而如性尝试的欲望,则应该加以约束。总之,一味压抑或放任自流都是错误的。

与异性的交往中,教师要提倡男女同学间的广泛接触,友好相处,尽量避免单独私下交往。引导教育学生在异性交往时要有礼有节,自然适度,举止要端庄稳重,言谈文雅高洁,不可过于亲密,把握好交往的分寸,用道德观念制约生理的本能因素,用正确的思维控制自己的情感,拒绝超越友情。

 拓展阅读

中国青少年生殖健康调查报告

为了解中国未婚青少年性与生殖健康的知识、态度和行为现状,评价青少年性与生殖健康服务的可得性与可及性及改善青少年的性与生殖健康可及性提供政策支持,北京大学人口研究所郑晓瑛、陈功等研究者历时二年,采用分层和概率、比例、规模抽样相结合的四阶段混合的抽样方法,用结构化问卷对涉及中国大陆 30 个省(自治区/直辖市)居住、年龄在 15—24 岁之间的 2 万多名未婚青少年进行匿名一对一面访式调查。《中国青少年生殖健康调查报告》由国务院妇女儿童工作委员会办公室、联合国人口基金会和北京大学人口研究所于 2010 年联合发布,结果显示,青少年整体缺乏全面正确的生殖健康知识,多数青少年对婚前性行为

持接受态度,除了不到 1/3 的青少年明确表示不接受外,其他人在不同程度上接受婚前性行为或持有模糊态度;22.4％的青少年具有性经历,在被访青少年中,首次性行为的最小年龄为 12 岁;在有性行为的青少年中,20.3％的人过去 12 个月内有过不止一个性伴侣,男性青少年中多个性伴侣的比例高于女性,15—19 岁的青少年中多个性伴侣比例高于 20—24 岁的青少年;首次和最近一次性行为中,未采取任何避孕措施的比例分别为 51.2％和 21.4％。在有性经历的女性青少年中,怀孕率为 21.3％,多次怀孕率为 4.9％;无论是青春期知识、生殖系统知识,还是如何与异性相处方面,书/杂志、同学/朋友、学校老师、网络以及电影/电视是青少年生殖健康知识的五大来源;学校课程对青少年的性与生殖健康知识具有积极作用,但青少年参加相关课程/讲座的比例不足 40％,从知识的获取方式来看,青少年在获取性与生殖健康知识时,更多地处于一种"自学"的状态,非正规及非规范化的信息来源成为青少年获取生殖健康知识的主要途径。

本章小结

1. 中学阶段,是人一生中最关键而又有特色的时期,处在青春期阶段的中学生,因为身心发展的不平衡而导致其心理发展闭锁性与开放性并存、自尊性与自卑性并存、批判性与创造性并存、独立性与依赖性并存、稳定性与可塑性并存、青春期冲动性与压抑性并存等种种心理活动的矛盾现象。同时,中学生由于其生理心理发展的阶段性特点,在社会性上主要表现为自我意识增强、性意识萌发、人际关系产生变化等三个特点。

2. 整个中学时期学生的认知发展都处于迅速上升阶段,中学生认知发展具有认知结构的基本体系形成、认知活动的自觉性明显增强以及认知与情意、个性得到协调发展等三个总体特点。同时,在中学生的认知发展这一节里,详细论述了中学生在感知觉、观察力、注意、记忆、思维等方面的发展特点及培养教育措施。

3. 青春期的中学生情绪体验跌宕起伏、剧烈波动,表现出很明显的心理年龄特征,中学生情绪具有爆发性和冲动性、不稳定性和两极性、外露性和内隐性、心境化和持久性等特点,中学生比较常见忧郁、恐惧、孤独、愤怒等四种情绪问题。第三节还阐述了培养中学生良好情绪及指导中学生调节情绪的方法。

4. 中学阶段是人格发展的关键期,中学生人格发展具有人格倾向逐步向高层次方向发展、性格特征渐趋稳定、自我意识高涨等特点。自我的发展是人格发展的核心,中学生自我认识与评价、自我体验、自我控制也不断发展,加强中学生自我意识的培养,可以从提高中学生的自我认识与评价能力、促进他们积极的自我体验、增强他们自我控制与调节的能力三方面入手。学校教育应重视学生健康人格的建构,塑造中学生良好的人格。

5. 随着第二性征的出现和性机能的成熟,中学生对性的关注加强,性意识逐渐觉醒,开始对异性产生好奇与爱慕,并出现性欲望和性冲动。中学生由异性吸引所萌发的异性交往是性生理和性心理走向成熟的必然结果,是一种自然表现,作为教师,应正确引导中学生进行异性交往。

思考题

1. 中学生心理发展的矛盾性主要表现在哪些方面？

2. 中学生社会性发展有哪些特点？

3. 中学生认知发展的总体特点有哪些？

4. 中学生的观察力发展有哪些特点？如何培养中学生的观察力？

5. 中学生的注意发展有哪些特点？如何培养中学生的注意力？

6. 中学生的记忆发展有哪些特点？如何培养中学生的记忆力？

7. 中学生的思维发展有哪些特点？如何培养中学生的思维能力？

8. 中学生的情绪有哪些特点？有哪些常见的情绪问题？

9. 如何培养中学生良好的情绪？

10. 中学生的人格发展有哪些特点？如何塑造中学生良好的人格？

11. 中学生的自我意识发展有哪些特点？如何培养中学生的自我意识？

12. 简述中学生性心理的特点及性心理的发展阶段。

13. 作为教师，如何对中学生的异性交往进行指导？

参考文献

1. 刘万伦,田学红.发展与教育心理学.北京：高等教育出版社,2014

2. 张向葵,李力红.青少年心理学.长春：东北师范大学出版社,2005

3. 林崇德.发展心理学.北京：人民教育出版社,2009

4. 王艳.青少年常见心理问题咨询.北京：北京师范大学出版社,2013

5. 王金道,侯秋霞,赖雪芬等.大学心理学.上海：华东师范大学出版社,2015

6. 郑晓瑛,陈功等.中国青少年生殖健康可及性调查基础数据报告.人口与发展,2010,
16(3)：2～16

第六章　品德的形成与发展

教授巧妙尊师

　　植物学教授的孩子，拿着一棵小草去问班主任老师："老师，这棵小草的名字是什么？它有哪些特性？"班主任老师接过小草仔细看了看，坦诚地对学生说："老师是学数学的，教的也是数学课，对草实在没有什么研究，你爸爸是有名的植物学家，你还是回去请教你爸爸吧！"于是，孩子又把小草带回家，去向爸爸请教。爸爸接过小草，打量了一会儿说："我也不大清楚这是什么草，你还是到学校去请教老师吧，老师会帮你查资料搞清楚的。"说罢，他写了一封信，让孩子带给老师。老师拆开孩子带的信，里面已经把小草的名字、特性写得清清楚楚，并解释说，这个问题还是由老师给学生讲清楚为好。老师最终给了孩子一个满意的解答。

　　古语说：尊其师才能重其道，亲其师才能信其道。这位教授的做法，既为班主任老师树立了"师道尊严"，也在不知不觉中培养了孩子尊师、亲师，重其道、信其道的良好品德。这对孩子来说，可以受益终身。儿童社会化的核心内容就是使儿童成为一个有道德的人，帮助儿童内化某种社会群体所认同的准则或标准，即获得其所生活的社会文化所持有的道德品质。道德品质形成和发展，与人类大多数其他的行为相似，有其自身的内部规律。个体首先获得道德认知，体验到道德情感，表现出相应的道德行为。道德行为是一个人道德水平的外在表现，也是道德认知和道德情感的见证。道德行为的结果又会反馈给个体，从而进一步强化或修正原有的道德判断并产生相应的道德体验。本章主要讲述品德的概念、心理结构，结合道德品质的相关理论和实证研究，探讨道德品质发展的特点、影响因素及良好品德的培养。

第一节　品德心理概述

　　培养学生形成良好的道德品质，首先要把握品德的本质，掌握品德与道德的区别与联系，理解品德的心理结构，才能遵循品德形成的心理规律，引导学生形成良好的道德品质。因此，本节主要介绍品德的概念，品德与道德的关系，品德的心理结构。

一、品德的概念

　　品德是道德品质的简称，也称德性或品性，是个体依据一定的社会道德准则和规范

发展与教育心理学

行动时所表现出来的稳定的心理特征和倾向。它是个性中具有道德评价意义的核心部分。例如,植物学家尊师重教、宽容就是良好的品德;学生热爱集体、谦虚、善良也是良好品德。

品德就其实质来说,是道德价值和道德规范在个体身上内化的产物。品德具有以下的特征:

1. 习得性。品德不是与生俱来的,它是个体在社会生活的社会环境中通过模仿、顺从、认同和内化接受外界的某些行为规范,产生道德观念,并在它的支配下出现特定的行为;经舆论或自我强化,逐渐建立占优势的道德观念动机和行为方式之间的稳定联系或形成道德习惯的结果。

2. 个体性。品德是一种个体现象,是社会行为规范和道德准则在个体身上的反映。

3. 相对稳定性。黑格尔说:一个人做了这样或那样一件合乎伦理的事,还不能说他是有德的;只有这种方式成为他性格中的固定要求时,才可以说他是有德的。也就是说,品德不是一时、偶然的道德行为表现,只有当一个人在不同的时期、在不同的场合下都一贯地表现出良好的道德行为,我们才说他具有优秀的道德品质。

4. 认识和行为的统一。品德是道德认识和道德行为的有机统一。真正的道德行为是在道德观念的指导下进行的合乎道德规范的自觉行为。一个人在趋利避害动机下的社会行为,或在外界压力下的从众行为,尽管符合道德规范,但不能称其为优秀道德品质。反之亦然。如精神病患者的行为尽管可能不符合社会规范,但也不能说是不道德的。

二、品德的心理结构

品德的心理结构涉及品德所包含的心理成分及其相互联系和制约的模式。关于品德的心理结构理论假说很多,归纳起来大致有二因素说、三因素说、四因素说与五因素说等多种观点。其间虽有差别,但并未构成真正的对立,实际是可以相容的。目前使用较多的是四因素说,认为品德的心理结构包括道德认识、道德情感、道德意志、道德行为四个成分。

(一)道德认识

道德认识也称道德观念,是个体对道德规范及其执行意义的认识。包括道德观念、道德判断和推理、道德评价等。道德认识是个体品德的核心部分,是产生道德情感的基础,同时它与道德情感相结合对道德行为具有调节和定向作用。

道德认识的结果是形成道德观念。当对道德观念的认识达到坚定不移的程度并指导自己的行为时,就形成了道德信念。

道德评价一般涉及两个方面:一方面是个体对他人行为的是非、对错的道德判断和推理;另一方面是个体知觉或意识到自己行为的善恶。这两个方面都是个体对道德因果关系的认识,都是人们在面对道德情境时决定怎样行动的客观基础,因而是道德认识的另一个重要组成部分。

（二）道德情感

道德情感是个体的道德需要是否得到满足而引起的一种内心体验。它是伴随着道德认识而产生的，渗透在人的道德观念和道德行为中。

从内容上讲，道德情感主要包括责任感、义务感、事业感、自尊感和羞耻感、爱国主义情感、集体主义情感等。其中，义务感、责任感和羞耻感对于儿童和青少年的品德发展尤为重要。缺乏义务感、责任感和羞耻感，也就无所谓品德的发展。它既可以表现为个体根据道德观念来评价他人或自己行为时产生的内心体验；也可以表现为在道德观念的支配下采取行动的过程中所产生的内心体验。

从形式上看，道德情感主要有三种形式：

（1）直觉的道德感：是直接感知某种具体的道德情境而迅速产生的情感体验。由于产生非常迅速，突如其来，因而当事人往往不能明显意识到这个过程。

（2）想象的道德感：指通过对某种道德形象的想象而产生的情绪体验。如学生想起董存瑞、雷锋等英雄人物的形象，多半会唤起一种高风亮节、坚强不屈的钦慕之情，表现出坚定性或自我牺牲的壮举。

（3）伦理的道德感：以清楚地意识到道德概念、原理、原则为中介的情感体验。人们一旦理解到行为规范的社会意义，经常据此观察、分析和评价有关的道德现象，就会对某些事或人产生特定的道德态度及深厚、持久而有力的感情。如集体主义情感和爱国主义情感就属于伦理的道德情感。

（三）道德意志

道德意志是指个人在道德情境中，根据道德目的，自觉地调节行为，克服困难，以实现道德目的的心理过程。道德意志是道德意识的能动作用，通常表现为一个人的信心、决心和恒心。人们的道德意志经常会受到道德认识的支配，由于道德意志的存在，人们会利用自己意识的控制和理智的权衡作用去解决道德生活中的矛盾与冲突，支配行为的力量。其作用具体表现为：(1)使道德动机战胜不道德动机、利他动机战胜利己动机；(2)战胜困难，将道德行为进行到底。

（四）道德行为

道德行为是指个体在道德认识指引和道德情感的鼓励下所表现出来的符合社会道德规范的行为。这里的"道德认知指引和道德情感的鼓励"很重要，如果没有道德意向，没有利他的动机，只是单纯符合社会准则的行为，是不能视为道德行为的。"道德行为"一词有时在两种情况下使用：一是作为中性的概念，既包括符合道德要求的积极行为，也包括违背道德规范的消极行为；二是专指符合道德规范的良好行为，有时也称"道德的行为"。道德行为主要包括道德行为方式和道德行为习惯。道德行为是道德认识、道德情感的外在表现，也是衡量一个人道德品质的重要标志。古人说："不因恶小而为之，不因善小而不为"，说的就是强化道德行为，形成道德习惯，提升道德品质。

需要指出的是，品德并不是道德认识、道德情感、道德意志、道德行为四种心理成分的简单叠加,这四种成分是相互联系、相互渗透、相互影响、缺一不可、稳定的有机统一整体。由道德认识和道德情感所构成的道德动机处于核心地位,它不仅决定着品德的性质,而且促进着人们去掌握相应的道德行为技能与习惯。此外,道德认识是道德情感形成的根据,道德情感又影响着道德认识的形成及倾向性。道德意志受到道德认识的支配,道德行为技能与习惯是在道德认识、道德情感的基础上,通过一定的练习而形成起来的。同时,道德行为习惯又可以巩固、发展道德认识和道德情感。可见,道德认识、道德情感、道德意志、道德行为四种心理成分在品德结构中的地位和作用是各不相同的。各种成分在彼此联系中不断变化和发展,使得个体的品德结构由表层向深层,由不稳定状态向稳定状态逐渐发展和过渡。

 案例

安迪是个十分聪明的男孩,他有着特别的音乐天赋,但有段日子他过得并不顺心。他不知道他活着要去干些什么工作,或在最后决定之前去做些什么。没有一个方向,他也就没有考进大学,面对每件他从事的临时工作,他都心不在焉。他与父母住在一起,但他那抑郁的情绪经常导致与父母的不愉快冲突。后来安迪找到了一份可以发挥其音乐才能和风琴特别技巧的工作。在一个大城市,他给一个专门给风琴和钢琴调音的人做助手。那个人在风琴方面的生意特别好,因为这个城市有许多教堂,它们需要这种服务。平生第一次,安迪从他喜欢的工作中挣到很多的钱。但是大约三个星期之后,安迪找到他的父亲并告诉他,有件事情一直在困扰着他。他发现,那个调音师正做着骗人的勾当。"他在敲诈这些教堂",安迪解释说,"他告诉他们,他们的风琴每年需要多次调音,可实际不是那么一回事。我注意过,他走进去,弹上半个小时的风琴,并装出正在调音的架势,然而他实际上却什么也没做。我想,我不能再给这个家伙干活儿了。"两三天后,安迪辞掉了工作,并找到他在一家教堂认识的一位牧师。告诉这位牧师,应该去另找一个调音师。安迪的父亲在讲述这个故事时说:"他为了良知而放弃了可观的钱财。我告诉他,我为他的所作所为而自豪。"

资料来源:丁锦宏:《品格教育论》,第204~205页,人民教育出版社,2005年版

从安迪的故事中我们可以看到,安迪具有诚实的品德,他最后做出的这一行为包含四个方面:第一,道德认识——判断他的老板的行为是错误的;第二,道德情感——为教堂被敲诈而良心不安,并为与有不诚实行为的人有瓜葛而感到困扰;第三,道德意志——两三天后辞掉工作,不能再坚持这个工作;第四,道德行为——辞掉工作并将这个问题至少告知了一家教堂。

三、品德与道德

道德的研究由来已久,教育学、心理学、社会学等多个领域都对其进行了广泛而深入的探讨。尽管争论较多,但一致的看法认为道德是一种社会现象,是一定社会调整人们相互关系的各种行为规范和准则。在一个特定的社会中,道德是人们辨别是非、指导或调节行为的尺

度。道德的发生、变化和发展受社会发展规律的制约，它是依靠社会舆论、各种形式的教育、传统、习惯，尤其是人们内心信念的支配而起作用的。

（一）品德与道德的区别

首先，两者所属的范畴不同。道德是一种社会现象，是调整人们相互关系的各种行为规范和总和。人们依据规范来辨别是非、善恶、美丑，指导或调节行为。遵守他们会受到舆论的赞许并感到心安理得；否则，就会受到舆论的谴责并感到内疚。它的产生、变化和发展受整个社会发展规律制约，属于社会意识形态的范畴。品德是一种个体现象，是社会道德在个体头脑中的主观映像，其形成与发展既受社会规律制约，又受个体的生理、心理活动规律制约，属于个体意识形态范畴。

其次，两者所属学科领域不同。道德是社会学、伦理学研究的对象；品德是心理学、教育学研究的对象。

再次，两者反映的内容不同。道德作为社会意识的一种形式，反映的是社会对其成员的道德要求，它是调整社会关系的行为规范的完整体系；品德作为个体意识的一种形式，其内容是社会道德规范局部的具体体现，是社会道德要求的具体反映。可见，从反映内容上讲，道德反映的内容比品德广泛。

最后，两者产生的力量源泉不同。道德产生的力量源泉是社会需要，品德产生的力量源于个人的需要。

（二）品德与道德的联系

首先，品德是道德的具体化。品德是社会道德规范和道德价值在个体身上的体现。个人品德是社会道德的组成部分，离开社会道德也就谈不上个人品德；同时，个人品德的发生、发展与社会道德一样都受社会发展规律的制约。

其次，社会道德风气影响着品德的形成与发展。品德的形成不是天生的，而是在后天的社会条件中，主要是在社会道德舆论和教育的影响下，通过实践活动形成和发展起来的。因此，社会道德风气的变化在某种程度上影响个人品德面貌的变化，品德的形成和发展以一定的社会道德为前提。离开了社会道德，品德就无从谈起。

最后，个体的品德对社会道德状况有一定的反作用。即众多的个人品德能构成和影响社会的道德面貌和风气。特别是一些优秀人物的品德，作为道德品质的典范，往往会对整个社会道德风气产生深远的影响。如果离开了社会中具体人的道德品质表现，道德就只能成为没有实际意义的行为规范，也失去了其应有的价值，更谈不上发展了。从这个角度讲，品德是道德的基础。

第二节　品德的形成与发展

自20世纪30年代，皮亚杰等开始对儿童的品德形成进行了心理学研究，至今已有80多年的历史。不同的学派依据自己的研究方向，对品德进行了详细的研究和探讨。其中，以皮亚杰、科尔伯格为代表的认知心理学家关注道德的认知层面;班杜拉的观察学习理论重视榜样、强化在道德行为发展中的作用。尽管这些理论各自关注品德结构的一些成分,而忽略了另一些成分,但它们在个体品德的习得上都提出了一些有价值的观点,这有助于人们对品德的了解,为改善学校道德教育提供了许多有益的启示。

一、皮亚杰的道德认知发展论

瑞士心理学家皮亚杰早在 20 世纪 30 年代就对儿童的道德判断进行了系统的研究。1932 年,他出版的《儿童的道德判断》一书,为品德发展的研究提供一个理论框架和一套研究方法,奠定了品德心理学研究的科学基础。

1. 对偶故事法

他采用对偶故事法研究儿童道德认知发展,这是皮亚杰自己独创的研究方法。利用讲故事向被试提出有关道德方面的难题,然后向儿童提问。利用这种难题测定儿童在做出道德判断时,依据的是对物品损坏的结果还是依据主人公的行为动机。由于皮亚杰都是以成对的故事测试儿童,因此,称为对偶故事法。以下是两个对偶故事举例:

对偶故事一:

A. 一个叫约翰的小男孩正在他的房间里玩,妈妈叫他去吃饭。他走进餐厅时,门后有一把椅子,椅子上有一个盘子,盘子上有 15 个杯子。约翰推门玩时无意间碰到了杯子,打碎了15 个杯子。

B. 有个叫亨利的小男孩。一天,妈妈出去的时候,他想偷吃碗橱里的果酱。他爬到椅子上伸手去拿果酱,但是够不着。他使劲够,结果碰到了 1 个杯子。杯子掉在地上,打碎了。

对偶故事二:

A. 有一个小孩叫朱利安,他的父亲出去了,朱利安觉得玩他爸爸的墨水瓶很有意思,于是就玩起来。后来,他把桌布弄上了一小块墨水渍。

B. 一个叫奥古斯塔斯的小男孩发现他爸爸的墨水瓶空了。在他爸爸外出的那一天,他想帮爸爸把墨水瓶灌满,这样他爸爸回来时就能用了。但在打开即将空了的墨水瓶时,奥古斯塔斯把桌上弄了一大块墨水渍。

皮亚杰对每个对偶故事都提两个问题:

(1)这两个小孩是否感到同样内疚?

(2)这两个孩子哪一个更不好? 为什么?

2. 儿童道德认知的发展阶段

皮亚杰通过对偶故事法进行了大量的实证研究,发现儿童道德判断能力与认识能力的发展存在着相互对应、平衡发展的关系,这种认知能力是在与他人和社会的关系中得到发展的。他将儿童道德认知发展划分为四个阶段。

(1)前道德阶段(2~5 岁)

也称"自我中心阶段"。这是一个没有真正道德概念和规则意识的阶段。规则对儿童没有约束力,游戏时,只是按照自己的规则来玩,没有真正的合作。他们各自玩着"自己"的游戏，一点也不理会对方，皮亚杰认为这是"以自我为中心的阶段"，这个年龄阶段的儿童既不是道德的，也不是非道德的。

这一阶段的儿童，由于认识的局限性，还不理解、不重视成人或周围环境对他们的要求，有时看似接受了成人的指导，但往往正是他自己想要做的；有时还表现为对成人、伙伴的不服从、执拗甚至反抗。因此，这一阶段儿童的活动不应多加干涉，而要耐心具体地进行指导。

（2）他律道德阶段（6～8 岁）

此阶段又称"权威阶段"。儿童的道德判断受外部的价值标准支配，表现出对外在权威的绝对尊敬和顺从。他们眼中的权威包括上帝、警察、父母等。他们认为，规则是必须遵守的，不可改变，只要服从权威就是对的；规则是绝对的，任何道德事件都是"非对即错"，遵守规则就是对的行为。儿童在判断行为的对错时喜欢依据客观结果而不是行为意图。如，他们会认为打破 15 个杯子的约翰比打坏 1 个杯子的亨利更淘气。此外，此阶段的儿童相信内在公正，认为违反社会规则就一定会受到惩罚。

幼儿的道德认知正处在他律道德阶段，幼儿的道德判断是受自身之外的价值标准所支配的，因而具有服从性特征。

（3）初步自律道德阶段（8～10 岁）

此阶段又称"可逆性阶段"。该阶段儿童的思维具有了守恒性和可逆性，他们开始认识到规则是大家共同制定的，只要大家同意，规则也可以修改。儿童开始意识到自己与他人间可以发展互相尊重的平等关系，规则不再是权威人物的单方面要求，这意味着儿童逐渐从他律转入自律道德水平。

（4）自律道德阶段（10～12 岁）

此阶段又称"公正阶段"。该阶段的儿童继可逆性之后，公正观念或正义感得到发展，儿童的道德观念倾向于主持公正、平等。此时的公正，就是承认真正的平等，不像初步自律道德阶段仅满足于形式上的平等。所谓真正的平等就是依据每一个人的情况作出恰当的处理。如，大多数 10 岁儿童会说，虽然约翰在去吃饭的途中打碎了 15 个杯子（好的或是中性的行为意图），但是，为了偷吃果酱（坏的行为意图）而打破 1 个杯子的亨利比约翰更淘气。

总之，皮亚杰认为儿童的道德认知是一个从他律到自律的过程。早期儿童的道德判断是依据客观法则，即依据行为的外在结果，他们不关注主观的意图和动机，这是他律的道德判断。后期的儿童道德判断以自己的主观价值为标准，不再把规则看作是一成不变的绝对权威，因而是自律的，具有主观性，因而后期儿童的道德判断是自律的。

3. 皮亚杰的道德认知理论对德育工作的启示

（1）认知发展在道德发展中具有重要作用，发展儿童的思维，尤其是道德思维，提高儿童的道德认识，对个人的道德发展是十分有必要的。

（2）儿童道德发展具有阶段性和连续性，针对不同年龄阶段的儿童，要采用不同的道德教育方法和道德教育内容，防止一刀切的现象。他律道德阶段，给儿童提供一些具体的道德实例，从身边的一些具体小事做起，注重榜样的强化作用。自律道德阶段，德育的内容不仅是具体可感知的事物，也可以是抽象的观念。德育内容更多样化，形式更丰富。

二、科尔伯格的道德发展阶段论

美国发展心理学家科尔伯格是皮亚杰道德认知理论的追随者。他对皮亚杰的道德认知发展理论和方法进行修正、扩展,首先把皮亚杰的研究延伸到青少年,把对偶故事法改为两难故事法。经过多年研究,20 世纪 60 年代提出了道德发展的阶段理论。

1. 两难故事法

故事中包含一个在道德价值上具有矛盾冲突的两难情境,让被试听完故事后对故事中的人物进行评论,以此来判断被试道德发展的水平。以下是一个典型的道德两难故事。

在欧洲,有一个妇女罹患癌症,生命危在旦夕。医生告诉她的丈夫海因茨,只有住在同一个镇上的药剂师最近发明了一种药品可以救他妻子。但该药要价昂贵,要卖到成本价的 10 倍,2000 美元。海因茨四处求人,尽全力也只借到了购药所需钱数的一半。万般无奈之下,海因茨只得请求药剂师便宜一点儿卖给他,或允许他赊账。但药剂师坚决不答应他的请求,并说:我发明这种药就是用它来赚钱。海因茨在绝望中,于夜里破窗潜入药房,偷走了药,治好了妻子的病。

科尔伯格围绕这个故事提出了一系列问题,让被试参加讨论,如,海因茨该不该偷药?为什么?法官该不该判海因茨的罪,为什么?

2. 道德发展阶段论

面对道德两难故事,不同道德水平的人会做出不同的判断并提出自己的依据。根据被试的回答,科尔伯格把道德判断分为三个水平,每一水平又包括两个阶段,提出了三水平六阶段的道德发展阶段论。

水平一:前习俗水平(preconventional level,0～9 岁)

根据行为的具体结果及其与自身的利害关系判断是非好坏,认为道德价值不是取决于人或准则,而是取决于外在的要求。儿童为了免受惩罚或获得个人奖赏而顺从权威人物规定的准则。

阶段 1:惩罚与服从取向

根据行为的后果来判断行为是好是坏,他们服从权威的规则只是为了免遭惩罚。认为受赞扬的行为就是好的,受惩罚的行为就是坏的,他们没有真正的准则观念。

属于这一阶段的儿童认为海因茨偷药是坏的。因为偷药违反了规则,会坐牢。即使有一些儿童支持海因茨偷药,推理性质也是一样的。如有的回答:他可以偷药,因为他不去偷药会受到小舅子的打骂。

阶段 2:朴素的利己主义取向(相对功利取向阶段)

以满足个人需要和个人利益作为行为的准则,凡是对自己有利的就是好的。尽管有时也会考虑到他人的利益,但多是出于利益交换原则,认为有益的就是好的。这是一种朴素的利己主义思想。

人际关系被看作交易场中的低级相互对等的关系。儿童不再把规则看成是绝对的、固定不变的东西。他们能部分地根据行为者的意向来判断过错行为的严重程度。如,有的孩子认为：海因茨妻子经常为他洗衣服、做饭，因此海因茨去偷药是对的。也有的孩子认为：偷药是不对的。因为做生意是正当的，海因茨偷药的话，药剂师就赚不到钱了。

水平二：习俗水平（conventional level，9～15 岁）

能了解、认识社会行为规范，意识到人的行为要符合社会舆论的希望和规范的要求，并遵守、执行这些规范。

阶段 3：好孩子定向（寻求认可取向）

此阶段的儿童以人际关系的和谐为导向，儿童心目中的行为就是能取悦于人、对别人有帮助或为别人所赞赏的行为。为了赢得别人的赞同，当个好孩子，就应当遵守规则。

这个阶段的儿童在评价海因茨偷药的故事时，有的说：偷药不对，好孩子是不偷药的；或强调：海因茨爱他的妻子，因为已经走投无路才去偷的，这是可以原谅的。

阶段 4：维护社会秩序与权威定向（遵守法规取向）

此阶段的儿童注意的中心是维护社会秩序和权威，认为每个人都应该承担社会的义务和责任，遵纪守法。

判断某一行为的好坏，要看他是否符合维护社会秩序的准则。这个阶段的儿童在回答海因茨的问题时，一方面很同情他，但同时又认为他不应该触犯法律，必须偿还药剂师的钱并去坐牢，他们认为如果人人都去违法，那社会就变得很混乱。也有的儿童认为：药剂师见死不救是不应该的，他应该受到法律的制裁。

水平三：后习俗水平（postconventional level，15 岁以后）

道德判断超出世俗的法律与权威的标准，而以普遍的道德原则和良心为行为的基本依据。换言之，这个阶段已经发展到超越现实道德的约束，达到完全自律的境界。这个水平是理想的境界，成人也只有少数人达到。

阶段 5：社会契约定向

认为道德推理具有灵活性。社会道德、法律和习俗都不过是些社会契约，当然可以改变，不同意单纯以规则来衡量人们的行为。

这一阶段的青少年回答海因茨的问题时，主张应该去偷药的人说：当然，破窗而入的行为，法律是不允许的，但任何人在这种情况下去偷药又是可以理解的。认为不应该偷药的人说：我知道不合法地去偷药是可以理解的，但是目的正当并不能保证手段的无伤。你不能说海因茨偷药是完全错误的，但在这种处境下也不能说他这种行为是对的。海因茨偷药是一件不道德的事，但他的意图是善良的。

阶段 6：普遍的道德原则定向（或良心原则取向）

评价行为不仅要考虑法律的准则，更重要的还要考虑更本质的道德原则。

在对海因茨的问题时，认为应该去偷药的人理由是，当一个在服从法律与拯救生命之间必须作出选择时，保全生命较之偷药就是更正确、更高尚的原则。主张"不应该"的人认为：绝症患者很多，药物有限，不足以满足所有需要它的人；应该是所有的人都认为是"偷的"才是正确的行为。海因茨不应该从情感或法律出发去行动，而应该按照一个理念上公正的人在这一情况下该做的去做。

科尔伯格的研究也表明，儿童道德发展的先后顺序是一定的，不可颠倒的。但具体到每个人,时间有早有迟,这与文化背景、交往等有关。同时,个体的道德发展水平,有些人可能只停留在前习俗水平或习俗水平,而永远达不到后习俗水平。

对逃跑奴隶的讨论

多森先生正在给八年级学生上美国历史课,他正在讲解有关国内战争前盛行于南部各州的大面积棉花种植的情况。多森先生解释说,如果没有成千上万摘棉花的奴隶,这种大面积的棉花种植完全是不可能的。

"有时,奴隶们会逃跑",他说,"当他们逃跑时,那些反对奴隶制度的白人会将他们藏起来或帮助他们逃往北方。但帮助奴隶逃跑是违法的,人们会因此而入狱。"对这些人来说,帮助奴隶是对的吗? 你会帮助奴隶逃跑吗?

"我认为我不会。"马克说,"一些种植园主可能是我的朋友,我不想他们生我的气。"

"我想我也不会"。拉稀说,"毕竟,这是违法的,如果我违法了,我会受到惩罚的。我不想入狱。"

"我想我会帮助奴隶逃跑的,"凯文说道,"但只有当我确信我不会被抓时我才会这样做。"

"我同意凯文的看法。"盼说,"此外,如果我对奴隶真的很好,他可能会帮助我做家务或者在花园里干活。"

多森先生对学生的话很震惊。他们对人类被奴役这种不公平感在哪里? 奴隶制度这种观念难道与所有人生来平等这一观念一致吗?

你与多森一样震惊吗? 在这四个同学的看法中,哪些阶段的道德推理最为明显? 这些阶段对八年级的学生来说是很典型或者不典型?

资料来源:刘万伦,田学红主编. 发展与教育心理学[M]. 高等教育出版社,2011:73—74

第三节 品德学习的过程及影响因素

一、品德学习的过程

品德学习的过程,也是对社会规范的学习,是个体在社会生活实践中,在家庭、学校教育及社会环境的影响下,内化社会道德规范和道德价值,形成个人社会行为的心理调节机制的过程。这里的"内化"是个体在社会化过程中,对个体的道德经验积极建构的过程,而不是对社会道德规范的直接接受。品德的习得是逐步完成的,一般认为,品德的形成过程经历依从、认同、内化三个阶段。

1. 依从

依从是指对行为要求的依据或必要性尚缺乏认识,甚至有抵触性的认识和情绪时,既不违背也不反抗,仍遵照执行。依从的特点是,其观点、行为受外界影响,具有盲目性、被动性、不稳定性和情境性。

依从常见的表现形式有两种：从众和服从。从众是指人们对于某种行为要求的依据或必要性缺乏认识与体验，无形中受到群体的压力而产生跟随他人行动的现象。服从是指在权威命令、社会舆论群体气氛的压力下，放弃自己的意见而采取与大多数人一致的行为。

处于依从阶段的品德，其水平较低，但却是一个不可缺少的阶段，是品德形成的开端。

2. 认同

认同是在思想、情感、态度和行为上主动接受他人的影响，使自己的态度和行为与他人相接近。和依从相比，认同不受外界压力的控制，行为具有自觉性、主动性和稳定性。认同实质上就是对榜样的模仿，其出发点就是试图与榜样一致。因此，榜样的性质，如特点、行为等都影响着认同。

3. 内化

内化是指在思想观点上与他人的思想观点一致，将自己所认同的思想和自己原有的观点、信念融为一体，构成一个完整的价值体系。在内化阶段，个体的行为具有高度的自觉性、高度主动性和坚定性。此时，稳定的品德已经形成了。

二、影响品德发展的因素

影响品德发展的因素有很多，归纳起来，可以从个人自身发展的外部条件和内部条件来讨论。

（一）外部条件

1. 家庭教养方式

研究表明，学生的品德形成和家庭教养方式有密切关系。若家庭教养方式是民主、信任、容忍的，则有助于儿童的良好品德的形成与发展。若家庭教养方式是权威、专制或放纵的，儿童易产生不良、敌对等问题行为。

2. 学校教育

学校教育是对年轻一代施加有目的、有计划、有组织的影响。良好的学校教育能促进学生系统地学习社会规范、道德准则和价值观念，有助于学生形成良好的品德；否则，学生也会形成不良的品德。

3. 社会风气

社会风气由社会舆论、大众媒介传播的信息、各种榜样的作用等构成，是推动或阻碍社会前进的巨大力量。良好的社会风气有助于学生形成积极乐观、正确的道德认知和道德行为。但青少年往往由于其自身的道德、自我的发展尚未成熟，不善于作出正确的选择，所以易受不良社会风气的影响，教育者要特别重视。

4. 同伴群体

人本主义心理学家马斯洛认为，归属感是人的一种基本需要。学生也有这种需要，想归属于某个群体。因此，正式的、非正式的小团体对学生有很大的吸引力。学生的道德认知与道德行为在很大程度上受到他们所归属的同伴群体的行为准则和风气影响。他们试图让自己的言行举止与同伴群体保持一致,以得到同伴群体的认可。

(二)内部条件

1. 认知失调

勒温,费斯廷格等人的研究表明:个体具有一种维持平衡和一致性的需要,即力求维持自己的观点、信念的一致,以保持心理平衡。如果失去平衡,就会产生认知失调。认识失调会产生不愉快、紧张、焦虑等消极情绪,这时个体就会试图改变自己的观点或信念,以达到新的平衡。认知失调是态度改变的先决条件。

2. 态度定势

态度定势是指个体由于过去的经验而形成的一种心理的准备状态。这种准备状态影响着个体对当前外在信息的理解和接受,对面临的人和事可能会具有某种肯定或否定、趋向或回避、喜好或厌恶等内心倾向性。态度定势常常是在无意识的状态下发生的,有积极和消极之分。如老师真诚地指导学生,有消极态度定势的学生就会置之不理、拒绝接受或从消极方面去看待教育者,甚至对教育者很反感。

3. 道德认知

个体已有的道德准则、对规范的理解水平和掌握程度,即道德认知会影响品德的形成与改变。

4. 个体的其他因素

个体的年龄、受教育程度、主观能动性、智力水平等也会对品德的形成与改变产生不同程度的影响。

第四节　品德不良的矫正

品德不良是指学生经常违反道德准则或犯有比较严重的道德过错。中小学生品德不良的表现形式多种多样,如迟到、早退、厌学、逃学、撒谎、偷窃、攻击性行为、抽烟、喝酒等。这类学生人数不多,但往往影响很大。品德不良不仅影响个人的身心健康发展,而且给家庭、学校、社会带来经常性的麻烦,严重的可能会破坏社会风尚,危及社会安全。因此对品德不良的学生进行心理分析,并对其不良的品德进行矫正,就显得很有必要。

一、品德不良的心理分析

(一)品德不良学生的类型

1. 顽固型。这类学生在学校表现最差,教育难度较大。他们常常打架闹事,屡教不改,无事生非,无自尊心、无羞耻感可言,常见于一伙落后学生的"头头"。在思想认识上,他们是非颠倒,不知荣辱、美丑,公私不分。他们坚持信奉封建主义的江湖义气和剥削阶级的享乐主义,并持有错误的三观:亡命称霸的英雄观、无政府主义的自由观、低级下流的乐趣观。虽然这些学生的人数不多,但其能量较大,在同伴中有一定的号召力、威慑力,是班级和学校中不安定因素的主要根源。

2. 随流型。这类学生常常随波逐流,是未定型的品德不良学生。其特点是没有坚定的道德认识,其观点、言行、举止具有很大的情境性,完全取决于当时的情境和影响他们的势力。通常情况下,当他们没有遇到不良影响时,往往比较平静。但是,一旦接触到不良影响时,就会妥协,随波逐流。他们对不良的影响力没有辨别力、抵抗力,常常是在不知不觉中稀里糊涂地犯了错误。

3. 忏悔型。这类品德不良的学生严重缺乏自制力,受到能满足自己需要的刺激、诱惑时就抵抗不住自己的冲动,常常采取不道德的手段。但一旦犯了道德错误后,又悔恨不已,会受到良心的谴责。这类学生在品德认识上能分清楚好坏,且犯错后也知道忏悔,能体验到品德不良的痛苦,但就是自制力差,难以控制自己,当诱惑、刺激再次来袭又会犯错,结果还是用忏悔、悔恨的形式来减轻良心的谴责。

4. 冲动型。这类学生自尊心很强,有正义感,会"路见不平,拔刀相助",但往往好心办坏事。生活中,他们情绪易激动,不善于在集体中找到自己的位置,经常受到批评甚至羞辱,因而常觉得人们对他们不公平,只是看到了他们的缺点,常愤愤不满。这类学生十分敏感,当别人对他们稍有轻视,或觉得自己受辱时,就怒不可遏,火冒三丈,容易做出冲动的事情。

(二)学生品德不良的原因

学生品德不良不是天生的,其原因也是多方面的。在现代社会多元化发展进程中,青少年品德不良往往是在家庭、同伴、环境等客观原因的影响下,通过学生的一定心理活动而形成的。从主观、客观方面分析学生品德不良形成的原因,有助于我们采取适当的教育措施对其矫正。

1. 客观原因

(1)家庭的不良教育和影响。家庭的社会地位、家庭的生活环境、家庭成员的思想意识、生活习惯、教育态度、教育方法、行为作风等无不在有意或无意地塑造着少年儿童的个性品质。家庭缺乏正常的生活秩序和健全的生活方式,如家庭成员之间不和睦、父母离异等,对孩子缺乏关心和照顾,使学生失去正常的家庭教育。再者,父母教育不力,缺少管教子女的错误行为的原则、方法;家庭成员道德要求不一,使学生无所适从,对道德规范迷惑不解,甚至形成表里不一、见风使舵的习气;家庭成员行为不检点,有不良的恶习,如赌博、偷窃等,给学生提供了直接模仿的不良榜样,长期潜移默化,养成不良品德。

(2)学校教育的不当。首先,学校的压力,如升学压力、考试压力,学习负担过重等引起学生过分的心情紧张或情绪波动,会加重学生的不良品德。其次,教师不尊重学生、不热爱学生,如教育中的强迫命令、简单粗暴、动辄就训斥或变相体罚等。对学生要求过高、过急、过严,忽视学生本身的年龄特点和个性特征,或者放任自流;或者忽视学生的心理需要,把成人的心理需要强加给儿童等。学生在这些不良的学校环境中受到影响,易形成不良的品德。

(3)社会不良风气的影响。随着年龄的增长,学生接触社会的机会越来越多。一些不良的社会风气对学生的影响越来越大。有不良信息的消极影响,违反社会规则的行为影响,如不遵守交通规则、随地吐痰、不排队等候、说脏话打架等。更有违反国家法律的行为的影响,如偷窃、抢劫等。在大众传播媒体的影响下,青少年的价值观也会受到影响,坑蒙拐骗、享乐主义、拜金主义等消极价值观在社会中弥漫,都有可能成为青少年出现品德不良与违法犯罪行为的诱因。

2. 主观原因

(1)缺乏正确的道德观念和道德信念。学生的某些不良品德常常是由于"道德上的无知"所造成的。学生常常是"有错不知错"。有些学生不理解或者不能正确理解道德要求和准则,把违反纪律视为"英雄行为",把攻击性行为视为"勇敢"。

(2)缺乏正确的道德情感。道德情感可以推动道德认识转化为道德行动,如果缺乏相应的情感,即使有了某种道德认识也将停留在口头上。有些学生虽然知道什么能做,什么不能做,但是没有把这种认识转化为指导行为的信念,一旦在富有诱惑力的刺激下,就会出现品德不良。

(3)道德意志薄弱,自制力不强。有些学生在道德认识上并非无知,他们对是非、善恶、美丑是有清楚认识的,他们甚至也想做好事,但他们不能用正确的道德意志战胜不合理的欲望。如有的学生不能抵御各种诱惑因素而出现过错行为或品德不良行为等。

(4)不良行为习惯的影响。社会学习理论认为,一切品行无论好坏,都是受外界强化的结果,都是习得的。学生偶尔产生的过错行为如果受到强化,就会形成不良的行为习惯。不良习惯如不及时纠正,任其发展,就必然会导致品行不良。

此外,性格上的某些缺陷,如执拗、任性、自私等特点都是造成学生品德不良的主观原因。

二、学生品德不良的矫正

品德不良学生虽然犯有道德过错,但并不是不可纠正的。青少年思想发展还没有定型,具有很大的可塑性。实践证明,品德不良学生的行为是完全可以得到纠正或改变的。在了解其心理活动特点和规律之后,我们应该采取适当的教育措施,满怀热情地去关怀和引导他们。

(一)品德不良学生的转化过程

1. 萌发阶段。学生萌发改变的念头,希望有进步。品德不良学生的道德观念开始战胜非道德观念,这时,对学生进行适当的教育,如先进人物事迹的感染、推心置腹的交谈、接受深刻的教训等都能激起学生上进的愿望。此阶段中教育者必须要有高度的敏感性,发现萌芽,抓住时机,积极引导,否则学生要求进步的愿望就不稳固、易倒退或消逝。

2. 转化阶段。品德不良学生在萌发上进愿望的基础上,行动上开始有改进。此阶段较为关键。这个阶段有两个特点:(1)学生的心理极其矛盾,非常复杂。一方面对过错行为感到羞愧,想将功补过,希望得到他人的尊重与信任,但同时他们又有自卑心理,对错误认识不深,与集体对立的情绪使他们徘徊、犹豫,阻碍行为转化。(2)品德不良学生在转变过程中会出现反复现象。前进中的暂时后退和反复中出现倒退,这都正常。因为品德的转化中经历着新旧道德认识、情感和行为习惯的冲突和斗争。认识上的动摇、情感上的留恋、老朋友的引诱、周围人们的偏见都是反复现象出现的原因。教育的关键在于把反复当作转化时机，分析原因，循循善诱，有针对性地做好品德不良学生的转化。

3. 稳定、巩固阶段。在此阶段，学生的不良行为习惯已基本改正，较稳定，不再出现反复，或很少有反复。自信心、责任感等积极情感代替了消极情感，积极因素在品德行为总体中逐渐占主导地位。教育的关键是要加倍爱护、关心、信任、尊重他们；要有计划地提高他们的道德认识水平，防止骄傲和停步不前，及时提出高一层次的行为标准，并给予反馈和鼓励。

（二）矫正品德不良学生的心理学策略

品德不良学生的心理特点主要是心理素质差，道德认识上无知，行动盲目；缺乏道德情感，情绪消极多变；道德意志薄弱；行为习惯不良。矫正学生的品德不良，必须要遵循学生的心理活动规律，在了解其心理特点的基础上，因材施教。

1. 提高道德认识，纠正学生道德认识上的偏差，增强是非观念，晓之以理。

道德认识上有偏差，辨别是非的能力差，是学生形成品德不良的主要原因，尤其是对认识水平有限的中小学生来说，更是这样。由于没有自己正确的道德标准，当他们做出某些不道德的行为时，不会产生忏悔与改正的意向，反而引以为乐，以此作为向其他人炫耀的资本。如他们认为逃学、抽烟等是对的，遵守纪律是"傻"的；讲礼貌是"酸"的，论修养是"圈"的；骂得赢是"好汉"，打得赢是"英雄"，进监狱是"光荣"。他们根据自己的生活实践认为越敢于逞凶，就越能"戳得住"、"吃得开"。他们的生活信条是"软的怕硬的，硬的怕愣的，愣的怕横的，横的怕不要命的"，完全是亡命徒式的"英雄观"。针对这些道德认识上的偏差，教师要从实际出发，针对每个学生的具体情况，晓之以理，真正讲清楚错误行为的危害，让学生逐渐从一些低级趣味中摆脱出来，分清是非，建立起正确的善恶观。

2. 创设良好的道德环境，消除学生的疑惧心理，增强学生的自尊心和集体归属感，使学生建立正确的道德情感。

品德不良的学生在集体中的地位和角色是不佳的，经常受到教师的批评、惩罚和学生的歧视，常处于怀疑、惧怕和戒备的心理状态，对学校、教师、家长和社会的关心和帮助常持以沉默、回避和对抗的情绪。因此在纠正学生的品德不良时，首先要消除他们的对抗情绪和消极的态度定势，建立相互信赖的师生关系。作为教育工作者首先要关心，爱护他们，尊重、理解他们，把教育品德不良学生做为自己的责任。然后要引导集体中的每个学生认识到关心、帮助品德不良学生是自己的道德义务。此外，教师应机智地捕捉或者创造机会，让品德不良学生得到能表现其优点的机会，合理利用奖励与惩罚，从而促进其人际关系的改善。

3. 锻炼意志力，消除习惯性惰性障碍，巩固良好的行为习惯。

青少年产生不良行为的一个重要原因就是意志力薄弱。在不良品德行为矫正初期，加强管理，切断外界的不良诱因，如不良的同伴、书籍、网络等。但避开诱因只是暂时的，消极的。重要的是要培养学生在充满诱惑的环境下，具有抗拒诱惑、坚持正确行为的能力。因此，当这些学生表现出良好行为时，应有控制地让他们与一些诱因接触，以锻炼他们的意志力，从而进一步巩固良好的行为。

4. 发现积极因素，针对学生的个性差异，多方法协同进行，促进转化。

积极因素是一个人前进的力量，是自信心的源泉。最有效的教育措施是善于利用学生的积极因素，帮助他们扬长避短，择善去恶。每个人都有闪光之处，品德不良学生也是如此，只不过常被人们忽视。如他们渴望得到别人的尊重，希望得到表扬，这些都是"闪光点"，是教育者启发他们觉悟的内在心理依据。也有学生运动能力很强、善于唱歌、写得一手好字等，教师若能发现这些闪光点并不断培养、发展，使其在某一方面获得成功，就会点燃学生自信心和自尊心的火种，获得克服缺点，达到长善救失的目的。

当然，学生品德不良的性质、程度不同，年龄、性别、个性也不尽相同。因此，在教育他们时应因材施教，采取灵活多样的教育方式。如对低年级学生可采用正面诱导法，指出怎样做才对，对了要给予表扬，养成好的行为习惯。对于初中学生可采取活动矫正法，即通过实际活动来纠正不良行为习惯。对于高中生可采用信任委托的方法，使他在完成工作的过程中克服自身的不良品德和行为习惯。

生活中的心理学

两小儿辩日

孔子是春秋时期的鲁国人，他姓孔名丘，字仲尼，是我国古代著名的思想家、教育家。

有一次，孔子到齐国去，路上看见两个小孩正在辩论问题。

孔子看了，觉得挺有趣，就对跟在身后的学生子路说："咱们过去听听孩子们在辩论什么，好不好？"子路撇撇嘴说："两个黄毛小子能说出什么正经话来？"

"掌握知识可不分年龄大小。有时候，小孩子讲出的道理，比那些愚蠢自负的成年人要强很多呢！"子路一下子红了脸，不敢说什么。

孔子走上前去和蔼地说："我叫孔丘，看见你们争辩得这么热烈，也想参加进来，你们看可不可以呀？"

"噢，原来你就是那个孔夫子呀，听说你很有学问。好吧，就请你来给我们评一评，看谁说得对！"两个孩子说。

孔子笑着说："别急，一个一个地讲。"

一个孩子说："我们在争论太阳什么时候离我们最近。我说早上近，他说中午近。你说说是谁对呢？"孔子认真地想了一会儿说："这个问题我过去没有考虑过，不敢随便乱讲，还是先请你们把各自的理由讲一讲吧。"

一个孩子抢着说："你看，早上的太阳又大又圆，可到了中午太阳就变小了。谁都知道：近的东西大，远的东西小。"

另一个孩子接着说："他说得不对，早上的太阳凉飕飕的，一点也不热，可中午的太阳却像开水一样烫人，这不就说明中午的太阳近吗？"

说完，两个孩子一起看着孔子，说："你来评评谁对吧。"

这下可把孔子难住了，他反复想了半天，还是觉得两个孩子各自都有道理，实在分不清谁对谁错。于是,他老老实实地承认:"这个问题我回答不了,以后我向更有学问的人请教一下,再来回答你们吧。"

两个孩子听后哈哈大笑:"人家都说孔夫子是个圣人,原来你也有回答不了的问题呀!"说完就转身跑走了。

子路很不服气地说:"您真应该随便讲点什么,就能把他们镇住。"

孔子说:"不,如果不是老老实实承认自己不懂,怎么能听到这番有趣的道理。在学习上,我们知道的就说知道,不知道的就说不知道。只有抱着这种诚实的态度,才能学到真正的知识。"

心理学的解读:圣人不是全能全知的上帝,圣人是道德高尚的伟人。坦然地承认自己无知,是非常了不起的品德。圣人,在于德才兼备,首推德行,其次是才学。古人云,活到老学到老,不可能有人能知道所有知识的,两小儿辩日的战国时代,人们对天文学的知识有限,自然孔圣人也无法回答。而且就算是当时已经成熟的学问,比如说军事,制作青铜器,拿去问孔圣人他也不一定知道,就好像问数学老师一道英语题,他不一定会;问语文老师一道化学题他不一定知道一样,术业有专攻而已,人不可能面面俱到,人也不可能超越他所处的时代,就好像论语的解读是一代人一代人加上去的,就好像马克思主义思想里也没有红军长征什么的,只是一代又一代人的补充完善。

本章小结

1. 品德是道德品质的简称,也称德性或品性,是个体依据一定的社会道德准则和规范行动时所表现出来的稳定的心理特征和倾向。品德就其实质来说,是道德价值和道德规范在个体身上内化的产物。

2. 品德的心理结构包括道德认识、道德情感、道德意志、道德行为四个成分。其中,道德认识是个体品德的核心部分。

3. 皮亚杰的道德认知发展理论采用对偶故事法将儿童道德认知发展划分为四个阶段:前道德阶段、他律道德阶段、初步自律道德阶段、自律道德阶段。

4. 科尔伯格的道德发展阶段论采用道德两难故事提出道德判断的三个水平六阶段:前习俗水平:阶段1:惩罚与服从取向、阶段2:朴素的利己主义取向;习俗水平:阶段3:好孩子定向、阶段4:维护社会秩序与权威定向;后习俗水平:阶段5:社会契约定向、阶段6:普遍的道德原则定向。

5. 品德的形式过程经历依从、认同、内化三个阶段。

6. 影响品德发展的因素有很多,归纳起来,可以从个人自身发展的外部条件和内部条件来讨论。外部条件主要有家庭教养方式、学校教育、社会风气、同伴群体;内部条件主要有认知失调、态度定势、道德认知、个体的其它因素。

7. 品德不良学生的类型有顽固型、随流型、忏悔型、冲动型。品德不良学生的转化过程有萌发阶段、转化阶段、稳定、巩固阶段。矫正品德不良学生的心理学策略有:提高道德认识,纠正学生道德认识上的偏差,增强是非观念,晓之以理;创设良好的道德环境,消除学生的疑惧心理,增强学生的自尊心和集体归属感,使学生建立正确的道德情感;锻炼意志力,消除习惯性惰性障碍,巩固良好的行为习惯;发现积极因素,针对学生的个性差异,多方法协同进行,促进转化。

思考题

1. 品德的实质与心理结构。
2. 阐述皮亚杰的道德认知发展论、科尔伯格的道德发展阶段论。
3. 简述品德学习的一般过程。
4. 简述影响品德学习的内部条件。
5. 结合实际谈谈如何矫正学生的不良品德。

参考文献

1. [美]伍尔福克.教育心理学:主动学习版.伍新春等译.北京:机械工业出版社,2015
2. [美]斯莱文.教育心理学(第8版·双语教学版).北京:人民邮电出版社,2011
3. 汪凤炎,郑红,陈浩彬著.品德心理学.北京:开明出版社,2012
4. 莫雷主编.教育心理学.北京:教育科学出版社,2007
5. 付建中主编.教育心理学.北京:清华大学出版社,2010
6. 胡玲主编.品德与生活有效教学.北京:北京师范大学出版社,2015
7. 教师资格认定考试编写组编.教育心理学.北京:北京师范大学出版社,2008
8. 岳凤英,曹凤才.谈学生不良品德的矫正.华北工学院学报,2002
9. 莫雷.教育心理学.广州:广东高等教育出版社,2002

第七章　学习的基本理论

孩子需要的是培养引导，而非像驯兽一样的训练。——简·希利

埃斯特班老师该怎么做？

埃斯特班是坦纳小学一年级的教师，她试图教班上的学生适宜的课堂行为。她说："同学们，我们班上存在一个问题，我想跟大家谈谈。当我每次提出问题时，你们当中的许多人不是先举手等待教师点名，而是直接回答问题。谁能告诉我：当我向全班同学提出某个问题时，你们该怎么做？"丽贝卡的手举到空中，说道："我知道！我知道！举手并安静地等待！"

埃斯特班叹了口气，她试图忽视丽贝卡——因为其行为恰恰是她不希望看到的，但丽贝卡却是班上唯一举手的学生，并且你越不理她，她就越发使劲地挥动着手，大声说出自己的答案。

"好吧，丽贝卡，你觉得应该怎么做？"

"我们应该举起手，安静地等您点名。"

"既然你知道这个规则，那为什么在我点你名之前就大声回答呢？"

"我想我是忘记了。"

"好吧。谁能提醒大家一下有关课堂轮流发言的规则？"

四个学生举起了手，一起大声说起来。

"一次一个人回答！"

"按次序回答！"

"当别人发言时不要说话！"

埃斯特班要求学生遵守课堂秩序："你们快把我逼疯了！"她说，"我们刚才不是正在讨论应该举手等我点名吗？"

"但是，埃斯特班老师，"斯蒂芬没举手就说，"丽贝卡并没有保持安静，但你也叫她发言了呀！"

请思考：在这种情况下，埃斯特班老师为了实现她的目标，应该怎样改变其做法？

现实的教育活动中，任何教学方法背后都有一定的学习理论作为基础，埃斯特班老师采用的方法就是以行为主义的学习理论为基础的。学生是优秀的学习者，他们并不总是学习我们教给她们的东西。埃斯特班试图教授学生在课堂上的适宜行为，但由于对丽贝卡的突发行为给予了关注，所以她实际上教给学生的恰恰与其愿望相悖。丽贝卡渴望获得教师的关注，所以被点名发言（即使以恼怒的声调）。这种处理方式恰恰奖励了她不经允许而大声说出自己答案的行为。埃斯特班的做法不仅提高了丽贝卡不举手就直接说出答案的可能性，而且也

使得该行为被其他同学效仿。埃斯特班对学生所说的话远不如她对学生的行为所做出的回应重要。

那么,什么是学习?不同历史时期的心理学家是如何看待学习问题的?学习的理论观点经历了怎样的演变过程?这些理论对实际教学工作有何启示?这是本章要探讨的问题。

第一节　学习的实质与类型

一、什么是学习

提到"学习"一词,很多人会想到学业和学校,想到需要掌握的学科课程或技能,如语文、数学、体育等。而事实上,学习并不仅仅局限于学校,生活中我们每天都在学习:婴儿学习走路,小孩学习骑自行车,中学生学习做菜,老年人学习跳舞等等都是学习。心理学中的学习是一个含义极广的概念,不同的心理学派从不同的角度对其进行了不同的定义。如加涅认为"学习是人的心理倾向或能力的变化,这种变化能够保持一定时间且不能单纯归因于生长过程";鲍尔等人认为"学习是个体在特定情境下由于练习或反复经验而产生的行为或行为潜能的比较持久的变化。"到目前为止,鲍尔的概念最为大家接受和认可。理解这个概念要注意几点: 首先,学习强调的是行为的改变,或行为能力的改变。当人们做某件事的方式有所改变时,我们就说他们学会了。学习包含发展新行为和改变旧行为的意思。其次,学习表现为行为或行为潜能的持久改变。由任何因素引起的行为的短暂改变被排除在外,如学生由于疲劳导致学习效率低下,这种情况不属于学习。一旦我们学会开车、打球、写字等行为,终生不忘,这是学习。最后,学习产生于实践或其他经历,儿童身上出现的成熟等由遗传引起的行为变化不属于学习。如青春期少年嗓音的变化,是生理成熟的结果,不能称之为学习。

二、学习的分类

学习作为一种极为复杂的现象,涉及不同的内容、形式、水平等等,因而存在不同类型的学习。心理学家从不同维度对学习进行分类。

(一)按学习结果划分

根据人类学习的结果,心理学家加涅将人类的学习分为以下五种:(1)言语信息的学习,指有关事物名称、事实、事件以及特征等方面信息的学习。如我国首都是北京。(2)智力技能的学习,指运用符号或概念与环境交互作用的能力的学习,如解数学应用题。(3)认知策略的学习,指调节学习者内部注意、记忆和思维过程的学习,如运用精加工策略记忆英语单词。(4)态度的学习,指影响个人选择行动的内部状态,如经历重大疾病后对生命的看法。(5)动作技能的学习,指通过身体动作的质量(如敏捷、准确、有力和连贯等)的不断改善而形成的整体动作模式的学习,如跳舞。

（二）按学习活动的性质划分

根据学习的另外两个维度，美国教育心理学家奥苏伯尔将学习进行了分类。根据学习的实现方式将学习分为接受学习和发现学习；根据学习材料与学习者原有知识的关系，奥苏伯尔还将学习分为机械学习和有意义学习。不过，奥苏贝尔特别重视有意义的接受学习，这是他的学习理论的核心。

第二节　行为主义的学习理论

行为主义强调刺激-反应的联结，因而其学习理论又叫联结派学习理论，主要包括桑代克的尝试-错误联结学习理论、巴甫洛夫与华生的经典条件反射学习理论、斯金纳的操作性条件反射学习理论和班杜拉的社会学习理论等。这一派别的学习理论的核心观点认为，学习过程是有机体在一定条件下形成刺激与反应的联系，从而获得新的经验的过程。

一、桑代克的尝试-错误联结学习理论

桑代克（E. L. Thorndike, 1874—1949），美国哥伦比亚大学师范学院的教授，是第一位从事动物学习实验研究的心理学家，是西方最早提出学习理论的心理学家，因此被誉为教育心理学之父。桑代克一生致力于心理学的研究，著述颇多，他的学习理论主要集中在对学习的实质、学习的过程和学习规律的认识上。

图 7 - 1　桑代克迷箱

（一）学习的实质

桑代克通过著名的饿猫实验（如图 7 - 1）得出：学习的实质是情境与反应之间的联结，即某种情境仅能唤起某种反应，而不能引起其他反应。在桑代克看来，情境不仅包括大脑的外部环境刺激，还包括自身的思想、感情等。同样，反应不仅指机体的外显活动变化，还包括观念、意象等内部反应。情境与反应的联结是通过"心"来完成的，所谓"心"即是"人的联结系统"。

一只饿猫被关在桑代克专门设计的一个迷箱内，箱门紧闭，箱子附近放着一条鲜鱼，箱内有一个开门的旋钮，猫可以通过抓绳或触碰旋钮逃出箱门。开始饿猫无法走出箱子，只是在里面乱碰乱撞，偶然一次碰到旋钮打开门，便得以逃出吃到鱼。经过多次尝试错误，猫学会了打开箱门的动作。

（二）学习的过程

从饿猫开箱的实验，桑代克发现：饿猫逃出箱子，不是通过逻辑推理，也不是观察别人，更不是通过顿悟，而是不断通过尝试错误。在失败中不断消除无用行为，记住有助于逃脱的

行为,最后成功逃脱。因此,学习过程是一种渐进的、盲目的、尝试错误的过程,中间不需要任何的推理活动。

(三)学习的规律

桑代克提出三条在学习中必须遵循的原则:

1. 准备律:指学习者在学习开始时的准备状态。学习有准备,进行活动就会感到满意;如果有准备而不进行学习就会感到失望;若无准备而强制学习则会感到烦恼。

2. 练习律:指使用联结的频次会决定联结的强度,即练习和使用频次越多,联结就越强,反之,联结就越弱。后来桑代克发现没有奖励的练习是无效的,于是修改了这一规律:联结只有通过奖励的练习才能增强。

3. 效果律:指一种行为后面如果跟随着一种满意的变化,在类似的情境中,这种行为重复的可能性将增加;如果跟随的是一种不满意的变化,这种行为重复的可能性将减少。这说明,一个人当前行为的后果对未来行为起着关键作用。奖励是影响学习的主要因素,学习是通过行为受到奖励而进行的。奖励就是感到愉快的或可能进行强化的物品、刺激或后果。

桑代克的学习理论指导了大量的教育实践。准备律逐渐发展成今天的学习动机,指导人们学习应该在学生有准备的状态下进行,而不能搞"突然袭击"。练习律指导人们学习过程中要加强合理的练习,并注意在学习结束后不时地进行练习。效果律则逐渐演化为强化理论,指导人们使用一些具体奖励方法,如表扬、满足需要等,促使学习行为的持续。

桑代克的学习理论对美国教育心理学产生了重要影响,但其理论也存在不足之处,如他认为人和动物的基本学习方式一致,都是通过试误学习,只是复杂程度不同。这是达尔文生物进化论的延伸,抹杀了人的学习的主观能动性这一最突出的特点。

二、巴甫洛夫的经典条件作用理论与华生的行为主义理论

经典性条件作用学习理论的形成分为两步:第一步是巴甫洛夫发现经典性条件作用,并提出经典性条件作用的原理;第二步是华生将经典性条件作用运用于学习领域,将经典性条件作用原理发展成为学习理论。

(一)巴甫洛夫的经典实验

巴甫洛夫(Н. П. Павлов, 1849—1936)是俄国著名的生理学家和心理学家,是用条件反射的方法对动物和人类的高级神经活动进行客观实验研究的创始人。他提出了经典条件反射学习观和两种信号系统学说。巴甫洛夫在研究狗的进食行为时发现(如图7-2):在实验开始时,分别向狗呈现铃声刺激和食物刺激,发现食物可以诱发狗的唾液分泌反应,而铃声不能诱

图 7-2　巴甫洛夫经典条件作用的实验装置

发狗的唾液分泌,这时食物叫无条件刺激,铃声叫中性刺激,诱发狗分泌唾液的反应叫无条件反应。当铃声和喂食反复配对后,只给狗听铃声,不呈现食物,狗也会分泌唾液。此时,中性刺激铃声具有了诱发原来仅受食物制约的唾液分泌反应的某些力量而变成了条件刺激,而受这种刺激产生的反应叫条件反应。这是经典性条件作用的内容。

(二)华生的恐惧形成实验

华生(J. B. Watson,1878—1958)是行为主义心理学的奠基人和捍卫者,他认为心理学应该研究人的可观察的行为,而不是看不见摸不着的意识。他反对用内省法研究心理学而主张用客观的实验法,否认人的先天遗传素质作用,倡导教育决定论和环境决定论。华生认为学习就是以一种刺激替代另一种刺激建立条件作用的过程。人类出生时只有几个反射(如打喷嚏、膝跳反射)和情绪反应(如高兴、愤怒等),其他反应都是通过条件作用建立刺激-反应联结而形成。华生在经典条件作用原理的基础上做了著名的恐惧形成的实验(见图7-3)。

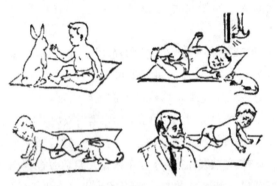

图7-3 华生恐惧习得的实验研究

实验用一个只有11个月的名叫小阿尔伯特的男孩,首先让小阿尔伯特接触一个中性刺激小白兔,开始他显得很高兴,想用手去摸小白兔。之后每次小白兔出现,都伴随用铁锤敲击一段钢轨发出的使小阿尔伯特害怕的响声。几次之后,小阿尔伯特一看见小白兔就害怕,随后他不仅害怕小白兔,还泛化到害怕有毛的东西和动物,如有胡子的人,老鼠等等。

(三)经典性条件反射的基本规律

1. 获得律与消退律

条件刺激反复与无条件刺激相匹配,从而使个体学会对条件刺激作出条件反应的现象叫做条件作用的获得现象。经典性条件作用形成后,如果反复呈现条件刺激,却不呈现无条件刺激,条件反应的强度会逐渐减弱甚至消失,这种现象被称为消退现象。经过一段时间后,如果再现条件刺激,条件反应又将重新出现,这种现象被称为自然恢复。值得注意的是,条件反应一旦形成,要消除这个反应比获得这个反应要困难得多。

2. 刺激泛化与分化

刺激泛化是指经典条件作用形成以后,机体会对与条件刺激相似的刺激作出反应,这种现象被称为条件作用的泛化现象。例如"一朝被蛇咬,十年怕井绳",说的是曾经被蛇咬过的人,看见类似蛇的东西都会感到害怕。刺激分化是指在只强化条件刺激,而不强化与其相似的其他刺激的情况下,个体只对条件刺激作出反应,而对其他相似的刺激不作出条件反应的现象。如巴甫洛夫实验中的狗通过训练后能够区分圆形和椭圆形光圈。

经典性条件作用对教学很有意义,因为在经典条件作用下,个体可以获得对各种情境的情绪和态度。例如,学习钢琴的学生刚开始可能都不喜欢读谱,练指法,但都喜欢听音乐,教师可让学生多听,在获得足够的乐感后,教师再边演奏示范边教学生识谱,学生有了实际听觉做参照,读谱的兴趣和准确率会提高。

总之,经典条件作用能较有效地解释有机体是如何学会在两个刺激之间进行联系,从而使一个刺激取代另一个刺激并与条件反应建立起联结的。但经典条件作用无法解释有机体为了得到某种结果而主动做出某种随意反应的学习现象,如中小学生为了得到教师的表扬或同伴的认同而努力学习等。

三、斯金纳的操作性条件作用学习理论

(一)斯金纳的经典实验

斯金纳(B. F. Skinner 1904—1990)是操作性条件作用理论的创立人,对美国乃至全世界的教育实践产生过重要作用。

斯金纳的整个学习理论是根据他特制的实验装置——斯金纳箱(见图7-4)中的一系列动物实验结果提出来的。斯金纳箱是斯金纳在桑代克的迷箱基础上改进设计的一种实验仪器。斯金纳箱内装有一操纵杆,操纵杆与另一提供食丸的装置连接。实验时把饥饿的白鼠置于箱内,白鼠在箱内自由活动,偶然踏上操纵杆,供丸装置就会自动落下一粒食丸,经过几次尝试,它会不断按压杠杆,直到吃饱为止。

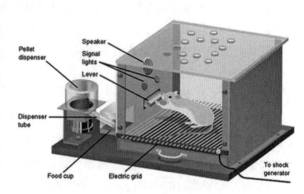

图7-4 斯金纳箱

(二)操作性条件作用的基本规律

斯金纳认为,人和动物的行为可分为应答性行为和操作性行为。应答性行为是由已知的刺激所引起的反应,是经典条件作用的研究对象,无条件反应是应答性行为,如狗看到食物分泌唾液,眼睛遇到强光马上收缩等。操作性行为并不是由已知刺激引发的,而是有机体在一定情境中自然产生并由于结果的强化而固定下来的,是操作条件作用的研究对象。如学会溜冰。操作性行为并不取决于其事先的刺激,而是由其结果控制的。

1. 强化

操作性行为主要受强化规律的制约。所谓强化是指采用适当的强化物而使机体反应频率、速度和强度增加的过程。强化也是一种操作,强化的作用在于改变同类反应在将来发生的频率,而强化物则是一些刺激物,它们的呈现或撤除能够增加反应发生的频率。

强化有两种类型,一种是正强化,另一种是负强化。正强化是通过呈现想要的愉快刺激来增强反应频率。如白鼠按压杠杆得到食物,穿上新衣服得到别人的赞美。负强化是通过消

除或中止厌恶、不愉快刺激来增强反应频率。如汽车安全带的蜂鸣器，只要你系上安全带，刺耳的蜂鸣声就会停止，以后就会重复系安全带这个行为，因为该行为令讨厌的蜂鸣声刺激消失了。

2. 惩罚

凡是能够减弱行为或者降低反应频率的刺激或事件叫做惩罚。负强化常常与惩罚相混淆。强化（无论正、负）过程总是与行为的增强有关，而惩罚则涉及减少或压抑行为。惩罚也可分为两种类型，第一种是呈现性惩罚，是通过呈现厌恶刺激来降低反应频率。如老师批评学生、布置额外的任务等；第二种是撤除性惩罚，是通过消除愉快刺激来降低反应频率。如教师或父母在小孩行为不良时，撤销对他们的特别待遇。

3. 强化程序

强化程序是指强化出现的时机和频率。强化程序可分为连续强化程序和断续强化程序两种类型。在学习新行为时，如果每一次正确的反应都得到强化，那么这个行为就很快被习得，这就是连续强化程序。如果只在有些而非所有反应之后呈现强化，叫做断续强化程序。断续强化程序又可分为间隔程序和比率程序。间隔程序是根据历次强化之间的时间间隔而安排强化，如每周一次小测；比率程序是根据历次强化之间学习者做出适当反应的数量而安排强化，如计件工作。间隔程序和比率程序既可以是固定的，也可以是变化的。

（三）程序教学与教学机器

程序教学是根据斯金纳的操作性条件反射的强化原理所设计的程序进行的一种个别化的自我教学方式，是指将各门学科的知识按其中的内在逻辑联系分解为一系列的知识项目，这些知识项目之间前后衔接、逐渐加深，然后让学生按照知识项目的顺序逐个学习每一项知识，伴随每个知识项目的学习，及时给予反馈和强化，使学生最终能够掌握所学的知识，达到预定的教学目的。

斯金纳设计的教学机器外形像小盒子，里面装有精密的电子和机械仪器，包括输入、输出、储存和控制四个部分。他将教学材料分解成由易到难的相互联系的几百甚至几千个问题框面组成的程序，每一个问题即一个框面，学生正确回答后就能进入下一个框面的学习。如果答错了，用正确答案纠正后再过渡到下一个框面。框面的左侧标出前一框面的答案，成为对该框面的提示。

机器教学是程序教学的一种，但程序教学不一定要用机器。斯金纳提出了程序教学的以下五条原则或特点：

1. 积极反应。程序教学以问题形式向学生呈现知识，学生在学习的过程中能通过各种方式自主地做出积极反应。

2. 小步子。整个程序实际上就是由一系列由易到难的步子（问题）组成的。通常下一步的难度只比上一步稍微难一点。

3. 及时反馈。在机器教学中，让学生即时知道结果以便从一个步子的框面进入下一个步子的框面。

4. 自定步调。程序教学以学生为中心，鼓励学生按最适宜于自己的速度学习，并通过不断强化稳步前进。

5. 最低的错误率。程序教学的编制者应尽量地使学生每次都可能做出正确反应,把错误率降到最低限度。

斯金纳对学习理论领域的研究作出了重大贡献,他匠心独具地发明了斯金纳箱,有力地证明了操作性条件反射现象的存在,他的研究结果对动物的行为训练和学生的行为塑造都有很强的借鉴作用。他发明的教学机器和程序教学,在实际的教学活动中独具魅力,对学校教育产生了极为深刻的影响,成为计算机辅助教学技术的理论基础之一。但作为一个极端的行为主义者,斯金纳不接受对学习过程和行为塑造过程的认知解释,体现了其思想上的局限性。

四、班杜拉的社会学习理论

班杜拉(A. Bandura,1925—)是一名新行为主义者,他不同意华生和斯金纳的外界刺激是行为的决定因素的观点。从 20 世纪 60 年代后,在大量研究的基础上,班杜拉逐渐从偏重于外部因素作用的行为主义者向强调外在与内在因素两者并重转化,建立起一套最为综合并且广为接受的模仿学习理论,这一理论最初被称为社会学习理论,现在被看作是社会认知理论。

(一)社会认知理论

1. 三元交互作用论

社会认知理论对学习和行为表现提出了这样三个假设:个体、行为和环境之间是相互作用,互为因果的。三者影响力的大小取决于当时的环境和行为的性质。图 7-5 所示的三向图表示了三者之间的关系。

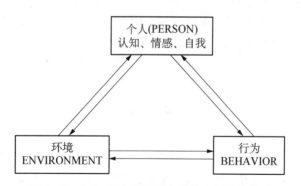

图 7-5 个人、行为与环境之间的交互决定关系

按照这一理论,人的行为表现既不是仅仅受内在力量的驱使,也不是单纯受外界环境的控制。人受环境的影响,人也能影响环境;环境影响人的行为,行为也改变着环境;人对环境的看法和态度影响行为,行为的结果也影响人对环境的看法和态度。正是在这种交互决定的情况下,人的行为在不断地形成,并得以修正,学习才得以发生。

2. 参与性学习和替代性学习

社会认知理论把学习分为参与性学习和替代性学习。参与性学习是通过实做并体验行动后果而进行的学习，实际上就是做中学。试误学习、条件作用学习均属于该类学习。替代性学习是通过观察别人而进行的学习。人类的大部分学习是替代性学习，因为个体在大多数情况下不可能通过亲手做并体验行为结果来进行学习，替代性学习可以大大提高学习的速度。替代性学习还可以避免个体去经历有负面影响的行为后果，如我们可以通过看书或电影了解地震的逃生办法。

（二）观察学习

班杜拉描述了观察学习的具体过程，认为观察学习是人学习的最重要形式。观察学习指通过观察并模仿他人而进行的学习，包括注意、保持、复制和动机四个过程。

1. 注意过程。在此过程观察者注意并知觉榜样情境的各个方面。一般来说，观察者容易观察那些与他们自身相似的或经常在一起的榜样。观察者的特征如觉醒水平、价值观念、态度定势、强化的经验也会影响观察学习的注意过程。此外，榜样的活动特征，如具有的魅力等也会影响注意过程。

2. 保持过程。此过程观察者要记住从榜样情境了解的行为，以言语和表象形式将它们在记忆中进行表征、编码以及存储。这些保持在头脑中的信息对观察者以后的学习起指导作用。

3. 复制过程。观察者将头脑中有关榜样情境的表象和符号概念转为外显的行为。观察者要选择和组织榜样情境中的反应要素，进行模仿和练习，并在信息反馈的基础上精炼自己的反应。

4. 动机过程。观察者因表现所观察到的行为而受到激励。观察者并不是把学习的结果都表现出来，这取决于其对行为结果的预期。例如，假设观察者预期表现出来的行为将会受到惩罚，则不会将学习的结果加以表现。强化不仅可增强行为，还提供信息和诱因。同时，动机过程贯穿于观察学习的始终，它对人的观察学习活动起着发起、维持和定向的作用。

第三节　认知派学习理论

随着学习心理机制探索的不断深入，行为主义学习理论的不足日益凸显。认知派学习理论就是在批判行为主义学习理论的基础上发展起来的。认知学派的观点是：学习过程不是简单地在强化条件下形成刺激与反应的联结，而是有机体积极主动地形成新的完形或认知结构。因此，该派别认为，有机体获得经验的过程，是通过积极主动的内部信息加工活动形成新的认知结构的过程。属于这一学派的学习理论包括格式塔的完形学习理论、托尔曼的符号学习理论、布鲁纳的认知发现学习理论、奥苏贝尔的接受学习理论和加涅的信息加工理论。

一、格式塔的完形学习理论

格式塔的完形学习理论是最早的认知学习理论,产生于20世纪的德国,主要代表人物有韦特默(M. Wertheimer)、苛勒(W. Khler)和考夫卡(K. Koffka)等。格式塔学派强调心理具有一种组织的功能,视学习为个体主动构造完形的过程,强调观察、顿悟和理解等认知功能在学习中的重要作用。

格式塔学派关于学习实质的看法,建立于对黑猩猩学习现象的观察基础上。

苛勒于1913年至1917年用黑猩猩做了一系列实验:

棒子问题:在黑猩猩的笼子外放有香蕉,笼子里面放有两根短竹棒,用其中的任何一根都够不着笼子外的香蕉。实验观察者发现,黑猩猩处于对香蕉可望而不可及的状态,在多次用单根短棒够取香蕉失败后,黑猩猩突然顿悟,将两根短棒连接起来,从而获取了笼子外的香蕉。见图7-6.

大猩猩解决接竿问题

图7-6 大猩猩接杆解决问题

图7-7 大猩猩搬箱子解决问题

箱子问题:将香蕉挂于房子的天花板上,黑猩猩站在地板上无法获取香蕉,房子周围放置一些箱子。实验观察者发现,刚开始黑猩猩采取跳跃的方式摘取香蕉,但无论怎么跳仍然无法获得香蕉。于是它不再跳,在房间里走来走去。突然它站在箱子前面不动,过一会儿,它把箱子挪到香蕉下面,一个箱子不够再搬,并且把箱子叠加起来,最终,黑猩猩爬上箱子,取到了香蕉。见图7-7.

对于两个实验中黑猩猩的行为,苛勒是这样解释的:当遇到问题时,黑猩猩可能审视相关的条件,也许考虑一定行动成功的可能性,当突然看出竹竿和箱子与香蕉的关系,它便产生了顿悟,从而解决了这个问题。

根据以上实验,格式塔关于学习本质的观点是:

1. 从学习的结果来看,学习并不是形成刺激-反应的联结,而是通过知觉的重新组织形成了新的完形。所谓完形,就是一种在机能上相互联系的整体心理结构,是对事物关系的认知。苛勒指出:"学习在于发生一种完形的组织,并非各部分的联结。"完形与新情境相对应,反映了情境中各事物的联系与关系。

2. 从学习的过程来看,首先,学习过程是对情境中事物关系的理解和组织的过程;其次,学习过程不是盲目的尝试,不是一种渐变的量的累积,而是突发性的质变过程,即突然的顿悟。所谓顿悟,是指个体领会到自己的动作和情境,特别是和目的物之间的关系。个体产生顿悟的原因,一是由于分析当前问题情境的整体结构,另一方面是由于大脑能利用过去经验,对当前情境进行知觉重组或认知重组。

格式塔心理学家认为顿悟学习具有重大意义:一是可以避免多余的试误,二是有助于学习迁移,三是顿悟学习的内容不会遗忘,四是顿悟学习本身具有奖励作用。

格式塔学习理论是现代认知学习理论的先驱,在心理学史上留下了不可磨灭的印记,为认知心理学的发展奠定了基础。但是格式塔学习理论把学习完全归之于有机体自身的一种组织活动,从根本上否认对客观现实的反应过程,把认识看成是脑自生的东西,把知觉经验组织作用归因于脑的先验本能,走向了唯心主义,是不可取的。另外,格式塔学习理论还将试误学习和顿悟学习对立起来,完全否认试误学习,也是不符合人类学习特点的。

二、托尔曼的符号学习理论

托尔曼(E. C. Tolman, 1886—1959),美国新行为主义的代表人物之一,目的行为主义的创始人,力图客观了解行为的目的性。托尔曼不像其他行为主义那样只关心一个动作,而是注重有机体整个的行动,提出整体行为模式和中介变量,弥补了华生学习理论的缺陷,并建构了符号学习理论。其符号学习理论认为,"学习者是在遵循着指向目标的一些符号,是在弄清他的通路,是在遵循着一种地图,即他不是在那里学会动作,而是在学会意义。"

托尔曼在一系列富有创造性的严密的实验基础上,提出了符号学习理论,其主要内容有:

1. 学习是整体性和有目的性的行为,是期望的获得

托尔曼强调行为的整体性,认为行为是一种整体现象。这种整体性行为具有目的性,认为目的性是行为的血和肉,"指向一定的目的"是行为的直接特征,他认为有机体的行为总是设法获得某些事物和避免某些事物。他认为动物和人的学习不是盲目的,而是有目的的,为了实现这个目的会选择一定的途径和方式,并且会选择最便捷的方式。期望是托尔曼学习理论的核心概念,是指个体依据已有经验建立的一种内部的准备状态,是通过学习而形成的关于目标的认知观念。

2. 学习是对"符号-完形"的认知

符号一词是托尔曼对刺激使用的术语,"符号—完形"包含对意义目标与手段—目的关系的认知。只有当符号和内部知觉结合成为联想结构并构成各种关系组合体时,才能形成一种格式塔完形。托尔曼主张将行为主义S-R公式改为S-O-R公式,O是外部刺激(S)和行为反应(R)之间的中介变量,代表机体的内部变化,与个体的需求和认知有关。

托尔曼的学习理论建立在其富有创造性的严密的实验基础上,用实验的方式对行为主义学习理论进行了批评,并引申出对学习的认知解释,这种研究范式对现代认知心理学的诞生

发展与教育心理学

起到了先行的作用。但托尔曼的整体心理学观点还是属于行为主义，这在一定程度上影响了其对学习的内在信息加工活动过程的深入探讨。

三、布鲁纳的认知发现学习理论

布鲁纳（J. S. Bruner，1915—2016）是一位在西方教育界和心理学界都享有盛誉的学者，他反对用行为主义的研究结果来解释人类的学习活动，认为应该将研究的重点放在学生获得知识的内部认知过程和教师如何组织课堂教学以促进学生"发现"知识的问题上，所以他主张学习的目的在于以发现的方式，使学科的基本结构转变为学生头脑中的认知结构。因此，他的理论经常被称为认知发现理论。

（一）布鲁纳的认知学习观

1. 学习的实质是主动地形成认知结构

布鲁纳认为，学习的本质不是被动地形成刺激-反应的联结，而是主动地形成认知结构。学习者不是被动地接受知识，而是主动地获取知识，并通过把新获得的知识和已有的认知结构联系起来，积极地建构其知识体系。因此，布鲁纳十分强调认知结构在学习过程中的作用，认为认知结构可以给经验中的规律性以意义和组织。所谓认知结构，是指个体过去对外界事物进行感知、概括的一般方式或经验所组成的观念结构，其核心是一套类别以及类别编码系统。认知结构是在学习活动中逐渐形成的，同时又是理解新知识的重要基础，使个体能够超越给定的信息，举一反三，触类旁通。

2. 学习包括获得、转化和评价三个过程

布鲁纳认为，学习由新知识的获得、知识的转化和评价三个基本过程组成。学习活动的第一步是新知识的获得，新知识可能是以前知识的精炼，也可能与原有知识相违背。获得了新知识以后，还要对它进行转化，我们可以超越给定的信息，运用各种方法将它们变成另外的形式，以适合新任务，并获得更多的知识。评价是对知识转化的一种检查，通过评价可以核对我们处理知识的方法是否适合新的任务，或者运用得是否正确。因此，评价通常包含对知识的合理性的判断。

（二）布鲁纳的结构教学观和发现法教学模式

根据自己的学习观，布鲁纳提出了很有影响的结构—发现教学理论。他认为，教学活动应该能最大限度地促进学生主动地形成认知结构。其教学思想最重要的是结构教学观和发现法教学模式。

1. 结构教学观

布鲁纳强调学习的主动性和认知结构的重要性，主张教学的最终目标是促进学生"对学科结构的一般理解"。他要求"不论我们选教什么学科，务必使学生理解该学科的基本结构"。学科的基本结构是指学科的基本概念、基本原理及其基本态度和方法形成的整体知识框架和思维框架。如物理中的牛顿三定律，数学中的代数交换律、分配律和结合律等，这些基本内容能够帮助学习者形成良好的认知结构，为获得新的知识、解决新问题提供非常有价值的思维框架。掌握事物的结构就是允许别的东西利用与它有意义地联系起来的方式去理解它。当学生理解和掌握了一门学科的结构，他们就会把该学科看作是一个相互联系的整体。因此，布鲁纳提倡将学科的基本结构放在编写教材和设计课程的中心地位，认为编排教材的最佳方式是以"螺旋式上升"的形式呈现学科的基本结构，有利于学生尽早学习学科的重要知识和基本结构，也有利于学生认知结构形成的连续性、渐进性。

2. 发现法教学模式

"发现是教育儿童的主要手段"，布鲁纳认为学生掌握学科的基本结构的最好方法是发现法，因而提倡发现法教学模式。发现法教学模式是指教师要为学生提供一定的材料，创设问题情境，引导学生独立地发现解决问题的方法，从中发现事物之间的联系和规律，获得相应的知识，形成或改造认知结构的过程。它的特点是：第一，教学围绕一个问题情境而不是某一个知识项目展开。第二，教学中以学生的"发现"活动为主，教师起引导作用。第三，没有固定的组织形式，能最大限度地发挥学生在学习中的主体性和创造性。

布鲁纳在1966年出版的《教学论》中指出发现学习有以下四大意义：1. 能够提高学生智慧潜能；2. 使外部奖赏向内部动机转移；3. 学会发现的方法策略；4. 有利于信息的保持和检索。

布鲁纳是推动美国的认知运动，特别是以认知-结构学习理论为指导改革教学的运动中极为重要的人物，从心理学角度为教育教学服务作出了显著的贡献。但他的学习与教学理论也有一些偏颇的地方，他的学习与教学理论完全放弃知识的系统讲授，而以发现法教学代替，夸大学生的学习能力，他认为"任何科目都能按某种正确的方式教给任何年龄阶段的任何儿童"，这其实是不可能的。

四、奥苏贝尔的认知—接受学习理论

奥苏贝尔（D. P. Ausubel，1918—2008）是和布鲁纳同时代的美国著名教育心理学家。他认为布鲁纳过于强调发现学习，忽视系统知识的讲授，他认为"如果我不得不把全部教育心理学还原为一条理论的话，我将会说，影响学习的唯一的最重要的因素是学习者已经知道了什么"，并且指出要"根据学生原有知识进行教学"。他对学习的类型进行了划分，根据学习的方式将学习分为接受学习和发现学习；根据学习者是否理解材料的意义，将学习分为机械学习与有意义学习。他主张学生采用被贬为"旧教育传统的残余"的接受学习法，提倡循序渐进，认为有意义的接受学习是学生最主要的学习形式。

（一）有意义学习的实质和条件

1. 有意义学习的实质

有意义学习是针对机械学习而言的，是指在学习知识过程中，符号所代表的新知识与学习者认知结构中已有的适当观念建立实质性和非人为的联系的过程。实质性联系是指新符号或符号所代表的新知识观念能与学习者认知结构中已有的表象、有意义的符号、概念或命题建立内在联系,而不仅仅是字面上的联系。例如,学习"等边三角形"这个新命题,应该把握"三条边相等的三角形"。学习者认知结构中已有关于三角形的表象及等边的概念,也观察过等边三角形构成的实物或图形,当他们学习这一新命题时,就会自然而然地和他们原有认知结构中相应的表象、观念建立联系。联系一旦建立,说明新知识和原有认知结构中的相应观念之间建立了实质性的联系。非人为的联系是指有内在的联系而不是任意的联想或联系,指新知识与原有认知结构中的相关观念建立在某种合理的逻辑基础上的联系。例如,"矩形"与"平行四边形"之间的联系就不是任意的,它符合逻辑上特殊与一般的联系。

2. 有意义学习的条件

有意义学习的产生既受客观条件,即学习材料本身性质的影响,也受主观条件,即学习者自身因素的影响。从客观条件来看,有意义学习的材料本身必须满足能与认知结构中有关知识建立实质性和非人为性联系的要求,也就是说,材料必须具有逻辑意义,在学习者的理解范围之内。

从主观条件来看,有意义学习包含以下条件:(1)学习者必须具有有意义学习的心向。(2)学习者认知结构中必须具有适当的知识,以便与新知识进行联系。(3)学习者必须主动地使这种具有潜在意义的新知识与其认知结构中有关的旧知识发生相互作用,从而使旧知识得到改造,使新知识获得实际意义,即心理意义,这是有意义学习的目的。

(二)接受学习的实质与技术

1. 接受学习的实质

奥苏贝尔不赞同布鲁纳的发现学习法,认为学习应该是通过接受而发生,而不是通过发现。接受学习是指在教师指导下,学习者接受有意义的学习。这种学习主要适用于年龄较大、有丰富知识和经验的人。学习者接受知识的心理过程表现为:首先在认知结构中找到能同化新知识的有关观念,然后找到新知识与起固定作用的观念的相同点,最后找到新旧知识的不同点,使新概念与原有概念之间有清晰的区别,并在积极的思维活动中融会贯通,使知识不断系统化。

2. 先行组织者策略

奥苏贝尔认为,影响接受学习的关键因素是认知结构中适当的起固定作用的观念的可利用性。为此,他提出了"先行组织者"的教学策略。先行组织者是先于学习任务本身呈现的一种引导性材料,它的抽象、概括和综合水平高于学习任务,并且与认知结构中原有的观念和新的学习任务相关联,其目的是为新的学习任务提供观念上的固定点,增加新旧知识之间的可辨别性,以促进学习的迁移。奥苏贝尔曾研究过先行组织者对学习有关钢性质的材料的影响:实验组在学习材料之前,先学习一个"先行组织者",即强调金属和合金的异同、各自的利弊和冶炼合金的理由。控制组在学习材料之前,则没有设计先行组织者,而是学习了一个有关炼铁和炼钢方法的历史说明。结果两组学生在学习钢性质的材料之后,实验组的成绩明显高于控制组。说明先行组织者能使学习者更有效地同化、理解新学习内容。

奥苏贝尔在创造性地吸收了同时代著名心理学家布鲁纳、皮亚杰等人的思想上,提出了有意义学习、先行组织者等学习理论思想,并使学习理论与教学理论有机统一,对当前教育和教学具有重要的实用价值。但奥苏贝尔太过强调学生对知识的掌握，忽视学生能力培养尤其是创造能力的培养，而且过于强调接受学习与讲授方法，侧重教的效率，对学习方法和学习策略的迁移这一方面的研究和论述不足。学习的实践表明，学习方法和学习策略的迁移比具体知识内容所产生的迁移更普遍、更有意义。

第四节　建构主义学习理论

建构主义是认知主义的进一步发展，有人称之为当代教育心理学的一场革命。皮亚杰和布鲁纳的思想中已初见建构的观念，尤其是随着维果斯基的思想被介绍到美国，建构主义的思想得到进一步的发展。虽然目前的建构主义学习理论存在着许多不同的派别，但都把学习看成是建构过程，都以新旧知识经验的相互作用来解释知识建构的机制。建构主义强调以原有的经验、心理结构和信念为基础来构建知识，强调学习的主动性、社会性和情境性，对学习和教学提出了许多新的见解。

一、建构主义学习理论的基本观点

建构主义学习理论认为，学习是学习者通过新旧经验的双向作用建构自己的经验体系的过程。

（一）建构主义的知识观

建构主义对知识的解释如下：

1. 知识并不是对现实的纯客观反映，它只是对客观世界的一种解释、假设或假说，它并不是问题的最终答案。随着人们认识程度的不断深入，对知识的理解会不断出现新的升华、改写和假设，如"地心说"被"日心说"取代。

2. 知识并不能精确地概括世界的法则，在具体的问题中，需要针对具体情境对原有知识进行再加工和改造。例如，非洲人认为黑色的皮肤是健康、美的表现，而中国人认为皮肤白皙才是美的。

3. 知识不可能以实体的形式存在于具体个体之外，尽管我们通过语言符号赋予了知识一定的外在形式，并且获得了较为普遍的认同，但并不意味着学习者会对这种知识有同样的理解，因为真正的理解来自学习者自身的经验。如，对于"月亮"，诗人想到的可能是"月有阴晴圆缺"，恋人想到的可能是"花前月下"的浪漫，天文学家想到的可能是第二天的天气状况。

（二）建构主义的学习观

基于对学习的独特理解，建构主义的学习观强调学习的主动建构性、社会互动性和情境性。

1. 学习的主动建构性

建构主义认为，学习过程是学习者原有认知结构与从环境中选择接受的感觉信息相互作用,主动建构信息意义的生成过程。是根据自己的经验背景,对外部信息进行主动的选择、加工和处理,从而获得自己的意义的过程。在学习过程中帮助学生建构意义,就是要帮助学生对当前学习内容所反映事物的性质、规律以及该事物与其他事物之间的内在联系达到较深刻的理解。

2. 学习的社会互动性

学习者的学习是在一定的社会文化背景下进行的,因此,学习是通过对某种社会文化的参与而内化相关的知识和技能、掌握有关的工具过程,这一过程常常需要通过一个学习共同体的合作互动来完成。所谓学习共同体是由学习者及其助学者(包括教师、专家、辅导者等)共同构成的团体,他们彼此之间经常在学习过程中进行沟通交流,分享各种学习资源,共同完成一定的学习任务,因而在成员之间形成了相互影响、相互促进的人际关系,形成了一定的规范和文化。在中小学,一个班的学生和教师就是一个学习共同体。

3. 学习的情境性

建构主义认为情境是意义建构的基本条件,因而提出情境性认知的观点。强调学习、知识和智慧的情境性,认为知识是不可能脱离活动情境而抽象地存在的、学习应该与情境化的社会实践活动结合起来。知识是生成在具体的、情境性的、可感知的活动之中的。知识不是一套独立于情境的知识符号,它只有通过实际应用活动才能真正被人所理解。人的学习应该与情境化的社会实践活动联系在一起,学习者通过对某种社会实践的参与而逐渐掌握有关的社会规则、工具、活动程序等,形成相应的知识。

（三）建构主义的学生观

建构主义强调,学生在进行学习之前已在生活中积累了一定的生活经验,已有自己的主张和见解。即使有些问题他们可能还没接触过,也没有现成的经验,但当问题呈现在他们面前时,他们仍然可以运用已有的知识和经验去解决。因此,教师在教学时不能无视学生的已有知识,简单强硬地从外部对学习者实施知识的"填灌",而是应当把学习者原有的知识经验作为新知识的生长点,引导学生从原有的知识经验中生长新的知识经验。教学不是知识的传递,而是知识的处理和转换。教师不单单是知识的呈现者,还应该重视学生对各种现象的理解、倾听他们的看法,洞察这些想法的由来,以此为根据,引导学生丰富或调整自己的理解。这不是简单的"告诉"就能奏效的,而是需要与学生共同体针对某些问题进行探索,并在此过程中相互交流和质疑,了解彼此的想法,彼此作出某些调整。由于经验背景的差异,学生对问题的理解常常各异,在学生的共同体之中,这些差异本身构成了一种宝贵的学习资源。教学就是要增进学生之间的合作,使他看到那些与他不同的观点,从而促进学习的进行。

（四）建构主义的教师观

建构主义对教师的角色定位是:学生学习的有效辅导者和重要学术顾问。教师工作的中心内容是通过种种指导和组织工作促进学生主体性的发挥。建构主义对教师的素质提出了更高的要求:积极钻研以促进学生对知识意义建构的方法和途径;给学生提供真实而复杂的问题情境;创设良好的学习环境,使学生在其中可以通过实验、独立探究、合作学习等方式开展学习;提供学生元认知工具和心理测量工具,培养学生批判性的认知加工策略,以及自己建构知识和理解的心理模式。

二、建构主义的教学思想

建构主义较好地解释了人类学习过程的认知规律,较有远见地提出了他们的教学思想,对传统的学习和教学模式带来较大的挑战,被认为是"革新传统教学的理论基础",对当今世界教学理论和教学实践改革具有重要意义。

(一)建构主义关于教学的基本观点

1. 强调以学生为中心进行教学。建构主义要求在教学活动中尊重学生的主体地位,发挥学生的自觉性、主动性和创造性,不断提高学生的主体意识和创造力,最终使学生成为能自我教育的社会主体。

2. 提倡协作化学习。建构主义从其对知识的观点、对学生学习结果的观点出发要求学生进行协作学习。协作学习强调个体通过与别人讨论、合作,从而获得对事物的不同的理解,其做法主要有小组讨论、游戏、辩论、合作解决问题等多种形式。

3. 重视学生的经验背景。建构主义认为,教学不能无视学生的已有经验,而要引导学生从已有的知识经验中"生长"出新的知识。

4. 提倡情境化教学。建构主义认为教学应该是情境化的,教学应该发生在真实或类真实的情境中,情境化的教学才能实现学用结合。

(二)建构主义的教学模式

迄今为止,建构主义已开发出的比较成功的教学模式有以下三种:

1. 抛锚式教学

抛锚式教学要求教学应该建立在有感染力的真实事件或真实问题的基础上,通过确定这类事件或问题来确定整个教学内容和教学进程,就好像抛下锚后轮船就被固定了一样。

抛锚式教学由以下几个环节组成:

(1)创设情境。使学习能在和现实情况基本一致或类似的情境中发生。

(2)确定问题。在上述情境下,选择出与当前学习主题密切相关的真实性事件或问题作为学习中心,被选出的事件或问题称为"锚",这一环节的作用就是"抛锚"。

(3)自主学习。抛锚只是一个过渡,教学的最终目的是使学生能够自主地完成学习目标,自主解决复杂背景中的真实问题。

(4)协作学习。通过协作学习,补充、修正、加深每个学生对当前问题的理解,在学习过程中提高与他人交流、相互评价和自我反思的能力。

(5)效果评价。对抛锚式教学效果的评价往往不需要进行独立于教学过程的专门测验,只需在学习过程中随时观察并记录学生的表现。

2. 支架式教学

支架式教学模式主张为建构对知识的理解提供一种概念框架。这种框架中的概念是发展学习者对问题的进一步理解所需要的，为此，事先要把复杂的学习任务加以分解，以便于把学习者的理解逐步引向深入。

具体来说，支架式教学由以下五个环节组成：

（1）搭脚手架。围绕当前学习主题，按最近发展区的要求建立概念框架。

（2）进入情境。将学生引入一定的问题情境，即进入概念框架中的某个支点。

（3）独立探索。让学生独立探索。开始探索时，教师要进行启发引导，然后让学生自己去分析，探索过程中教师要适时提示，帮助学生沿概念框架逐步攀升。

（4）协作学习。通过小组协商和讨论，共享集体思维成果，可促进对当前所学概念的较全面、正确的理解，即最终完成对所学知识的意义建构。

（5）效果评价。包括学生的自评和学习小组对个人的评价，评价内容包括：自主学习能力、对小组协作学习所做出的贡献以及是否完成对所学知识的意义建构。

3. 随机通达教学

随机通达教学指的是，学习者可以随意通过不同途径、不同方式进入同样教学内容的学习，教师在教学中也可以对同一教学内容在不同的时间和情境下，以不同的方式加以呈现。

随机通达教学主要包括以下几个环节：

（1）呈现基本情境。向学生呈现与当前学习主题的基本内容相关的情境。

（2）随即进入学习。根据学生通达学习所选择的内容，呈现与当前学习主题的不同侧面特性相关联的情境。

（3）思维发展训练。教师向学生提出的问题应有利于促进学生认知能力的发展，还要注意通过不断鼓励回答来培养学生的发散性思维。

（4）小组协作学习。围绕呈现不同侧面的情境所获得的认识展开小组讨论。

（5）学习效果评价。包括自我评价与小组评价。

建构主义的学习理论强调充分发挥学习者在学习过程中的主动性和建构性，重视"情境"、"协作"在教学中的重要作用，并提出一系列以"学"为中心的教学策略。建构主义关于学与教的主张进一步强化了认知心理学在教育和教学领域中的领导地位，其教学理论及模式为教学改革提供了新的思路和方向。但建构主义也有其局限性，这一学派太过于强调事物的意义源于个人的建构，片面强调知识结构的重要性而忽视知识内容的教学，有可能使创造性发展的目标落空。

第五节　人本主义学习理论

20 世纪 60 年代，以马斯洛（A. Maslow）和罗杰斯（C. R. Rogers）为代表的人本主义心理学兴起，它猛烈地抨击精神分析和行为主义，被称为心理学的"第三势力"。有别于行为主义心理学过于关注"严格"的实验方法，而没有恰当地讨论人类的思维能力、情感体验和主宰自己命运的能力，忽视了人之所以为人的最实质的东西。人本主义心理学认为，心理学必须关心和提高人的尊严，必须充分重视人的意愿，心理学家应该研究人的价值、人的创造力和人的自我实现。

一、人本主义关于教与学的基本观点

人本主义最基本的理论假设是对人性的看法。人本主义的人性观包括三个要点：1. 人的本质是好的，善良的。2. 人有意志自由，有自我实现的需要和潜能。3. 人们的思想、欲望和情感使得人们成为各不相同的个人，人都是单独存在的，人能够根据自己的需要进行自主的自我选择。以此人性观为理论出发点，人本主义对学习的实质、类型、教育教学的目标和原则、师生关系等问题作了独具特色的阐述。

（一）学习的实质

人本主义心理学家指出，学习是个人经验的形成与获得，学习的过程就是经验的过程，其基本动力是学生的自发性和主动性。学习应该是一种自发而且有选择的过程。人本主义心理学反对行为主义所提倡的通过强化和惩罚提高学生学习效果的做法，认为学生对自身发展潜能的内在自我体验本身就是对学习活动的最好强化，学习最理想的境界莫过于"乐之"。人本主义还认为，最好的学习是学会如何学习。

（二）学习的类型

罗杰斯根据学习对学习者的意义，将学习分为无意义学习和意义学习。无意义学习是指对没有个人意义的材料的学习。类似于心理学上的无意义音节，与个人的情感和理智无关的，仅涉及经验累积和知识增长，学得吃力，而且容易遗忘。有意义学习是指一种涉及学习者完整的人，使个体的行为、态度、个性以及在未来选择行动方针时发生重大变化的学习，是一种与学习者各种经验融合在一起的、使个体全身心地投入其中的学习。教师应该想方设法地促进学生的意义学习。

（三）教育和教学的目标

在马斯洛和罗杰斯看来，教育的根本目的在于促进人的自我实现，教育只是丰满人性的一种形式。相应的，学习过程不仅是学生获得某一知识的简单过程，而且还是学生获得相应学习方法、促进其健全人格形成的过程。

（四）以学生为中心的教育原则

以学生为中心是人本主义心理学家的核心教育原则，罗杰斯认为，由于学生具有巨大的学习潜能和自我实现的动机，因此，教师不是教学生怎样学，而是提供学习手段，由学生决定怎样学。教师不应以"指导者"而应以"方便者"自居，这样才能消除师生间的紧张关系，有利于学生学习潜能的最大发挥。

（五）师生关系观

人本主义心理学家认为,师生间良好关系的构筑是引导学生实现自己潜能、达到最好教育教学效果的重要前提。他们认为:"促进有意义学习主要依赖于教师和学习者彼此关系中的某些态度。"为了构建良好的师生关系,教师应充分信任学生能够发展自己的潜能,真诚、接受、理解地对待学生。如果教师能按这些要求处理教学中的师生关系,不但可以免除学生种种精神上的威胁和挫折,还能使学生的自我实现的学习动机得以自然地表现。

二、人本主义主要的教学模式

以教与学的有关理论为出发点和依据,人本主义心理学家对课堂教学模式提出了自己的设想,比较有代表性的主要有以下三种:

（一）以题目为中心的课堂讨论模式

该模式的主要做法有点类似于头脑风暴法,即先由教师提供一个讨论的课题,该课题与群体中正发生的问题有着一定的相关。然后教师设法引导学生投入到讨论之中,实现师生之间、学生之间的真正互动和促进。实施该模式进行教学时要注重三点:选择对每个学生来说都有意义的问题,在讨论过程中要允许且鼓励学生的个体独特性,避免离题和时间过长。

（二）开放课堂模式

开放课堂的典型特点是无拘无束,不拘形式。在这种教学模式中,学生活动属于自发性质,没有任何强迫的色彩。学生并不需要把自己限制在某个课堂或中心区域,可以做自己想做的事,学想学的课程。教师并不要求学生去从事某项特殊的活动,但可以对活动提出建议。教师的首要任务是在适当的时间促进学生与学习的材料真正发生接触。为此教师必须对学生进行观察,建立每个儿童的档案,推荐有利于学生的活动,准备如何给他们的自主活动予以及时支持和鼓励。

（三）自由学习的教学模式

这是一种较为自由的模式。教师注重的是决定课堂中完成什么以及怎样使用由师生共同安排的课堂时间。罗杰斯坚信,教师与学生应该享有最大的自治权与选择权,并认为该模式比较适合于大学的教学。其主要做法如下:

1. 学生参与决定学习的内容与授课模式。

2. 使用学生契约。任何学科都可以使用契约,契约既可以由师生共同制定,也可以由学生自己制定。

3. 学生选择信息源。学生可以采用不同方式从不同的信息源来获取学习的内容。

4. 课堂结构安排的变通性。通过安排不同类型的课堂结构,或者对同一类型的课堂结构作出不同安排,吸引不同兴趣与需要的学生自主地参与到学习中来。

5. 由学生对学习效果进行评定。先让学生了解什么样的操作水平会得到什么分数,即让学生掌握评分标准,然后由学生自己评定学习效果。

人本主义学习理论重视人的内在价值,重视个人潜能的成长,这些观点有力冲击了以往学习理论中存在的弊端,促进了教育革新。但人本主义学习观过于强调实现先天潜能的内在倾向,忽视了时代条件和社会环境对于先天潜能的制约和影响,这是该理论的不足。

本章小结

1. 学习的概念:学习是个体在特定情境下由于练习或反复经验而产生的行为或行为潜能的比较持久的变化。学习的分类:如果按学习结果划分,可分为言语信息的学习、智力技能的学习、认知策略的学习、态度的学习和动作技能的学习;如果按照学习活动的性质可分为接受学习和发现学习;根据学习材料与学习者原有知识的关系,还可分为机械学习和有意义学习。

2. 行为主义的学习理论。包括:(1)桑代克的试误学习理论,通过迷箱实验提出学习是情境和反应的联结,学习应遵循准备律、练习律和效果律;(2)巴甫洛夫的经典条件作用理论和华生的行为主义理论,巴甫洛夫提出学习具有泛化、辨别和消退等规律,华生则提出情绪习得的研究;(3)斯金纳的操作性条件反射学习理论,提出强化、惩罚和程序性教学等理论;(4)班杜拉的社会学习理论,提出观察学习和社会认知理论。

3. 认知学派的学习理论。包括:(1)格式塔的完形学习理论,通过大猩猩的顿悟实验,认为学习是形成新的完形;(2)托尔曼的符号学习理论,托尔曼认为学习是在头脑中形成的认知地图,提出整体认知和中介变量;(3)布鲁纳的认知发现学习理论,认为学习是积极主动地形成认知结构或知识的类目编码系统的过程,倡导发现学习;(4)奥苏贝尔的认知接受学习理论,提出有意义的学习和接受学习,先行组织者的教学等。

4. 建构主义的学习理论。建构主义认为学习是学习者通过新旧经验的双向作用建构自己的经验体系的过程。较有远见地提出了他们的知识观、学习观、学生观和教师观,并在此理论基础上提出他们的教学思想,设计了三种成功的教学模式:抛锚式教学模式、支架式教学模式和随机通达教学模式。

5. 人本主义的学习理论。人本主义心理学家认为学习是个人经验的形成与获得,将学习分为无意义学习和有意义学习,认为教育的根本目的在于促进人的自我实现,提出以学生为中心的教育原则。在以上理论的基础上,提出以题目为中心的课堂讨论模式、自由学习的教学模式以及开放课堂的教学模式。

思考题

1. 什么是学习?通常对学习的分类有哪几种?
2. 评价桑代克的试误学习理论。
3. 比较经典性条件作用和操作性条件作用的区别。分别列举两种条件作用的学习实例。

发展与教育心理学

4. 惩罚就是负强化吗？如何科学地使用惩罚？

5. 观察学习由几个子过程组成？

6. 简述格式塔学派的学习理论。

7. 简述托尔曼的符号学习理论。

8. 比较发现学习与有意义接受学习之间的关系,讨论其各自的优点和缺点。

9. 什么是先行组织者？举一实例说明。

10. 比较建构主义教学理论与传统教学观在知识观、学习观、学生观和教师观上的差异以及其对现代教学改革的影响。

11. 人本主义关于教与学的基本观点是什么？提出了哪些教学模式？

参考文献

1. ［美］Rober J. Sternberg,Wendy M. Williams. 教育心理学. 张厚粲译. 北京：中国轻工业出版社,2003

2. 莫雷. 教育心理学. 北京：教育科学出版社,2007

3. 伍新春. 儿童发展与教育心理学. 北京：高等教育出版社,2008

4. 何先友. 青少年发展与教育心理学. 北京：高等教育出版社,2009

5. 刘万伦,田学红. 发展与教育心理学. 北京：高等教育出版社,2014

6. ［美］罗伯特·斯莱文. 教育心理学：理论与实践. 姚梅林等译. 北京：人民邮电出版社,2012

7. 陈琦,刘儒德. 当代教育心理学(第二版). 北京：北京师范大学出版社,2007

8. 张桂春. 建构主义教学思想的再构. 教育科学,2004,20(6)：25～27

9. 张翌宇. 建构主义教学思想的探讨. 内蒙古财经学院学报(综合版),2011,9(3)：64～67

10. 佐斌. 论人本主义学习理论. 教育研究与实验,1998(2)：33～35

11. 刘宣文. 人本主义学习理论述评. 浙江师范大学学报(社会科学版),2002,27(1)：90～94

第八章 学习动机

想一想，我们为什么待在课堂里面？

学生之所以待在课堂里面，可能存在许多的学习动机。有的学生的确是想学习老师所教的知识，而有的学生感兴趣的是如何取得好成绩、超过其他同学；有的学生在意的是取悦老师或家长，而有的只是想尽快地、轻松地完成任务；还有的学生是为了回避某种特定的情境（比如自己会被欺负，或者被家长骂等）。或许，教师不需要质疑学生是否有学习动机，而是去思考学生拥有哪种学习动机。

或许我们会期待，在学生身上有一个按钮，"打开"之后，学生就可以自觉、努力地去学习了。确实，某种程度上，环境会影响我们的动机——例如一种被称为"情境动机"的现象。课堂中的内容是否有趣，是否具有挑战性，是否和学生的生活相关、课堂的竞争与合作、学生如何被评价等确实会影响学生的动机，因此，教师可以通过课堂氛围的营造来促进学生的学习动机。但我们更应该明白，动机是在众多因素影响下完成的，它一方面受到环境的影响，也受到学习者自身的控制，学习者过去的经历也会发挥作用。所以，动机可能并不是一个人们能够随意打开的"开关"或"按钮"，但我们能够找到办法去影响它。

第一节 学习动机概述

一、学习动机的含义

生活中，我们需要做很多事情，比如学习一项新的技能、参加辩论赛、整理自己的房间等。我们在做这些事情的时候，可能出于不同的动机，有些是因为喜爱，有些是为了获得别人的认可，有些是出于压力等。不管具体的动机是什么，不可否认的是，动机是我们完成以上任务的关键因素。

动机（motivation），是激发、引导、维持并使行为指向特定目的的一种力量。动机决定了人们是否要学习某种行为以及学习到何种程度，尤其当学习强调自主性的时候，而且，一旦开始做某事，动机在很大程度上决定我们是否要做下去。

学习动机会影响学习行为，会影响我们注意什么、思考什么，以及应该付出多大努力，还能够延长任务时间。与此同时，学习行为也能够增强学习动机。在学习的过程中体验到求知的乐趣以及对自我的认可，就会增强今后的学习动机。学习本身也可以是一种强化。

二、动机的分类

依据不同的维度,可以对动机进行不同的分类:依据动机在活动中所起作用的大小,可以分为主导性的动机和辅助性的动机;依据动机与活动的关系,可以分为间接的远景性动机和直接的近景性动机;依据学习动机的来源,可以分内部动机和外部动机;根据内驱力的成分,可分为认知动机、自我提高的动机和附属动机。

1. 内部动机和外部动机

当动机来源于个体和任务之外时,称为**外部动机**(extrinsic motivation)。也就是说,学习的动力来自于学习之外,学习是实现某些目标的手段。比如"拿第一","获得奖学金","书中自有千钟粟,书中自有黄金屋,书中自有颜如玉"等。外部动机能够促进成功的学习,并增加建设性的行为。但外部动机也有一定的缺陷,比如受到外部动机驱使的学生,只会付出成功完成任务所需要的最少的行为和认知努力,并且一旦外部刺激停止他们也有可能中止行为。

当动机来源于个体和任务本身时,称为**内部动机**(intrinsic motivation)。比如学习者对学习活动本身感兴趣而产生的动机(即将学习视为一个愉悦的过程),或者认为学习过程有价值而产生的动机。"学之者不如好之者,好之者不如乐之者","好之"和"乐之"就是内部动机的体现。内部动机有一种尤其强烈的表现形式,叫做"沉浸体验(flow)",也就是人们在挑战性活动中那种注意力集中、全神贯注、浑然忘我的状态。显然,内部动机是教学过程中的理想状态。

表8-1 内部动机的表现特点

内部动机在很多方面优于外部动机。面对具体任务时,受内部动机驱使的学生倾向于表现出以下特点:

☐ 根据个人意愿进行任务,不需要威逼利诱。
☐ 从事任务时存在认知参与(如将注意力集中在任务上、主动思考)。
☐ 乐于迎接挑战。
☐ 在完成任务时表现出更高的创造性。
☐ 面对失败时不气馁。
☐ 乐在其中。
☐ 主动寻找额外的机会完成任务。
☐ 成就水平较高。

对于某个学生而言,内部动机和外部动机可以同时存在,共同促进我们的学习。学生对某学科本身的兴趣可以成为我们学习的动力,同时我们也希望通过自己的努力取得更好的成绩、获得奖学金、赢得老师的赞扬和同学的认可。因此,有时内部或外部动机都强或者都弱的现象是存在的。不过对于大多数人而言,外部动机强的学生往往内部动机弱,内部动机强的学生往往外部动机弱。

内部动机和外部动机也可以互相转化。比如我们最开始的时候可能对学习本身不感兴趣,如果遇到一个好的老师,再加上适当的奖励,会产生较强的外部学习动机,在外部动机刺激下努力学习,逐渐发现学习的乐趣,渐渐爱上学习。反而,一个出于学习兴趣而学习的学生,可能由于不适当的奖励或惩罚,导致其丧失学习兴趣。也就是说,如果我们正在进行一项愉快的活动,会感觉到内感报酬(依靠的是内部动机),此时如果提供外部的刺激奖励(外加报酬),反而会减少这项活动对我们的吸引力。这种现象也称为"德西效应"。

"德 西 效 应"

心理学家爱德华·德西曾进行过一次著名的实验:他随机抽调一些学生去单独解一些有趣的智力难题。在实验的第一阶段,抽调的全部学生在解题时都没有奖励;进入第二阶段,所有实验组的学生每完成一个难题后,就得到 1 美元的奖励,而无奖励组的学生仍像原来那样解题;第三阶段,在每个学生想做什么就做什么的自由休息时间,研究人员观察学生是否仍在做题,以此作为判断学生对解题兴趣的指标。

结果发现,无奖励组的学生比奖励组的学生花更多的休息时间去解题。这说明:奖励组对解题的兴趣衰减得快,而无奖励组在进入第三阶段后,仍对解题保持了较大的兴趣。

实验证明:当一个人进行一项愉快的活动时,给他提供奖励结果反而会减少这项活动对他内在的吸引力。这就是所谓的"德西效应"。

"德西效应"给教师以极大的启迪——当学生尚没有形成自发内在学习动机时,教师从外界给以激励刺激,以推动学生的学习活动,这种奖励是必要和有效的。但是,如果学习活动本身已经使学生感到很有兴趣,此时再给学生奖励不仅显得多此一举,还有可能适得其反。一味奖励会使学生把奖励看成学习的目的,导致学习目标的转移,从而只专注于当前的名次和奖赏物。

在教学中,教师要注意避免这种现象。教师需要事先了解学生对某项活动本身的兴趣,如果兴趣较高,就无需外在奖励,进行口头表扬即可;若兴趣较低,则可以采取口头表扬和物质奖励结合的方式。

2. 认知动机、自我提高的动机和附属动机。

认知动机是学习者基于求知的需要而产生去学习、去掌握的学习动机。这种动机多半是从好奇的倾向中派生出来的。好奇是高级动物的一种本能行为,是对新异事物的关注和兴趣。从某种意义上来说,求知是人的一种天性。因此,认知动机指向学习本身,满足来自于知识能力的获得,故稳定、持久。

巴特勒(Butler, 1953)曾经进行过这样的实验:将猴子放在一个封闭的小房间内,墙上有两个窗子,分别涂有黄色和蓝色。打开蓝色窗子,可以看到实验室里人的活动。打开一次窗

发展与教育心理学

子可以看30秒,猴子很快学会了辨别两个不同颜色的窗子的作用,不停地打开蓝色窗子。对打窗子这一反应的强化,被认为是好奇心的满足。

自我提高的动机是为获得或维持相应的地位和自尊而产生的学习动机。在学习成绩和能力上超过他人是学习者地位和自尊的重要来源,所以自我提高的动机也可以促使学生在学习上做长期艰苦的努力。自我提高的动机实际上并不指向学习活动本身,因而是一种外部动机。

附属动机是学习者为获得长辈(家长、老师等)的赞扬和认可而努力学习的动机。显然,和自我提高的动机一样,属于外部动机。一般来说,随着学生年龄的增长,独立性增强,学习中的附属动机会下降。

三、学习动机对学习效果的影响

虽然我们不一定总能意识到自己的动机,但通过对行为和学习的影响,动机在体现着它的作用。

1. 总体说来,学习动机会通过影响我们的行为影响学习效果。

在学习活动的起始阶段,学习动机对学习起激发和定向的作用,使得我们的行为朝向一定的目标;动机也能提高我们在学习中投入的努力和能量;在面临挫折时,需要足够的动机来发起和维持我们的行为;恰当的动机也有助于我们调整自己的情绪和行为。

2. 适度的动机水平更能获得好的成绩。

学习动机和学习效果的关系,并非简单的递增关系,会因为任务的性质和难度而变得不同。此时的作用符合耶克斯-多德森定律。根据该定律,各种活动都存在一个最佳的动机水平;动机的最佳水平随任务性质的不同而不同;在难度较大的任务中,较低的动机水平有利于任务的完成。

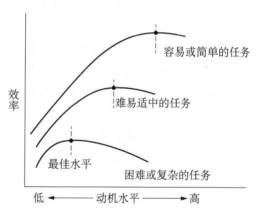

图8-1 耶克斯-多德森定律

思考:假设一次高考的模拟试题和高考试题难度相似,但为什么有的人高考时成绩比模拟试题时成绩差了很多?

其中可能的原因之一,是学生在高考时动机水平过强,反而限制了他的发挥。因此我们的老师通常会在平时强调考试的重要性,以增强我们的学习动机;而在高考前通常会帮助我们调节动机水平,让我们用更好的状态进行考试。当年你高考时是这样的吗?

第二节　学习动机的理论

心理学家从不同的角度对学习动机的产生进行了深入探讨,并提出了不同的理论,下面介绍一些国内外影响较大的理论。

一、强化理论

强化理论由著名的行为主义心理学家斯金纳提出。所谓的强化，是促使反应率增加的过程，当某一行为出现后，随之出现令其满意的结果，则个体的行为发生的概率将为增加。比如小孩子看书学习后，受到表扬，之后看书学习的次数增加，这就是强化的过程。

现代的心理学家不仅用强化来解释操作学习的发生，而且也用强化来解释动机的引起。人类从事的众多有意义的行为都是操作性强化的结果，例如步行上学、读书写字、回答问题等等。随着强化的进行，我们做这件事情的动机也逐渐增强。

一般来说，强化有两种：正强化和负强化。所谓正强化是指某一行为如果会带来行为者的愉快和满足，如给予食物、金钱、赞誉和关爱等，行为者就会倾向于重复该行为；而负强化是指某一行为如果能减少和消除行为者的不快和厌恶，如减少噪声、严寒、酷热、电击和责骂等，行为者也会倾向于重复该行为。正强化和负强化都会导致行为出现概率的增加。

学习链接

请比较：正强化、负强化、惩罚、忽视

正强化：某种目标行为后（完成作业），出现奖励性的后果（出去玩儿），导致行为增加；

负强化：某种目标行为后（完成作业），移去某种不喜欢的行为（不用打扫卫生），导致行为增加；

惩罚：某种目标行为后（课堂讲话），出现厌恶性后果（打扫卫生），或者移去喜欢的后果（不能出去玩），导致行为减少；

忽视：某种目标行为后（课堂哗众取宠），不给予反馈，通常导致行为减少。

强化理论把行为的原因归结为外部刺激和外部强化的作用，属于典型的外部动机理论。但是强化理论只讨论外部因素或环境刺激对行为的影响，忽略人的内在因素和主观能动性的作用，具有机械论的色彩。实际上现实生活中人类对强化的反应更为复杂，奖励有时并不一定导致我们动机的增强，如前面所讲的"德西效应"。

二、自我效能理论

传统的行为主义者认为强化是决定行为的唯一因素，班杜拉则认为行为的出现不单是由于随后的强化，也可以是由于个体认识了行为与强化之间的关系，而对下一步的强化产生了期待。期待分为两种，一种是结果期待，当我们能预期到这种行为会带来好的结果时，这种行为会被激活；另一种是效能期待，是我们对自己能否实施某种行为的能力的判断，当我们认为自己有能力进行某一活动时，这种行为也会被激活。据此，班杜拉提出了自我效能的概念，认为自我效能是人对自己能否成功进行某一行为的主观判断。

　　生活中我们可以发现，当我们知道某一行为会带来什么后果后，就一定会做出该行为吗？不一定，只有当我们意识到，自己有能力做出这种行为后，才会转化为行为。这是很多学困生学习动机不强的原因，因为，他不相信自己有能力取得好成绩！因此，当我们具备了相应的基本条件之时（比如一定的记忆力、理解力），自我效能就成为了行为的决定因素。

 学习链接

比较：自我概念、自尊、自我效能感

　　乍一看自我效能感似乎和自我概念、自尊这些概念很像（确实这几个概念也有很多交叠、共通之处），但它们之间存在很重要的不同。一般来讲，自我概念谈论的是"我是谁"的问题，自尊谈论的是"我有多好"的问题，而自我效能感谈论的是"我能把这件事情做好吗"的问题。

　　心理学家已经发现，有一些因素会影响自我效能感的形成，包括个体先前的成功和失败、他人的成功和失败、他人所传递的信息、当前的情绪状态等。

　　1. 个体先前的成败经验　这是影响我们学习自我效能感的最重要的因素。如果在之前的活动时，个体能体验到成功，则有助于他形成高的自我效能感。一旦人们形成了较高的自我效能感，一次偶然的失败对他们的乐观态度的打击就不会太大。而如果人们在某一领域连续遭遇失败，他们往往就不太会相信自己能够取得成功。每一次新的失败，都是在验证自己在这个领域是不会成功的，也就不太会有继续学习或挑战的动力。

　　2. 他人的成功和失败/替代经验　我们可以通过观察那些和自己相似的个体的成败情况，来帮助自己在一个新的任务或领域中建立自我效能感。在一项研究中（Schunk & Hanson，1985），研究者将减法运算有困难的小学生分为三个组，第一组的孩子们看到其他学生成功完成这些题目，第二组的孩子们看到老师成功完成这些题目，第三组的学生没有看到任何情况。结果发现，第一组的孩子平均做对了19题，第二组的孩子平均做对了13题，而第三组的孩子只平均做对了8道题。有意思的是，在另外的研究中（Kitsantas，Zimmerman & Cleary，2000），观察一个一开始有些吃力，后来才慢慢掌握这个任务的同辈榜样，比观察一个一开始就漂亮地完成任务的样本具有更好的效果。有可能是因为这个过程让学习者认识到，成功不是轻而易举就能够得到的，必须付出努力和实际行动才能取得成功，而且还能让学习者看到榜样为取得成功所使用的策略。

　　3. 他人所传递的信息　在一定程度上，他人传达给我们的信息会影响我们的表现，别人对我们直接的夸奖，或者向我们保证成功是有可能的，会让我们产生更高的自我效能。甚至有时只是隐晦的传达，也仍然影响我们的自我效能感。例如在批改作业时，老师隐晦的表达出"我知道你能够做得更好，所以给你一点建议"，可以提升学生完成作业时的自我效能感。有时他人的行为也隐晦地传达出这种信息，比如他人愿意给我们放权，会让我们觉得自己被信任，自我效能感也将更高。

　　4. 生理和情绪状态　当我们在紧张、疲劳的状态下，很容易产生无效能感，特别是涉及体育、健康、应激等领域时。班杜拉认为,情绪和身体的反应并不绝对重要,重要的是人们对其进行的知觉和解释。比如我们此刻感到的焦虑或压力的程度,将显著影响我们的自我效能感,因为我们会把这种情绪体验解释为自己无法胜任的信号,即使这些感受不一定与现在正在进行的任务有关。

三、需要层次理论

马斯洛的动机理论是依据人类的基本需要提出的。马斯洛提出,基本需要有不同的层次,由下而上分为生理需要、安全需要、归属与爱的需要、尊重的需要、自我实现的需要。后来在其理论中,又加入了认知需要和审美需要。需要的出现遵循着层次排列的先后顺序,一般来讲,人只有在低级需要得到满足的基础上才会产生对高一级需要的追求。比如一个吃不饱穿不暖的孩子,首先考虑的是如何获得最基本的物质保障,在基本的生存需要得到满足之后,他才会考虑如何进一步学习,如何获得成就,如何得到他人的尊重,如何实现自我等。

从马斯洛的需要层次理论来看,个体的学习行为也是在需要的推动下产生的。不同层次的需要与诱因结合后会产生不同的学习动机,但学习动机的强度与水平会存在不同程度的差异。直接与学习相关的需要是认知需要,但大多数人的层次不一定达到如此水平,对多数学生来说,推进他学习的更多是尊重、归属与爱的需要,教师在课堂上,利用与学生的接触,促进学生在这方面的满足,可以有效地提升其学习动机。

四、归因理论

奥地利社会心理学家 F. 海德在其 1958 年出版的《人际关系心理学》中首先提出归因理论。以后一些学者在此基础上陆续提出一些新理论,如 B. 韦纳、L. Y. 阿布拉姆森、H. H. 凯利、E. E. 琼斯等人。但人们常说的归因理论主要是指韦纳于 1972 年发展的理论。

归因就是人们对自己或他人行为原因的推论过程。人们常常渴望确认那些发生在自己身上的事情的原因,特别是对那些出乎意料的事情(比如,考了一个不好的成绩)。在韦纳的动机归因理论中,他首先确定了成就情境中成败归因的最显著的原因即能力、努力、任务难度、运气。韦纳通过逻辑和经验分析、数理统计分析(相关法、多因素分析法、多元方差分析)确定了原因的三个维度:(1)原因源。原因源是指原因是行动者自身原因还是外部环境的原因,如考题难度是外部原因,能力是内部原因;(2)可控性。可控性是指原因能否受行动者主观意志的控制,如努力的可控性较高,能力、运气的可控性较低;(3)稳定性。稳定性是指原因是否随时间而改变,如运气很不稳定,而能力较为稳定。韦纳进而提出了归因的三维结构模式:原因源×可控性×稳定性。他认为对任何一种原因都可以从这三个方面进行分析:

原因源:内部 vs 外部

可控性:可控 vs 不可控

稳定性:稳定 vs 不稳定

表 8-2　依据三个维度分析不同的归因

我们常有的表述	原因源	稳定性	可控性
我对英语一点兴趣都没有	内部	稳定	可控
我很聪明	内部	稳定	不可控
我学习努力/学习方法恰当	内部	不稳定	可控
我考试没有发挥好	内部	不稳定	不可控
老师、同学很喜欢我	外部	稳定	可控
这部分内容太难,根本听不懂	外部	稳定	不可控
小燕给我讲了一遍,我就懂了	外部	不稳定	可控
这次运气好	外部	不稳定	不可控

　　为什么归因会影响我们的学习动机? 首先,归因会影响我们对事件的情绪反应。只有当我们将自己的表现归因于自己的因素时,更能体会到自我意识的作用,才会为成功而高兴,为失败而沮丧。如果我们认为失败是他人的责任,那么我们更有可能体会到的是愤怒。其次,归因会影响我们的自我效能感。当学习者将他的成功或失败归因于稳定的因素时,我们会期待下一次时会有相似的表现,才会带来自我效能感的提高。最乐观的学习者(那些非常期待未来成功的人),会将成功一部分归于稳定、可依赖的因素,例如天赋和他人的支持,这样他们会感到成功不是侥幸,下一次自己也有可能成功。同时他们可能会将过往的失败或不足主要归因于自己内部能控制和改变的不稳定因素,比如学习方法不好,这样会知道自己下一次的努力方向。

　　我们的归因习惯又是从哪里来的呢? 学习者的年龄、环境线索、过往成功和失败的模式、他人的言语和非言语信息、文化、性别等都会影响我们的归因。

实践讨论

赞扬就一定是好的吗? 为什么有时赞扬起不到我们希望的效果?

　　从归因理论的角度理解赞扬:人们对学习者的反应会对学习者起到反馈,同时也在传达他们的归因,或间接地传达他们对学习者能力水平的看法。例如,适时地表扬其努力,所传递的信息是学习者的成功来自于他们的努力。然而,如果通过评价简单任务而表扬学习者,同时传递出的信息就是成功是意料之外的,换句话说,就是学习者的能力很低。这和行为主义的观点存在一定的差异:行为主义者认为赞扬作为一种强化应该会增加随后的行为,然而从归因的角度,对于过于简单的任务,赞扬可能具有反作用。如果它传递着能力低的信息,那么学习者在之后的任务中就不愿意付出更多努力,只有当学习者的确已经付出努力时,对努力的表扬才是有效的。

为什么有的人更愿意将自己的成功归因于聪明/天赋,而不是努力?

　　将成功归因于聪明,实际上会让我们产生一种自己很特殊的感觉,而如果将成功归因于努力,则可能会让我们觉得自己其实也是很普通的,并不是特别的那一个。因此为了形成更良好的自尊,有的孩子更倾向于将自己的成功归因于自己的聪明,虽然这其实并不是最合适的归因方式。

另外他人的反馈也会影响我们的归因。想一想,有多少次我们被人夸奖"你真聪明",别人所传递出来的信息逐渐沉淀下来,从而形成我们对自己的归因。

五、成就动机理论

成就动机(achievement motive)是个体追求成功的内在驱动力。它可以分为两部分:一是追求成功,即表现为趋向目标的行动;二是避免失败,表现为设法逃避活动的情境。个体的成就动机水平是追求成功的倾向减去避免失败的倾向后形成。

在成就动机领域有两个较为重要的学者,一个麦克里兰(David McClelland),另一个是阿特金森。麦克里兰他认为具有高成就动机的人喜欢设立具有适当挑战性的目标,不喜欢凭运气获得成功,不喜欢接受特别容易或特别难的工作,希望在工作中得到及时明确的反馈信息,以了解自己的进步情况。

阿特金森于1963年将成就动机理论进一步深化,提出具有广泛影响的成就动机模型,模型公式如下:

$$动机强度 = 成就需要 \times 获得成功的可能性 \times 诱因$$

成就需要是一个人稳定地追求成就的个体倾向,获得成功的可能性是某人对某一任务能否成功的主观概率,诱因是成功时得到的满足感。阿特金森认为,获得成功的可能性和诱因值是反比的关系,成功的可能性越小,诱因值越大。

六、自我决定理论

自我决定理论由德西(Deci)等提出,该理论认为人是具有主动性的有机体,个体具有心理成长和发展的潜能,自我决定能够指引个体从事感兴趣的,并且能够对其发展产生益处的活动。除此之外,个体的活动还会受到外界环境的影响,不同的外界因素对个体活动产生推动或者阻碍的作用,而这些影响的来源则是个体固有的三种基本的心理需求(自主需要、关系需要和能力需要)。外界环境如果能够满足这些心理需求,个体执行活动的可能性和成功性就会提高,反之则降低。根据个体自我决定的程度不同,自我决定理论把人的动机分为:缺乏动机、控制动机和内在动机。

换句话说,在所从事的事情和生活的方向上,个体想要有自主感。例如,当个体认为"我想要这样做"或者"我认为这样做有价值"时,就有较高的自我决定感。相反,当个体认为"我不得不做"或者"我应该做"时,个体会认为他人或其他事在帮自己做决定。当人们觉得对正在进行的事情有决定感时,学习者更有可能被内部动机所驱使,他们更有可能在活动中感到愉悦、有意义地主动地思考问题、敢于迎接挑战。相反,当人们觉得自己无法决定生活进程

发展与教育心理学

时，他们可能被外部要求所推动，但不可能有较高的内部动机，因此也不太可能在所从事的任务中投入太多努力。

什么情况下我们拥有更高的自我决定感？以下情况中我们会感觉到更高的自我决定：真正拥有选择权（而不是被逼从两个不喜欢的情况中选择一个）；较少受到威胁；较少的潜在评估；当感到真正被老师和同学关心、信任时等。

第三节　学习动机的培养与激发

"学之者不如好之者，好之者不如乐之者"，在教学中最理想的状态就是学生能够拥有足够的学习动机（特别足够的内部动机），主动积极地去学习。

一、学习动机培养的原则

学生学习动机的培养是一项复杂、系统的工作，有多种技巧和方法，但在培养时，需要注意一定的原则：

1. 系统性原则

学生的学习动机是一个非常复杂的系统，一般情况下，学生的学习动机都不是单一的，而是复合的。比如我们努力学习这门课程，可能既是因为自己确实感兴趣（内部动机），也可能是因为教师给的奖励（外部动机）；可能是为了通过考试（近景性动机），还有可能是为了将来能够成为一名合格的老师（远景性动机）。各种不同的学习动机对学习活动都有促进作用，不可简单的否定。但原则上，对学生学习动机的培养应该以"内部动机为主，外部动机为辅，远景动机与近景动机相结合"为指导。

2. 差异性原则

不同个体对学习动机的要求是不一样的，有的人更看重自己的表现（成就需要），有的人更看重在这个过程中和同学的关系（归属需要），也有的人强调自己在学习过程中获得老师和同学的认可（赞许需要）。因此我们面对独特的个体时，需要注意差异性的原则，找到每个学生不同的动机来源，进行有针对性的激发。另外不同年龄、不同性别的学习者，在动机培养时也具有一定的差异性。

3. 适度性原则

对照前面所讲过的动机与成就的关系，并非动机越强，学习效果越好，两者呈倒 U 型曲线的关系。因此，在动机培养时，要针对任务的性质和难度，选择最合适的动机水平进行指导。如果学生动机不够强，可以增加其动机水平，如果学生本身动机已经超过了最佳水平，此时我们需要进行的不是动机的激发，而是相应的调整。

二、培养与激发学习动机的方法

不同的心理学流派从不同的角度对学习动机的产生进行了理解，根据这些理论我们也可以从不同的角度进行学习动机的培养。

（一）激发学生的好奇心

好奇心和求知欲是学习的内在动力，人和其他很多高等动物都具有强烈的好奇心，马斯洛的需要层次理论中，后来也加入了"认知的需要"。我们天生希望去了解这个世界，因此，通过激发学生的好奇心来促进其学习动机，可能是较为接近动机的本质且效果较为持久的一种方法。

教师激发学生的好奇心，可以从以下方面入手：

1. 设计合理的问题来激起学生的求知欲和好奇心。教师在导入内容时可以通过设置问题情境的方式，激发学生想要去探究的欲望。在教学过程中，教师要鼓励学生敢于质疑、大胆提问的精神，更要准备促进学生的深入思考。也就是说学生的好奇是在一个个问题的思考和解决的过程中逐渐浓厚的，教师要善于利用"问题"这一工具。

2. 多种教学方法相结合。教学中应该充分利用多媒体教学设备，但不应让自己的课堂受制于多媒体的束缚。除了多媒体教学设备的运用，可以让自己的课堂形式多样化：组织辩论赛、自己出题自我检测、书写大赛、读书会、课本剧展演等，都是可以采用的良好教学形式。在活动中，不仅学生的综合素质得到提高，而且这些活动学生一般都有强烈的参与热情，学习的好奇心能够得以维持。

3. 营造平等舒适的教学氛围来保护学生好奇心。课堂教学中，会有学生课堂插话、低声议论等现象，有时这是学生在跟随教师思考的体现，教师不应该片面强调课堂纪律而挫伤孩子的好奇心。教师应该鼓励孩子们勤于思考、勇于讨论、敢于发言。在对学生进行评价时要注意鼓励他们的新异想法，而不要用对错去衡量甚至打击孩子。

4. 使用鼓励性的教学反馈。鼓励性的教学评价是为了帮助学生认识自我建立信心。课堂上要不失时机地给不同层次的学生充分的肯定、鼓励和赞扬。平时我们应注意观察学生的长处和微小的进步，并适时给予肯定和赞许。特别对于学习有困难的学生及时加以点拨、诱导，使他们"跳一下也能摘到果子吃"，使他们也敢于去参与去思考。"你一定行"、"你真棒"一些鼓励性的语言在教学中可以更好地激发学生的学习兴趣。

（二）利用强化原理

前一个方法中，激发学生的好奇心，培养学生的兴趣，是增加学生内部学习动机的手段，而强化是一种激发学生外部动机的有效手段。

强化最常见的方式就是表扬和奖励，在对学生进行奖励时，要注意以下几点：

1. 在学生自身学习动机已经较高的情况下，不需要进行强化，参见前面所讲的"德西效应"。

2. 口头表扬为主，物质奖励为辅。

3. 选择多种强化物，比如一次活动、一个小奖品，一个特殊的纪念章……

4. 依据学生的年龄等特点，选择适合的强化物，比如小学生的小红花，中学生参加户外活动的一次机会等。

5. 强化要及时进行。

6. 正强化和负强化可以灵活选用。

7. 利用外在强化物进行强化时,最好同时注意内部动机的引导和建立。

8. 随着强化的进行,当行为已经较为固定,内部动机已经建立时,可以弱化奖励。

(三)帮助学生确立合适的目标

这里所讲的"确立合适的目标",具有较为丰富的含义。

1. 确立合适的核心目标。研究者们已经确定,人们可能拥有种类广泛的目标,比如获得身体上的舒服和心理上的幸福、得到外在的奖励、掌握新的知识或技能、寻找新奇的体验、建立良好的人际关系、实现职业理想、为他人或社会做贡献等等。通常我们大多数人会拥有一个核心目标,当我们的核心目标与学业或自我成长相关联时,我们通常在学习上的动机会更强。因此,"确立合适的目标",第一层含义是指,让我们的核心目标与学习联系在一起,不一定是直接的联系,比如我的核心目标可能是成为一个对社会有用的人,这虽然跟学习没有直接的联系,但仍然能够促进学习。

2. 选择合适种类的目标。较为受到关注的目标类型有:掌握目标和成绩目标、工作—回避目标。拥有不同目标的人在动机和行为上存在较大差异。

拥有掌握目标的学生,会想要通过努力来获得技能和提升能力;成绩—趋近型目标的学生,关注的是让自己看起来很优秀,并且获得他人的赞许;成绩—回避型目标的学生只是希望自己不要那么糟糕,不要获得不好的评价。这三个目标也可以同时存在,不过单独相比较时,掌握目标是最理想的情况,他们更多的将注意力放在课堂上,对学习、努力、失败的观念态度较为合理。

有的学生拥有的是工作—回避目标,他们在课堂上可能会避免自己看起来很糟糕,但在其他时候,他们会回避任务,或者尽可能地减少付出,常常对学业进行拖延。当内部动机和外部动机均低的学生,最有可能持这种工作—回避目标,这些学生是教师在工作中最大的挑战。

教师需要对学生所持有的目标的种类进行观察,鼓励学生尽可能地选择掌握目标。

3. 选择合适程度的目标。当学生设立的目标合乎其自身情况并具有一定挑战性的时候,目标能够发挥最大的激励作用。这时目标的达成会带来相当大的自我满足感,增强自我效能,并期待未来更高水平的表现。目标只有在可完成的情况下才会有成效,如果它们不切实际(如达到零失误的完美表现),那么持续的失败会导致过度的压力、挫折或沮丧。

(四)引导学生正确的归因

从前面的归因理论来看,我们生活中存在着不同的归因风格。总的说来,将成功或失败归因于自己的内部、可控、不稳定的因素(如自己的学习方法、努力程度等),是较好的归因,其他的归因方式(比如归因于外部因素),或多或少都需要进行一些调整。

如何引导学生归因的改变? 可以采用以下方法:

1. 说服　可以采用专题讲解或讲座的形式,让学生了解有关归因的内容;让学生去反思自己的归因习惯,了解自己的一些不合适信念(归因)对学习的影响,并鼓励他们树立信心;帮助学生认识自己和他人在过去的成功中,努力所起的作用。

2. 示范 让学生观看他人是如何归因的。可以通过小品或录像的形式向学生展示他人在失败时,将失败归因为缺乏努力,之后重新投入并坚持完成任务的故事。引导学生对故事中的人物的想法和表现进行思考,并给予相似的情况进行模拟练习。最后让学生讨论及进行反馈。

3. 活动矫正 让学生在规定时间内完成不同难度的任务,然后要求学生在事先预备的归因因素中进行选择,对完成任务的情况作出归因,当学生积极归因时进行及时肯定,当学生消极归因时则给予暗示和鼓励。

(五)利用竞争与合作

在课堂中引入一定程度的竞争,是有效激发学生学习动机的一种手段,能够激发学生的好奇心,提高其学习时的专注状态,充分调动学生的反应,并能够鼓励他们克服困难。

竞争可以采用个人和团体两种形式,二者都能有效提升学生的兴奋水平,但是个体竞赛的负面作用更大。团体竞争(如分小组竞争)在一定程度上,可以鼓励学生在小组内的合作,学生之间可以互相帮助,个体的努力能够带来集体的成功,在某种程度上有利于共同的进步。

使用竞争的注意事项:尽管竞争可以有效激发学生在某一特定情境下的学习动机,但多数时间,对于多数学生来说,非竞争性的活动更容易激发他们的动机。当学习者相信自己有理由获胜时,竞争性的环境才能够激发他们的动机。而当竞争规则要求只有一部分人能够获胜,而其他人必须面对失败时,这样的竞争就会产生一定的副作用:会让人更关注于自己的成绩,也就是导致成绩目标(而非掌握目标)的出现;会让失败者降低自我价值感,会促使人进行能力归因。也就是说,竞争性的班级环境可能会导致大多数学生获得较低的成就,不仅是带来更低的分数,还会使他们对待学习的态度变得更加消极。因此,当为了活跃课堂气氛而采取短期的竞争活动时(如辩论、小组竞赛),教师必须确保每一组学生都能有相等的机会获得成功,而不能事先就预期某一组会成为胜者。

(六)提高自我效能感,激发学生的成就动机

当我们感到自己有能力应对这一学习任务时,我们会产生更强的愿意去做这件事的动机。因此,我们可以通过提高学生的自我效能感来促进其动机的提高。

在教学中,可以适当为学生创造成功的机会,获得成功的经验。可以为学生多创设各种不同的成功机会,或者通过给他们布置力所能及的任务让他们独立完成,让他们体验到依靠自己的能力、努力来解决困难的感受,让他们体会成功的喜悦和自豪感。

为学生提供积极的榜样,是让学生提高自我效能感的另一种方式。可以让学生在观看他人努力奋斗的过程中,获得替代性的经验,从而提高他们的自我效能感。因此,在教学中,一方面教师可以以身作则,为学生树立良好的榜样,也可以为学生提供一些名人或身边的人成功克服困难的案例,让学生认识到,努力之后是会有回报的,成功是可以期待的。

本章小结

1. 动机(motivation),是激发、引导、维持并使行为指向特定目的的一种力量。

2. 依据不同的维度,可以对动机进行不同的分类:依据动机在活动中所起作用的大小,可以分为主导性的动机和辅助性的动机;依据动机与活动的关系,可以分为间接的远景性动机和直接的近景性动机;依据学习动机的来源,可以分为内部动机和外部动机;根据内驱力的成分,可分为认知动机、自我提高的动机和附属动机。

3. 动机的理论主要有:强化理论、自我效能理论、需要层次理论、归因理论、成就动机理论、自我决定理论。

4. 学习动机的激发要注意系统性、差异性和适度性原则。可以通过激发学生的好奇心、利用强化原理、确立合适的目标、引导正确归因、利用竞争与合作、提高自我效能感等方式激发学生的学习动机。

思考题

1. 不同类型的学习动机间有什么异同?

2. 不同类型的学习动机能否相互转化?为什么?如果可以,如何转化?

3. 简述学习动机的强化理论。在教学中可以怎样运用?

4. "自主需要与自我决定理论"对教师教学工作有什么启示?

5. 如何利用马斯洛的需要层次理论,激发学生的学习动机?

6. 教师应如何引导学生对考试的失败进行归因?

7. 如何在教师教学中发挥竞争与合作的积极作用?在引入竞争与合作时,可能面临什么问题,需要注意哪些方面?

8. 如何提升学生特别是学困生的学习效能感?

9. 在启发学生学习动机时,如何因材施教?能否举一些例子说明?

参考文献

1. 陈郁. 学生学习动机的调查与研究. 华东交通大学学报,2005,22(3):151～154

2. 郭德俊,马庆霞. 提高学生学习动机的任务中心教学模式. 教师教育研究,2001,13(1):63～67

3. 郭秀. 浅议学生学习动机的激发. 教育理论与实践,2004(12):58～59

4. 蒋小青. 激发中学生英语学习动机的十个教学策略. 基础教育外语教学研究,2003,(10):36～38

5. 李炳煌. 中小学生学习动机影响因素及发展趋势研究. 湖南师范大学教育科学学报,2005,4(3):101～104

6. 李夏. 中学生学习动机发展研究. 当代教育科学,2002(1):41～43

7. 刘加霞,辛涛. 中学生学习动机、学习策略与学业成绩的关系研究. 教育理论与实践,2000(9):54～58

8. 戚焱,陈玲. 中学生英语学习动机、观念与策略的研究与分析. 扬州教育学院学报,2003,21(4):86～88

9. 石绍华,高晶,郑钢,唐洪,虞积生,张梅玲.中学生学习动机及其影响因素研究.教育研究,2002(1):65~70

10. 王华,王光荣.目标设置理论对学生学习动机激发的启示.沈阳大学学报(社会科学版),2005,7(1):40~42

11. 张亚玲,杨善禄.中学生的学习动机与学习策略的研究.心理发展与教育,1999,15(4):35~39

12. 周源源,白学军.论学生学习动机及其激发.天津师范大学学报(社科版),2005(3):78~80

13. Kitsantas A, Zimmerman B J, Cleary T. The role of observation and emulation in the development of athletic self-regulation. Journal of Educational Psychology, 2000, 92(4): 811~817

14. Schunk D H, Hanson A R. Peer models: Influence on children's self-efficacy and achievement. Journal of Educational Psychology, 1985, 77(3): 313~322

第九章 知识的学习与学习的迁移

在社会高速发展的今天,我们周围的世界发生着日新月异的变化,知识的总量以极快的速度迅猛增长。据统计,2000 年人类知识的 99.4％是 20 世纪 80 年代以后获得的,只有 0.6％的知识是 80 年代以前积累的。预计到 2050 年,人类现在所掌握的知识届时将只占知识总量的 1％。面对如此巨大的知识量,为了更好地生存,学习有了新的意义。联合国教科文组织在《学会生存》这一著名报告中指出,"未来的文盲是那些没有学会怎样学习的人。"可见,在当今世界中,个体的学习能力已成为一项最基本的生存能力。在崭新的世纪,不会学习的人无异于生长在海边而不会游泳的人,时刻都有被知识和信息海洋淹没的危险。面对新的形势,美国联邦政府提出了终身学习计划(Lift-long learning project),强调个体在一生中持续发展其知识、技巧和能力。学习终身化的社会环境要求人必须学会学习和不断的学习,学习迁移能力的培养就是促进学生形成终身学习能力的一个重要的方面。本章内容将对什么是知识的学习和学习的迁移、学习迁移如何促进等问题进行阐述。

第一节 知识的学习概述

一、知识的分类

人们对知识的探讨由来已久,从哲学的角度来说,"知识,就它所反应的内容而言,是客观事物的属性与联系的反应,是客观世界在人脑中的主观映象;就它的反映活动形式而言,有的表现为主体对事物的感性知觉或表象,属于感性知识,有的表现为关于事物的概念或规律,属于理性知识。"

而心理学的角度则认为,知识是个体头脑中的一种内部状态。狭义的知识,一般指能储存在语文文字符号或言语活动中的信息或意义,如各门学科的知识、公式等;广义的知识是个体通过与其环境相互作用后获得的一切信息及组织,包括狭义的知识,也包括在获得和使用这些知识信息过程中所形成和发展而来的技能、技巧和能力。

对知识的分类有多种角度,比如哲学将知识分为感性知识和理性知识;按学科分可以分为物理知识、数学知识、语文知识等。心理学主要从知识学习过程的心理实质或特点等角度对知识进行分类:奥苏贝尔将知识分为表征、概念、命题、问题解决和创造;加涅将知识分为连锁、辨别、具体概念、抽象概念、规则及高级规则六类。但这些分类对知识获得的信息加工过程缺乏深入的研究,因此具有较多的思辨色彩。以下将介绍心理学中对知识所进行的其他几种较为成熟的分类方式。

（一）陈述性知识和程序性知识

陈述性知识（declarative knowledge）也叫描述性知识，是关于事物及其关系的知识，关注事物的过去、现在和未来的性质。它是我们能够直接陈述的知识，主要用来回答事物是什么、为什么和怎么样的问题，可用来区别和辨别事物。大部分的陈述性知识是可以"言传"的。陈述性知识至少有两种不同的形式：情景记忆和语义记忆。情景记忆是关于我们个人生活经历的记忆，比如周末的时候和朋友一起下象棋的记忆。语义记忆是关于世界中的一般知识，比如该如何下象棋。

程序性知识（procedural knowledge）也叫操作性知识，是关于怎样做某事的知识，它主要用来解决做什么和怎么做的问题。是一种经过学习自动化了的关于行为步骤的知识，比如开车、骑自行车、打羽毛球等。我们在使用这类知识时，通常没有有意识的提取线索，只能借助某种作业形式间接推测其存在。程序性知识通常是"难以言传"的。

陈述性知识和程序性知识有许多的不同。比如获得的方式中，陈述性知识可以通过看书、听报告等方式获得，但程序性知识要通过完成各种操作步骤来实现。与此同时，陈述性知识和程序性知识又是密切联系在一起的。许多活动的完成既需要陈述性知识，也需要程序性知识。比如要打好羽毛球，既需要一定的讲解，也需要不断的练习形成程序性知识。最初我们获得的通常是陈述性知识，但这些知识经过实践之后，可以形成程序性知识。比如学习外语，我们最开始可能需要掌握关于语法的知识，经过大量的练习、实践之后，就形成可以流畅运用的程序性知识了。

掌握两种知识的差异和联系，有助于我们在教学中区分不同的教学内容，制定不同的教学目标和教学方式，安排合适的教学步骤。比如对小学生运算的教学，既要安排陈述性知识的讲授部分，也要安排程序性知识的练习环节，以帮助学生形成熟练的技能。

（二）外显知识和内隐知识

英国科学家、哲学家波兰尼有一个著名命题："我们知晓的比我们说出的多"。在学校教育中，有很多知识是可以很容易地表述和传达的，比如"什么是牛顿第一定律"，这类知识也称为言明的知识，或者说，称为显性知识。所谓**外显知识**就是指用书面文字、图表和数字等表达的知识，大部分我们学校所学，都属于这一种知识。但生活中还有一种现象，我们认为自己完全不知道，但实际上我们可以通过一些行为等体现出来的知识，也就是隐性知识，比如我们许久未见的一位老同学，你告诉自己，已经完全不记得他的样子了，但是当我们见到他时，还是能一眼认出来。**内隐知识**是指我们不能有意识回忆和解释，但却会影响我们行为的知识。我们的方言口音就属于这一种。

关于教学的知识，是外显知识，还是内隐知识？"教学有法"，说明教学领域中存在着大量的方法。这些方法有些是可以进行传达的，当说起自己的教学经验时，不少老教师也能侃侃而谈，讲出很多显性的方法。但与此同时我们也可以看到，有许多教学的经验不一定是能够进行表述的，"可意会而不可言传"说的就是这种隐性的知识。作为未来的教师，我们不仅要通过书本、通过经验交流去学习他们的外显知识,还需要通过观察、思考、训练去掌握教学中的内隐知识。

二、知识的表征

知识的表征是指信息在人脑中的储存和呈现方式,是个体知识学习的关键。在学习的过程中,人们总是根据自己对知识的不同表征而选择相应的学习方式和应用方式。心理学研究表明,知识类型不同,其在头脑中的表征方式不同。

(一)陈述性知识的表征

现代认知心理学认为,陈述性知识主要是以命题和命题网络的形式进行表征,另外,表象和图式也是陈述性知识的重要表征形式。

1. 命题和命题网络

命题是知识的最小单元,一般由一个简单的句子来表达,但不等于句子,命题总是传达一定的信息,表达一定的含义。例如,"这是一本故事书"。命题一般由两个成分构成:关系和论题。论题通常由名词或代词表达。如"小学生过马路"中的论题是"小学生"和"马路"。而关系一般由动词、副词或者形容词来表达,也可以用关联词和介词来表达。关系对论题起限制作用。如"小红在做作业"这个命题中,"做"表示关系,显著地限制了有关"小红"的信息的范围。

命题网络是基于语义网络提出来的,指任何两个命题,如果它们具有共同成分,则可以通过这种共同成分而彼此联系起来。许多彼此联系的命题组成命题网络。命题网络是一种具有层次性的结构,科林斯和奎廉(A. M. Couins and M. R. Quillin)的一个经典实验支持了知识以命题网络的层次结构储存的观点。他们认为如动物、鸟、鱼等分类的知识以图 9 - 1 的层次结构储存。

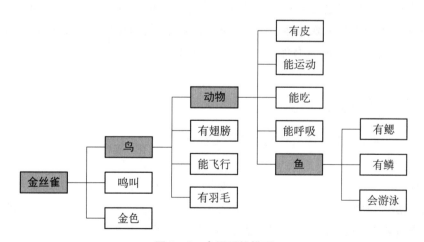

图 9 - 1   命题网络模型

2. 图式

图式是指知识在头脑中的表征方式。在现代认知心理学中，图式是指关于一类事物的有组织的大的知识单元或称为信息模块。信息以图式的方式表征，将大大提高其激活和提取的速度，也会节省极为有限的工作记忆的存储空间。J·R·安德森认为，对于表征小的意义单元，命题是适合的，但是对于表征较大的有组织的信息组合，命题是不适合的。例如，人们有关房子的知识，如果用"房子是人们的居处"这一命题表征，是合适的，但这一命题不能用来表征有关"房子"的全部知识。因为像"房子"这样的观念是由它们的许多属性如大小、形状和功能等组合而成的。

用图式表征一类事物，不仅包含了该类事物的命题表征，而且包含了该类事物的知觉信息的表征，图式不是命题的简单扩展，而是对同类事物的命题的或知觉的共性的编码方式。所以图式是一般的、抽象的，而不是具体的或特殊的。

（二）程序性知识的表征

程序性知识主要以产生式和产生式系统进行表征。

1. 产生式

产生式由信息加工心理学家纽厄尔和西蒙首先提出，是程序性知识的基本单位，是由于经过学习，个体头脑中形成的一系列以如果/那么（if/then）形式编码的规则，是一种所谓的条件—活动规则（C-A规则）。一个产生式就是一个"如果……那么……"规则。当条件得到满足时，动作就得以执行。例如，"如果三角形的两条边或两个角相等，那么这个三角形就是等腰三角形"。

2. 产生式系统

简单的产生式只能完成单一的活动。有些任务需要完成一连串的活动，因此需要许多简单的产生式。经过练习简单的产生式可以组合成复杂的产生式系统。这种产生式系统被认为是复杂技能的心理机制。一般来说，程序性知识开始以命题网络形式表征，之后转化为产生式的形式进行表征，经过反复练习后，变成自动化的程序。因此，产生式系统不需要一个外在的监督系统，它的监控蕴藏于运行之中。程序性知识的规则在程序性知识形成后并不被个体所意识到。生活中大部分的技能都由产生式系统来表征。

三、知识学习的方式

奥苏贝尔根据新知识与原有认知结构的关系，将知识的学习划分为下位学习、上位学习和并列结合学习。

下位学习又称类属学习，是一种把新的观念归属于认知结构中原有观念的某一部分，并使之相互联系的过程。下位学习包括派生类属学习和相关类属学习。派生类属学习指新观念是认知结构中原有观念的特例或例证，新知识只是旧知识的派生物。如学生学习了"动物"这个概念，再学"牛"、"羊"、"马"等概念。相关类属学习指当新学习的知识从属于原有认知结构中的某一观念，但并非完全包含于原有观念之中，并且也不能完全由原有观念所代表,二者仅是一种相互关联的从属关系时,便产生相关类属学习。例如,学生已知"教学心理"这一概念的意义,现在要让学生认识到"认知策略的学习"也是教学心理研究的内容之一。

上位学习又称总括学习,是指学生在掌握一个比认知结构中原有概念的概括和包容程度更高的概念或命题时所产生的学习过程。上位学习遵循从具体到一般的归纳概括过程。例如,根据已知的长方体、正方体、球等特征,从中概括出立体图形的概念的学习。新旧观念相互作用的结果是习得新的上位观念。上位学习进行的条件是和学生原有知识相比,新知识属于更为概括、更为一般的内容。学生通过这种学习使自己的知识更为系统、完整和概括,从而易于把握事物的本质属性和共同规律。

并列结合学习又称组合学习,在这种学习方式中,新命题与认知结构中原有命题既非下位关系又非上位关系,而是一种并列的关系。例如,学习质量与能量、热与体积、遗传与变异、需求与价格等概念之间的关系就属于并列结合学习。假定质量与能量、热与体积、遗传结构与变异为已知的关系,现在要学习需求与价格的关系,这个新学习的关系虽不能归属于原有的关系之中,也不能概括原有的关系,但它们之间仍然具有某些共同的关键特征,如后一变量随着前一变量的变化而变化等。根据这种共同特征,新关系与已知关系并列结合,新关系就具有了意义。一般而言,并列结合学习较难,需认真比较新旧知识的联系与区别才能掌握。

表 9-1　知识学习的方式

上位学习	新学习概念 A 原有的概念　a_1———a_2———a_3———a_4
下位学习	原有的概念 A 新学习的概念　a_1———a_2———a_3———a_4
并列结合学习	新学习的概念 A→B→C→D 原有的概念

奥苏贝尔有句名言:"如果我不得不把全部教育心理学还原为一条原理的话,我将会说,影响学习的唯一的最重要的因素是学习者已经知道了什么。"并且指出,要"根据学生原有知识进行教学。"教师在教学中要注意了解学生原有的认知状况,注意新旧知识的联系,选择合

适的知识学习的方式,促进学生对知识的理解。

四、知识学习的影响因素

知识的学习是一个系统的过程,知识的学习受到许多因素的影响。在知识学习的不同阶段,起关键作用的条件也有所不同,但就知识掌握的整体而言,还有一些基本因素影响到整个过程中各环节的学习。如学生先验知识的储备、学习动机、学习材料的性质、教师的教学方法等。

(一)学习者的主动性

学习的主动积极性指的是学生对待知识的态度及其注意、情绪和意志的状态。学习的主动性与学生是否主动思考、积极投入、勇于面对困难等表现有关,也会影响学生学习方法的选择。因此只有学习的主动积极性高,才可能取得良好的掌握效果,因为学生是掌握知识的主体,而学习是需要其主动建构和投入的过程,他人无法代替其完成。学习的主动积极性与学习动机直接相关,学习的积极主动状态是学习动机的外在表现。因此,在教学过程中,发挥学习的主动性,调动学习的积极性,最根本的方法在于通过创设问题情境,激发学生的学习动机,使之由兴趣发展到乐趣并最后发展成志趣。

(二)先前的知识储备

教学是连续进行的,布鲁纳认为,如果把新知识纳入到学习者已有的知识体系中去,把新的知识组成一个个有系统的结构网络,然后把它们分门别类地储存在头脑中,将有助于知识的理解、保持与应用。因此,学生在学习新知识时,先前的知识储备将会产生较大影响。这种影响有时是积极的,能促进知识的掌握;有时是消极的,会阻碍知识的掌握。其影响的方向主要取决于已有知识经验本身的正确性、它与当前事物的一致性和教学上有无必要的分析与比较,以及这三者的相互作用。教师必须充分了解学生已有知识经验的准备状况,采取适当措施,发挥其积极作用,减少其消极影响。

(三)学习材料的内容和形式

一般来说,抽象内容与直观信息相比,学生掌握起来难度要大很多,而直观、具体的信息更容易被学生所接受。但也不是为了直观而直观,那些包括正确原理、原则、高度概括性的知识在适当的时候提供给学生,有助于加深学生对内容的把握,突破直观信息的限制,更整体地对内容进行把握,同时能够提升其思维的发展水平。

(四)教师的指导

教师若能在教学时有意识地引导学生发现不同知识之间的联系,教会学生一些学习的方法,启发学生思考、总结,指导学生监控自己的学习,扫清学习中的一些障碍,破除学习中的误区,对学生在学习过程中知识的掌握有一定的帮助。

第二节　学习迁移概述

一、学习迁移的概念

学习迁移是指一种学习对另一种学习的影响。这种影响发生在先前学习与后继学习之间,这两种学习可以涉及众多方面,两种学习的影响可以是积极的,也可以是消极的。

学习迁移广泛存在于各种知识、技能学习和社会生活中。我国古语中的"举一反三"、"触类旁通"等成语,形容的就是知识的迁移现象。学会了骑自行车,会有助于学摩托车,这是动作技能的迁移;儿童在家里养成了爱劳动的行为习惯,在学校中自觉表现出来,这是态度和行为习惯的迁移。总之,只要学习就必然会受到影响或产生影响,所以,学习迁移具有普遍性。

二、学习迁移的种类

依据不同的角度,学习迁移可以分为不同的类型:

(一)依据迁移的性质和结果来划分

依据迁移的性质和结果,迁移可以分为正迁移和负迁移。**正迁移**(positive transfer)是指一种学习对另一种学习有促进作用,也称为助长性迁移。比如学习整数的加减法,有助于接下来学习小数的加减法;学习舞蹈对学习体操有一定的促进;学习英语对学习法语有一定的促进等。正迁移常常在两种学习内容相似、过程相同或使用同一原理时发生。

负迁移(negative transfer)是指一种学习对另一种学习起干扰或抑制作用。负迁移通常表现为一种学习使另一种学习所需的学习时间或所需的练习次数增加、阻碍另一种学习的顺利进行以及知识的正确掌握。比如习惯用拼音输入法之后,再学习五笔输入法时,会比较难以习惯;会汉语拼音对学习英文国际音标会产生干扰现象;语文学习时不能区分一字多义、一字多音;在数学负数运算时错误使用正数的规则等。负迁移通常发生在两种学习相似又不完全相似的情况之下。

(二)根据迁移发生的方向来划分

根据迁移发生的方向,迁移分为顺向迁移和逆向迁移。顺向迁移是指先前的学习对后来的学习产生影响。表现为学习者面临新的学习情境和问题情境时,利用原有的知识、技能获得了新知识或解决了新问题,比如学会骑自行车后,更容易学会骑摩托车。逆向迁移表现为通过后面的学习对已获得的知识技能进行补充、改组或修正。例如,学了氢气、氧气等概念后,对"空气"这一词语有了更深的认识。无论顺向迁移、逆向迁移,都有量的区别,也有正、负迁移之分。

（三）根据知识所处的层次划分

根据知识所处的层次,迁移可以分为横向迁移和纵向迁移。

横向迁移也称水平迁移,是指抽象和概括程度相同的学习之间的相互影响。比如对"直角"、"锐角"、"钝角"之间的内容可以互相影响。纵向迁移也称垂直迁移,是指概括和抽象程度不同的学习之间的相互作用。比如学会"水果"这一概念后,对其下位的"苹果"、"桃子"等概念的理解有帮助。

（四）根据迁移的范围划分

根据迁移的范围,迁移可以分为一般迁移和特殊迁移。

特殊迁移是指一个领域内学习的内容对另一领域内学习的内容有影响,两者学习的内容某些方面有重叠。动作技能大都属于特殊迁移。一般迁移中,原任务与迁移任务中具有不同的内容和结构,既可能是原理原则的迁移,也可能是态度的迁移,这样产生的迁移可能是由注意、动机等因素引起的。这种划分方法是由美国认知学家布鲁纳首先提出来的。他认为一般的技巧、策略和方法有广泛迁移的可能性。布鲁纳十分重视一般迁移,特别是原理的迁移,他认为这是教育的重点和核心。

（五）根据迁移程度划分

根据迁移的程度,迁移可以分为近迁移和远迁移。近迁移主要是指已习得的知识或技能在原先学习情境相似的情境中加以运用。比如学会加、减法后日常生活中一些关于计数的运用。远迁移是指习得的知识或技能在不相似的情境中的运用。比如故事"曹冲称象"中对加减法的运用。

三、研究学习迁移在实践教学中的意义

在实践中,研究学习迁移对教学质量和学生学习效率的提高均有重要作用。

1. 认清迁移的实质和规律有助于教师合理安排教学顺序、组织教学内容、选择教学方法。同时研究学习迁移也有助于教师把教学实践中积累的经验迁移到新的教学中去。

2. 对迁移的研究有助于提高学生问题解决能力和培养学生的创造性。学生问题解决的过程中,通常需要将已有的知识经验具体运用到当前问题情境中,在具体运用的过程中学习的迁移发生了很重要的作用。学生创造性的发挥也有可能发生在学生创造性的迁移时。我们正处在知识经济的时代,能力发展、知识更新、终身学习等都与迁移有密切联系。

第三节　学习迁移的理论与促进

一、学习迁移理论

（一）早期的学习迁移理论

早在我国古代,人们就注意到了迁移现象。春秋时期教育家、思想家孔子就曾提出"举一

反三"、"温故而知新"等教学思想,并且要求学生"由此及彼"。西方早期的学习迁移理论主要有:

形式训练说。源于十八世纪德国心理学家沃尔夫提出的以官能心理学为基础的"形式训练说"是第一个系统的迁移理论。该学派认为,组成个体心理的各种官能(如记忆、注意、推理等能力)是可以像肌肉一样通过训练得到不断发展和加强的,如果两次学习用到了同样的官能,那么前次学习的官能就会对后来的学习产生促进,表现出迁移效应。但此理论对迁移的解释是从唯心主义观点出发的,仅停留在架设阶段,缺乏足够的实验依据和现实依据。美国心理学家詹姆士在记忆诗歌《森林女神》研究中发现,多数被试对诗歌前面部分的记忆并不能促进对后面相同长度的诗歌的记忆,个别人员的进步也只是因为记忆方法的改善,由此对此学说提出了质疑。

共同元素说。美国教育心理学家桑代克提出了被称为"共同元素说"的迁移理论,认为学习上的迁移就是两次学习在"刺激—反应"联结上的相同要素的转移,是从一种学习情境到另一种学习情境的迁移,比如骑自行车和骑摩托车在协调和操作上有共同要素,很容易发生迁移。但此理论只注重学习情境的客观方面的特点对迁移的影响,未能充分考虑学习者主体认知因素的作用,而且把迁移仅局限于有相同的"刺激—反应"联结情境。

经验类化说。美国机能心理学家贾德据其水底击靶的实验提出了"经验类化说"的迁移理论,认为共同元素只是迁移的必要条件,学习者对前一个学习情境的原理的概括才是两次学习之间发生迁移的基本条件,即在于主体获得的经验的类化。该理论揭示了原理、法则等概括化的理论知识在迁移中的作用,开始涉及高级的认知领域的迁移问题。

关系说。格式塔心理学家苛勒根据其小鸡觅食时对不同深浅背景的选择的研究提出了"关系说"的迁移理论,他们不否认学习依赖于学习原理的迁移,但更强调"顿悟"是迁移的一个决定性因素,即是因为学习者顿悟了两种学习情境的共同的关系。该理论更加注重学习者这一主体因素在迁移中的关键作用。

定势说。心理学家哈洛通过训练猴子解决双客体辨别课题后,提出学习的定势说。该理论认为,两种学习的相互影响,是先前学习中形成的学习定势造成的。学习定势也称学习心向,是指学习者进行学习活动时的心理准备状态。在以往学习中形成的愿望、态度、知识经验、思维方式等都能构成学习者的心理准备状态,并对后继学习活动产生影响。其后,研究表明人类比动物更容易形成定势。另外,学习定势对新的学习会有积极和消极两方面的作用。

以上心理学界对学习迁移的早期研究主要还是围绕学习情境与学习者主体这两方面的探讨,但他们的研究都是局部的、零散的,对学习迁移还缺乏一个系统的、整体的分析。

(二)当代的学习迁移理论

二十世纪六七十年代,随着认知科学与信息加工理论的产生与发展,学习迁移的研究有了重大的进展,在认知学习理论下分别产生了认知结构迁移理论、产生式迁移理论和元认知迁移理论。

认知结构迁移理论。布鲁纳和美国教育心理学家奥苏贝尔把迁移放在学习者的整个认知结构的背景下进行研究。所谓认知结构就是指学习者现有的知识的数量、清晰度和组织方式,由学习者眼下能想出的事实、概念、命题、理论等构成的。布鲁纳认为学习是类别及其编码系统的形成,迁移就是把习得的编码系统用于新的事物。奥苏贝尔在有意义言语学习理论的基础上提出了学习迁移的认知结构理论,他认为,一切有意义的学习(学习者把学习内容与自己的认知结构联系起来时)都是在原有学习的基础(即贮存在学习者个人长时记忆中的认知变量)上产生的,是必然包括迁移的,学习者原有认知结构的特征始终是影响新的学习与保持的关键因素。个人认知结构在内容和组织方面的特征被称为认知结构变量,主要包括可利用性、可辨别性和稳定性,原有的认知结构就是通过这三个变量对新知识学习产生影响的。此理论从学习者的认知结构方面研究了主要的认知结构变量对学习迁移的影响,揭示了学习迁移的内部主观条件,尤其是他设计的先行组织者对迁移的影响,说明了概括性、包容性水平较高的认知结构在迁移中所起的作用,对教学工作有重要指导意义。

产生式迁移理论。安德森的产生式迁移理论是针对认知技能的迁移提出的,认为前后两项学习任务产生迁移的原因是两项任务之间产生式的重叠,重叠越大,迁移量越大,即产生式的相似是迁移产生的条件。所谓产生式就是有关条件和关系的规则,简称 C－A 规则。如学习者掌握了 1/2＋1/3 的算法,可对解答 1/4＋1/5 起到促进作用。这一理论实质上是桑代克的共同要素说在信息加工心理学中的现代诠释,他的特点是以产生式规则取代了共同的"刺激—反应"联结,是人类高级认知学习的迁移。对教育的启示是,教材的选编要遵从循序渐进的原则;在教学方法上,具体技能的教学必须要注重概念和原理的教学;在练习的设计上,必须有充分的练习,才易于迁移。

元认知迁移理论。现代认知心理学强调认知策略和元认知在学习和问题解决中的应用。认知策略也是一种程序性知识,但与一般智力技能不同的是,它是指学习者用以支配自己的心智过程的内部组织起来的技能。元认知是指学习者对认知过程的自我意识、监控和调节。元认知迁移理论认为,认知策略的迁移要达到可以在多种情境中迁移的程度,一个重要的条件是学习者的元认知水平。此理论认为,认知策略的成功迁移是问题解决者能确定新问题的要求,选择已获得的适用于新问题的一项特殊或一般的技能,并能在解决新问题的同时监控它们的应用。元认知迁移理论把学习者看作学习过程的主动参与者和管理者。许多研究表明,元认知水平的提高确实能改善学生对策略的使用和对学习的监控、调节。

二、影响学习迁移的因素

学习迁移是学习过程中普遍存在的一种现象。当学习者怀着明确的应用意图去完成学习任务时,他们更能促进学习的迁移。除此以外,其他的一些因素也会影响迁移发生的可能性。

(一)学习时所采用的方式

有意义学习比无意义学习(死记硬背)更有可能促进迁移。有意义学习注重将新知识与已有知识联系起来,与无意义学习相比,他更能促进我们对知识的记忆,也更有利于知识的提取(也就是说,你考试或使用时更容易回忆起来)。除此以外,有意义学习也更能促进正迁移发生的可能性。

（二）已有知识的掌握程度和概括化水平

已有知识学习越透彻，迁移越有可能发生。对已有知识的掌握程度，是停留在记忆水平，还是能够真正理解并熟练地使用，对其迁移的程度有很大的影响。比如对于本课程所讲有关教学的内容，越深入的理解则将来在实际情形中越有可能发生迁移。另外，根据概括化理论，产生学习迁移的关键因素是学习者概括出了学习中的共同原理，或掌握了概括化的原理。抽象、概括程度越高的材料，越能促进学生对新知识的掌握。

（三）新情境与原情境的相似性

行为主义学家认为，刺激和反应间的相似性是迁移发生的必要条件。认知心理学家认为，感知到两个情境之间的相似性（而非实际之间的相似性），对于迁移的发生至关重要。也就是说，相似性会提高迁移发生的可能性。

（四）学习态度与方法

学习者对某项学习活动的态度，对学习迁移的引发也非常重要。当对学习活动具有积极的态度时，便会形成有利于学习迁移的心境，这样他便有可能将已知的知识与技能积极主动地运用到新的学习中去，找出其间的联系，学习迁移可能在不知不觉中发生。反之，学习态度消极，则不会积极主动地从已有的知识经验中寻找新知识的连接点，学习迁移就难以发生。学习方法也会影响学习迁移，掌握了灵活的学习方法就会有助于学习迁移。

（五）教师的指导方法

教师有意识的指导也有助于学习迁移的积极发生。教师若能在教学时有意地引导学生比较学习材料的异同，启发学生总结概括学习内容，进行启发式、引导式教学，都会促进学生积极学习迁移的发生。

除以上所讲的影响因素以外，学习者的智力与年龄、新近学习与原有学习之间的间隔时间，文化环境是否鼓励迁移等，都会影响迁移的发生。

三、促进学习迁移的教学策略

教师教学是一个复杂的过程，教师要完成的，不仅是有效的教给学生知识，也要让学生学会去运用知识，这两点的完成都离不开学习的迁移。如何促进学习的迁移（正迁移），是教师应该思考的一个问题。

（一）指导学生的学习方法，确保学生掌握透彻

鼓励学生进行意义学习，尽可能多地使用意义学习的方式，少使用死记硬背的方法。在

绝大多数情况下，对该主题有关知识的扎实理解是进行学习迁移的必要条件。因此，要促进学生的学习迁移，得先保证学生使用的是理解性的学习，并且对先验知识的理解达到一定的程度。

（二）塑造迁移氛围，指导学生的思维习惯

如果学生在学习时养成一种思维习惯，一种运用课堂上所学到知识的思维习惯，这可以促进他未来迁移的发生。教师可以通过创造一个迁移的氛围来促进这种思维习惯的产生。老师们应该指导学生，如何将学业内容应用到学校内外的各种情况，同时，也鼓励学生在学习的过程中，不断思考"我该如何运用这些信息"。

（三）鼓励学生多练习

大量的各类例子和实践机会能促进长时记忆中的新信息和大量相关情境的联系，因此，在随后需要被用到时，信息会更容易被提取出来。最好每次的练习都有一些略微的不同，这样建立起来的理解能够不必依赖于情境的表面意思，而使得所学知识的抽象化程度更明显。

（四）灵活地运用变式，促进学生知识的概括化水平

变式指那些本质特征不变，表面特征发生改变的例子。变更人们观察事物的角度或方法，以突出对象的本质特征，突出那些隐蔽的本质要素，让学生在变式中思维，从而掌握事物的本质和规律，使学生不受具体的表面特征的影响，在知识理解中的抽象水平更高。通过从事物的千变万化的复杂现象中，去抓住本质，举一反三，将有助于在未来情境中的迁移。

（五）重视两个知识/信息/观念间的差别，减少负迁移

蝙蝠和燕子是属于不同的种类，两者的相似性会让我们产生一种不恰当的迁移。在教学中对这种表面相似、但实质不同的刺激，要确保这些不同点能够被学生注意到，从而减少负迁移的发生。

（六）合理编排教材内容

在编排教材内容时，要注意学习内容间的逻辑衔接，以最有利于学生迁移的方式来组织内容。比如，让学生先学习正方形的面积计算公式，再学习三角形的面积计算公式。学生在学习后者时，对正方形公式的迁移，可以帮助学生更好地理解三角形的面积计算公式。依据学习迁移规律和影响学习迁移的因素，编排教材要做到使教材结构化、一体化、网络化。

综上所述，促进教学中的学习迁移，可以从学生的主体方面、教学情境方面和教学安排上面进行改进，采用多方面的策略来共同促进学生迁移能力的提高，进而促进学生学习能力的提升。

本章小结

知识是个体头脑中的一种内部状态。对知识的分类有多种角度,在心理学中,可以将知识分为陈述性知识和程序性知识、外显知识与内隐知识等。影响知识学习的因素有学习者的主动性、先前的知识储备、学习材料的内容和形式以及教师的指导。

研究学习迁移对教学质量和学生学习效率的提高均有重要作用。学习迁移是指一种学习对另一种学习的影响。依据迁移的性质和结果,迁移可以分为正迁移和负迁移。根据迁移发生的方向,迁移可分为顺向迁移和逆向迁移。根据知识所处的层次,迁移可以分为横向迁移和纵向迁移。根据迁移的范围,迁移可以分为一般迁移和特殊迁移。根据迁移的程度,迁移可以分为近迁移和远迁移。

早期的学习迁移理论有"形式训练说"、"共同元素说"、"经验类化说"、"关系说"和"定势说"等,当代的学习迁移理论主要有"认知结构迁移理论"、"产生式迁移理论"和"元认知迁移理论"。

影响学习迁移的因素主要有:学习时所采用的方式、已有知识的掌握程度和概括化水平、新情境和原情境的相似性、学生的学习态度和方法以及教师的指导方法。教师在教学中要努力促进正迁移,可以通过指导学生的学习方法、塑造迁移氛围、鼓励学生练习、灵活运用变式、重视材料间差异、合理编排教材内容等策略促进学生的正迁移。

思考题

1. 提高知识学习效果的措施有哪些?

2. "理解"在知识学习中的作用是什么?

3. 知识的学习受到哪些方面因素的影响?

4. 教学中可以如何促进学生对知识的学习?

5. 哪些因素会影响知识的应用?

6. 举一个你自己在学习中体现了迁移的例子?

7. 早期迁移理论的积极意义和局限性体现在哪里?

8. 请结合你的学科,举例谈一谈迁移对知识学习所起的作用。

9. 如何促进学生的正迁移?

参考文献

1. 才秀颖.十五种学习迁移理论通览.中国科教创新导刊,2008(35):83~85

2. 曹伟.计算机信息技术教学中学习迁移理论的应用.辽宁师专学报(自然科学版),2009,11(1):27~28

3. 党志平.学习迁移的技术支持理论与实践探讨.博士论文,扬州大学.2008

4. 范小宇,王平.关于学习迁移的理论评述.法制与社会,2008(26):341

5. 冯锐,杨红美.基于案例推理的学习迁移研究.电化教育研究,2015(7):78~82

6. 付建中.教育心理学.北京：清华大学出版社.2010

7. 黄庆锋.学习迁移理论在高中数学教学中的应用研究.博士论文,上海师范大学.2012

8. 王文静.促进学习迁移的策略研究.教育科学,2004,20(2):26~29

9. 张中强.基于学习迁移理论的教学促进研究.科技资讯,2006(32):80~80

10. 赵雪梅.学习迁移理论在初中信息技术教学中的应用.博士论文,南京师范大学.2008

11. 朱红玉.促进高职学生英语学习迁移的教学措施研究.博士论文,江西科技师范大学.2014

12. 朱燕.现代知识分类思想下的学习迁移理论述评.心理科学,1999(3):229~232

13. Ormrod,J.E.学习心理学.汪玲,李燕平,廖凤林,罗峥译.北京：中国人民大学出版社,2015

第十章　学习策略

"善学者师逸而功倍，不善学者师勤而功半"——《学记》

王磊的困惑

　　王磊是一名初中生，这学期学习很用功。上课认真听讲并记笔记，不明白的地方下课再看，并与班上同学讨论。老师布置的作业都会认真完成，回家自觉完成家庭作业，主动预习新知识，时间充裕的话还会做课外作业，会对已学的知识做一个小复习，遇上考试周还会熬夜。期末考试感觉题目不难，自认为成绩会有进步。但成绩出来后，非常吃惊，没有进步！面对这样的情况，王磊困惑了！他很苦恼："我这么认真，花了这么多时间来学习，而且不光做了老师布置的课堂作业，还做了不少课外作业，怎么还没进步呢？"

　　思考：王磊为什么会没有进步呢？到底是哪里出了问题？我们该如何帮助他？

第一节　学习策略概述

　　王磊学习态度端正，学习用功、自觉，但为什么成绩就不能进步呢？在分析王磊成绩没有进步的原因时，我们有没有想到影响王磊学习很重要的一个因素：他有没有掌握正确的、适合自己的学习方法呢？虽然老师上课讲的内容和传授的知识都记在笔记本上了，甚至已经记在脑海里了，但真的理解了吗？还有，老师在讲授知识的过程中提到的学习技巧和学习方法，他注意到了吗，会应用吗？古语云："授人以鱼不如授人以渔"，说明掌握良好的学习方法比掌握具体的知识更重要。

一、学习策略的概念和特征

（一）学习策略的概念

　　学习策略与学习成绩有很紧密关系，是学习过程的三个支架之一（另外两个是学习兴趣和学习动机），对学生的学习成效有重要影响。有人曾经对 142 名优秀的学生进行调查，发现他们除了刻苦努力外，每人还有一套适合自己的学习策略。不少中小学教师均表示：学生学习策略上的优劣，会导致学习成绩的巨大差异。因此，中小学生要想在学业上取得成就，必须掌握一套适合自己的学习策略。要辅导中小学生的学习策略，首先要了解学习策略的本质。

关于学习策略的定义，目前没有统一的界定，心理学家对其的理解不尽相同，归纳起来大致有四类：

第一，把学习策略看成是学习方法、学习规则或学习程序。如梅耶(Mayer)认为"学习策略是在学习活动中用以提高学习效率的任何活动"，这些活动指记忆术、做笔记、划线和列提纲等学习行为。都费(Duffy)认为"学习策略是内隐的学习规则系统"；里格尼(Rigney)则认为学习策略是学生用于获得、保持、提取知识和作业的各种操作程序。

第二，把学习策略看成是一种学习活动或学习计划。如尼斯贝特(Nisbet)认为"学习策略是选择、整合、应用学习技巧的一套操作过程"；德瑞(Derry)则认为学习策略是学习者为了完成学习任务而制定的复杂计划；而伍尔福克(Woolfolk)认为学习策略是学习者为完成学习任务而制定的一般计划。

第三，把学习策略看成是学习方法和学习调控的统一。信息加工理论认为学习策略是学习者在信息加工过程中对各个知识环节进行加工所使用的方法和技术，以及对它们的控制过程；尼斯贝特(Nisbet)认为学习策略是一系列选择、协调和运用技能的执行过程；丹瑟洛(Dansereau)则认为学习策略是能够促进知识获得与储存及利用信息的一系列过程和步骤。

第四，《简明心理学词典》对学习策略的解释是"在学习活动中为了达到一定的学习目标而学会学习的规则、方法和技巧"。

我国心理学工作者大都趋向于同意第三种观点，即将学习策略看成是学习方法和学习调控的统一体，既包括学习方法以及使用这些方法的程序，又包括对学习过程进行调控的技能。综上所述，学习策略是指学习者在学习活动中为提高学习效率而采用的规则、方法、技巧及调控的方式。

（二）学习策略的特征

1. 操作性和监控性的统一。操作性和监控性是学习策略最基本的特性。操作性体现在学习者认知过程的各阶段，能够为有效的认知活动提供各种方法和技能。监控性体现在对内外显学习活动的调控。从本质上讲，学习策略属于程序性知识，是关于怎么做的知识。不仅能调控学习者的外部活动，也能对学习者的内部思维活动进行操作和调控。

2. 外显性和内隐性的统一。外显性是指学习者的学习活动是可以观察到的，如在学生的学习过程中，我们可以观察到他们使用了哪些外部的学习操作以及为此做出的调控。内隐性是指学习者对学习的调控是在大脑中借助内部语言进行的内部意向活动，并支配和调节外部操作。另外，从意识性来看，在使用和监控学习策略时个体有时能意识到，但有时是意识不到的。因此，学习策略具有外显性和内隐性相统一的特征。

3. 主动性和迁移性的统一。学习策略的主动性是指学习者对学习过程的能动把握，能根据学习材料和学习情境的特点以及学习的变化，进行自觉调控的过程。学习策略的迁移是指学习者从具体的学习活动和学习过程中抽象出来的规则系统，自觉应用到其他的学习环境中去的过程。

二、学习策略的分类

上世纪 50 年代以来，许多研究者对学习策略进行了大量的研究，并根据不同的标准从不同的角度对学习策略的成分和层次提出了自己的看法。

（一）麦基奇的分类

麦基奇等人（Mckeachie et al.，1990）认为，学习策略包括认知策略、元认知策略和资源管理策略三部分（图 10-1）。认知策略是对信息进行加工的策略，元认知策略是调控信息加工过程的策略，资源管理策略是帮助学生管理可用环境和资源的策略。

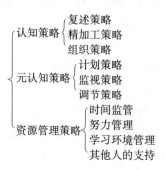

图 10-1　麦基奇等人的分类

（二）丹瑟洛的分类

丹瑟洛等人（Dansereau，1985）认为学习活动是一个复杂的活动系统，需要由多种紧密相连的活动构成，其中，认知活动是最主要的，而适宜的认知气氛能有利地支持认知活动的进行。基于这种假设和认识，丹瑟洛等人提出了 MURDER 学习策略。其中，M 代表情绪的调节（Mood-setting）和维持（Maintenance），U 代表理解（Understand），R 代表回忆（Recall），D 代表消化（Digest）和细述（Detail），E 代表拓展（Expand），R 代表复习和检查（Review）。

（三）皮连生的分类

我国学者皮连生（1997）根据学习的信息加工模型将学习策略分类如下：1. 促进选择性注意的策略，如设问、记笔记等；2. 促进短时记忆的策略，如复述，转换成组块等；3. 促进新知识内化的策略，如分析信息之间的内在逻辑结构；4. 促进新旧知识联系的策略，如比较新旧知识的异同；5. 促进新知识牢固保存的策略，如使用精加工策略。

三、掌握学习策略的意义

学习是需要策略的，掌握有效的学习策略，对学生的学习具有重要的意义。

（一）掌握学习策略是学会学习的必然要求

联合国教科文组织教育发展委员会的埃德加·福尔在《学会生存》一书中指出："未来的文盲不再是不识字的人，而是没有学会怎样学习的人。""活到老，学到老"，学会学习是每个社会成员适应现代社会生活的必然要求，随着社会变革的加剧，个体面对的社会变化会越来越大，终生学习的压力会越来越明显，学会学习成为现代社会对学习者的必然要求，相应地，策略的教学在教育中变得越来越重要，"教是为了不教"是教育的最终目的。

（二）掌握学习策略是开展主体性学习的要求

开展主体性学习是 21 世纪基础教育改革的重要任务，要实现这一任务，必须让学生掌握有效的学习策略，积极主动地进行学习。因为从学生学习的过程看，学生是学习活动的主人，他们的积极性是保证学习目标实现的基础。只有学生主动学习，主动接受教师的指导和帮助，才能真正掌握知识，实现自己的发展。

（三）掌握学习策略是提高学习质量的保证

不少研究和实践表明，学习策略是制约学生学习效果的重要因素之一。学习活动和认知活动都涉及相应的效率问题，学习策略能提高学习效率。从掌握学习的理论看，每个学习者通过努力，都能够掌握所学的学习材料，但这种掌握的效率却受到学习策略的影响。大量研究表明，是否具备相应的学习策略以及能否有效使用学习策略是造成学生学习差异的重要原因。因此，掌握有效的学习策略，能够让学生学得轻松，学得愉快。

第二节　学习的认知策略

认知策略是指学习过程中对信息进行加工的方式方法。从信息加工的流程看，可将认知策略分为复述策略、精加工策略和组织策略三类。

一、复述策略

复述策略是指个体为了识记和保持信息，对信息进行多次重复记忆的过程。复述是短时记忆进入长时记忆的关键。在学习中，复述是一种常用的记忆策略。在简单任务的学习中，如记电话号码、地名、人名和时间等，我们一般会用复述策略，通过一遍遍地读、写、看记住它们。英语单词的学习也常常用到复述策略，如反复背诵、抄写。

学生采用复述策略的目的在于提高所学内容的识记效果，而涉及到认知过程主要发生在识记和保持阶段。下面分别介绍这两个阶段中使用复述策略的一些方法。

（一）识记阶段的复述策略

1. 利用无意识记和有意识记

无意识记是指没有预定目的、不需要意志努力的识记。这种识记也是有条件的，只有对人具有重大意义的、与人的需要和兴趣密切相关的、给人以强烈情绪反应的或形象生动鲜明的人或事，才能成为无意识记的内容。

有意识记是指有目的、有意识的识记，需要付出一定的认知努力。有很多材料，即使我们经常见，但如果没有进行有意识的识记，可能仍然记不起。如电视中经常卖的广告，若有人问广告的产品全称是什么？哪个厂家生产的？我们可能回答不出来，虽然我们每天都要看好几遍这广告。因此，想要记住某个信息，需要有意识地用一些方法去记忆它。

2. 排除相互干扰

人们经常会遗忘一些信息，一个重要的原因是这个信息被其他信息干扰了，或这个信息与其他信息混淆了。如当一个人告诉你他的电话号码时，你可能很容易记住，但如果两个人同时告诉你他们的电话号码时，要把后面的人的电话号码记住就显得比较困难了，这就是干扰。人的短时记忆容量是有限的，能保存的信息也是有限的，因此，在学习其他新知识之前要对旧知识进行巩固，以避免干扰。

3. 整体识记与分段识记

篇幅短小、内容紧凑的材料，可以使用整体识记方法，即整篇阅读，直到记牢为止。而对那些篇幅较长，或者内容较难、内在联系不紧密的材料，则适宜采用分段识记方法。分段识记方法是将材料分成几部分，每次只记忆其中一个部分，当这个部分牢固掌握后，再识记下一个部分。分段记忆降低了长篇材料的记忆难度，避免了各部分之间的相互干扰。

4. 多种感官协同记忆

识记时，应避免用单一感官进行识记，注意采用"多通道协同记忆法"。这种方法是指各种感官互相配合的记忆方法，即耳听、眼看、手写、口念并举，加强输入信息的强度，在头脑中形成广泛、多方面的联系。有心理学研究证明，人的学习83％是通过视觉，11％是通过听觉，3.5％是通过嗅觉，1.5％是通过触觉，1％通过味觉。因此，多种感官的参与能有效地增强记忆。

5. 反复阅读与试图回忆

在进行识记时，通过反复诵（阅）读达到纯熟，可以记得牢固。还可采用边读边背的记忆方法，即稍加复述就尝试背诵，背不出的时候再进行复述，之后再尝试背诵，这样反复几次，直到完全能背诵。这种方法既可以集中注意力，又可以使个体及时发现自己疏忽或不足的部分，及时补救。同时，这种方法还可以促进个体在识记过程的自我调控和调节，提高学习效率。

6. 适度的过度记忆

过度记忆是指在刚好记住材料后，再多复述几次。一般来说，适度的过度记忆是指以刚刚能背诵所需要的复述量为基础的150％左右为宜。也就是说，如果一份材料复述10遍刚刚能记住，适度的过度记忆要求学习者应在此基础上多复述5遍，这时的记忆效果达到最佳水平。复述的次数太少不利于熟记，而复述的次数太多会消耗时间和精力，不利于记忆效果的提升。

（二）保持阶段的复述策略

1. 及时复习

艾宾浩斯的遗忘曲线说明，遗忘从识记之后就开始了，遗忘的速度是先快后慢，在识记之后的 20 分钟,就遗忘了 40% 左右,再过几天,几乎全忘记了。因此,新学习的材料一定要及时复习,减缓遗忘的进程。

2. 集中复习与分散复习

集中复习是指集中一段时间复习某种材料,分散复习是将时间分成若干段,每隔一段时间复习几次。不少实验证明,分散复习的效果优于集中复习。因此,应培养学生分散复习的习惯,不要等到考试之前进行突击复习。

3. 多种形式的复习

采用多种复习形式可使复习更加持久专心,不单调,不仅有利于调动学生学习的积极性,而且有利于学生从多种角度去理解所学内容。如复习英语单词时,可采用朗读、抄写、默写、造句,同学间互问互答等多种方式。

二、精加工策略

为了更好地记住所学内容,需要对材料进行一些添加、构建和生成,为材料提供更多的辅助信息,使材料在回忆时具有更多的线索。因此,精细加工策略就是在此情境下产生,是指在头脑中将新信息与旧信息联系起来,寻求字面意义背后的深层次意义,或者增加新信息的意义,从而帮助学习者将新信息存储到长时记忆中去的策略。这种策略又被称为理解记忆的策略,其要旨在于建立信息间的联系。联系越多,回忆的线索和途径就会越多,回忆就会越容易。

精加工策略有如下几种:

(一)人为联想策略

人为联想策略通常被称为记忆术,是指将那些枯燥无味但必须记住的信息"牵强附会"地赋予意义,使记忆过程变得生动有趣,从而提高记忆的效果。这种方法对于那些必须记住的学科基础知识材料,如英语单词,公式和名称等非常有效。常用的人为联想策略主要有:

1. 形象联想法

形象联想法是通过人为联想将新学的零散而无内在意义联系的内容与头脑中鲜明生动、印象深刻的形象结合起来,以提高记忆效果。研究发现,头脑中联想出来的形象越鲜明、具体、奇特,记忆的效果就越好。如用联想记忆法记忆历史事件:刘邦公元前 202 年建立汉朝,定都长安,可记为:前鸭子下蛋后鸭子看,刘邦定都于长安;还有,用联想法记忆酸性氧化物的溶解性,由于酸性氧化物中只有 sio_2 是难溶于水的,可记作:只有沙子不溶,如果沙子能溶,那河里就没有沙子,全溶掉了。

2. 谐音联想法

谐音联想法是利用谐音线索,运用视觉表象,假借意义进行人为联想。例如,记电功的公式"W = UIT"联想成"大不了,又挨踢";电话号码"672313"联想成"路漆黑,闪一闪";上海一家出租车电话号码"62580000"记成"你让我拨四个零"。学习者利用谐音联想法将无意义的数字系列赋予一定的意义,或转化成视觉表象,从而促进记忆。这种方法在记忆数字资料和历史年代方面非常有效。

3. 首字连词法

首字连词法是将每个词语的第一个字形成缩写，或用一系列词描述某个过程的每个步骤，之后将这一系列词提取首字作为记忆的支撑点。如记忆北美五大湖时，可以将这些湖想象为一个大家庭（HOMES），即 Huron（休伦湖）、Ontario（安大略湖）、Michigan（密歇根湖）、Erie（伊利湖）、Superio（苏必利尔湖）。

4. 歌谣口诀法

这种方法是将缩写的材料融入到韵律化的文字材料当中。将学习材料编成歌谣口诀，与头脑中已有的诗歌、乐曲的格调相联系，韵律和谐、抑扬顿挫，易于背诵和记忆。例如，周恩来总理曾将我国省、直辖市和自治区的名称，编成一首"诗"："两湖两广两河山，五江云贵福吉安，四西二宁青甘陕，还有内台北上天"。

（二）内在联系策略

内在联系策略适用于意义性较强的学习材料，通过新知识与旧知识之间的连接，用头脑中已有的图式将新信息合理化。由于这种方法主要是在头脑中主动形成信息之间的逻辑联系，因此也被称为"内在生成策略"。这种认知策略除了要求对新知识进行理解外，还依赖与新知识相联系的已有知识的牢固程度以及两者衔接的情况。已有知识是新知识学习的基础，新知识是旧知识的扩展和深化。充分利用已有知识要注意以下几个方面：

1. 树立有意义学习的心向。要求学习者的学习在理解的基础上进行，而不是机械记忆地学习。

2. 建立类比。如初学负数概念时，用生活中的经验进行类比，学生比较容易理解：一个人一分钱都没有，穷不穷？肯定穷，但如果另一个人不仅身无分文还欠了一大笔债，那么后者比前者更穷，他拥有的财富不仅是零，而是负数了。

3. 利用先行组织者。

先行组织者在构建新旧知识的联系时起桥梁引导作用，是学习者在学习新知识之前掌握的、与新知识有关的背景知识。教师通常在讲授新知识之前呈现，用以同化新知识的熟悉的认知框架，对学生理解和记忆新知识起明显的促进作用。如在讲语文课的某一篇记叙文时，先回忆类似的叙述文体，接着介绍该类文章的常见框架，然后再让学生自己根据框架浓缩关键信息，并加以组织。这种方法不仅能让学生加深对所学知识的理解，还能提高学生的阅读能力。

（三）生成策略

美国教育心理学家维特罗克（M. C. Wittrock，1974）提出"生成策略"，强调"学习是一种生成过程"，是学习者对学习材料进行提炼和组织的过程。实验研究发现，当学习者对所学材料能用自己的语言组织并表达出来时，学习效果要比单纯的记忆好得多。常用的生成策略如下：

1. 划线、摘要与作注释。划线是指在学习过程中将比较重要的信息勾画出来，有助于理解和记忆。划线的关键是学生要能区分重要信息与次要信息,因此,在教学生划线时,首先要教学生区分在材料中哪些是重要的信息;其次,划线要谨慎,宜少不宜多;最后,教学生复习和用自己的话解释划线部分内容。此外,还可在划线、摘要旁边作注释。在划线、注释的过程中可以使用一些常用的简写符号,以提高效率。

2. 标题目、写提要。标题目、写提要与划线中的摘要不同,它是用自己的语言对材料的中心思想进行简短概述,目的是促进新信息的精细加工和整合,是对材料的中心思想重新进行心理加工。需要注意的是写提要时要尽可能用自己的话对学习材料进行组织。

(四)记卡片策略

将要记忆掌握的内容写在卡片上,既有利于归类存放,又有利于存取、批注。它广泛应用于零散资料的收集,是非系统性自学最适宜的笔记形式。

应用卡片策略时要注意:

1. 一卡一题,即一张卡只记一个相对独立的内容,否则,几方面的内容混记在一张卡片上,分类就困难。

2. 在卡片的左或右上角,标明分类号、材料性质等;

3. 在卡片下方正中打孔,用线串卡成整,便于保存与查找。

(五)记笔记策略

俗话说:好记性不如烂笔头,心不及墨。记笔记不仅可以有效地控制自己的认知加工过程,还有助于概括新的知识和建立新旧知识之间的联系。

记笔记的方法很多,但最有影响使用最广泛的是康奈尔笔记技术,其操作步骤如下:

图 10 - 2　康奈尔笔记模式

第一步:听课前的准备工作。准备一个活页式的笔记本,笔记本要稍微大一点儿以便有足够的空间做记录和画图表。每页上要有分类标志、编号和日期。如果可能的话做单面记录,这样便于拆分和归类。记笔记前,先将每一页分成两栏,比较宽的一栏为主栏,记录讲课内容;较窄的一栏为提示栏,用关键词和短语将主栏的内容加以恰当概括(见图 10 - 2)。听课前,花几分钟复习前面的笔记,以便与新讲的内容建立联系。

第二步:听课中做笔记。尽量抓住重要观点,尽可能记下有意义的概念和要点,这比记下详细例子更重要。

第三部:听课后整理。听课后尽早(最好不要拖至第二天)整理笔记。首先通读笔记,修改潦草字迹使它更清楚,填补听课时有意留下的、来不及记录的空白,然后,在提示栏写下关键词或短语。

完成以上三步后,马上遮盖主栏,只留下提示栏,以此为线索,尽可能用自己的话对主栏内容包括观点和论据进行恰当的大声的复述,然后打开笔记,检查对照自己刚才所说是否正确。最后要对几天来的笔记进行整理复习,对一个单元的知识形成一个相对完整、清晰的认

发展与教育心理学

知结构。

三、组织策略

组织策略是指将经过精加工策略提炼出来的知识点加以构造,形成更高水平知识结构的信息加工策略。个体学习知识后会产生三种结果:一是在量上的积累,二是认知结构的改变,三是两者兼而有之。组织策略属于改变认知结构的一种方法,主要体现在对知识的简化、系统化和综合化上。下面是一些常用的组织策略:

1. 归类策略

这种方法是将知识按一定的标准进行分类。如要将以下材料进行记忆:砖头、汽车、手表、眼镜、木材、轮船、衣服、水泥、雪橇、手套、钢筋、飞机。我们可采用归类策略进行记忆,先将这些材料分成"建筑材料类"、"交通工具类"、"用品类"、"运动类",之后将上述材料归到相应的类别中去。归类策略能使知识更具逻辑性,也更便于理解和记忆。

2. 列提纲策略

"举一纲而万目张",列提纲策略是掌握学习材料纲目的方法,是一种以简要的词语来描述新知识的内在层次,体现出知识的结构组织,促进学习者的理解与记忆的方法。所列提纲应该简单扼要,不但要概括出主要内容,而且还要求条理清楚。

3. 示意图策略

示意图策略是运用图解的方式来说明信息之间的内在关系,连线和箭头形象地显示知识的组织结构。示意图有很多种,常见的有系统结构图、流程图和网络关系图等。绘制示意图时,要先提炼出主要知识点,之后识别这些知识点之间的关系,最后用适当的解释来标明这些知识点的联系。

4. 利用表格策略

这种方法与示意图策略有相似之处,是对材料进行综合分析之后,抽取出关键信息,按照一定的方式陈列出来,力求反映材料的整体面貌。如学习中国历史时,可以以时间为轴,将朝代、主要历史人物、历史事件全部展现出来,制成中国历史发展一览图。常见的表格有一览表、双向表等。

第三节　元认知策略

在认知信息加工系统中,存在着一个对信息加工的监控机制。它负责监视和调控认知活动的进行,负责评价认知过程中的问题,确定用什么认知策略来实施认知操作,以提高认知加工的效果和效率等。这一监控机制就是元认知。

一、元认知的含义

元认知由斯坦福大学心理学家弗拉维尔(J. H. Flavell)首先提出,他认为元认知就是对认知的认知。具体来说，是个体关于自己认知过程的知识以及调节这些过程的能力，是对思维和学习活动的认识和控制。通常我们所说的认知，它的活动对象是客观世界，而元认知的活动对象是认知客观世界的过程本身。

弗拉维尔认为，"元认知通常被广泛地定义为任何以认知过程与结果为对象的知识，或是任何调节认知过程的认知活动。它之所以被称为元认知，是因为其核心意义是对认知的认知。"

二、元认知的结构

根据弗拉维尔的观点，元认知包括元认知知识、元认知体验和元认知监控三种成分，它们互相联系、密不可分。

（一）元认知知识

元认知知识是有关认知主体自己的认知活动的知识，是对有效完成任务所需的技能、策略及其来源的意识。元认知知识包括三个方面内容：第一，关于认知主体自身的元认知知识，也就是认知主体对于自己认知加工特征的了解。具体可细分为三个方面：1. 关于个体内差异的认识。如知道自己的兴趣爱好，学习习惯等，知道自己在认知方面存在的不足；2. 关于个体间差异的认识，如知道自己与他人在认知方面存在差异；3. 关于主体认知水平和影响认知活动的各种主体因素的认识，如知道记忆、理解有不同的水平。第二，关于任务的知识，即对学习材料、学习任务等的认知。第三，关于认知策略的知识，即个体意识到自己对学习策略的选取、调节和控制。

（二）元认知体验

元认知体验是伴随认知活动产生的认知体验或情感体验。在认知活动中，个体总是会产生一定的认知体验或情感体验，这些体验常常是自发或无意识产生的。元认知体验是元认知活动进行的动力，要想使这一动力是积极、有意义的，个体首先要能意识到认知活动时所处的情感状态，要对这一状态做出评价以对下一步的调节提供定向。例如，学生考试时看到试题会产生容易或困难的感受，这种感受被意识到后将对自己考试是否获得成功的信念产生影响。学习过程中的问题感、困难感、效能感等情感体验以及对这些体验的调节是实现元认知调控的动力因素。

（三）元认知监控

元认知监控是在元认知知识和元认知体验的基础上产生的对认知活动的控制和调节。元认知监控通常包括以下四个步骤：第一步是制定计划；第二步是执行控制，及时评价、反馈评价、反馈认知活动进行的各种情况，发现认知活动中存在的不足，并及时进行修正、调整认知策略；第三步是检验结果；最后是采取补救措施。

元认知的三个成分相互依赖、相互制约。元认知知识帮助人们在认知活动过程中引起有

发展与教育心理学

关任务、目的的各种各样的元认知体验，理解这些体验存在的意义及其在行为方面的含义。元认知体验可以补充、删除或修改原有的元认知知识，有助于激活认知策略和元认知策略。元认知监控制约着元认知知识的获得与水平。元认知体验总是与认知活动相伴随，离不开人们对认知活动的监控过程。在实际活动中，元认知知识、元认知体验与元认知监控三者的有机结合构成了一个统一整体——元认知。

三、元认知策略

元认知策略实际是指监控策略，是个体对自己的学习过程的有效监视和控制。元认知策略概括起来有四种：

（一）计划监控

计划监控是根据认知活动的特定目标，在开展认知活动之前计划各种活动，预计结果、选择有效的策略、寻找解决问题的办法并预估其有效性。计划监控包括设置学习目标、浏览阅读材料、产生待回答的问题以及分析如何完成学习任务。会学习的学生并不只是被动地听课、记笔记和等待老师布置作业，他们会预测完成作业所需时间、做好作业前的知识准备，考试前不但能全面复习笔记，必要时还能组成学习小组进行学习。通过这些设定的计划，学习者对自己的学习过程进行监控，并与原先设定的计划进行比较，及时发现问题，进行修改调整。

（二）领会监控

好的学习者在阅读过程中会使用这种元认知监控策略。领会监控是指学习者在阅读过程中将自己的阅读领会过程作为监控意识对象，不断对其进行积极的监视和调整。具体过程是：阅读时学习者头脑中会有一个领会的目标，如掌握一些信息，或概括中心思想等，学习者为了达到这个目标而进行阅读。如果在阅读过程中学习者实现了这些目标，会产生成功感，相反会有失败感。失败会使他们根据实际情况采取进一步的措施，如重读或者精读某部分等等。

（三）策略监控

策略监控是学习者对自己应用策略的情况进行监控，保证所使用策略在学习过程中有效地运用。使用策略监控的方法很多，最常用的是自我提问法。具体操作是：在阅读材料之前或阅读材料时，根据材料提出一些问题，以这些问题为线索引导阅读的进程，并且用这些问题来检测阅读质量。自我提问法如能贯穿整个阅读过程效果会更好，所提问题的质量影响阅读效果，因此，应尽量多提一些归纳、总结、对比以及分析类型的问题。

（四）集中注意

集中注意是指在学习过程中，学习者保证自己的注意力始终在与学习有关的活动上，防止分心于不相关的事情上。研究发现,注意力障碍的学生学习成绩普遍低下,他们不能进行很好的自我管理,更无法进行自我调节。因此,应教给学生抑制分心的策略,如注意自己此刻在干什么,选择合适的环境,避免接触可引起分心的刺激物等。心理学的研究告诉我们,人的注意资源是有限的,因此在学习过程中,要引导学生高度集中注意力,避免干扰,以保证学习活动的顺利进行。

第四节　资源管理策略

在学习的过程中,仅仅使用认知策略和元认知策略是不够的,学习者还需要一定的学习资源作为支持。学习时间管理、努力管理和他人帮助都是主要的学习资源。资源管理策略就是帮助学生有效地管理和利用这些资源,以提高学习效率和质量。

一、时间管理策略

"明日复明日,明日何其多。我生待明日,万事成蹉跎",这是清代钱鹤滩在其《明日歌》里所写,说明能否合理安排和管理自己的时间对于一个学习者来说非常重要。一个优秀的学习者必定是一个好的时间管理者。很多研究发现,学习成绩好的学生,都善于统筹规划和安排,他们的时间管理能力都很强;而那些学习成绩差的学生,时间管理能力都较差。

时间管理强的人可以在较少的时间内完成较多的事情,且效率很高。他们通常会事先做好计划,然后按照事情的轻重缓急决定每一件事的处理顺序以及所需花费的时间,从而准确控制时间,避免每件事情都想做,但最后却一件都没做的情况。

(一)设定系列目标

已有心理学研究表明,良好时间管理的第一步是设定一个系列目标。如何设定目标是有效管理时间的第一项工作。设定目标的步骤如下:

1. 在一张纸的中央上端,写下自己学习(或工作)想要达到的最终目标。这是远期目标,是系列目标中的最高目标。

2. 在远期目标下列出中期目标,它是达到最终目标的里程碑或步骤。

3. 尽可能在中期目标下列出短期目标,即在短时间内能完成的目标。

设计系列目标,可以让自己明白,这些每天或每周必做的小步骤将如何引领自己达到中远期目标,从而能激励自己更有活力、更积极地逐步完成任务。

(二)设定学期(年度)计划

系列目标设定后,第二步应该设定学期(年度)计划,即一个学期的时间管理计划表。设定学期计划要注意以下几个方面:

1. 认真检查并确认每天的例行任务。建议用表格罗列,经过一周后,就能清楚每天的例行任务是什么。

2. 设计时间表。在设计时间表之前,要收集齐全设计时间表所需要的资讯和资料,如课程表、活动休闲和个人事务等,以确保所设计的时间表合理实用。

3. 购买或制作计划板。把日历直立来排,月份在左边,所有的计划事项横列在右边。

4. 把一项总结性的作业分成若干小部分,也就是大计划中的重点工作。

5. 修正计划板上的项目。

6. 在学期过程中随时补上重要的计划,不断根据实际需要加以修正。

(三)规划每周(日)活动

完成系列目标和学期计划后,第三步要规划每周(日)活动,即让每周、每天的活动也井然有序。

1. 列出每周(日)要完成的事项。查看计划板,确定计划中必须在本周完成的事项,并估计哪些事项是在能力范围内能完成的,若不能完成,要修改和调整计划。

2. 排出完成事项的先后顺序。将任务按重要性进行排序,先做最具效益的任务,确保要做的事情马上去做,不找借口拖延。

3. 填写每日计划表。将每周任务优先顺序表上所列的项目转填到每日计划表上,在每天的前一晚先做好此项任务,第二天就能井然有序地进行学习。

二、努力管理策略

有效学习既需要付出时间,更需要付出努力。为了更好地学习,学习者还需要运用一些策略来保证自己将精力有效地用于学习。这一类策略就是努力管理策略。有效的努力管理策略有如下几种:

(一)调控动机

学习者在同一时间可能会有几件事情想做,而且做一件事情的动机也可能不止一个,因此,学习者在学习的过程中需要处理好动机之间的关系,要优先考虑和激发和学习有关的动机,尽量避免其他事情的干扰,防止其他无关动机占据优势。学习者可以借助一些方法强化自己的学习动机,如预期自己完成学习活动的结果,或利用一些言语指导维持自己既定的意图。

(二)自我管理

自我管理相当于班杜拉社会学习理论中的自我强化。自我强化理论认为,人们可以观察自己的行为,并且根据自己的标准进行判断,由此来强化或者惩罚自己。自我强化可以帮助个体形成自律的能力,养成良好的学习习惯,从而更好地进行有效的学习。

在进行自我强化时,要注意:首先要确定学习任务、学习目标和相应的奖励;其次在规定的时间内进行学习,并记录任务的完成情况;最后在学习结束后,按照既定的标准进行评价,并给予相应的奖励和惩罚。在这一过程中,自我强化可以是评价性的,也可以是实体性的。

（三）环境管理

除了调控动机和自我管理外，学习者还可通过选择或改变周围环境来促进自己的学习。如选择安静的学习环境，学习时尽量避免接触电视、手机和电脑等娱乐设施，以帮助学习者集中注意力，提高学习效率；还可以与学习成绩好的，学习效率高的同学一起学习，在互相不干扰的前提下，互相监督和促进。

三、学业求助策略

（一）学业求助的含义与作用

学业求助有广义和狭义之说，广义学业求助指学生在学习上碰到困难时，面向他人（包括老师、同学、朋友、父母、兄弟姐妹及其他一切更有知识的人）或者面向物（借助字典、参考书等）请求帮助的行为。狭义学业求助指在学校情境中（不包括考试或测验），以口头发问为主要表现形式，向老师或同学求助的行为。

从提高学生的学习质量来说，学业求助是非常值得提倡的学习策略。当学生在学习过程中在理解与掌握知识、完成课业等方面面临困难时，经常会产生学业求助。学业求助发生于日常学习生活中，而非测验或考试之时，与抄袭、舞弊行为有本质区别。学业求助也不包括学生产生心理、情绪或身体障碍及生活困难时所产生的求助行为。

每个学习者在学习的过程中都会碰到困难，在这种情况下，寻求他人的帮助是一种合理的反应。在寻求他人帮助的过程中，学习者首先要知道自己需要帮助，然后决定寻求帮助，最终采用策略来获得他人的帮助。在遇到困难时知道如何利用各种必需的认知、沟通以及社会技能来寻求帮助，是优秀的学习者的一个重要特征。当学习者利用各种不同的求助策略获得帮助，并利用求助得来的信息达到自己解决问题的目的时，求助就促进了学习和理解。

（二）学业求助的类型与影响因素

在遇到学习困难时，学习者可能会表现出三种求助行为：一是工具性求助，指学习者借助他人的力量以达到自己解决问题或实现目标的目的；二是执行性求助，指学习者面对本应自己解决的问题时却请求别人替他完成；三是回避求助，学生虽然需要帮助却不主动求助。掌握了工具性求助技能的学生，在自己能独立解决问题时会拒绝帮助，而在需要帮助时则能积极地寻求帮助。因此，工具性求助代表的是能力，是一种对自己学习的社会环境主动进行调节的策略。

已有研究发现，学生的学业求助行为会受到求助态度、学习的成就高低和学科兴趣、重要性和难度等因素影响。

首先，学生的学业求助行为受学生对学业求助的态度影响。如果学生认为求助是一种低能的表现，那么其自我价值就会受到威胁，在遇到困难时往往采取回避态度，求助行为不可能发生。其次，学生的学习成就高低也会影响其学业求助行为，高成就学生比低成就学生更愿意寻求教师的帮助。可能的原因是高成就学生认为课堂充满了欢乐和谐，较少感受到压力和焦虑，拥有更多的安全感和归属感，因而在遇到困难时更有可能寻求他人帮助。第三，学生对于学科的兴趣、对学科重要性和难度的知觉会影响他们的求助行为。学业求助是以学科学习为基础的，相对于其他个人因素，所学课程方面的因素与学生的学业求助行为之间的关系更为直接，其中，任务难度对学生的求助行为及其求助方式的影响是非常显著的。已有研究发现，难度适中的数学题会产生更多的求助行为，尤其是工具性求助；而高难度的数学题产生的更多是回避求助，或执行性求助。可能的原因是：对于大多数学生来说，难度适中的题目，他们虽然不能独立解决，但并非毫无思路，他们具有一定程度的思考但是又受到一定的阻碍，强烈的求知欲望被激发出来，急于解决问题，因而更容易寻求帮助。而高难度的数学题，对于大多数学生来说，不仅无法独立解决，而且无从下手，因而容易产生回避态度，最后干脆放弃。这种状况下的学生即使求助教师或同学，也多是不问过程只求结果，表现为执行性求助。

根据大量的研究结果和经验，在培养学生学业求助策略的过程中应该注意以下几个问题。第一，要为学生创设积极、轻松、愉快和自信的学习氛围。如果学生担心害怕别人的负面评价或负面行为，那么在遇到困难时，他们宁可抄袭也不愿意求助别人。第二，要正确引导和培养学生合理的求助策略。要帮助学生认识到积极和合理的求助是适应现代社会所需要的，个体成长不可或缺的调控策略之一。此外还要引导学生合理地利用身边的资源和网络信息等。第三，要帮助学生树立积极合理的学习目标。当学生为了掌握知识而不是追求成绩和表现时，他们遇到困难时更愿意向他人或信息资源寻求帮助。另外，培养学生对于所学科目的兴趣，为学生提供难度适当的任务，让学生意识到所学科目的重要性，这些都有利于进行积极的学业求助。

第五节　学习策略的学习与指导

一、学习策略教学的原则

学习策略是学生学习中极为重要的机制，不仅直接影响学生的学习效率，而且能提高学生的认知水平和学习能力，挖掘其学习潜力，对学生的学习行为和学习态度都有一定的改善，因此，要对学生进行有效的学习策略的训练。优秀的教师不仅结合教学内容教给学生具体的学习策略，而且还要教会学生积极地、适时地选用有效的学习策略。

在对学生进行学习策略的训练时，要遵循以下几个基本原则。

（一）主体性原则
主体性原则指任何学习策略的使用都依赖于学生主动性和能动性的发挥，因此，教学过程中要注意发挥和促进学生的主体作用，它既是学习策略训练的目的，又是必要的方法和途径。教师在学习策略训练过程中，要提高学生的主体参与性，要向学生阐明策略学习的目的和原理，鼓励他们充分运用学习策略的机会，并指导他们分析和反思策略使用的过程与效果，以帮助其进行有效的监控。

（二）内化性原则

内化性原则指在训练学习策略的过程中，学生不断去实践各种学习策略，逐步将其内化为自己的学习能力，熟练掌握并达到自动化的水平，并在新的环境中加以灵活应用。

（三）特定性原则

特定性原则是指学习策略一定要适合学习目标和学生的类型。学习策略的使用具有个体差异性，同样的策略，不同的学生使用的效果不一样。因此，教师要针对学生的年龄、已有的知识水平以及学习动机类型，帮助学生选择学习策略或改善对其学习不利的学习策略。

（四）生成性原则

生成性原则指在学习过程中学生利用学习策略对学习材料进行重新加工，生成某种新的东西。具体指学生利用学习策略对学习材料进行心理的内化的生成性加工，而不是简单利用别人已有的知识和经验。生成性程度高的策略有：写内容提要、向别人提问、将笔记列成提纲、图解要点之间的关系等等。

（五）有效监控原则

有效监控原则指学生应当知道何时、如何应用他们的学习策略并能进行反思和描述自己对学习策略的运用过程。也就是说，学生应该把注意力集中在学习结果和学习过程之间的关系上，监控自己使用每种学习策略的效果，以便确定所选策略是否有效。

（六）自我效能感原则

自我效能感原则指学生在执行某一任务时对自己胜任能力的判断和自信程度，是影响学生学习策略选择的一个重要动机因素。自我效能感高的学生相信有效使用策略对自己学习成绩的积极影响，因而愿意尝试和寻找更适合自己的学习策略。针对这种情况，教师要给学生创造机会使他们应用策略，使用时不断进行提问和测查，并进行评价，让学生感觉到策略的效力。

二、学习策略教学的模式

如何把学习策略教给学生，促使学生掌握有效的学习方法和技巧，已成为学习策略研究和实践的重要方向。目前，关于学习策略的教学主要有如下模式：

（一）指导教学模式

指导教学模式的基本思想是学生在教师的引领下学习有关的策略，其方法与传统的讲授法很相似，包括激发、讲演、练习、反馈和迁移等环节。已有研究表明，教师的示范讲解，对学生学习策略的掌握具有很大的促进作用。教学过程中，学生在教师的引导下，能加强对学习策略的感知与理解保持。教师有针对性地选择恰当的事例来说明学习策略使用的可能性,使学生从单一策略的应用发展到多种策略的综合应用。

(二)程序化训练模式

程序化训练模式基于加涅的学习层级理论。该理论从行为学派的角度揭示了学习之间的层级关系,将学习由简单到复杂分为信号学习、刺激-反应学习、连锁学习、言语联结学习、辨别学习、概念学习、规则或原理学习、解决问题学习,每一种学习都必须以完成较低层次的学习为前提。

程序化训练模式的基本步骤是:第一,将某一活动技能按有关原理分解为小的、易操作的步骤;第二,通过活动实例示范各个步骤,并要求按步骤活动;第三,要求学生记忆并练习各步骤,直至运用自如。

(三)完形训练模式

完形训练是教师在讲解策略之后,提供不同完整程度的材料给学生训练,分别要求学生练习策略的某一个成分或步骤,之后逐步降低完整性程度,直至完全由学生自己完成所有成分或步骤。例如,在教学生列提纲时,教师可先提供一个列得比较好的提纲,然后解释这些提纲是如何统领材料的,下一步就给学生提供一个不完整的提纲,分步对学生进行训练。完形训练的好处就在于能够使学生有意注意每一个成分或步骤,而且每一步训练所需的心理努力都是学生能够胜任的,更为重要的是,每一步训练都给学生以策略应用的整体印象。

(四)交互式教学模式

交互式教学模式由美国心理学家 Brown 和 Palincsar 于 1989 年提出,教学策略目的在于提高学生的阅读能力和自我监控技能,尤其用来帮助成绩差的学生学会阅读。这种教学模式一般由教师和一小组学生(大约 6 人)组成。教师教给学生最关键的四种策略:(1)总结。主要总结段落内容,由教师先作一个示范,朗读一段课文,并就其核心内容进行提问,最后概括本段中心大意。(2)提问。主要提问与要点有关的问题。提问的目的是为了引起讨论,教师指定一个学生扮演"教师",彼此提问。(3)析疑。析疑的目的是让学生明确材料中的难点。(4)预测。教会学生预测下文可能出现的内容。在整个策略的教学中,教师要先树立一些榜样性行为,示范四种主要策略,然后改变自己的角色,在学习不会使用策略时给以必要的帮助,起一个促进者和组织者的作用。

(五)合作学习模式

合作学习模式的基本思想来自当今基础教育改革所倡导的合作性理念,合作性是当今学校教育的普遍趋势。合作学习模式主要通过小组成员之间的合作,共同利用小组各成员所拥有的不同文化资源相互支援去进行学习。因此,该模式要求学生在学习的过程中要注重与他人分享经验和学会与人沟通。

合作学习模式的要点是要求学生要有一个团队组织,在这个组织中每个人都有自己的职责,每个人都有义务向别人提供力所能及的帮助。要使合作顺利进行,教师在教学过程中要进行引导,尤其要注意以下几点:(1)选择一个有吸引力的主题;(2)要有可分解的任务;(3)要组建一个有凝聚力的稳定团队;(4)要有一个具有激励性、发展性的评价机制;(5)要在课与课之间、课内与课外之间具有连续性。

本章小结

1. 学习策略是指学习者在学习活动中为提高学习效率而采用的规则、方法、技巧及调控的方式。学习策略具有操作性和监控性统一、外显性和内隐性统一、主动性和迁移性统一的特点。掌握学习策略对于学生的学习以及终生学习均具有重要意义。

2. 麦基奇等人将学习策略分为认知策略、元认知策略和资源管理策略。认知策略指学习过程中对信息进行加工的方式方法,包含复述策略、精加工策略、组织策略等。掌握有效的学习策略,对学生的学习具有重要的意义,体现在:一是掌握学习策略是学会学习的必然要求;二是掌握学习策略是开展主体性学习的要求;三是掌握学习策略是提高学习质量的保证。

3. 复述策略是指个体为了识记和保持信息,对信息进行多次重复记忆的过程。复述主要发生在识记和保持阶段,因此,识记阶段的复述策略有:利用无意识记和有意识记、排除相互干扰、整体识记与分段识记、多种感官协同记忆、反复阅读与试图回忆、适度的过度记忆。保持阶段的复述策略有:及时复习、集中复习与分散复习、多种形式的复习。

4. 精细加工策略是指在头脑中将新信息与旧信息联系起来,寻求字面意义背后的深层次意义,或者增加新信息的意义,从而帮助学习者将新信息存储到长时记忆中去的策略。精细加工策略具有:人为联想策略、内在联系策略、生成策略、记卡片策略和记笔记策略。

5. 组织策略是指将经过精加工策略提炼出来的知识点加以构造,形成更高水平知识结构的信息加工策略。常用的组织策略主要有:归类策略、列提纲策略、示意图策略和利用表格策略。

6. 元认知指学习者对自己认知的认知,包含元认知知识,元认知体验和元认知调控三种成分。元认知策略实际是监控策略,是个体对自己的学习过程的有效监视和控制。元认知策略包括计划监控、领会监控、策略监控和集中注意四种策略。

7. 资源管理策略是帮助学生有效地管理和利用学习的有关资源,以提高学习效率和质量。包括时间管理策略、努力管理策略和学业求助策略。

8. 学习策略的教学要符合主体性原则、特定性原则、内化性原则、有效监控原则和自我效能感原则。学习策略训练的方法有指导教学模式、程序化训练模式、完形训练模式、交互训练模式和合作训练模式。

思考题

1. 什么是学习策略?人们对学习策略有哪些不同的看法?

2. 学习策略有哪些特点?

3. 学习策略有哪些不同的种类？

4. 什么是认知策略？包含哪些内容？

5. 什么是复述策略？常用的复述策略有哪些？什么是精加工策略，包括哪些内容？什么是组织策略？如何利用组织策略提高自己的学习效率？

6. 什么是元认知策略？常用的元认知策略有哪些？

7. 什么是时间管理？结合实际，设计一个有效的时间管理方案。

8. 结合实际谈谈你是如何进行努力管理的。

9. 联系实际谈谈中小学生应如何进行学业求助。

10. 学习策略的教学应遵循哪些原则？有哪些教学模式？

参考文献

1. 莫雷.教育心理学.北京：教育科学出版社,2007

2. 伍新春.儿童发展与教育心理学.北京：高等教育出版社,2008

3. 何先友.青少年发展与教育心理学.北京：高等教育出版社,2009

4. 刘万伦,田学红.发展与教育心理学.北京：高等教育出版社,2014

5. 邢强,陈丹丹.学习心理辅导.广州：暨南大学出版社,2014

6. [美]罗伯特·斯莱文.教育心理学：理论与实践.姚梅林等译.北京：人民邮电出版社,2012

7. 刘电芝,黄希庭.学习策略研究概述.教育研究,2002(2)：78～82

8. 史耀芳.二十世纪国内外学习策略研究概述.心理科学,2001,24(5)：586～590

9. 北京教育学院心理系.教师实用心理学.北京：开明出版社,2000

第十一章　问题解决与创造性

"思维是从疑问和惊奇开始的,常有疑点,常有问题,才能常有思考,常有创新"——亚里士多德

你会怎么说?

你正在参加一个学校教师职位的面试,给你面试的地区主管以他出其不意的面试问题而出名。他递给你一沓纸和一把尺子,说:"请告诉我,一张纸的精确厚度是多少?"

这是一个求职者曾经碰到的真实的问题。问题的答案是先测量整沓纸的厚度,然后用这厚度除以这沓纸的页数。为什么面试官要出这样的题目?如果换了你,在那样的情境中能迅速解决面试官提出的问题吗?什么是问题解决?问题解决会受哪些因素的影响?怎样的问题解决才是有创意的呢?这是本章要探讨的内容。

第一节　问题与问题解决的实质

问题解决作为心理学的重要研究内容,一直受到广泛关注。问题解决是一种重要的思维活动,对开发学生智力,形成能力具有重要作用。许多科学家对此都有深刻的论述,如爱因斯坦认为提出一个问题往往比解决一个问题更重要,诺贝尔奖获得者杨振宁也认为"问题提得好,等于创造完成了一半。"现代教育的一个重要目标就是培养和发展学生解决问题的能力,因此,培养问题意识是现代教育必不可少的一个重要观念。

一、问题及其类型

(一)问题的定义

问题就是"疑难"或称"难题",是个人不能用已有的知识经验直接加以处理并感到疑难的情境。例如,古希腊神话中,狮身人面的斯芬克斯向路人提出的谜语:"什么动物在清晨用四条腿行走,中午用两条腿行走,而到了晚上用三条腿行走?"这就是一个问题。需要注意的是,问题不同于简单的习题,问题的解决需要进行复杂的认知操作,而简单的习题依据已有的经验可以立即做出解答。

虽然目前心理学家对问题的界定还不一致,但大多数心理学家都认为,任何问题都含有三个基本的成分:(1)给定,即问题的初始状态,指一组已知的关于问题条件的描述,包

括各种外显或内隐的已知因素。（2）目标，即问题的目标状态，指对问题结论的描述，是问题所要求获得的答案或达成的目标状态。（3）方法，指用来解决问题的程序、步骤和策略。

（二）问题的类型

现实生活中的问题是各种各样的，可以从不同的角度进行分类。根据使用的分类标准不同，问题的类型主要有以下几种：

1. 界定清晰的问题和界定含糊的问题

根据问题状态的清晰程度即问题的完整性，可分为界定清晰的问题与界定含糊的问题。在界定清晰的问题中，给定、目标和方法都是明确的。如教师要求学生概括课文的中心思想。相反，界定含糊的问题这些成分都不是很明确。如解决某一课题的最佳方法，或教师要求学生写篇论文，但没有任何要求。

2. 对抗性问题和非对抗性问题

根据问题解决时，问题解决者是否有对手，可分为对抗性问题与非对抗性问题。对抗性问题在解决时要考虑自己的解题活动，而且这种活动还要受对手解题活动的影响，如下棋、玩扑克等。非对抗问题指解决问题时没有对手参与的问题，如解决数学问题。

3. 语义丰富的问题和语义贫乏的问题

根据问题解决时，解题者具有的相关知识的多少，可分为语义丰富的问题和语义贫乏的问题。解题者如对所要解决的问题具有很多相关的知识，这问题是语义丰富的问题，如经验丰富的心理咨询师做咨询。如果解题者对要解决的问题没有相关的经验，这种问题属于语义贫乏的问题。如初学心理学的人去做心理咨询，这种问题对于他们来说就是语义贫乏的问题。

二、问题解决及其特点

（一）问题解决的实质

问题解决通常被定义为提出新的答案、超越先前所学规则的简单应用以达成目标。也就是说，问题解决是个体从问题的起始状态出发，通过一系列思维策略的应用，逐渐达到问题的目标状态的过程。学生所遇到的问题涉及不同学科领域、不同情境和不同难度，从问题解决过程看，存在一些共同点。一是所要解决的是新的问题，即是初次遇到的问题；二是在解决问题中，要把掌握的简单规则（包括概念）重新组合，以适用于当前的问题；三是问题一旦解决，学生的某种能力或倾向会随之发生变化。学生通过问题解决可获得新的方法、途径和策略，从而提高自己的认知能力。

（二）问题解决的特点

现代认知心理学认为，问题总是由一定的情境引起，问题解决要通过认知操作、克服障碍来达到特定目标。因此，问题解决通常具有以下四个特征：

1. 问题情境性

问题解决由一定的情境所引起。问题情境指出现在人的面前并使其感到不了解和无法解决的那种情况。由于无法解决和不了解因而易引起认知失衡，从而促进个体积极思考努力，运用认知技能去寻求答案。没有问题情境就没有问题解决，问题解决意味着问题情境的弱化或消失。

2. 目的指向性

问题解决是个体自觉的行为，其活动总是指向明确的目标，追求达到特定的目标状态。没有目标指向的心理操作，不能称为问题解决。

3. 操作序列性

问题解决包含一系列的心理操作，而不是单一的心理操作。它需要运用高级规则，进行信息的重组，而不是已有知识的简单再现。生活中，简单的心理操作如回忆某个电话号码，虽有明确目的性，但不能称为问题解决。

4. 认知操作性

问题解决活动必须有认知成分的参与，整个活动过程依赖于一系列认知操作的进行。有些活动，如系领带、扎头发，虽然也有目的性和系列的操作活动，但这类活动基本上没有重要的认知成分参与，主要是一种身体的活动，不属于问题解决的范畴。

问题解决有两种类型，常规性问题和创造性问题解决。常规性问题解决的是有固定答案的问题，只需使用现成的方法来解决；创造性问题解决的是没有固定答案的问题，是通过发现新方法、采取新步骤而实现的。各种创造发明都可以看作是创造性问题解决的典型例证。学生遇到的问题更多的是人们已经设计好的，能让学生将原有的知识、技能和策略迁移到新的课题情境之中，这些新课题的情境可以是课本中首次出现的问题，也可以是非正规的习题。因此，教师在设计教学活动时，应充分发挥学生的创造性，让学生去探索题目的解法或解答一些灵活性更大的题目，以促进和提高学生问题解决的能力。

第二节　问题解决的基本过程

一、问题解决过程的演变

关于问题解决的研究，在心理学界已经有很长的历史，也产生了丰硕的成果。自詹姆斯对问题解决作出了一个较为明确的界定以来，在心理学中，问题解决的研究逐步走上了科学化的道路，并形成了影响较大的几种观点：

1. 桑代克的"试误说"

桑代克是最早就问题解决进行实验研究的心理学家。他通过巧妙的实验设计，把猫放进一个迷箱里，观察猫是如何找到逃出迷箱的方法。他发现，猫在成功地逃出迷箱之前要进行一系列杂乱的行为，即不断地尝试，不断地犯错误，并在这个过程中慢慢地放弃无效尝试，最终学会逃出迷箱。根据迷箱实验，桑代克认为问题解决就是一个通过尝试错误的方法来排除不成功做法的过程。

2. 苛勒的"顿悟说"

以苛勒为代表的顿悟说认为,问题解决的关键在于明确问题情境中各种关系,并突然产生对这种关系的理解,也就是说是个顿悟的过程。在顿悟的过程中,人会重视问题情境的当前结构,填补问题的有关"缺口",悟出一种新的解决方案。其特点是顿悟,即突然对问题情境中的手段和目的之间的关系有所理解,正是顿悟才使问题得以解决。

3. 杜威的"五阶段说"

杜威对问题解决研究的贡献在于他对问题解决的过程进行了阶段划分。这种划分对当前的研究具有积极的参考价值。杜威认为,问题解决是由五个循序渐进的环节组成的,它们分别是:呈现问题(意识到问题的存在)、明确问题(识别问题的本质和解决问题的重要条件)、形成假设(提出一个或几个似乎合理的问题解法)、检验假设(确定最可行的办法)、选择最佳假设(在权衡优劣的基础上确定最佳方案)。

二、问题解决的基本过程

当代心理学家对问题解决大都持阶段论的思想,相信问题解决可以划分为几个阶段。尽管目前已出现许多描述问题解决一般心理过程的理论模式,但绝大多数模式都非常类似,他们认为问题解决一般由问题表征、拟订计划、克服障碍和执行计划四个过程组成。

1. 建立问题表征

要实现问题表征,首先要把任务或作业转化为问题空间,实现对问题的表征和理解。这一阶段对问题的解决非常重要,但经常被学生忽视。建立问题表征的过程中,首先要学会识别问题的相关信息,确定哪些信息是有用的,信息和问题之间的关系是什么。如曾经有过一个研究:轮船上有 26 只绵羊和 10 只山羊。请问船长的年龄有多大?令人吃惊的是有 75% 的二年级学生回答船长是 36 岁。显然这些学生不会识别解决问题有用的相关信息,不能理解已有信息与问题解决之间的关系。确认了问题解决的关键信息后,形成问题关系的心理表征就非常重要了。构建问题关系的心理表征时,可能需要进行选择性重新编码、选择性组合和选择性比较这样的加工活动。选择性重新编码是审视原来没有注意到的元素,选择性组合是将问题元素以新的方式集中在一起,结果是形成对问题和目标的新的心理表征。选择性比较是发现问题元素和已有信息的新关系。

2. 拟订计划

此阶段实际上是对问题的表征进行操纵,寻找出一条线路以顺利达到目标的过程。对问题的表征不同,所确定的解决计划也不同,假如一个问题相对简单,在长时记忆中已经储存了该类型问题的图式,那么经过模式再认,就可直接提取适当的解决方法。但若问题比较复杂,解决方法不能直接提取或不为问题解决者所知,就要使用更为复杂的策略。

3. 克服障碍

拟订计划中可能发生的主要障碍是被称为刻板印象的状态,主要由问题心向和功能固着组成。另外就是不能形成任何计划或程序,这在直觉型问题中经常发生。在长时记忆中搜索模式、类比物和比喻物的一种常用策略,就是给问题提供一个新视角。另一种是暂时放弃问题以便于大脑进行酝酿。

4. 执行计划

学生之所以经常不能正确地解决问题,是因为他们没有监督自己对所选策略的执行。监督对于追踪已采取的步骤和要完成的行动是相当重要的。它也可以防止在策略中将常用步骤用错。如有研究曾经发现,六年级学生在解决一个复杂的多步应用题时,不恰当地使用资料和计算错误分别占总错误量的13%和2%。也有研究曾发现,只有当中学生在解决计算机问题时才会使用监督策略,从而降低错误和减少解题时间。

三、问题解决中的策略

采用什么样的策略解决问题,是影响问题解决效率的一个很重要的心理因素。好的策略有利于问题的解决。纽威尔和西蒙认为,在问题解决过程中,有几种比较公认的问题解决的策略。

(一)算法

算法策略是在问题空间中随机搜索所有可能的解决问题的方法,直至选择一种有效的方法解决问题。简单说就是把所有解决问题的方法一一进行尝试,最终找到解决问题的答案。例如,用手上一把钥匙去开一扇门,你不知道是哪个钥匙,而且钥匙的形状大小都很像,在没有其他办法的情况下,只能一个一个钥匙去试,直到把门打开。采用算法策略的优点是能够解决问题,但是要经过大量尝试,费时费力,而且当问题复杂、问题空间大时,很难使用这种策略来解决问题。

(二)启发法

启发法是人根据一定的经验,在问题空间内进行较少的搜索,以达到问题解决的一种方法。日常生活中许多问题不是直接的,并且问题陈述得也不好,没有明显的算法,因此,发现或形成有效的启发策略非常重要。启发法不能完全保证问题解决的成功,但用这种方法解决问题较省时省力。下面介绍几种常用的启发性策略。

1. 手段—目的分析

手段—目的分析法是将需要达到的目标状态分成若干子目标,通过实现一系列的子目标最终达到总目标。它的基本步骤是:一是比较初始状态和目标状态,提出第一个子目标;二是找出完成第一个子目标的方法或操作;三是实现子目标;四是提出新的子目标,如此循环往复,直至问题的解决。以河内塔问题为例,见图 11-1。

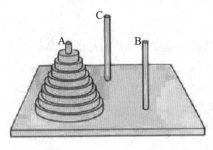

图 11-1　河内塔问题

在一根板上有 A、B、C 三根柱子,在柱子 A 上有

发展与教育心理学

多个穿孔圆盘,圆盘的尺寸由上到下依次变大。要求被试将圆盘由柱子 A 移到柱子 C 上,且仍保持原来放置的大小顺序。移动的条件是:每次只能移动一个圆盘,大盘不能叠在小盘上面,移动时可利用柱子 B。解决这一问题,首先要分析初始状态和目标状态的差异,问题的差异是圆盘不在柱子 C 上,提出第一个子目标是把圆盘移到柱子 C 上。根据条件,建立第二个和第三个子目标,由上到下移动柱子 A 上的圆盘到柱子 B 上,再将圆盘由上到下再依次移到柱子 C,即可实现问题所要求的目标状态,完成任务。

手段—目的分析是一种不断减少当前状态与目标状态之间的差别而逐步前进的策略。但有时,人们为了达到目的,不得不暂时扩大目标状态与初始状态的差异,以便最终达到目标。

2. 逆向搜索

逆向搜索是从问题的目标状态开始搜索直至找到通往初始状态的通路或方法。例如,小孩玩走迷宫,可从终点查找一条退回到出发点的路线。逆向搜索更适合于解决那些从初始状态到目标状态只有少数通路的问题,一些几何定理的证明较适合采用这一策略。

3. 爬山法

爬山法是类似于手段—目的分析法的一种解题策略。它是采用一定的方法逐步降低初始状态和目标状态的距离,以达到问题解决的一种方法。如登山一样,为了登上山峰,需要从山脚一步一步攀爬。手段—目的分析法有时为了达到目的不得不暂时扩大目标状态与初始状态的差异,这是与爬山法不同的地方。

第三节　影响问题解决的因素

改善问题解决的效率,提高问题解决的能力一直是心理学家致力研究的问题。解决这个问题首先要找到影响问题解决的各种因素,然后有针对性地寻求提高问题解决的训练方法。以下是心理学家通过实验研究证明对问题解决具有重要影响的因素。

一、知识在问题解决中的作用

有关专家和新手在问题解决上的差异的研究表明,个体已有的知识经验对于问题解决至关重要。专家是指在某一领域具有丰富知识的人,如心理学家、经济学家、医生、律师等,他们比新手在解决专业领域的问题时要容易得多。研究表明,专家和新手在知识的结构和知识数量上可能存在差异。

(一)专家和新手在知识数量上的差别

德格鲁特在一系列著名的实验中,比较了国际象棋大师和普通棋手的差异。在一项研究中,给象棋大师和新手看实际比赛的棋局各 5 秒钟,然后打乱棋子的位置,让他们重新恢复棋局。结果发现,象棋专家正确恢复棋子的数量是 20—25 个,而普通棋手只有 6 个。但当棋子在棋盘上随机摆放时,象棋专家和普通棋手恢复棋子的数量没有差异,都是 6 个。彻斯等人利用"组块"的概念解释了上述结果。他们认为,当棋局随机摆放时,专家与新手把每个棋子当作一个组块,因此恢复棋子的数量没有差别。而当呈现实际比赛的棋局时,专家的组块包含更多的棋子,所以恢复出棋子的数量比新手要多。专家与新手相比,记忆存储的信息量大,存储的熟悉棋局模式更多,导致专家与新手在棋艺水平上的差别。

(二)专家和新手在知识结构上的差别

大量研究表明,除了知识数量的差异外,专家和新手在知识的结构特征上也是有差异的。专家记忆中的知识是经过组织且具有良好的结构,在搜寻解决问题的途径时能充分地得到运用。专家不仅具有丰富的陈述性知识,而且其心智技能和认知策略的特点也不同于新手。在解题方式上,专家常常以更抽象的方式表征问题,一般不需要中间过程就能很快地解决问题;而新手需要很多中间过程,并且需要有意识地加以注意。在解决策略上,专家运用的是从已知条件前进到目标的策略,新手则倾向于从要求解的问题倒推到已知条件的策略来解题。同时,专家更多地利用直觉即生活经验的表征来解决问题,而新手则更多地依赖正确的方程式来解题。

二、无关信息的影响

在问题解决中,有些信息与要解决的问题没有关系,但人们容易受到这种无关信息的影响,从而妨碍问题的解决。例如,解决这样一个问题:在某个小镇,10%居民的电话没有登记在电话号码簿上,现随机从电话号码簿上选择300人的名字,问有多少人的电话号码没有登记在电话号码簿上? 在这个问题中,数字10%和300都是一些无关的信息,因为选择的人名都是电话号码簿上的人,而问题是"有多少人的名字不在电话簿上",因此正确的答案是0人。但在回答问题时人们易受上述无关信息的误导而错答问题。因此有效的问题解决首先是考虑哪些信息是与问题解决相关的,哪些是无关的。

三、知识表征的方式

知识的表征方式是指问题呈现的知觉方式,会影响问题解决的效率。一般来说,问题的呈现越接近人们的已有经验,问题越容易解决;反之,如果问题的呈现与人们已有的知识经验相差很远、掩蔽或干扰了问题解决的线索,则会增加问题解决的难度。以九点连线为例(图 11-2)。

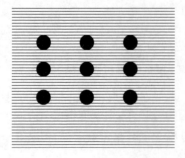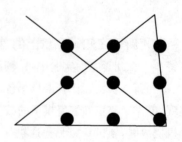

图 11-2　九点连线图

还有,在下面的例子中,已知一个圆的半径是 2 厘米,问圆的外切正方形的面积有多大(图 11‑3)。图中用不同的方式画出了圆的半径。显然,图 A 比图 B 提供的线索更掩蔽,其解答也会稍难些,主要由于问题表征方式不同。

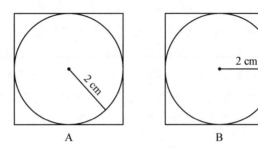

A   B

图 11‑3 表征方式不同对问题解决的影响

四、思维定势与功能固着

定势是指重复先前的心理操作所引起的对活动的准备状态。人在解决一系列相似的问题之后,容易出现一种以习以为常的方式解决问题的思路,这就是思维定势。研究表明,在问题情境不变的条件下,定势能使人应用已掌握的方法迅速地解决问题,减少搜索过程;在问题情境发生变化的情况下,定势会妨碍问题的顺利解决或影响问题解决的质量。陆钦斯在量水试验中证明了思维定势的存在。实验分两组,要求两组被试用大小不同的容器量出一定量的水,用数字进行计算(表 11‑1)。实验组从第 1 题做到第 8 题,控制组只做 6,7,8 题。结果实验组解题时,大多采用算式 B‑A‑2C 的方法进行计算。而控制组则采用了更简单的 A‑C 或 A+C 的方法。实验结果说明实验组在做 6,7,8 时,大部分被试受到了前面思维定势的影响,只有 17％被试没有受影响,采用了与控制组一样更简洁的方法。

表 11‑1 定势对问题解决影响的实验材料

课题序列	容器的容量/(加仑)			要求量出的容量/(加仑)
	A	B	C	
1	21	127	3	100
2	14	163	25	99
3	18	43	10	5
4	9	42	6	21
5	20	59	4	31
6	23	49	3	20
7	15	39	3	18
8	28	59	3	25

功能固着是一种从物体正常、通用的功能的角度来考虑问题的定势。也就是说,当一个人熟悉了一种物体的某种通用功能时,就很难看出该物体的其他功能。而且最初看到的功能越重要,就越难看出其他的功能。功能固着使人难以发现事物功能的新异之处,因而会影响人们灵活地解决问题。杜克著名的"蜡烛问题"实验证明了这种影响。实验材料有一盒图钉、一盒火柴和几根蜡烛,要求被试使用给出的物品,将蜡烛垂直地竖立在木板墙上。问题解决的方法很简单:把火柴点燃,熔化蜡烛底面,把它粘在一只纸盒上,再用图钉把纸盒钉在木板上。但一半以上被试不能在规定时间内完成任务,因为他们把盒子看作是装东西的,而实验却需要把它视为支撑物。而当实验情境稍作变更,杜克将图钉和火柴倒出来放置于桌面时,则大多数被试能正确解决问题,因为他们看到了空纸盒,于是对纸盒的其他功能作了思考与理解。

五、原型启发

在问题解决中,原型启发在创造性解决问题中起着很大的作用。所谓原型启发是指问题解决过程中,因受到某种客观事物或现象的启发而找到解决问题途径和方法的过程。鲁班因丝茅草划破手,受茅草叶齿的启发而发明了锯;法国医生拉塞内克因看见小孩玩刮木棍听声音的游戏发明了听诊器;某橡胶厂,因受面包放入酵母菌而多孔、松软的启发,制成了泡沫橡胶;苏格兰医生邓禄普在浇花时,由于受手中橡皮管弹性的启发而发明了充气轮胎等,都是这方面的具体例证。

原型对问题解决能否起启发作用,一是看原型与要解决的问题是否具有特征上或属性上的联系与相似性。相似性越强,启发作用越大;二是看主体是否处于积极的思维活动状态中。若主体不能积极主动地联想、想象和类比推理,即使事物间相似性很大,也难以受到启发。

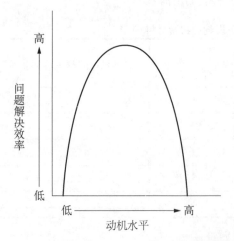

图 11 - 4 动机强度与问题解决效率之间的关系

六、动机和情绪

人们对活动的态度、社会责任感、认识兴趣等,都可以成为发现问题的动机,从而影响问题解决的效果。动机的强度不同,对问题解决的影响大小也不同。已有的心理学研究表明,在一定的限度内,中等强度的动机,最有利于问题的解决。问题解决的效率与动机强度呈一种倒U型的关系,动机过强或过弱都会降低问题解决的效果。如图 11 - 4 所示。

情绪对问题解决也有一定影响,紧张、惶恐、烦躁、压抑等消极的情绪会阻碍问题的解决,而乐观、平静、积极的情绪将有助于问题的解决。

第四节 创造性及其培养

"文明的历史,基本上乃是人类创造能力的记载。"奥斯本的话指出了创造性的重要性。创造性是心理学研究中的一个热门领域和焦点问题。对创造性问题的研究,有助于人们克服种种困难,完成预料之外的任务,增加选择和行为的自由度。因此,要加强学生创造性的发展和培养。

一、创造性及其特征

(一)创造性的含义

一般认为,创造性是指个体产生新奇独特的、有社会价值的产品的能力或特性。"产品"指以某种形式存在的思维成果,它可以是一种新技术、新工艺、新作品,如作家创作出一部新的作品,科学家发明一项新技术;也可以是一种新观念、新设想或新理论,如巴甫洛夫提出经典性条件作用理论。判断一个产品是否具有创造性,有两个标准:一是新颖性和独特性,指相对于自己不墨守成规,相对于过去前所未有、相对于别人是别出心裁的。二是个人价值或社会价值,个人价值指对个体的发展具有意义,社会价值指对人类、国家和社会的进步具有重要意义,如重大发明。创造性不是天才和伟人才有,不是"全有"或"全无"的品质,而是所有人都共同具有的一种能力品质,不过不同的人其创造性在层次和结构上不同而已。画家创作一幅巨作是创造,但小孩子涂鸦也是一种创造。创造性总是体现在问题解决的活动中,因此属于问题解决的一个研究领域。

(二)创造性的特征

尽管各种不同的研究及其相关测验分别强调创造性的不同特征,但目前较公认的是以发散思维的基本特征来代表创造性。发散思维也叫求异思维,是沿不同的方向去探索多种答案的思维形式。研究者普遍认为,发散思维是创造性思维的核心,主要有以下三个特征:

1. 流畅性。个人面对问题情境时,在规定的时间内产生不同观念的数量的多少。创造性高的人,能在短时间内想出数量较多的项目,亦即反应迅速而众多,代表心智灵活,思路通达。如词语接龙游戏:从容不迫→迫不及待→待机再举→举世闻名→名扬四海→海波不惊→惊世骇目→目瞪口呆等,个体在游戏的过程中词语接得越快、越多、越准确,说明流畅性越好。

2. 变通性。指发散项目的范围或维度。范围越大,维度越多,变通性就越强。创造性强的人,其思维的变通性也强,他们在解决问题时能随机应变,触类旁通,举一反三。吉尔福特通过"非常规用途测验"来测量发散思维的变通性。此测验要求人们在一定时间内尽可能多地说出某个物体的用途,通过说出物品用途的维度来衡量发散思维的特点。例如,他要求被试在 8 分钟之内列出红砖的用途。结果一些被试只能列出局限在建筑材料范围之内的例证,如砌墙、铺路、盖房子、建河堤等,这些例证的范围极小,说明被试的变通性较差。而另一些被试则能列出红砖的各种非常规用途，如压纸、砸东西、磨红粉等，表现出较好的变通性。

3. 独特性。指个体面对问题情境时，能提出超乎寻常、超越自己也超越同辈的独特新颖的见解。吉尔福特采用《命题测验》来测试人的思维的独特性。这种测验方式是提出一段故事情节要求被试按照自己的意思给予一个适当的题目，题目越奇特越好。如有这样一个故事：一对夫妻，妻子本是哑巴，经医生治疗后能像正常人一样说话了。但是妻子说话太多，丈夫受不了，最后只好要求医生设法把他自己变成了聋子，家中才又恢复了宁静。对这个故事，一类被试命名为《丈夫与妻子》、《医学的奇迹》、《永远不满意》等；另一类被试则命名为《聋夫哑妻》、《无声的幸福》、《开刀安心》等。吉尔福特认为，后一类被试比前一类被试的命题独特。

二、影响创造性的因素

心理学家斯滕伯格和洛巴特在总结他人和自己许多研究的基础上认为创造性会受其他因素的影响，提出"创造力的多因素理论"。该理论认为，个体的创造性能否充分发挥，主要受以下因素影响：

（一）智力

创造性是一种特殊的智力品质，是智力发展的结果。但创造力和智力之间的关系并不是人们想象的那样：智力越高，创造力越高。推孟、吉尔福特、托兰斯等人的实验研究表明，创造性与智力两者具有独立性，在某种条件下又具有相关性，表现如下：1. 低智力者难以有创造性。2. 高智力可能有高创造性，也可能有低创造性。3. 低创造性的智力可能高，也可能低。4. 高创造性者必须有高于一般水平的智力。因此，智力是创造性的必要条件，但不是充分条件。所以在学校教育中，智力开发不等于创造性培养。学校除了要重视对学生智力的开发，还需重视对学生创造性的培养。

（二）知识

众多的研究和实践都表明，知识是创造性发挥的前提和基础，离开必要的知识，根本谈不上创造。新颖、独特的产品和观念的产生，从内容上说均受制于人的知识与经验，知识是创造的原料，创造是知识的重新组合。但具有知识不等于有创造力，如经验主义和教条主义者的知识不少，但他们头脑僵死、循规蹈矩，不可能有创造性。还有，如果知识结构不合理也不利于创造。因此，对待知识一定要有变通性和灵活性，混乱的知识和思维的定势反而会阻碍创造性的发挥。知识也只是创造性发挥的必要条件，而不是充分条件。

（三）认知风格

认知风格指认知活动过程中的风格和倾向性。斯滕伯格和洛巴特认为认知风格有三种：立法式认知风格，即乐于建立自己的规则和善于解决非预制的问题；执行式认知风格，偏向于用现成的规则解决具有形成结构的问题;司法式认知风格,用判断、分析和批判倾向看待事物,他们乐于对规则和程序做出评价,对现有的结构作出判断,以此来检验自己和他人的行为。创造性个体通常具有立法式认知风格。

(四)人格特征

人格特征虽然不对创造性活动起直接的决定作用,但它为创造性的发挥提供心理状态和背景,对创造活动具有极大的制约作用。高创造性的人究竟具有什么样的人格特征?很多人对此很感兴趣。许多研究表明,高创造性的人具有以下一些人格特征:

1. 好奇心强,兴趣广泛,思维灵活,喜欢钻研一些抽象问题;

2. 自信心强,看问题常有自己独到见解,不满足于书本知识和教师见解;

3. 独立性强,常独自从事活动,对自己的事有较强责任心;

4. 有较大的主动性和较少的禁止性,对新信息的接受较少防御;

5. 有较强的坚持性和恒心;

6. 对未来有较高的期望与抱负,希望能面对更复杂的工作,能摆脱传统习俗,不怕风险与压力。

(五)动机

创造性活动需要创造动机的维持和激发。从动力的来源看,动机分为外部动机和内部动机,许多经验和心理学的研究都证明,内部动机比外部动机更有利于创造力的发挥和发展。当人们被完成工作本身所获得的满足感和挑战感激发而不是被外在的压力所激发时,才表现得最有创造性。

(六)环境

罗杰斯认为具有高创造性的人常常具有偏离文化常规的倾向,需要社会给予充分的支持,从而更好地发挥自身的创造力。对学生来说,要做到这一点,就需要家庭、学校和社会三者共同努力,创设一种良好的氛围和环境。家庭与学校的教育环境是影响个体创造性的重要因素。

家庭环境方面,研究发现,家庭气氛、父母受教育的程度、教养方式等对学生创造性发挥起重要影响作用。查子秀等人的研究发现,有利于学生创造性发挥的家庭因素有:1. 家庭比较民主,父母对孩子不专制。2. 家长支持孩子的好奇心、探求精神和行动。3. 父母信任孩子的能力并给予引导和锻炼。4. 学生在家里与父母之间无拘束,关系良好。5. 父母具有独立性和创造性。

学校教育对学生创造性的发挥具有重要作用,学校的氛围、课程的设置、教师的态度、教学方式、课堂气氛等无不对学生具有深刻的影响。而其中教师起核心影响作用,其他因素都是通过教师这个因素起作用的。教师的个性、行为、知识结构和教学方法都直接影响学生创造性的发挥。一般来说,民主开放型的教师最有利于学生创造性的发展,而专制型和放任型的教师均不利于学生创造性的培养。

三、创造性的培养

（一）创设有利于创造性产生的适宜环境

1. 创设宽松的心理环境

教师应给学生创设一个能支持或容忍标新立异或偏离常规思维的环境，让学生感受到"心理安全"和"心理自由"，即给学生创造较为宽松的学习心理环境。无论教师还是家长，都要注意识别学生的创造性才能，支持他们用不同寻常的方式去理解事物，容忍他们对于权威和专家的怀疑，并因势利导，运用一些能促进其创造性发展的方法进行教育。

2. 给学生的选择与发现提供机会

在可能的条件下，尽可能地给学生一定的权力和机会，让有创造性的学生有时间、有机会做自己喜欢做的事，为创造性行为的产生提供机会。要注意几点：给学生留出一定的时间让他们从事自己喜欢的具有创造性的活动；给学生提供可自由选择的课程；注重学生综合素质的培养；鼓励首创性，鼓励学生在自由探索的学习活动中提出自己独特的看法，并予以关注。

3. 改革考试制度与考试内容

有关教育部门要让考试真正成为选拔有能力、有创造性人才的有效工具。考试的形式和内容等都应考虑创造性测评的问题。评估学生的考试成绩时，也应考虑其创造性的高低。

（二）创造性培养的内容

1. 培养好奇心，激发求知欲

好奇心和求知欲是激励人们探究客观事物奥秘的一种内部动力，能激发创造性的萌芽，是创造动机的核心成分。为了培养学生的好奇心和求知欲，可以不断给学生创造变化的、能激起新异感的学习环境，组织或引导学生进行各种探索活动，鼓励他们在探索中发现问题，接纳学生各种奇特的问题，并启发他们去寻找答案，赞许其好奇求知。

2. 创造性思维的训练

心理学家的研究发现创造性思维是多种思维的有机结合，是发散思维和辐合思维、分析思维与直觉思维、语词思维与形象思维的统一。由于常规的教育中，辐合思维、分析思维与语词思维已得到培养，而发散思维、直觉思维和形象思维的培养经常被忽略，所以教育教学中要加强这三种思维的培养。

3. 创造性个性的培养

个体创造性的高低不仅与智力有关，而且和人的个性特征密切相关。真正有作为的创造者，大多具有良好的个性心理品质。一般来说，独立、勤奋、自信、坚持、谦虚、进取、好探究均有利于创造性的发展，应着力去加以培养；而懦弱、自卑、骄傲、粗心、墨守成规、安于现状等不良个性不利于创造性的发挥，要注意及时加以消除和矫正。

（三）培养学生创造性的具体方法

1. 头脑风暴法

头脑风暴法是由奥斯本提出的，原意是用暴风雨似的思潮撞击问题，类似于我国的"集思广益"的做法。具体内容是：采用座谈会形式组织人们对某个问题进行讨论，使思维相互撞击，迸发火花，达到集思广益的效果。可以先由教师提出问题，然后鼓励每个学生从自己的角度提出解决问题的方法，通过集体讨论，可以拓宽思路，产生互动，激发灵感，进而提高创造性。操作时应遵循以下原则：第一，不批评他人的任何观点；第二，鼓励参与者畅所欲言，发言充分自由；第三，鼓励标新立异、提出与众不同的观点；第四，以获得方案的数量而非质量为目的，鼓励提出改进意见或补充意见。

2. 缺点列举法

对于某个事物存在的某个缺点产生不满，往往是创造发明的先导，只要把列举出来的缺点加以克服，那么就会有所发现、有所创新。通过缺点列举训练，可以逐步树立创新志向，甚至可以直接导致发明创造。如尽可能多地列举出玻璃杯的缺点。

3. 希望点列举法

"希望点列举法"是又一个重要的方案设计方法。人们对美好愿望的追求，往往会成为创造发明的强大动力。希望点列举法就是把对某个事物的要求——"如果是这样就好了"之类的想法列举出来。如怎样的电脑才理想？尽可能地写出你的愿望。

4. 展开性思维训练

展开性思维训练可从多个方面进行，材料、功能、结构、形态、组合、方法、因果、关系等各方面均可作为"展开点"，进行具有集中性的灵活、新颖的展开训练，培养创造性思维的能力。如尽可能多地写出圆珠笔的用途，或假如你是一名市长，你将如何管理你所在城市。

5. 组合法

组合是将已知的若干事物合并成一个新的事物，使之具有新的结构、功能和价值。人类的许多创造成果都源自于组合。美国阿波罗登月总指挥韦伯说："阿波罗计划中没有一项新技术，都是现成技术，关键在于组合。如收音机和录音机的组合成为收录机。"

6. 列表检查法

这种方法是指对照检查单的每项内容逐个进行思考，以期获得新设想和新发明的方法，有"创造技法之母"之称。奥斯本最早将此方法用于实践，他根据需要解决的问题，列出如下几个检查项目：有无其他用途；能否借用；能否改变；能否扩大；能否缩小；能否代用；能否调整；能否颠倒；能否组合。操作时可根据实际需要对检查单的具体项目进行适当调整。

本章小结

1. 问题是个人不能用已有的知识经验直接加以处理并感到疑难的情境，包含给定、目标和方法三个成分，分为三大类：界定清晰的问题和界定含糊的问题、对抗性问题和非对抗性问题、语义丰富的问题和语义贫乏的问题。

2. 问题解决是提出新的答案、超越先前所学规则的简单应用以达成目标。具有情境性、目的指向性、操作序列性和认知操作性四个特点。

3. 问题解决包括建立问题表征、拟订计划、克服障碍、执行计划四个过程。问题解决中的策略有算法和启发法，启发法又包括手段——目的分析、逆向搜索和爬山法。

4. 影响问题解决的因素有：知识在问题解决中的作用、无关信息的影响、知识表征的方式、思维定势与功能固着、原型启发、动机和情绪。

5. 创造性是指个体产生新奇独特的、有社会价值的产品的能力或特性。创造性具有流畅性、变通性和独特性的特征。影响创造性的因素有：智力、知识、认知风格、人格特征、动机和环境。创造性的培养：一要创设有利于创造性产生的适宜环境，包括创设宽松的心理环境，给学生的选择与发现提供机会，改革考试制度与考试内容；二要精心选择培养的内容，要注意培养好奇心，激发求知欲，注意创造性思维的训练和创造性个性的培养；最后，培养学生创造性的具体方法有：头脑风暴法、缺点列举法、希望点列举法、展开性思维训练、组合法和列表检查法。

思考题

1. 什么是问题和问题解决？问题解决有哪些特点？

2. 问题解决要经历哪些过程？影响问题解决的因素有哪些？

3. 什么是创造性？它有何特征？

4. 影响创造性的因素有哪些？

5. 试从心理学的角度阐述如何培养学生的创造性。

参考文献

1. ［英］S. Ian Robertson. 问题解决心理学. 张奇等译. 北京：中国轻工业出版社，2004

2. ［美］Rober J. Sternberg，Wendy M. Williams. 教育心理学. 张厚粲译. 北京：中国轻工业出版社，2003

3. 莫雷. 教育心理学. 北京：教育科学出版社，2007

4. 伍新春. 儿童发展与教育心理学. 北京：高等教育出版社，2008

5. 何先友. 青少年发展与教育心理学. 北京：高等教育出版社，2009

6. 周治金，谷传华，刘华山，周宗奎. 创造心理学. 北京：中国社会科学出版社，2015

7. ［美］罗伯特·斯莱文著. 教育心理学：理论与实践. 姚梅林等译. 北京：人民邮电出版社，2012

8. 袁维新，吴庆麟. 问题解决：涵义、过程与教学模式. 心理科学，2010，33(1)：151～154

9. 蔡笑岳，于龙. 问题解决的心理学的模式及研究取向的演变. 华南师范大学学报（社科版），2008(6)：103～109

10. 辛自强. 问题解决研究的一个世纪：回顾与前瞻. 首都师范大学学报（社会科学版），2004(6)：101～107

第十二章 教师心理

中小学教师的心理健康状况调查

《国家中长期教育改革和发展规划纲要》(2010—2020 年)指出:"教育大计,教师为本"。建设一支具有良好素质、结构合理、相对稳定的教师队伍,是教育改革和发展的根本。心理健康是教师素质结构的重要组成部分,然而根据许多研究者的调查发现,教师的心理健康状况不容乐观,心理问题颇多,如生理-心理方面表现为抑郁、焦虑,或在焦虑和抑郁之间变动,存在人际关系障碍、职业行为问题等症状。2008 年张积家等人用元分析的方法对 1994 年—2005 年间国内教师心理健康状况进行分析,发现不同等级学校的教师心理不健康检出率不同:幼儿园教师心理不健康检出率为 29.5%,中小学教师心理不健康检出率为 31.4%,高校教师心理不健康检出率为 56.6%。汪海彬等人采用"横断历史研究",选取 1979—2012 年间 152 项采用症状自评量表(SCL‑90)的研究报告,分析发现 30 多年间中小学教师心理健康水平呈逐年缓慢下降趋势,且心理健康水平随学段升高而下降。

为什么有这么多的中小学教师具有心理健康问题且心理健康水平呈现逐年下降的趋势?导致教师出现心理问题的原因到底有哪些?教师心理健康与教师职业角色的特点有关吗?教师扮演了哪些角色?有哪些特有的心理品质?社会和学校应如何维护教师的心理健康?专家型教师与新教师有哪些不同?应如何促进教师自身的发展?这一章将帮你回答这些疑问。

第一节 教师的角色心理

一、教师角色的含义

角色原属戏剧用语,指演员在舞台上依照剧本所扮演的某一特定人物。1934 年美国社会心理学家米德首先将"角色"概念引入社会学理论中,指个体在社会舞台上的身份与行为。因此,角色实际上就是个体在特定社会关系中的身份以及由此而规定的行为规范和行为模式的总和。任何一个角色都有明显的社会规定性,承担或扮演一定的角色就表明个人要尽相应的义务和责任,而同一个体在不同的社会关系中,在不同的状态下,可能要扮演多重角色。

教师是接受一定的社会委托、以教书育人为己任的专业人员。教师作为一个特殊的社会角色,生活在复杂的社会关系中,不可避免地拥有多种社会身份,社会必然赋予他们不同的期望。教师角色,指教师按照其特定的社会地位承担起相应的社会角色,并表现出符合社会期望的行为模式。关于教师角色主要有三种认识：

（一）教师角色就是教师行为

不少学者持这一观点，认为教师的行为是可以直接观察到的，这些行为主要指教师在教育教学情境中的行为，即在学校或课堂中的行为表现。

（二）教师角色就是教师的社会地位

从这一角度认识教师，主要表明教师所具有的独特的社会地位：教师的组成、教师队伍的状况以及进入或脱离教师队伍的条件，这是从把教师作为一种职业的角度加以考察的。

（三）教师角色就是对教师的期望

有不少学者认为，教师角色指的是对教师的期望，这包括教师对自己的期望，以及学生、学生家长、学校行政领导、社会公众对教师的期望。

二、教师角色的构成

教师角色具有多重性，主要有以下几种构成：

（一）知识的传授者

这是教师职业的中心角色。教师的主要功能是传授知识，指导学生学会学习，培养学生的各种能力，促进他们的智力发展，教师的这一角色主要是通过教学活动来实现的。在教学过程中，教师根据教育教学的规律和学生身心发展的特点，组织一系列教学活动，调动学生学习的积极性，以使他们牢固地掌握科学文化知识，发展多方面的能力。

（二）教学的组织管理者

教师作为学生班级的管理者，应有计划地去培养班集体，创造一种和谐、民主、进取的集体环境，形成良好的班风，运用奖罚来控制调节学生的活动，帮助学生形成"律己"的习惯，加强自我管理。

（三）行为规范的示范者

常言道，言教不如身教，榜样的力量是无穷的，在学生心目中，教师是知识的源泉，是智慧的替身与行为的典范，教师所有的言行举止都无疑成为学生模仿和学习的表率，在学生心灵上打下深深的烙印。教师对学生的影响是巨大的，因而教育中强调身教重于言教，教师要通过自己的榜样、模范、表率作用去感染每一个学生，教育每个学生，对学生施之潜移默化的影响。

（四）人类灵魂的工程师

教师不仅要对学生传授科学技术、文化知识，培养各种能力，而且还要按照一定的世界观塑造学生的灵魂。人们常说"教师是人类灵魂的工程师"，就是指教师在学生思想品德教育方面肩负的特殊角色。教师要培养学生具有正确的世界观、人生观和远大理想，培养他们丰富而高尚的精神境界，培养他们具有追求真理、热爱科学、热爱和平的美好情操，培养他们具有完善美好的道德品质。

（五）家长代理人兼学生的朋友

在许多学生特别是小学生的眼里，教师是父母的化身。学生入学后常常自然地把许多父母具有的特征、行为模式，把与父母相处的经验、体会，推及到自己与教师的交往中。所以教师在课堂上、学习上是老师，在生活上是长者和父母。因此教师不仅要关心学生的学习，还要培养他们良好的生活习惯和技能，解答他们在生活中遇到的各种问题，充满热情地关怀、期望、帮助学生。教师有时还需要淡化他的地位角色，成为值得学生信赖的朋友和知己，对待学生热情、友好、平等、民主，保持良好的师生关系。

（六）学生的心理保健者

现在的教师不仅要教书育人，还要维护学生的心理健康，帮助学生学习和适应更有效的生活方式。教师要掌握心理疏导技术，减轻、消除学生心理压力和矛盾，帮助学生学会主动调节自己的情绪，以保持积极向上的精神状态；对较差的学生给予较多的关怀，消除其压抑感；了解学生常见的心理异常症状，及时发现问题；尊重学生的个别差异，帮助学生形成健康人格等。

（七）教育科学研究者

现代科学技术的发展突飞猛进，知识经济初露端倪，传统的教书匠式的教师已不能适应社会经济文化的发展以及教育自身的需要，专家型、学者型的教师将成为未来教师的重要角色之一。因此，教师不能仅满足于向学生传授现成的知识，还要积极探索和研究教学与学生中出现的问题，成为一名教育科学研究者。特别是对自己的教学活动的研究，教师要掌握一定的教育科研方法，并注重运用所掌握的方法解决自己在教育教学实践中所遇到的问题，从而使自己不仅成为一名教育实践家，还要成为一名教育研究者。

三、教师角色的形成阶段

教师角色的形成分为三个阶段：

（一）角色认知阶段

角色认知是指角色扮演者对某一角色行为规范的认识和了解，知道哪些行为是合适的，哪些行为是不合适的。对教师职业角色的认知,就是教师对教育事业的深刻理解的过程,包括教育工作是怎样的职业,它所承担的社会职责是什么,它在历史、现实中处于怎样的地位等。

(二)角色认同阶段

教师角色的认同指个体亲身体验、接受教师角色所承担的社会职责,并用来控制和衡量自己的行为。对教师角色的认同使教师不仅在认识上了解到教师角色的行为规范、社会价值和评价,而且还经常会用优秀教师的标准来衡量自己的心理和言行,自觉地评价与调节自己的行为。教师角色的认同也会使教师表现出较强的职业情感,如热爱教育事业、热爱学生等。

(三)角色信念阶段

信念是个体确信并愿意以之作为自己行为指南的认识。信念表现在教师职业中就是为教育事业献身的精神。在此阶段中,教师角色中的社会要求会转化为个体需要,形成教师职业特有的自尊心和荣誉感。教师意识和教师特有的情感,使教师愿意为教育事业自觉地奉献出毕生的精力。

四、教师的威信

教师的威信是指教师在学生心中的威望和信誉,教师的威信实质上反映了一种良好的师生关系,是教师成功扮演教育者角色、顺利完成教育使命的重要条件。"威信"与"威严"不同,威信使人亲而近之,威严使人敬而远之。所以,那些使学生感到有一种威逼力量的教师,不能看作是有威信的教师。

教师的威信是有效地影响学生的重要条件,是完成教育和教学任务的一种推动力量。有威信的老师,学生会心悦诚服地接受他的教育和劝导,做工作常常事半功倍;没有威信的老师,学生对他的劝导会置若罔闻,甚至产生不满和对立情绪,往往事倍而功半。正如德国哲学家和教育家赫尔巴特所说的:"绝对必要的是教师要有极大的威信,除了这种威信外,学生不会再重视任何其他的意见。"教师的威信之所以在教育工作中起着如此巨大的作用,主要是因为三种原因:首先,学生确信有威信的教师的指导的真实性和正确性,愿意主动地接受,并很快地把教师的要求转化为自己的需要,引起相应的积极行为。其次,有威信的教师的表扬或批评能唤起学生相应的情感体验。有威信的教师的表扬,能引起学生的自豪感和荣誉感,促使学生要求自己表现得更好,即使没有被老师表扬的学生也会争取表扬;对学生极其轻微的批评,也会触动学生,留下强烈的印象。无威信的教师,即使表扬也起不到激励作用,批评也不会使学生心服口服。再次,有威信的教师往往成为学生心目中的榜样、楷模,学生会加以模仿,使教师的示范起到更大的教育作用。

每个教师都希望自己在学生心目中有崇高的威信,但教师威信的形成取决于很多因素。教师在社会生活中的地位,教育行政机关、学校领导对教师的态度等都影响教师威信的形成,而教师自身条件是威信形成的决定性因素。那么教师怎样才能树立自己的威信呢?主要有以下几种途径：

（一）培养自身良好的道德品质

良好的道德品质是教师获得威信的基本条件。教师应该是社会的模范公民，因为教师是教育人的人，他的道德和学识使他在学生乃至公民的心目中具有一定的威望。虽然教师也应该像其他公民一样，有生活、思想和行为上的自由，但他们永远不可能避免扮演模范公民的角色。社会性学习主要通过模仿来进行，对学生来说，一个成功的教师无疑是他们崇拜与模仿的对象。教师作为社会文化价值与道德准则的传递者，极易被学生看作代表和具有这些价值和准则的人，如果教师的行为能够与自己的说教相吻合，学生就容易受到积极的影响，如果不相吻合或者对立，就会产生不良影响。可见，教育工作本身决定了教师应当成为学生的表率，他们展示给学生的应当是标准的社会行为模式。因此，教师在日常生活和工作中，应当时时处处加强道德修养，提高思想境界，培养良好的道德品质。教师良好的道德品质主要表现在两方面，一是作为教师应有强烈的社会责任感和忧国忧民之心，有为促进社会进步而努力工作的崇高愿望，有对教育工作意义的深刻认识及由此产生的对工作的高度负责精神；二是教师要学会做人，在为人处事方面，要言行一致、表里如一、无私正派、平等待人，懂得尊重和关心他人，成为一个有道德的人，一个脱离了低级趣味的人，一个有益于人民的人。具有良好道德品质的教师就称得上社会的模范公民，就会从人格上赢得学生的尊重。

（二）培养良好的认知能力和性格特征

良好的认知能力和性格特征是教师获得威信所必需的心理品质。随着科技的发展和时代的进步，对教师的认知能力提出了更高的要求。教师要想有成效地传授知识，就必须勤奋刻苦，好学多思，拥有渊博的知识、独到的见解以及精湛的教学技巧，能够给学生以深刻启迪并激发他们对问题的深入思考，这样的教师教学效果才好，威信才能高。同时，教育是一项十分复杂的工作，教师们难免遭遇许多困难，产生挫折感，面临挫折情境的教师，会形成一种长期的心理压力，影响教学工作及威信。因此，作为教师还应努力磨练自己的意志品质，增强挫折耐受力，养成热情开朗、坚毅稳定、宠辱不惊、积极进取的性格，在自我认知的基础上，有效地进行自我监督，自觉地根据自己在社会生活中形成的信仰、情感和习惯去提醒、告诫自己，克服与之相悖的思想和行为，顺应社会需要。教师还要善于进行自我批评，做到"见贤思齐"、"见不贤而内自省"，不断增强自我控制能力，自觉抵制各种不利因素的刺激和影响，使自己的情感冲动和行为限定在合理的范围内。教师切忌在遭受挫折后，把愤怒的情绪发泄到学生头上，出现转向攻击，或以冷漠的态度对待教学工作，而是要通过自我疏导，从矛盾、冲突和窘境中解脱出来，并能够在新的条件下，重新调整自己的思想和行为，达到自我更新和提高。具有良好心理品质的教师才会得到社会的认可，并成为学生的表率和楷模。

（三）注重良好仪表、风度和行为习惯的养成

教师的仪表、风度和行为习惯对威信的获得也有重要影响。许多研究表明，教师仪表大方、举止得体、衣着整洁，会引起学生的好感；生活懒散、不修边幅、衣着不整、教态不端、随

地吐痰、举止不文明等不良习惯，有损教师的威信。为此，师范院校在培养师范生时，会通过录音、录像，让他们看到自己上课时的言语、教态、仪容和表情等，使他们的举止风度更符合对教师的形象要求。一个人的仪表、风度是内在素质和文明的外在表现，作为知识传授者的教师，应该时时处处向学生展示文明与美好，而不应认为只讲好课就行了，因为即使课讲好了，如果仪表教态不美不雅，就会像一首音乐中有几个不和谐音符一样，使人产生不完美感。

（四）给学生以良好的第一印象

第一印象是指两个素不相识的人在第一次交往中所获得的关于对方的印象。教师第一次和学生见面给学生留下的印象特别深刻，学生会以强烈的好奇心来观察他们，他们的精神面貌、穿着打扮、举手投足、性格特征等都被纳入学生观察的视野。因此，重视与学生的第一次见面，上好第一节课，塑造好第一印象，这是教师威信形成的重要起点。教师在与学生初次正式接触时，一定要有充分的准备。教师应了解学生的状况，应充分熟悉教材，上课时应做到仪表端庄、衣着整洁、精力充沛、面容和蔼、言辞准确而恰当，使学生对自己能有一个良好的第一印象，为以后的教师威信的形成打好基础。

（五）做学生的朋友与知己

教学是一个人际交往的过程，只有和学生和睦相处的教师才能建立起威信，从而进行有效的教学。人本主义心理学的代表人物马斯洛和罗杰斯都强调学习中人的情感因素。他们认为，必须尊重学习者，把学习者视为学习的主体，重视学习者的意愿、情感、需要和价值观，主张师生间建立良好的交往关系，形成情感融洽、气氛适宜的学习情景。因此，教师除了扮演权威者角色之外，还应当扮演朋友和知己的角色，成为学生学习的鼓励者、促进者，使学生觉得教师是他们真诚的、可信赖的朋友和知己。教师在与学生相处时，要满怀真诚和爱心，与学生坦诚相见，热情关怀，春风化雨般耐心细致、循循善诱。特别在学生有过错时，不能以个人的职业地位作掩护，对学生采取居高临下、盛气凌人的态度，更不能在大庭广众之下羞辱学生。

教师的威信一旦形成，便具有一定的稳定性，但并不是一成不变的。它可能继续保持和不断发展，也可能逐渐下降，甚至完全丧失。例如，对工作缺乏热情、对学生不公正的表扬与批评、不注意检点自己行为等等，都会使教师的威信降低。因此，教师不仅要注意在学生中形成威信，还要注意维护和发展已形成的威信。维护和发展教师威信的首要条件是使自己的道德和心理品质以及业务能力始终处于积极的发展状态，经常严格剖析自己，严格要求自己，不断加强自己的道德修养，提高自己的教育教学能力。其次，教师要时刻意识到自己教师的身份，不仅在课堂上、在学校里，而且在家中、在社会上、在各种场合下都不能忘记自己是个教师，只有处处注意检点自己，才不会出现有失教师身份的言行，否则的话，就会使辛勤培育起来的威信一落千丈。要知道，教师已经建立起来的威信如果丧失，要想恢复，必须付出加倍的努力，在大多数情况下，恢复已丧失的威信比获得威信困难得多。

第二节　教师的心理特征

　　教师的心理特征是指教师在长期的教育教学实践活动中,扮演的各种不同的角色并随之逐渐形成的特有的心理品质。这些心理品质是从事教师这一职业的人所共有的和典型的特征。教师的心理特征直接影响着教育教学工作的成败,对学生的人格也是一种巨大的教育力量。

一、教师的认知特征

　　教师的认知特征是教师在长期教学过程中积累的知识与经验,以及在此基础上形成的有效组织教学活动的教育教学能力,体现在教育教学活动的全过程。教师的认知特征主要包括其知识结构和教学能力。

(一)知识结构

　　知识结构指一个人的知识内容及其构成,教师的知识结构是教师为满足工作需要而建立起来的知识内容及其组织构成。为了满足教学和工作的需要,教师需要不断地学习,不断更新自己的知识结构。

　　教育心理学领域对于教师的知识结构进行了许多专题性探讨。教师的知识结构一般可分为四个方面:本体性知识(学科专业知识)、条件性知识(教学法等方面的知识)、实践性知识(教学经验)、文化科学知识。

1. 本体性知识

　　教师的本体性知识是指教师所教的特定学科或专业等方面的知识,如语文知识、数学知识等,这是人们所普遍熟知的一种教师知识。已有研究表明,教师的学科专业知识水平与其教学效果之间并非线性相关,丰富的学科知识仅仅是个体成为一个好教师的必要条件。从一般意义上说,教师的本体性知识可分为四个方面:①最基本的学科知识和技能。教师应对学科的基础知识有广泛而准确的理解,熟练地掌握本学科的基本概念和基本技能。当然掌握精深的学科知识有利于教师在教学过程中高瞻远瞩、高屋建瓴,为学生提供高层次的思维方式和宽广的视野。②相关学科的知识点与联系。教师要了解与所教学科相关的学科的知识点及其性质和逻辑关系,使所教不同学科的教师之间在教学上能够相互沟通、协作,在组织学生开展综合性活动时能够相互配合。③本学科的发展历史与趋势。教师需要了解本学科的发展历史和趋势,了解推动其发展的动因,了解本学科对社会、人类发展的价值以及在人类生活实践中的多种表现形态。④本学科的基本思想方法与思维方式。教师需要掌握所教学科的独特视角、层次及思维工具与方法,熟悉本学科的科学家的创造性发现过程和成功原因,在他们身上展现的科学精神和人格力量,这对于增强学生的精神力量和创造意识具有重要的甚至超出学科知识本身所能提供的价值。而这需要教师具有精深的专业知识。

2. 条件性知识

教师的条件性知识又称教育教学知识，即关于如何教的知识，是指教师知道在什么时候、为什么以及在何种条件下才能更好地运用知识经验开展教学活动的一类知识，主要是有关教育学、心理学、教学法等方面的知识。条件性知识是广大教师顺利进行教学的重要保障，是教师这一角色所应具备的职业技能，对于提高教育教学质量、促进学生发展尤为重要。

3. 实践性知识

教师的实践性知识是指教师在教育教学实践中逐步积累的经验，是关于如何处理课堂情境中问题的知识及教育教学机智。实践性知识对于教师高效率、创造性地解决教育教学问题具有重要意义，也是专家型教师与新手教师最显著的差别。

4. 文化科学知识

由于学生获取知识的渠道很多，学生群体所拥有的知识总量很大，教师要能够满足学生的求知欲，还必须掌握大量的文化科学知识。

这四种知识共同构成了教师的知识结构体系，四者相互联系、相互制约，其中本体性知识是教师知识结构的核心，条件性知识反映了教师知识结构的职业特色。本体性知识和文化科学知识是教学活动的实体部分，条件性知识和实践性知识对本体性知识的传授起到支撑作用。

（二）教学能力

教学能力是教师应用教学理论和专业知识，促进学生学习，实现教学目标的能力。它往往通过训练、培养和形成，是影响教学质量的关键因素之一。研究发现，在智力与知识达到一定水平之后，教师的表达能力、组织能力、诊断学生学习困难的能力，以及他们思维的条理性、系统性、合理性与教学效果存在密切联系。教师表达得越清晰，越有利于学生的知识学习；教师讲解含糊不清则不利于学生学习成绩的提高；教师思维的流畅性与他们的教学效果也有联系。

教师的教学能力主要包括：组织和运用教材的能力、言语表达能力、组织教学的能力、对学生学习困难的诊治能力、教学媒体的使用能力以及教育机智等。

1. 组织和运用教材的能力

教学的第一个环节是备课。所以，教师的教学能力首先体现在对教材的组织和运用方面。组织和运用教材的能力是指那些区分出教材中本质的和最主要的内容，并根据学生的理解水平对教材进行分析综合、加工改组，将教材恰当地概括化、系统化的能力。教师组织和运用教材的能力是保证教学效果，使学生顺利地掌握知识的必要条件之一。

教师组织和运用教材的能力表现在下述三个方面：（1）通过对教材的研究，充分理解教材的知识内容，融会贯通，使教材的知识内容转化成教师自身的知识。（2）在研究教学大纲、教学目的、教材内容和学生实际情况的基础上，明确教学目的的要求及重点，使之成为教师教学的指导思想，并根据这些决定教材的难点、重点，决定讲解的详略和教材内容的增减。（3）根据教学目的的要求，探讨适应学生接受能力，又能促进学生智力发展，完成教学任务的可行的教学方法和步骤。教师通过对教材进行深入细致的分析和综合，把学生可能感觉复杂而困难的知识,以简要和容易理解的教学方式传授给学生。这样既可以使学生顺利地掌握知识,同时也使学生逐渐学会思考问题的方法,从而促进他们的思维能力的发展。

2. 言语表达能力

言语表达能力是直接与教师的教学行为、教学活动的实施相联系的,也直接关乎教学效果的好坏。能够清楚地、有说服力地表达自己的思想、讲解教学内容是教师必备的基本能力。言语表达能力是教师要加强训练的基本功之一,也是教师职业能力的一大特点。古今中外一直以来都非常重视对教师言语表达能力的培养,对教师的言语提出较高的要求。教师的言语应该具有如下特点:教育性,用富有教育性的言语,将思想教育渗透到知识教学中去;启发性,善于利用言语解疑、设疑、激疑,促进学生积极思维;针对性,根据学生水平、教材及课堂中不同情况和问题,运用不同的言语形式;直观性,应当生动活泼、感情洋溢、抑扬顿挫、有声有色、富于感染力;科学性,应言简意赅,谈话中肯,切中要害。伴随着言语还应有其他表达方式,如眼神、手势等,即教师还应具有非言语的表达能力。

3. 组织教学的能力

教师所从事的教学活动的效果如何,在一定程度上取决于教师的组织教学能力。组织教学的能力是教师在课堂教学中,利用各种积极因素,控制或消除学生消极情绪行为的能力。通过教学组织能力的运用,教师可以克服课堂信息传递中的种种干扰,控制学生的注意力,以保证教学的顺利进行。

组织教学能力包括以下几个方面:

(1)制订课堂教学计划的能力

教师在对教学大纲和教学目的充分地理解、对教材内容进行深入细致的分析综合后,应该在学校总的教学计划的基础上,制订出所授课程的课堂教学计划。在课堂教学计划中,明确课堂教学的所有具体方面,如讲述的内容、让学生练习的内容、难点和重点内容及其安排、以及如何创造良好的课堂气氛、调动学生兴趣和积极性等,都是教师制订课堂教学计划应该考虑的问题。周密完善的课堂教学计划,是课堂教学有序进行的重要依据。

(2)正确选择和运用教学方法的能力

教学方法是教师为达到教育和教学目的所采取的工作手段和方式。教师应该具有根据教学目的和不同学科内容,正确灵活地选择和运用教学方法的能力。教学方法选择的主要依据是学生的年龄、知识水平和理解接受能力。在教学实践中可以看到,同样的教材内容,用不同的方法教给学生,教学效果会有所差异。适当的、灵活的教学方法,对学生掌握知识技能及其智力发展都是有益的。

(3)调节课堂气氛、调动学生积极性的能力

在课堂教学中,不仅教材内容、教学方法等会影响教学效果,整个课堂内部的气氛也会产生影响作用。这种气氛是由师生心理活动发出的特殊信息,它在集体中散布,给教师和学生以不知不觉的心理影响。教师应具有制造良好课堂气氛、防止产生不良气氛、调动学生积极性的能力。教师应根据不同的学习和教学任务,根据不同年龄学生的特点,制造和运用不同的课堂气氛,使学生在学习中发挥积极作用。

4. 对学生学习困难的诊治能力

学习困难是指与理解或运用语言，在读、写、推理和计算等方面有关能力的缺乏。学习困难学生具有正常的智力水平，但学业成绩明显低于预期成绩，并伴有较多的社会适应不良及情绪和行为问题。学习困难一般可以分为五类：语言接受和语言表达障碍、基本的阅读技能和阅读理解能力的障碍、书写表达的障碍、数学计算和数学推理能力障碍以及其他先天性思维方面的障碍，如情绪与行为障碍。学生如果遇到学习困难不能及时解决，就会影响到他们对所学知识的理解和运用，影响到他们的学业成就。教师对有学习困难的学生要及早发现，并采取有针对性的教育措施帮助学生解决学习困难。

5. 教学媒体的使用能力

教学过程是一个信息传递的过程。现代教学媒体是在教学活动中利用现代科学技术传递信息的工具，幻灯机、投影仪、录像机、计算机及其相应的幻灯片、投影片、录像带、计算机软件等，都属于现代教学媒体。现代教学媒体具有信息量大、形象化、丰富的表现力等优势，在教学中起到提高教学效率和质量等积极作用。教师除具有使用传统教学媒体（如教科书、黑板、挂图等）的能力外，必须具有使用现代教学媒体的能力。

6. 教育机智

教育机智是教师在教育教学情境中，特别是在出现意外突发情况时，快速反应、随机应变、及时采取恰当措施的综合能力。它是建立在一定的教育科学理论和教育实践基础上的教育经验的升华，也是教师机敏地、创造性地、高效率地处理问题的教育教学能力和艺术。具有教育机智的教师必须做到以下几点：（1）善于因势利导。教师要根据学生的需要和实际水平，循循善诱，变消极因素为积极因素，帮助学生扬长避短，择善去恶。（2）能够随机应变。指教师要针对教育情境中随时发生的偶发事件，迅速判明情况，及时确定行为方向，采取果断有效的措施。（3）注意"对症下药"。教师能够分清情况和原因，采取灵活多样的教育方式，有的放矢地进行教育。（4）掌握教育分寸。教师要讲究教育的科学性，对待学生既温柔，又严厉；既民主，又严格；既实事求是，又通情达理；既说话适度，又方式适宜，给学生最恰当的教育。教师的教育机智依赖许多条件，比如高度的责任感，对学生爱护、尊重、公正的态度，冷静、沉着的性格，对学生深刻的了解等等。教育机智与教师的许多良好人格特征相联系，是教师多种能力的结合及教学艺术的充分体现。

二、教师的人格特征

教师的人格特征是影响教学的重要因素。其包含的内容是多方面的，如教师的职业信念、教师的性格特点和教师对学生的理解等。俄罗斯教育家乌申斯基说："在教育中，一切都应以教育者的人格为依据，因而教育的力量只能从人的人格这个活的源泉流露出来。任何规章制度，任何人为的机关，无论设想得如何巧妙，都不能代替教育者人格的作用。"

（一）职业信念

教师的职业信念是指教师对成为一个成熟的教育教学专业工作者的向往和追求。它为教师提供了奋斗的目标，是推动教师成长的巨大动力。有关职业信念的心理研究主要集中在以下两方面：

1. 教学效能感

教学效能感是指教师对自己影响学生学习行为和学习成绩的能力的主观判断。这种判断会影响教师对学生的期待和指导，从而影响教师的工作效率。教学效能感分为一般教育效能感和个人教学效能感。关于教学效能感问题后面有专门论述。

2. 教学归因

教学归因是指教师对学生学习结果的原因的解释和推测，这种解释和推测所获得的观念必然影响其自身的教学行为。例如，倾向于将原因归于外部因素的教师，往往会更多地将学生的学习结果归结于学生的能力、教学条件等因素，因而在面对挫折时，就比较倾向于采取职业逃避策略，做出听之任之或者怨天尤人的消极反应。

（二）职业性格

有研究认为，优秀教师的性格品质的基本内核是促进，即对别人的行为有所帮助，教师的促进主要表现在三个方面：

1. 充分理解学生。有效的教学依赖于教师对学生的理解，教师要真正理解学生，就应心胸豁达，具有敏感性、善移情和客观性的品质。

2. 与学生友好相处。由于教学是一个人际交往的过程，所以，有效的教学取决于有效的交往。能否进行有效的交往取决于教师的真诚、非权势、积极相待、善于交往的技能等品质。

3. 正确了解自己。教师对自己执教时产生的心理状态的了解和控制，是教师保持健康心理和有效施教的一个重要条件。在了解自己方面，教师应关注自己的安全感和自信，清楚自己的需要。

在教师的人格特征中，有两个重要特征对教学效果有显著影响：一是教师的热心和同情心；二是教师富于激励和想象的倾向性。研究表明，有激励作用、生动活泼、富于想象并热心于自己学科的教师，他们的教学工作较为成功。在教师的激励下，学生的行为更富有建设性。这种教师的人际关系一般比较好，常受到学生的尊敬和爱戴。还有研究发现，教师对学生思想的认可与课堂成绩有正相关的趋势。尽管教师的表扬次数与学生的成绩之间未发现明确的关系，但教师的批评或不赞成，与学生的成绩之间却存在着负相关。这些研究比较深入地揭示了导致教师职业成功的特殊能力和人格特征，为教师职业人格的塑造提供了重要依据。

三、教师的行为特征

教师的行为特征一般包括教师教学行为的明确性、多样性、启发性、参与性、任务取向性和及时地进行教学效果评估及其对学生产生的期望效应。教师在教学中做到这几点，必然会收到很好的教学效果。

首先，教师教学行为应明确，教学目的性强。教师应使所授的课重点突出、难点易理解，并清晰地向学生解释概念，使学生能按逻辑的顺序逐步理解。明确的教学是一个复合行为，它与许多其他的认知行为相关联,诸如内容组织、教师对教材的熟悉以及授课策略的选择等。

多样性是指教师的教学方法是否灵活、多样,调动学生学习积极性的手段是否有效。丰富教学的最有效的方法之一是提问,因此教师需要掌握提问的艺术,教学过程中教师通过"显性"和"隐性"的提问驱动学生的思维。研究表明,如果课堂里教师安排的活动和所提供的材料更加多样,学生的捣乱行为就会少一些。

启发性是指教师的课堂教学对学生能否启而得法,所谓启发性教学的实质是做到后次复习前次,在原有知识结构上产生学习的新需要,以旧知识同化新知识,做到"新课不新",启而得法。

参与性即在课堂教学中,班上的学生是否都积极地参与到教学活动中去了。任务取向性即教师在课堂上的所有活动是围绕教学任务而进行的。及时地教学效果评估,即教师能否及时掌握学生的学习状况和课堂中出现的问题,并能据此调整自己的教学节奏和教学行为。

教师通过行为表达出来的对学生的期望,也是影响学生的一种教学行为。这种影响称为教师期望效应,也称罗森塔尔效应或皮格马利翁效应。罗森塔尔等人的研究表明,教师的期望或明或暗地传递给学生,会使学生按照教师所期望的方向来塑造自己的行为。教师期望效应的发生,既取决于教师自身的因素,也取决于学生的人格特征、原有认知水平、归因风格和自我意识等心理因素。

 拓展阅读

罗森塔尔效应

1968 年的一天,美国心理学家罗森塔尔和助手们来到一所小学,说要进行 7 项实验。他们从一至六年级各选了 3 个班,对这 18 个班的学生进行了"未来发展趋势测验"。之后,罗森塔尔以赞许的口吻将一份"最有发展前途者"的名单交给了校长和相关老师,并叮嘱他们务必要保密,以免影响实验的正确性。8 个月后,罗森塔尔和助手们对那 18 个班级的学生进行复试,结果奇迹出现了:凡是上了名单的学生,个个成绩有了较大的进步,且性格活泼开朗,自信心强,求知欲旺盛,更乐于和别人打交道。其实,罗森塔尔撒了一个"权威性谎言",因为名单上的学生是随机挑选出来的。但这一暗示却改变了教师的看法,使他们通过眼神、微笑、音调等将信任传给那些学生,这种正向的肯定起到了潜移默化的作用。实验中的这种现象,被称为"教师期望效应",也称为"罗森塔尔效应"或"皮格马利翁效应"。

尽管罗森塔尔等人的研究结果一直存在争议,但多数心理学家认为,教师期望的自我实现预言效应确实是存在的。在日常教育中,经常可以发现,如果教师喜欢某些学生,对他们抱有较高期望,一段时间后,教师会将自己暗含期望的感情微妙地传递给学生,使这些学生更加自尊、自信、自爱、自强,诱发出一种积极向上的情感,这些学生常常像老师所期望的那样有所进步。相反,如果教师厌恶某些学生,对学生期望较低,一段时间后,学生也会感受到教师的"偏心",也常常像老师所期望的那样一天天变差。教师的这种期望产生了相互交流的反馈,出现了教师期望的效果。在学校中，每个学生都希望教师能够公平地对待自己，希望得到教师的赏识，讨厌教师的偏袒和不公。如果教师能有正确的学生观，对每个学生形成恰如其分的期望，以满腔热情去因材施教，长善救失，就可能产生良好的自我实现效应。反之，教师对部分学生有偏见，看不到学生的长处和优点，对他们形成低期望，处处和学生相悖而行，学生也会自暴自弃，表现越来越差，造成恶性循环。

总之，"罗森塔尔效应"说明了教师对学生的感情态度是一种巨大的教育力量，教师的期望可以产生巨大的感召力和推动力，它不仅能诱发学生积极向上的情感，而且影响着学生的智力、情感和人格的成长。因此，教师要关心每一个学生，对每个学生给予合理的期望，给他们以公正的支持和鼓励，使每个学生都能成为有用的人才。

四、教学效能感

（一）教学效能感的涵义

心理学上，把人对自己进行某一活动的能力的主观判断称为效能感，效能感的高低往往会影响一个人的认知和行为。教师在进行教学活动时也有一定水平的效能感。所谓教师的教学效能感，是指教师对自己影响学生学习行为和学习成绩的能力的主观判断。这种判断，会影响教师对学生的期待、对学生的指导等行为，从而影响教师的工作效率。

（二）教学效能感的分类

根据班杜拉的自我效能感理论，可以把教师的教学效能感分为个人教学效能感和一般教育效能感两个方面。

1. 个人教学效能感

个人教学效能感指教师认为自己能够有效地指导学生，相信自己具有教好学生的能力。教师的教学效能感是解释教师动机的关键因素，它影响着教师对教育工作的积极性，影响教师对教学工作的努力程度，以及在碰到困难时他们克服困难的坚持程度等。

2. 一般教育效能感

一般教育效能感指教师对教育在学生发展中作用等问题的一般看法与判断，即教师是否相信教育能够克服社会、家庭及学生本身素质对学生的消极影响，有效地促进学生的发展。

（三）教学效能感对教师与学生的影响和作用

1. 教学效能感对教师行为的影响

第一，影响教师在工作中的努力程度。效能感高的教师相信自己的教学活动能使学生成才，便会投入很大的精力来努力工作。在教学中遇到困难的时候，勇于向困难挑战。效能感低的教师则认为家庭和社会对学生影响巨大，而自己的影响则很小，因而常放弃自己的努力。

第二，影响教师在工作中的经验总结和进一步的学习。效能感高的教师为了提高自己的教学效果，会注意总结各方面的经验，不断学习有关的知识，进而提高自己的教学能力；而效能感低的教师由于不相信自己在工作中会取得成就，便难以做到在教学过程中不断地积累、总结和提高。

第三，影响教师在工作中的情绪。效能感高的教师在工作时会信心十足，精神饱满，心情愉快，表现出极大的热情，往往会取得良好的教育效果；效能感低的教师在工作中常感到焦虑和恐惧，常常处于烦恼之中，无心教学，以至于不能很好地完成工作任务。

2. 教学效能感对学生学业成就的影响

阿什顿(Ashton,1985)和吉布森(Gibson,1984)等人根据班杜拉的社会认知学习理论制定教学效能感量表来研究教师的教学效能感，结果发现，教师的教学效能感与学生的学业成就具有显著正相关。教师的教学效能感之所以能够影响学生的学业成就，是因为教师通过其外部的行为表现影响学生，而这种行为又影响学生学习的效能感进而支配学生的学习行为，从而影响其成就。反过来，学生的成就和他们的各种学习行为又会影响教师的教学效能感。

（四）影响教师教学效能感的因素

影响教师教学效能感的因素一般可分为外部环境因素和教师自身因素。外部因素包括社会文化背景、学校特点、人际关系等。研究表明，工作发展的条件和学校的客观条件对一般教育效能感有明显影响；工作发展的条件、学校风气和师生关系对教师的个人教学效能感有明显的影响。教师自身因素包括他的价值观及自我概念等是影响教学效能感的关键。

1. 外部环境因素对教师教学效能感的影响

（1）社会文化背景

社会文化背景对教师教学效能感的影响显而易见。例如，生活在一个不崇尚教育、教师职业完全不受尊重、教师地位很低的文化环境中的教师是很难对学生的成就抱有责任心的，也就是说，教师的教学效能感是不可能很高的。我国素有"尊师重教"的优良传统，早在两千多年前，荀子就曾把教师与苍天、大地、君主、父母相提并重，进而指出："国将兴，必贵师而重傅"、"国将衰，必贱师而轻傅"。两千多年过去了，今天党和政府把"科教兴国"作为国家重大发展战略，并确定每年9月10日为我国的教师节，足见对教师工作的重视。大力提倡尊师重教，已蔚然成风。这种良好的社会风气，对于提高教师的教学效能感的提高至关重要。

（2）传统教育观念

某些传统教育观念也影响着教师的教学效能感。一种传统观点认为学生的学习能力是一种稳定的个性和特征，某些学生天生就是优秀的学习料子，而成绩差的学生则是难学好的。这种观点往往给某些教师一个借口，为自己开脱没有教好学生的责任。还有一种观念也应引起教师的警惕，认为家庭环境是决定学生成就的关键。这一观念也会影响教师教学效能感。刚走上工作岗位的新教师，如果对这些观念没有一个正确的认识，往往会影响其教学热情和教好每一名学生的责任心，并把学生学习的优劣归于个人学习能力和家庭环境的影响。

（3）学校所处的环境

学校所处的环境对教师的教学效能感有明显的影响，这表现在学校所处环境的社会经济水平高低、自然环境好坏以及地方政府、群众和新闻媒介的教育观等等方面。国外许多研究表明，学校所处环境的经济发展水平越高，教育水平就越高，教师对教育好学生的信心就越足，教师的教学效能感也就越强。其中，地方政府、群众的教育观尤为重要，一个社区的教育政策、监督和奖励等会对教师的教学效能感产生巨大的影响。另外，人民群众，特别是学生家长的教育观对教师的教学效能感也有影响。如果学生家长的教育观失之偏颇，并对教师采取不合作态度，或者偏袒学生，责怪教师，甚至敌视学校，敌视教师，势必会影响教师的积极性，影响教师的工作热情，从而使教师的教学效能感降低。至于学校的自然环境、空气状况、绿化状况、噪音状况及公共卫生程度和教学设备等也会影响教师的教学效能感。

（4）教师群体的学生观

教师群体的学生观这种无形的教育态度对教师的教学效能感和学生的成就都有很大的影响。当一所学校里的大部分教师都认为某一类学生是不可教育的时候，这种观念便会逐渐固定下来，成为这所学校的惯常行为作风。这样对于那些学习较差、表现不好的学生，往往持放弃的态度，推卸责任，不愿花更多的力气去教好这些学生。相反，在另一所学校，校风不同，广大教师对那些学生以尊重和爱的情感去感化他们，树立他们的自信心和责任心，情况则正好相反。

（5）学校中的人际关系

学校中的人际关系也影响教师的教学效能感。融洽和谐的、朋友式的同事关系不仅有助于教师交流信息，切磋教学经验，而且还能从同事那里得到友爱、温暖、帮助和鼓励，有助于教师以顽强的毅力去学习和工作，从而提高教师的教学效能感；相反，矛盾冲突，互相嫉妒的同事关系不仅教师之间无法进行正常的交往，而且容易使教师产生孤独、压抑、焦虑等不良情绪，会给他们带来巨大的心理压力，对搞好教育工作失去热情和信心，从而降低教师的教学效能感。领导与教师的关系也影响教师的教学效能感。例如，校领导为教师多做服务工作，多给予支持、鼓励，并给予正确的评价，对教师在教育中出现的问题提出合理、善意的建设性意见，那么这个学校教师的教学热情就高，教学效能感也强；反之则会降低教师的教学效能感。学校的领导方式也会影响教师的教学效能感。有研究表明，学校领导能够让教师参与学校的决策、管理，并以民主公开的态度充分接纳教师的意见，就会提高教师的教学效能感；反之则会降低教师的教学效能感。

2. 教师的主观因素对教师教学效能感的影响

外部因素之所以能够影响教师的教学效能感，是由于它们通过教师的主观因素而起作用的。与外部因素相比较，教师的主观因素则是影响教学效能感的关键。其中最重要的是教师的价值观和自我概念。

价值观通常被看作是人们用来区分好坏、重要性并指导行为的心理倾向系统。价值观首先表现在人的认知评价体系方面，同时又充满着情感和意志。相同的外部环境，由于人们的价值观不同，特别是其中的理想、信仰不同，对这种环境理解的意义就不同。以教师的工资待遇为例，如果一个教师有崇高的理想和甘于奉献的精神，即使工资待遇低一些，也不会对教育工作抱不负责的态度，不会把精力浪费在整天抱怨之中，而是对教好学生信心十足，努力做好教育工作。因此，要提高教师的教学效能感，作为管理者必须要加强对教师道德理想和价值观、人生观、世界观的教育。作为教师自己来说，则应加强自身的理想修养，树立正确的价值观、人生观和世界观。其次，自我概念也影响教师的教学效能感，辛涛（1994）等人的研究也从侧面说明了这一点。研究结果表明，学历的高低显著地影响着教师的教学效能感，其实学历差别的实质在于不同学历的教师所受的职业训练程度不同,这种职业训练不仅给教师以从事教学工作所必需的学科知识、教育技能,而且也给他们以教育观念上的熏陶。可以说,学历的差别从某种程度上造成了教师知识、技能的差别,而这常常又影响到一个人的自信心。同时,学历的差别也引起了教育观的差别,从这个意义上说,学历对教师教学效能感的影响正是教育观和自信心对教师教学效能感产生的作用。当然,任何事物不能一概而论。生活中有的教师学历并不高,但由于自己的不断学习和努力,也为国家、为社会培养了许多有用的人才。如果没有一定水平的教学效能感,没有对教育工作的执着和热爱,是难以做到这一点的。

总的来说,影响教师教学效能感的因素是多方面的,它们也不是单独起作用,这些因素往往相互综合在一起对教师的教学效能感产生影响。因此,对于教师教学效能感的培养,也需要从多方面考虑,才能采取更好的措施,进而收到满意的效果。

第三节　专家型教师与新教师的比较研究

专家——新手比较研究是认知心理学家研究专门领域的知识时经常采用的方法。其研究步骤大致可分三步:选出某一领域内的专家和新手;给专家和新手提出一系列任务;比较专家和新手怎样完成这一任务。根据研究结果,专家型教师和新教师在课时计划、课堂教学过程和课后教学评价等几方面都存在差异。

案例

教学第一年:面对"真正"教学的压力

田丽一到育才中学,就被分配去教初二,并做一个初二班级的班主任。头两个月的教学对田丽来说进展并不顺利。像所有新教师一样,田丽难以协调好教学的方方面面。她发现自己"很忙"、"迷惑"和"健忘"。处理课堂事务耗费了她大量的时间并且让她觉得心烦意乱。她常常在临近下课时才记起没有处理课堂事务,可是第二天一开始上课,她又会忘记。

由于田丽对自己没有信心,加上对学校的惯例常规不熟悉,她严格地遵照教学计划中所规定的内容和时间。鉴于教学计划的时间安排很紧凑,她在课堂上讲得很快。她说:"我很怕讲不完,如果没有把所有的内容讲完,我不知道有什么后果。"……她的学生抱怨她说话速度太快,用的词太难。田丽很想知道这些抱怨是否就暗示着学生们对她这个教师的不尊敬和不接受。

在教学的第一年,田丽没有教学经验,教学过程中没有考虑到学生的情况,教学效果不理想,遭到学生们的普遍抱怨。她的教学远比不上专家教师、熟练教师,甚至不如有几年教学经验的教师。可见,从新教师转变到专家教师这一过程是漫长的。

一、课时计划的差异

与新教师相比,专家型教师的课时计划简洁、灵活、以学生为中心并具有预见性。专家型教师的课时计划只是突出了课的主要步骤和教学内容,并未涉及一些细节。相反,新教师却把大量时间用在课时计划的一些细节上。同时,专家型教师的课时计划修改与演练所需的大部分时间都是在正式计划的时间之外,而新教师要在临上课之前针对课时计划做一下演练。在两个平行班教同样的课时,新教师往往利用课间来修改课时计划。

一般来说,专家型教师认为,教学的细节方面是由课堂教学活动中学生的行为所决定的。而新教师的课时计划往往依赖于课程的目标,仅限于课堂中的一些活动或一些已知的课程知识,而不能够把课堂教学计划与课堂情境中的学生行为联系起来。

专家型教师在制定课时计划时,能根据学生的先前知识来安排教学进度。他们认为实施计划是要靠自己去发挥的。因此,他们的课时计划就有很大的灵活性。新教师则往往按部就班,一味只想完成课时计划。

还有研究表明,在备课时,专家型教师表现出一定的预见性。专家型教师能在头脑中形成课堂教学表象和心理表征,并能预测执行情况。而新教师则往往只能想到自己该做些什么。

二、课堂教学过程的差异

(一)课堂规则的制定与执行

专家型教师制定的课堂规则明确,并能坚持执行,而新教师的课堂规则较为含糊,不能坚持执行下去。有研究认为,专家型教师能够鉴别学生的哪些行为是合乎要求的,哪些行为是不合乎要求的,从而集中关注于学生应该做的和不应该做的事情。同时,专家型教师能教会学生一些重要的鉴别课堂活动的能力。而新教师只是硬性地阐述规则,并且阐述过程中往往是不够明晰的。

(二)吸引学生注意力

专家型教师善于创造一种情境和气氛,吸引学生的注意力,充分调动全体学生的学习积极性。有研究表明,专家型教师采用下述方法吸引学生注意:在课堂教学中运用不同的"技巧"来吸引学生的注意力:如声音、动作及步伐的调节;预先计划好每天的工作任务,使学生一上课就开始注意和立刻参与所要求的活动;当课堂情境改变时,或有重要的信息时,能提醒学生注意。而新教师的表现是:往往在没有暗示前提下,就要变换课堂活动;遇到突发的事情,如有课堂活动之外的事情干扰,就会自己停下课来,但却希望学生忽略这些干扰。

(三)教材的呈现

专家型教师在教学时注重回顾先前知识,并能根据教学内容选择适当的教学方法,新教师则不能或做得不好。一般来说,在回顾先前知识方面,专家型教师都能够意识到回顾先前知识的重要性。在教学内容的呈现上,专家型教师通常是用导入式方法,从几个实例出发,慢慢地引入要讲的教学内容。而新教师往往忽略应交代所教新内容的来龙去脉,新旧知识联系不强,使得学生容易心中没底,产生过分的担忧和紧张。

（四）课堂练习

专家型教师将练习看作检查学生学习效果的手段,新教师仅仅把它看作是一个教学步骤。专家型教师往往关心学生是否学到了刚才教的知识,而不是纪律问题。而新教师则往往延时,只照顾自己关心的学生,要求学生做作业时要安静,并把纪律问题看作是课堂中最重要的事情。

（五）家庭作业的检查

专家型教师具有一套检查学生家庭作业的规范化、自动化的常规程序。有研究表明,专家型教师往往比新教师用时短,检查效果好,而新教师这方面的方法不多,且容易简单化和形式化。

（六）教学策略的运用

专家型教师具有丰富的教学策略,并能灵活应用。新教师或者缺乏或者不会运用教学策略。

在提问策略与反馈策略上,专家型教师与新教师存在着许多不同的地方。第一,专家型教师比新教师提的问题更多,从而学生获得反馈的机会就多,学习更加精确的机会也越多。第二,在学生正确回答后,专家型教师会比新教师更能够举一反三地向学生提问题,这样可促使学生进一步思考。第三,对于学生的错误回答,专家型教师较之新教师更易针对同一学生提出另一个问题,或者是给出指导性反馈(即教师确定学生学习过程中哪一步导致错误,而不是仅仅说出答案是错的)。

最后,专家型教师比新教师在学生自发的讨论中更可能提出反馈。

在对学生发出的非言语线索上,专家型教师常利用这种线索来判断和调整教学。而新教师往往只注意课堂中的细节,也难以解释他们看到的事情间的联系。专家型教师则试图从这些活动中做出推论。

教师成长的最高目标是专家型教师。专家与新手之间最基本的差异表现在,专家拥有更丰富的专业知识和更能有效地将这些知识组织起来运用到教学中。教师应在不断实践中从多方面加强锻炼成为专家型教师。

三、课后评价的差异

在课后评价时,新教师的课后评价要比专家型教师更多地关注课堂中发生的细节。而专家型教师则多谈论学生对新材料的理解情况和他认为课堂中值得注意的活动,很少谈论课堂管理问题和自己的教学是否成功。可见,专家型教师都关心那些他们认为对完成目标有影响的活动。

四、其他差异

在师生关系方面,专家型教师能热情平等地对待学生,师生关系融洽,具有强烈的成就体验。在人格魅力方面,专家型教师具有鲜明的情绪稳定性、理智感、注重实际和自信心强等特征,能更好地控制和调节情绪,理智地处理面临的教育教学问题,并在课后进行评估和反思。在职业道德方面,专家型教师对职业的情感投入程度高,职业义务感和责任感强。

第四节　教师成长心理

　　教师作为履行教育教学职责的专业人员,需要不断地学习、不断地成长,这也是教师专业化发展的要求。一个新教师通过不断地学习实践,掌握教育教学的技能和方法,积累教育教学经验,慢慢地由新手教师发展到熟手教师,再成长为专家型教师,这是一个不断实践、学习和积累的过程。

"尴尬的开端"——我的第一堂语文课

　　随着轻快的音乐之声响起,《春天在哪里》的歌声已经溢满了整个教室,学生都在我的要求下闭上眼睛欣赏优美的歌曲。还有几个调皮的学生则闭只眼睁只眼在偷偷地看着我。别误以为这是堂音乐课,这可是一堂语文课。因为著名作家朱自清的散文《春》是教材安排的第一课,所以我想事先给学生创设春天的背景和气息,让他们在音乐的启迪下展开想象,告诉大家在自己的脑海里看到了怎样的景象。音乐结束后一个小男生第一个举手,我心里一阵窃喜,真感谢他没有让我在我的第一堂语文课上"冷场"。我的脸笑成了一朵花,"这朵花"正满怀期待地等待着他的回答。这个男生干脆利落地说了一句话:"老师,我什么都没看到,只看到了一片黑色。"话音刚落,我的脑子里快变成一片"黑色"了,原本以为他们会很配合地说看到了小草、柳树、花儿、阳光什么的,可是这一切在他眼里居然只剩下了一片"黑色"! 我的脸一阵抽搐,虽然脸上还是"那朵花",但我想"此花"一定非"彼花"了。我的"尴尬开端"就这样拉开了序幕……

　　如果你是一名"桃李满天下"的老教师,那么你也许还依稀记得自己初为人师的样子,一样的冒冒失失、一样的尴尬面对自己的第一批学生。在我们踌躇满志或者措手不及地走上三尺讲台的时候,我们都希望自己能对学生应付自如,也希望能把每堂课都上得精彩。但是现实与理想往往反差巨大,我们会为乱糟糟的课堂纪律伤脑筋,会为激发不了学生的学习兴趣而费神,甚至会为自己能否胜任这一工作而疑虑重重。尽管在走上讲台之前,我揣着的是满怀的自信,但是在走上讲台之后,我却只剩下了"尴尬"。这时候的我最想知道的是:"我是一颗小小的橡子,怎么才能长成一棵参天的橡树呢?"

一、教师成长的历程

　　教师的成长有一个过程,教师在不同的成长阶段所关注的问题也不同。根据有关研究,

第十二章　教师心理

新教师通常都关心以下几个问题：课堂纪律、学习动机、因材施教、评价学生的学习、与家长的关系、教学组织和管理、备课等。教师在不同的成长阶段所关注的问题不同，福勒和布朗根据教师的需要和不同时期所关注的焦点问题，把教师的成长划分为关注生存、关注情境和关注学生三个阶段。

（一）关注生存阶段

处于这一阶段的一般是新教师，他们非常关注自己的生存适应性，最担心的问题是："学生喜欢我吗？"、"同事们如何看我？"、"领导是否觉得我干得不错？"等等。由于这种生存忧虑，有些新教师可能会把大量的时间都花在如何与学生、同事搞好个人关系上，而不是关注学生在学习上的进步。还有些新教师则可能想方设法控制学生，因为教师都想成为一个良好的课堂管理者。这种情况通常是由于新教师过分看重校领导、同事和学生的认可和评价造成的。

（二）关注情境阶段

当教师感到自己完全能够生存（站稳了脚跟）时，便把关注的焦点投向了提高学生的成绩，即进入了关注情境阶段。在此阶段教师关心的是如何教好每一堂课，一般总是关心诸如班级的大小、时间的控制和备课材料是否充分等与教学情境有关的问题。传统教学评价也集中关注这一阶段。一般来说，老教师比新教师更关注此阶段。

（三）关注学生阶段

当教师顺利地适应了前两个阶段后，成长的下一个目标便是关注学生。这一阶段，教师将考虑学生的个别差异，认识到不同发展水平的学生有不同的需要，某些教学材料和方式不一定适合所有学生，因此教师应考虑如何因材施教。能否自觉关注学生是衡量一个教师是否成长成熟的重要标志之一。

二、教师成长与发展的基本方法

教师成长与发展的基本途径主要有两个：一方面是通过师范教育培养新教师作为教师队伍的补充，另一方面是通过实践训练提高在职教师素养。国内外研究表明，促进教师成长与发展，使之从新手成为专家的基本途径是实践训练，主要从以下几方面入手：

（一）观摩和分析优秀教师的教学活动

对优秀教师的课堂教学活动进行观摩和分析，是一种十分有效的教师训练方法，也是当前采用较多的一种方法。课堂教学观摩可分为组织化观摩和非组织化观摩。组织化观摩是有计划、有目的的观摩；非组织化观摩则没有这些特征。

一般来说，为培养新教师和教学经验欠缺的年轻教师宜进行组织化观摩，这种观摩可以是现场观摩（如组织听课），也可以观看优秀教师的教学录像。非组织化观摩要求观摩者有相当完备的理论知识和洞察力,否则难以达到观摩学习的目的和效果。通过观摩分析,学习优秀教师驾驭专业知识、进行教学管理、调动学生积极性等方面的教育机智和教学能力。

(二)开展微格教学

微格教学指以少数的学生为对象,在较短的时间内(5—20分钟),尝试做小型的课堂教学。可以把这种教学过程摄制成录像,课后再进行分析。这是训练新教师提高教学水平的一条重要途径。

微格教学使教师分析自己的教学行为更加直接和深入,增强了改进教学的针对性,因而往往比正规课堂教学的经验更有效。

微格教学通常采用以下程序:

1. 明确选定特定的教学行为作为着重分析的问题(如解释的方法和提问的方法等)。
2. 观看有关的教学录像,指导者说明这种教学行为具有的特征,使实习生或新教师理解和掌握要点。
3. 实习生和新教师制定教学计划,以一定数量的学生为对象,实际进行微格教学,并录音或录像。
4. 和指导者一起观看录像,分析自己的教学行为,考虑改进行为的方法。
5. 在以上分析和评论的基础上,再次设计微格教学,并对教学方案进行必要的修正。
6. 进行以另外的学生为对象的微格教学,并录音录像。
7. 和指导教师一起分析第二次微格教学。

(三)进行专门训练

从某种意义上说,教师的教学过程也是一个决策的完成过程,要想促进新教师的成长,也可以对他们进行专门化训练。如将某些"有效的教学策略"教给教师,其中的关键程序有:1、每天进行回顾;2、有意义地呈现新材料;3、有效地指导课堂作业;4、布置家庭作业;5、每周、每月都进行回顾。专家教师所具有的教学经验和教学策略是可以教给新教师的。

经研究表明,接受训练的教师可以获得近乎实际上课的经验,会在一定程度上促进其教学。然而,仅靠短期训练是远远不够的,在教学过程中,教学的反思也非常重要。

(四)反思教学经验

对教学经验的反思,又称反思性实践或反思性教学,这是一种思考教育问题的方式,要求教师具有做出理性选择并对这些选择承担责任的能力。波斯纳提出了一个教师成长公式:经验+反思=成长。他还指出,没有反思的经验是狭隘的经验,至多只能形成肤浅的知识。如果教师仅仅满足于获得经验而不对经验进行深入思考,那么他的发展将大受限制。

有人用实验证明了反思对教师成长的促进作用。该研究训练内容为一般方法教程,旨在促进反思性互惠教学和练习教学决策。研究发现,在反思性互惠教学前后,被试关于备课和教学内容的概念关系图都有了改变。研究者认为,这种改变归因于训练内容。研究还发现,被试中的大学生的思维更像专家教师的思维,而不像新教师。

科顿等人 1993 年提出了一个教师反思框架,描述了反思的过程:

① 教师选择特定问题加以关注,并从可能的领域,包括课程方面、学生方面等,收集关于这一问题的资料。

② 教师开始分析收集来的资料,形成对问题的表征,以理解这一问题。他们可以利用自我提问来帮助理解。提出问题后,教师会在已有的知识中搜寻与当前问题相似或相关的信息,如果搜寻不到,教师就会去请教其他教师和阅读专业书籍来获取这些信息。这种调查研究的结果,有助于教师形成新的、有创造性的解决办法。

③ 一旦对问题情境形成了明确的表征,教师就开始建立假设以解释情境和指导行动,并且还在内心对行动的短期和长期效果加以考虑。

④ 考虑过每种行动的效果后,教师就开始实施行动计划。当这种行动再被观察和分析时,就开始了新一轮循环。

布鲁巴奇等人于 1994 年提出了四种反思的方法:

① 反思日记。在一天教学工作结束后,要求教师写下自己的经验,并与其指导教师共同分析。

② 详细描述。教师相互观摩彼此的教学,详细描述他们所看到的情景,教师们对此进行讨论分析。

③ 交流讨论。来自不同学校的教师聚集在一起,首先提出课堂上发生的问题,然后共同讨论解决的办法,最后得到的方案为所有教师及其他学校所共享。

④ 行动研究。为弄明白课堂上遇到的问题的实质而进行的探索,并用以改进教学的行动方案。它不同于研究者由外部进行的旨在探索普遍法则的研究,而是直接着眼于教学实践的改进。

研究表明,教师通过对自己的教学进行反思,找出差距与不足,有助于提高自身的教学能力。

第五节 教师的心理健康

心理健康是教师素质结构的重要组成部分,心理健康对教师的重要性不言而喻。从教师职业角色的角度看,教师心理健康水平对学生、学校,甚至整个教育行业都会产生非常重要的影响。有研究发现,教师心理健康水平与学生心理健康水平呈显著正相关,教师是学生心理健康的维护者,维护学生心理健康要求教师自身也应该是一个心理健康者。教师良好的心理素质是教师职业规范的要求,也是教师个体发展的要求。

 案例

情感的过山车之旅

李婧是一位初中英语教师,她刚教书时,非常关心自己能否干好教师这一工作,坦言自己在心理上和能力上准备都不够充分,没有任何多余的能力去思考其他更高的目标。她说:"我很注重自己要在学术上称职,在课堂中能够清晰地呈现头脑中所有的内容……我只是试着做一个教师,课堂教学成为我大部分时间的焦点……那时我头脑中没有任何长期的或长远眼光的目标。"

教学的头一个月,李婧很紧张。她发现在40位学生面前说英语令她感到胆怯。她说:"开始时我甚至不能考虑教学方法,我先要克服在众人面前说英语感到胆怯的问题。"……像所有新手教师一样,应对课堂教学的多元特征是一个很棘手的问题,她不能在处理学生的不良行为的同时还要保持全班同步学习。当有一个学生不听讲时,她会把所有的精力都放在这个学生身上,而忽略了其他的学生。她发觉很难激励能力差的学生去学习一门语言,并使用这门他们感到困难甚至难以理解的语言来与人沟通交流。她的学生的学习没有明显的进步,她也就没有获得什么满足感。

对李婧而言,头两年的教学经历犹如情感的过山车之旅。她引用同事所说的话来表述她的感觉:"当教学进展顺利时,她会在走出教室时说'我很适合教师工作'。但当她的课上得不理想时,在走出教室的刹那,她会说'我根本不适合教师工作'。"她常常怀疑自己做教师的能力和适应性,有时她甚至会想自己是否应该辞去这份工作。然而,她很少与同事或朋友分担这种焦虑和不安。她说:"我认为在其他学校教书的朋友不了解我的学校和我个人的情况;至于本校的同事,我和他们还未熟悉到与他们分享我的情感的地步。"她与英语教研组同事的讨论也只限于课堂教学。换句话说,尽管学校建立了教师互助体制,李婧却没能充分利用它去获得情感帮助。

李婧坦陈在她还是新教师时工作压力很大,导致她的情绪就像过山车一样,非常紧张。这种情绪已严重地影响到她的教学展开、自我认识。因此,促进教师的教学专长发展不仅要重视专业知识的提升,还要关注教师心理健康,引导教师认识、转变消极情绪,促进积极情绪。

一、教师心理健康的标准

第三届国际心理卫生大会上对心理健康进行了界定:"身体、智力、情绪十分协调;适应环境,在人际交往中能彼此谦让;有幸福感;在工作和职业中能充分发挥自己的能力,过有效率的生活。"在这基础上,我们对教师的心理健康标准提出如下七条指标:

第一,能积极悦纳自我。即真正了解、正确评价、乐于接受并喜欢自己。

第二,有良好的教育认知水平。能面对现实并积极地去适应环境与教育工作的要求。

第三,教师热爱职业,积极地爱学生。能从爱的教育中获得自我安慰与自我实现,从有成效的教育教学中获得成就感。

第四,具有稳定而积极的教育心境。教师的教育心理环境是否稳定、乐观、积极,将影响教师整个心理状态及行为,也关系到教育教学效果。

第五,能控制各种情绪与情感。繁重艰巨的教育工作要求教师有良好的、坚强的意志品质,即教学工作中有明确的目的性和坚定性;处理问题时决策的果断性和坚持性;面对矛盾沉着冷静的自制力;以及给予爱和接受爱的能力。

第六,和谐的教育人际关系。即能正确处理与学生、家长、同事以及领导的关系。

第七,能适应和改造教育环境。即善于接受新事物、新理念,不断适应改革与发展的教育环境。

 案例

形形色色的教师心理问题

1. 王老师该评优秀吗

某中学高级数学教师王老师,他认为自己一直以来在教学上勤勤恳恳,教学质量也不错,在年度考核中,他认为自己得个优秀不成问题。然而实际情况却让他大跌眼镜,一位和他情况相似的同事在这次年度考核中评上了优秀,而他却连个校先进也没有评上。他心里愤愤不平,认为学校领导对他有成见,他找到分管教学的校领导和人事干部质询,自己为什么没有被评上优秀?校领导从全局的角度向他解释评选的过程,但他却猜疑这是领导故意找个借口敷衍他,为此他和领导大吵大闹。这件事情后来被同事知道了,同事也觉得他嫉妒心强,纯粹是无理取闹。最后王老师和领导、同事因此事弄得彼此都很不开心。

2. 两难的老师

某教师在课堂上发现一男生在看小说,就停下课来劝告男生不要看,但男孩不听,老师一气之下把该男生的小说撕破,该男生立即把该门学科的教科书扔在地上以表示不服。这位老师要该男生把书捡起来,学生死活不肯,气得男教师一把把学生拖出教室外。在推拉过程中,学生的眼镜摔碎而划破了眼角,所幸学生眼睛没有受伤。但学生家长认为该教师处理问题不当而造成了事故,就把该教师告到了教育局,教育局对该教师进行了批评教育。该教师觉得自己做得虽然有点过分,但是为了学生好,到头来自己竟然受到这种待遇,气愤不已却无处诉苦,感觉胸闷,随后一段时间老是郁郁寡欢。

3. 女教师的烦恼

"我教学能力这么强,为什么校领导不重用我?"在某中学的办公室里,老师们正忙着备课批改作业,一位靓丽的女教师突然蹦出这么一句话,让周围的同事们感到莫名其妙。事后,有老师透露说,大家都认为,学生学不好,责任在老师,每次考试结束,校领导把全区其他学校的成绩领回来作比较的时候,那个女教师就坐立不安,挨个儿打听别校、别班的分数,有时候一个人坐在角落里都会说胡话。

4. "迷失"的新教师

刚参加工作的某新教师,上大学时各方面表现优秀,还被评为优秀大学毕业生,毕业后来到一所硬件、软件均不错的重点中学。该教师担任班主任并承担两个班的数学教学任务,但工作半年后,他就感到力不从心,面容憔悴,没想到大学里学的与现实的教学工作相差甚远。这位教师刚开始很想在教育领域大干一场,他对当下的应试教育体制很有意见,因此他自己主动参加了市里的一项教学创新实验研究。他很想干一点自己喜欢的富有特色的教育活动,但当时就招来身边一群具有多年教育经验的老教师"劝导":这样做会有什么不好,会带来什么样的后果等等。该教师开始还不服气,可期末的考试成绩倒数第一却让他心灰意冷,工作热情骤降。从此后这位教师干什么工作都有一种缩手缩脚之感,力求"规范",以确保与周围的"老油条"们步调一致。

5. 艰难的晋升之路

某中学英语教师,中级职称评好后,给自己制定了职业规划目标,希望自己能在36周岁前获得中学高级教师任职资格。五年后,随着高级职称评定日期的临近,该教师发现自己的职称论文投稿到处碰壁,论文还没有正式公开发表。该教师参加英语测试,成绩只考了56分,虽然他的计算机应用能力测试顺利通过,但根据高级教师评审条件,他有两项没有过关,故没有资格参加高级教师申报。这让这位英语教师很沮丧,感觉没有一丝成就感。

二、教师常见的心理健康问题

随着社会的发展,人们对学校教育有了越来越高的期望,教师面临的教育情境越来越复杂,社会、家长和学校给予教师的压力又很大,再加上有些教师自我协调和自我调节能力有限,这使得有些教师在多重压力下出现心理健康问题。教师的心理健康问题表现多样,可以归结为以下几方面。

(一)适应不良

有些教师觉得理想与现实之间差距较大,因而出现诸如嫉妒、自卑、妄想、愤懑、抑郁等多种不良情绪;有的还会出现思维不灵活、反应迟钝、记忆力衰退等心理机能失调的状况。

(二)职业行为问题

有的教师把教师职业视为无奈之举,怨气冲天,表现出对教学失去热情,甚至厌恶、恐惧教育工作,总想离开教育岗位。有的教师与同事相处时尖酸刻薄,恶语伤人,稍不如意就争吵、责骂,甚至破坏公物。有的教师对学生施以体罚,傲慢、唯我独尊、盛气凌人。有的教师生活方式和行为不检,挑拨是非,恶意中伤,在学生中行为放荡、粗俗,严重损害教师形象。

(三)人际交往问题

教师常见的人际交往问题有封闭、自卑、自傲、嫉妒、孤僻、猜疑等。有些教师一旦有与他人进行交流的机会,很少会耐心听取他人的意见,往往倾诉自己的不满,甚至表现出攻击性行为,如打骂学生、体罚学生、对家庭成员发脾气、将家长当出气筒等。有些教师表现出交往退缩,对家庭事务缺乏热情,对教学工作也缺乏热情等。有的教师以自我为中心,自私自利,目中无人,虚荣心强,勾心斗角,导致人际关系恶劣,心理与行为异常。

(四)人格障碍

教师中常见的人格障碍有偏执型人格、反社会型人格、分裂型人格、自恋型人格、癔症型人格、依赖型人格和强迫型人格等。

（五）心身问题

有些教师在压力下表现出心身问题，即心理问题常伴随一些身体上的症状，如失眠、食欲缺乏、咽喉肿痛、恶心、心动过速、呼吸困难、头疼、眩晕等。教师如果不及时疏导压力或宣泄不良情绪，或情绪归因不当，容易引起一些心身疾病，如原发性高血压、偏头疼、心绞痛、消化性溃疡等。不良情绪的积累也很容易引起神经症，如神经衰弱、焦虑症、恐惧症、抑郁症、癔症等。

（六）职业倦怠

职业倦怠是指个体在长期的职业压力下缺乏应对资源和应对能力而产生的身心耗竭状态。玛勒斯等人认为职业倦怠主要表现在三个方面：

一是情绪耗竭，主要表现在生理耗竭和心理耗竭两个方面。如极度的慢性疲劳、力不从心、丧失工作热情、情绪波动大等。

二是去人性化，即刻意在自身和工作对象间保持距离，对工作对象和环境采取冷漠和忽视的态度。教师以一种消极的、否定的态度和情感对待学生。

三是个人成就感低，表现为消极地评价自己，贬低自己工作的意义和价值。

三、影响教师心理健康的主要因素

导致教师心理健康出现问题的原因有社会因素，教师职业特点方面的因素，还有教师自身的个性因素等。

（一）社会因素

影响教师心理健康的社会因素主要有：1、社会的信息化和现代化发展，要求教师必须不断学习，不断更新自己的知识结构，不断丰富自己的教学策略和手段，而这无疑增大了教师的压力。2、教育系统的不断变革，直接给教师提出了许多新要求。在这些新要求中，教学观念的变革、教学方式的改进、教学内容的修订等都不同程度地增加了教师在适应上的困难。而对教师的针对性培训却迟未跟上，使不少教师忙于应付。3、社会支持系统乏力。面对为社会承担了巨大压力和担负着社会期望的教师，整个社会在物质和精神层面所提供的支持尚显不够。如教师待遇一直偏低，在一些经济不发达地区，教师的工资甚至都难以及时发放。社会价值观中的崇权、崇钱取向，更加剧了教师职业声誉和待遇的低下。

（二）教师职业特点

教师心理健康问题的出现与其职业特点和职业角色有关。首先，教师职业的特点要求教师在品德、行为等各方面具有示范性。教师不仅要以身示范，担当起育人的职责，而且要以学生的人格完善和身心健康、和谐发展为己任,这无疑加剧了教师职业的压力。其次,教师的职业角色比较固定,使得教师的工作显得单调而重复,容易产生倦怠心理。再次,当今社会对教师职业角色提出了许多要求,诸如教师不仅仅是"教员"的角色,还是"管理者"、"示范者"、"家长代理人"、"学生的朋友"、"心理保健者"、"灵魂工程师"、"教育科学研究者"等多种角色,这许多角色使教师在承担角色义务时经常会感受到角色压力,产生角色心理冲突,极易造成教师的角色混乱,成为威胁教师心理健康的危险因素。

(三)学校环境因素

学校环境因素对教师心理健康影响巨大。有的学校对教师的管理不够人性化,对教师的一些不规范行为动辄给予严厉的处罚,给教师的心理造成巨大的压力。许多学校将教师的考评、待遇甚至福利都与教师的业绩挂钩,而业绩考核仅仅是学生的成绩,学校经常公开进行班级排名、学科排名、学生排名、教师排名,给教师创造了一种竞争性很强的氛围和心理压力。有的学校只关心教师的业绩,不关心教师的心理状况,当教师处于焦虑、压抑、无助时,无法得到疏导和心理援助,致使许多教师出现心理健康问题。有的学校风气不正,人际关系不正常,导致一些教师心理不平衡或心理扭曲。

(四)家庭因素

家庭因素对教师心理健康的影响也是不可忽视的,许多与家庭有关的因素会影响教师的心理健康。一是家庭成员对教师职业不了解,他们认为教师一天上几节课就完事了,很轻松,因而对教师所具有的压力、焦虑等不良情绪往往忽视。二是教师除了完成学校工作外,也要承担大量的家务劳动、孩子的教育任务,有的还要赡养老人,有的家庭经济状况不好等,这些因素都会导致教师压力倍增,出现心理疲惫。三是家庭对教师工作不支持,家庭氛围压抑,导致教师在学校里出现的不良情绪在家里不能得到缓解或宣泄。四是家庭人际关系不良,如夫妻关系、亲子关系不良,这是导致教师心理不健康的最严重的因素。

(五)教师个人的人格特征

人格特征往往决定个体的行为方式和应对压力的方式。教师的自尊需要过强、自我效能过低、思维方式过于消极、性格过于内向孤僻、情绪过于敏感、性格反复无常等人格特征,将导致他在处理日常工作时困难重重,进而引发心理健康危机。

(六)学生方面的因素

有时候,学生方面的问题也会导致教师心理不健康。一是有的学生养成不良的行为习惯,具有不良的性格特征,经常在班级里捣乱,破坏班级秩序,教师难以管教。当出现问题时,学校领导就批评教师,给教师带来很大的压力。二是学生家长不理解、不配合教师,甚至给教师出难题,把孩子的不良表现归咎于教师教育不到位,责怪教师,导致教师心理委屈,出现心理枯竭,把愤怒发泄到学生身上,出现体罚学生等违规行为。

四、教师心理健康的维护

通过以上分析可知,影响教师心理健康的因素有社会、学校、家庭、学生、个人等多方面,因此,教师的心理健康也需要得到社会、学校、家庭、学生多方面的共同关注和维护。

(一) 社会方面的关注

教师是社会文明的使者,社会进步的向导。因此,国家和社会要对教师的心理健康给予积极的关注。

1. 全社会要树立"尊师重教"的良好风气,创造一个积极维护教师职业威望的社会氛围和有助于教师积极进取的工作环境。

2. 政府要加大执法力度,维护教师合法权益,增加教育投入,改善教师的经济待遇,不断提高教师的社会地位。

3. 教育行政部门要理解教师的苦衷,多办实事,切实解决教师工作与生活中的各种困难,特别是减轻他们的工作负担与心理负荷。

4. 全社会成员都应关心、理解、支持和配合教师,尊重教师的劳动成果。通过这些措施,为教师创设一个宽松、愉快的工作环境,使得教师工作顺利、心情愉快。

(二) 学校层面的维护

学校应该是教师心理健康的积极维护者,需要为教师心理健康作出应有的努力。

1. 为教师创造良好的校园氛围

学校要采取措施为教师创设良好的氛围:(1)学校领导要转变管理观念,坚持以人为本,实施人性化管理,树立民主平等的观念。(2)学校要形成重视教师心理健康的氛围,及时帮助教师解决心理困惑,减轻工作压力。(3)学校要改革教育评估体系,深入教育实际,针对教师的不同需求,采用不同的激励方式。(4)学校要改善不利于教师心理健康的客观环境,积极营造宽松、愉快的氛围,让教师心情舒畅地工作,使教师身心健康得到维护和发展。(5)开展丰富多彩的活动,拓宽教师的兴趣爱好,使之保持乐观的心态。

2. 增加学习进修的机会,提高教师的业务能力

学校要创造条件增加教师学习进修的机会,鼓励、支持教师提高学历层次,通过各种途径帮助教师"充电"、"加油",提高适应社会形势的能力和解决教育实际问题的能力,增强自信心,从而减轻教师的工作压力和焦虑,促进教师的心理健康。

3. 加强教师心理辅导工作,提高教师的心理健康水平

首先,学校要配备心理保健工作者,在教师中普及心理健康知识,为教师推荐心理健康和心理辅导方面的书籍、刊物,提供外界心理服务的相关资讯。其次,学校可聘请专家定期开展心理健康讲座,对教师进行心理卫生知识的相关培训,指导教师掌握心理健康理论知识,并有针对性地采取团体心理辅导、个别心理咨询等形式,帮助教师解决心理问题,以提高教师的心理健康水平。最后,学校可以成立"教师心理健康教育指导中心",建立教师心理档案,及时掌

握教师的心理动态,发现问题给予及时指导,帮助教师缓解压力。

(三)家庭支持

家庭对教师的理解和关爱有利于教师保持心理健康。一是家庭成员要了解和支持教师的工作,在可能的情况下尽量减轻他们的家庭负担。二是当教师表现出压力、焦虑等不良情绪时给予关爱和疏导。三是创设良好的家庭环境和氛围,改善家庭人际关系,让教师体验到家庭的温暖。一般来说,良好的家庭环境有利于教师的心理健康,而许多教师出现心理健康问题都与家庭环境不良有关。因此,要重视家庭因素对教师心理健康的影响。

(四)学生对老师的关心

通常人们能够意识到教师对于维护学生心理健康的重要性,但很少有人意识到学生在维护教师心理健康方面的重要意义。其实,学生对教师的关心能够给教师很大的慰藉,因为学生是教师的劳动对象,学生的进步是教师劳动价值的体现,学生的关心能够体现出教师劳动的价值和意义。当教师心里不舒服时,学生的关心最能抚慰教师的心理。所以,学校和家长要教育学生,学会关心他人,包括教师。此外,学生要尊重教师的劳动,努力学习,不断进步,使教师体验更多的成就感。当然,学生是受教育者,不像学校和社会,他们没有义务和责任要去维护教师的心理健康,只是说学生的良好表现有利于教师的心理健康。

(五)教师个人的自我调节

教师的心理健康不能完全依靠外界因素,教师自身因素才是最重要的。教师要摆正心态,学会自我悦纳,自我调节。

1. 教师要树立正确的人生观和价值观

正确的人生观和价值观对教师心理会产生重要影响。首先,教师要树立科学的人生观、教育价值观、教育质量观,以积极乐观的心态面对工作和生活,及时意识到自己不合理的教育信念和认知观念,并及时加以修正。其次,教师要热爱教育事业,热爱自己的服务对象,热爱同事,热爱家庭,也要学会爱护自己。爱与奉献能够给自己带来快乐。

2. 学会了解和悦纳自己

教师要充分认识自己和了解自己,确认自我价值,提高心理成熟度。对自身的优缺点要有正确的评价,当发现自身有缺点时,应及时改正,对于无法改变的缺陷应乐于接受,切不可自卑、自暴自弃。教师要学会平衡自我、现实和理想之间的差距,正确看待自我,实现自我统一。

3. 用积极的眼光看待学生

教师要树立正确的人才观和学生观,用全面、发展的眼光看待学生,不把成绩看成学生进步的唯一指标。教师要了解学生的特点,相信他们是可教育的,对学生充满信心。教师要平等对待学生,关心尊重学生,让每一位学生都自信地学习,而学生的成长能够给教师带来成就感和自我价值感。

4. 建立良好的人际关系

首先,教师要乐于并善于与学生交往,成为学生的良师益友,建立良好的师生关系;其次,教师要与领导、同事和家长沟通合作,建立良好的人际关系网络;最后,教师应积极参与社会活动,建立和运用社会支持系统。

5. 提高管理情绪的能力,保持平和的心态

首先,教师要学会控制自己的情绪,学会自我安慰、自我暗示、自我激励,善于调节不良情绪,保持愉悦的心情。其次,教师要设法使不良情绪得到宣泄和释放,如在适当的情况下,在适当的人面前要想说就说、想笑就笑、想哭就哭,减轻精神压力。最后,教师要学会在工作中正确看待竞争,正确对待成功与失败,提高心理承受力。

6. 学会休闲,养成积极的生活方式

教师要妥善安排自己的生活,注意劳逸结合,适度放松,注重休闲生活;积极参加体育锻炼和户外活动,增强体质,平衡膳食,养成健康的生活习惯;积极参加文体活动和人际交往活动,扩大生活圈子,培养多方面的兴趣爱好,从而舒缓紧张的神经,解除心理疲劳,形成良好的心境和积极的工作态度。

本章小结

1. 教师在教育教学过程中扮演多重角色,教师要扮演知识传授者、教学的组织管理者、行为规范的示范者、人类灵魂的工程师、家长代理人兼学生的朋友、学生的心理保健者、教育科学研究者等角色。教师角色的形成分为角色认知、角色认同、角色信念三个阶段。

2. 教师的威信是指教师在学生心中的威望和信誉。教师的威信反映了一种良好的师生关系,是教师成功扮演教育者角色、顺利完成教育使命的重要条件。教师可以通过培养自身良好的道德品质,培养良好的认知能力和性格特征,注重良好仪表风度和行为习惯的养成,给学生以良好的第一印象,做学生的朋友与知己等途径来树立自己的威信。

3. 教师的心理特征是指教师在长期的教育教学实践活动中,扮演的各种不同的角色并随之逐渐形成的特有的心理品质。教师的心理特征包括教师的认知特征、人格特征、行为特征等。

4. 教师的教学效能感,是指教师对自己影响学生学习行为和学习成绩的能力的主观判断,可分为个人教学效能感和一般教育效能感两个方面。教学效能感对教师行为和学生学业成就都有影响。影响教师教学效能感的因素一般可分为外部环境因素和教师自身因素。外部因素包括社会文化背景、某些传统教育观念、学校所处的环境、教师群体的学生观及学校中的人际关系等,教师自身因素包括他的价值观及自我概念等,是影响教学效能感的关键。

5. 教师作为履行教育教学职责的专业人员,需要不断地学习和成长,由新手教师发展成长为专家型教师。专家型教师和新教师在课时计划、课堂教学过程和课后评价等几方面都存在差异。

6. 教师的成长分为关注生存、关注情境和关注学生三个阶段。促进教师成长与发展,使之从新手成为专家的基本途径是实践训练,主要从观摩和分析优秀教师的教学活动、开展微格教学、进行专门训练、反思教学经验等几方面入手。

7. 心理健康是教师素质结构的重要组成部分,教师心理健康水平对学生、学校,甚至整

个教育行业都会产生非常重要的影响。教师的心理健康问题主要表现为适应不良、职业行为问题、人际交往问题、人格障碍、心身问题、职业倦怠等。导致教师心理健康出现问题的原因有社会因素、教师职业特点、学校环境及家庭方面的因素,还有教师自身的人格特征及学生方面的因素。因此,教师的心理健康也需要得到社会、学校、家庭、学生多方面的共同关注和维护。

思考题

1. 教师角色的形成可以分为哪几个阶段?

2. 教师角色意识的心理结构包含哪些内容?

3. 教师如何树立自己的威信?

4. 教师要具备怎样的知识结构和能力结构?

5. 教师的人格特征包含哪些内容?

6. 教师的行为特征包括哪些内容?

7. 教学效能感如何对教师与学生产生影响?

8. 影响教师教学效能感的因素有哪些?

9. 专家型教师与新教师有哪些不同?

10. 教师的成长可分为哪几个阶段?

11. 联系实际,谈谈教师成长与发展的基本途径。

12. 根据影响教师心理健康的因素谈谈如何维护教师的心理健康。

参考文献

1. 刘万伦,田学红.发展与教育心理学.北京:高等教育出版社,2014

2. 刘琦,刘儒德.当代教育心理学.北京:北京师范大学出版社,2007

3. 胡谊,杨翠蓉,鞠瑞利等.教师心理学.北京:中国轻工业出版社,2015

4. 张积家,陆爱桃.十年来教师心理健康研究的回顾和展望.教育研究,2008(1):48～55

5. 汪海彬,陈宁,陈峰.中小学教师心理健康状况的横断历史研究.上海教育科研,2013(2):41～45

6. 连榕.专长发展与职业发展视域下的教师心理.心理发展与教育,2015,31(1):92～99

7. 胡韬.小学优秀教师的心理特征及其对教师教育的启示.贵州师范学院学报,2011,27(8):70～73

8. 吴耀武.当代教师角色转换的困境及其出路.陕西师范大学学报(哲学社会科学版),2016,45(1):173～176

9. 刘丽群,欧阳志.路径依赖:教师角色转变的深层困境.教育学术月刊,2012(6):74～77

10. 黄芳.谈实习教师威信的建立.教育探索,2011(7):110～112

第十三章　心理健康教育

一张诊断书引发的官司

2011 年 5 月 10 日,"被精神病"已经一年多的深圳市民郭梅梅(化名),终于以一纸判决为自己赢回了正常人的名分。事情缘于一份精神疾病诊断书。从 2006 年开始,深圳市某医院多种治疗检查费用大幅降低。因此,医院收入下降了,效益上不去,医院就要求医护人员设法创收,高压氧科没有完成创收任务。这导致该科医护人员奖金成了全院最低。2009 年 12 月,该科的几名护士到深圳市信访办反映奖金过低的情况,其中就包括郭梅梅。一周后,院领导来到科室和医护人员对话。对话中,郭梅梅讲到激动之处表现出情绪失控,忽然对院党委书记唐某破口大骂。之后媒体调查了解到,原来是因为谈及护士郭梅梅的一些个人隐私才直接导致了"爆粗口"事件。次日,院人事科长叶某打电话叫郭梅梅到办公室谈话,但实际却安排了深圳某司法鉴定科医师高某假扮上级领导代表组织谈话,郭梅梅以为上访得到了上级领导的关注,就把心底里的想法毫无保留地告诉了所谓的上级领导高某。

2010 年 1 月 13 日下午,医院宣布:郭梅梅在她父母陪同下到某精神病医院做了检查,被诊断为偏执性精神障碍,医院决定让她到精神病医院住院治疗,康复回来后将调到院图书馆上班。事情在医院马上传开了。郭梅梅发现,其他科室的同事开始对自己指指点点,甚至有人过来询问病情。在深圳当地媒体的报道中,高医生将郭梅梅的个人隐私不加遮掩地公布,也让郭梅梅感到生活很沮丧。郭梅梅一纸诉状将医院和医师高某告上法庭(摘自深圳特区日报)。

"郭梅梅"式被精神病的案例不在少数,造成他们的原因何在? 其实,在现实医院诊断中,心理医生根据病例的条目诊断何种疾病,与"患者"实际情况差别很大。究其原因在于心理诊断与医学中生理疾病诊断存在很大的差别。在医学诊断中,一位医生可以依据躯体的 X 光报告、血液化验、活组织切片检验来得到一个相对客观的诊断报告。在心理诊断中,心理医生需要根据某个人的心理活动和行为表现才能加以推断,表现正常即为健康,不正常即为不健康。看似简单,实则复杂。判断一个人的心理和行为正常或不正常以什么为标准? 或者说根据什么来判断一个人的心理和行为正常或不正常呢? 这是任何一位从事心理辅导的老师或者从事心理咨询的咨询师,或者从事心理治疗的医务人员都无法回避,必须明确的问题。为了在心理工作者和临床心理医生之间获得较大的诊断一致性以及使我们评估有一定的内在组织性、连贯性,因此有必要制定一套科学严谨的心理健康标准。为此,本章集中讨论心理健康的标准,在此基础上总结出青少年常见异常心理类型,帮助广大教育工作者有目的实施心理健康教育。

第一节　心理健康的标准

　　心理健康标准是心理健康概念的具体化。长期以来，心理健康标准问题一直是心理健康研究领域争议的焦点。学者们从不同角度对其进行了探讨，但由于该问题涉及面既广又复杂，无论在我国还是西方，至今仍未对这一问题形成广泛的共识。

一、心理健康标准的论述

（一）西方心理健康标准的论述

　　心理健康是人类不断追求的目标。在20世纪初期之前，心理疾病更有可能被看作是任何不和谐的产物，是源自触犯禁忌、巫术、纵欲或者噩梦带来的邪恶附体。心理疾病的患者被当作疯子，有些人甚至在近乎监狱的精神病院里遭受非人待遇。在20世界初期，克利福德·比尔斯发起心理卫生运动，向世人发出改善精神病者待遇的强烈呼声。随后心理卫生运动迅速发展，大众对心理健康的保持和增进，对心理疾病、心理缺陷的研究、治疗和预防有了很多改变。1946年，第三届国际心理卫生大会开始重新定义心理健康，即心理健康是在身体、智能以及情感上与他人的心理不相矛盾的范围内，将个人心境发展成最佳状态。此后，世界卫生组织、精神卫生学会相继修改关于心理健康的标准。他们把心理健康的标准归为四条：1.身体、智力、情绪十分协调；2.适应环境，人际关系中彼此能谦让；3.有幸福感；4.对待工作和职业，能充分发挥自己的能力，过着有效率的生活。国际组织在心理健康上的共识，把心理健康从巫术、邪恶附体等具有宗教色彩的仪式中解放出来了，从而使心理健康真正成为科学研究的内容。

　　心理健康标准提出之后，心理学家对心理健康的认识并没有停止，相反越发感兴趣。心理学家英格里希（H. B. English）认为："心理健康是一种持续的心理状态，当事者在那种状态下能作出良好的适应，具有生命的活力，且能充分发挥其身心的潜能。这是一种积极的丰富的状况，不只是免于心理疾病而已。"美国人本主义心理学家马斯洛和米特尔曼在50年代初提出了心理健康者的十条标准，受到心理卫生界的普遍重视，并被广泛引用。这十条标准是：1.充分的安全感；2.充分了解自己，并对自己的能力作适当的评价；3.生活的目标切合实际；4.与现实环境保持接触；5.能保持人格的完整与和谐；6.具有从经验中学习的能力；7.能保持良好的人际关系；8.适度的情绪表达与控制；9.在不违背社会规范的条件下，对个人的基本需要作恰当的满足；10.在不违背团体的要求下，能恰当地满足个人的基本需要。

　　从西方学者观点来讲，心理健康是指一种高效而满意的持续的心理状态；从狭义上讲，心理健康是指人的基本心理活动的过程内容完整、协调一致，即认识、情感、意志、行为、人格完整和协调，顺应社会，与社会保持同步。

（二）中国心理健康标准的论述

　　其实，早在先秦时代，我国的思想家就对心理健康的标准进行过阐述。孔子从社会关系的角度提出理想人格的标准就是健康人格的模式,即"仁义"。"仁"主要反映血缘、亲情以及爱情;"义"主要反映政治关系,下服从于上,这两种关系的总和就形成了"礼"。"克己复礼为仁",就成为孔子所倡导的理想人格即健康人格。在孔子看来,符合社会行为标准、保持和谐的人际关系是仁义之人,也就是心理健康之人。一个人要成为仁义之人就要"克己",约束自己,讲究中庸;"复礼",即注重个人的品德修养以符合社会规范。具体说来,符合社会行为标准,保持良好人际关系的人在儒家看来就是心理健康的人,即仁义之人。孔子的"君子"说就体现了他的"人的健康"说。孔子还提出君子涵养的四个条件,即"其行己也恭,其事上也敬,其养民也惠,其使民也义"。可见,儒家思想所突出强调的是与他人和社会要保持和谐,并且它把人的修身与养性融合在一起。

很长的一段时间内,对于心理健康的研究大多集中于哲学思辨研究,心理健康的实证和临床研究明显不足,还处于一种探索阶段。改革开放以来,随着社会经济的发展和思想的进一步解放,心理健康研究开始受到重视并得以发展,有关心理健康的标准问题的讨论更加科学和开放。其中,郭念锋教授提出心理健康十大标准,备受关注。

1. 心理活动强度

这是指对于精神刺激的抵抗能力。在遭遇精神打击时,不同的人对于同一类精神刺激,反应各不相同。这表明,不同人对于精神刺激的抵抗力不同。抵抗力低的人往往反应强烈,并容易遗留下后患,可能因为一次精神刺激而导致反应性精神病或癔病;而抵抗力强的人,虽有反应,但不强烈,不会致病。这种抵抗力,或者说心理活动强度,主要和人的认识水平有关。一个人对外部事件有充分理智的认识时,就可以相对地减弱刺激的强度。另外,人的生活经验、固有的性格特征、当时所处的环境条件以及神经系统的类型,也会影响到这种抵抗能力。

2. 心理活动耐受力

前面说的是对突然的强大精神刺激的抵抗能力。一种慢性的、长期的精神刺激,也可以使耐受力差的人处在痛苦之中,在经历一段时间后,便在这种慢性精神折磨下出现心理异常、个性改变、精神不振,甚至产生严重躯体疾病。但是,也有人虽然被这些不良刺激缠绕,日常也体验到某种程度的痛苦,但最终不会在精神上出现严重问题,有的人,甚至把不断克服这种精神苦恼当作强者的象征,作为检验自身生存价值的指标。有的人,甚至可以在别人无法忍受的逆境中做出光辉业绩。例如:越王勾践的"卧薪尝胆"。我们把长期经受精神刺激的能力,看作衡量心理健康水平的指标,称它为心理活动的耐受力。

3. 周期节律性

人的心理活动在形式和效率上都有着自己内在的节律性。比如,人的注意力水平,就有一种自然的起伏。不只是注意状态,人的所有心理过程都有节律性。一般可以用心理活动的效率做指标去探查这种客观节律的变化。有的人白天工作效率不太高,但一到晚上就很有效率,有的人则相反。如果一个人的心理活动的固有节律经常处在紊乱状态,不管是什么原因造成的,我们都可以说他的心理健康水平下降了。例如:神经衰弱患者,失眠患者,都属于周期节律性出了问题。

4. 意识水平

意识水平的高低,往往以注意力品质的好坏为客观指标。如果一个人不能专注于某种工作,不能专注地思考某一问题,思想经常"开小差",或者因注意力分散而出现工作上的差错,我们就要警惕他的心理健康问题了。因为注意力水平的降低会影响到意识活动的有效水平。思想不能集中的程度越高,心理健康水平就越低,由此而造成其他后果,如记忆水平下降。

5. 暗示性

易受暗示的人,往往容易被周围环境的无关因素引起情绪的波动和思维的动摇,有时表现为意志力薄弱。他们的情绪和思维很容易随环境变化,给精神活动带来不太稳定的特点。当然,受暗示这种特点在每个人身上都多少存在着,但水平和程度差别是较大的,女性比男性较易受暗示,经验少的人较经验多者易受暗示。

6. 心理康复能力

在人的一生中,谁也不可避免遭受精神创伤,在遭受精神创伤之后,情绪极大波动,行为暂时改变,甚至某些躯体症状都是有可能出现的。但是,由于人们各自的认识能力不同,经验不同,从一次打击中恢复过来所需要的时间也会有所不同,恢复的程度也有差别。这种从创伤刺激中恢复到往常水平的能力,称为心理康复能力。康复水平高的人恢复得较快,而且不留什么严重痕迹,每当再次回忆起这次创伤时,他们表现得较为平静,原有的情绪色彩也很平淡。

7. 心理自控力

情绪的强度、情感的表达、思维的方向和思维过程都是在人的自觉控制下实现的。所谓不随意的情绪、情感和思维,只是相对的。它们都有随意性,只是水平不高以致难以察觉罢了。情绪、思维和行为的自控能力与人的心理健康水平密切相关。当一个人身心健康时,他的心理活动会很自如,情感的表达恰如其分,辞令通畅,仪态大方,不过分拘谨,不过分随便,这就是说,我们观察一个人的心理健康水平时,可以从他的自我控制能力进行判断。为此,精神活动的自控能力不失为一个心理健康指标。

8. 自信心

当一个人面对某种生活事件或工作任务时,首先是估计自己的应对能力。有些人进行这种自我评估时,有两种倾向,一种是估计过高,另一种是估计过低。前者是盲目的自信,后者是盲目的不自信。这种自信心的偏差所导致的后果都是不好的。前者由于过高的自我评估,在实际操作中因掉以轻心而导致失败,从而产生失落感或抑郁情绪;后者由于过低评价自己的能力而畏首畏尾,因害怕失败而产生焦虑不安的情绪。为此,一个人是否有恰如其分的自信,是心理健康的一种标准。"自信心"实质上是正确自我认知的能力,这种能力可以在生活实践中逐步提高。

9. 社会交往

人类的精神活动得以产生和维持,其重要的支柱是充分的社会交往。社会交往的剥夺,必然导致精神崩溃,出现种种异常心理。因此,一个人能否正常与人交往,也标志着一个人的心理健康水平。当一个人毫无理由地与亲友和社会中其他成员断绝来往,或者变得十分冷漠时,这就构成了精神病症状,叫做"接触不良"。如果过分地进行社会交往,与任何素不相识的人也可以"一见如故",也可能是一种躁狂状态。

10. 环境适应能力

在某种意义上说，心理是适应环境的工具，人为了个体生存和种族延续，为了自我发展和完善，就必须适应环境。因为一个人从生到死，始终不能脱离自己的生存环境。环境条件是不断变化的，有时变动很大，这就需要采取主动性的或被动性的措施，使自身与环境达到新的平衡，这一过程就叫做适应。主动适应，其内涵是积极地去改变环境；消极适应，其内涵是躲避环境的冲击。有时，生存环境的变化十分剧烈，人对它无能为力，面对它只能韬光养晦、忍耐，即进行所谓的"消极适应"。"消极适应"只是形式，其内在意义也含有积极的一面，起码在某一时期或某一阶段上有现实意义。当生活环境条件突然变化时，一个人能否很快地采取各种办法去适应，并以此保持心理平衡，往往标志着一个人心理活动的健康水平。

需要明确的是，郭念锋教授的心理健康标准是相对于精神性疾病所提炼出来的观点。例如，精神性疾病患者的心理周期节律性出现问题，那么心理健康的心理应该具备周期性。

心理学家林崇德教授根据中小学生的心理特点提出评估该群体的三个标准：第一，敬业。学习是中小学生的主要活动，心理健康的学生能够进行正常的学习，在学习中获得智力和能力，并将智力和能力用于进一步的学习中。由于在学习中能充分发挥智力和能力的作用，就会产生成就感，成就感不断得到满足，就会产生乐学感，如此形成良性循环。第二，乐群。学生的人际关系主要涉及亲子关系、师生关系和同伴关系等。学生处理人际关系的能力直接体现了其心理健康水平。第三，自我修养。心理健康的人了解自我，并悦纳自我。"人贵有自知之明"，心理健康的人能正确客观地认识自我，了解自己的能力、性格、需要。他们既不自卑，也不盲目自信。他们经常进行自我反思，看到自己的长处，更能容纳自己的不足，并寻求方法加以改进。心理健康的人常常能正确地认识自我、体验自我和控制自我。

关于衡量心理健康的标准，不同研究者的角度不同，评价的维度也有差异。不过，只要把握住评估维度的要领，不同的维度是可以并存的。许又新教授提出心理健康可以用三类标准去衡量，即体验标准、操作标准、发展标准。

第一，体验标准，是指个人的主观体验和内心世界的状况，主要包括是否有良好的心情和恰当的自我评价等等。例如，认识、情绪、安全感等方面是否和谐。

第二，操作标准，是指通过观察、实验和测验等方法考察心理活动的过程和效应，其核心是效率，主要包括个人心理活动的效率和个人的社会效率或社会功能。例如，工作及学习效率高低，人际关系和谐与否等等。

第三，发展标准，即着重对人的个体心理发展状况进行纵向考察与分析。例如，短暂的情绪失控不能归结于情绪障碍。

很显然，不能孤立地只考虑某一类标准，要把三类标准联系起来综合地加以考虑和衡量。基于以上三个标准，我们认为心理健康应该是：心理健康是个体对自身的主观体验和内心世界的状况有良好的心情和恰当的自我评价，能够基本适应社会生活、工作以及人际关系的动态过程。

二、心理正常与异常的标准

世界上任何事物都有正、反两个方面，人的心理活动也是如此。心理的正面，即正常的心理活动，具有三大功能：(1)能保障人作为生物体顺利地适应环境，健康地生存发展；(2)能保障人作为社会实体正常地进行人际交往，在家庭、社会团体、机构中正常地肩负责任，使人类赖以生存的社会组织正常运行；(3)能使人类正常地、正确地反映、认识客观世界的本质及其规律性，以便创造性地改造世界，创造出更适合人类生存的环境条件。心理的反面，即异常心理，是指丧失正常功能的心理活动。由于丧失了正常的心理活动的上述三大功能，所以无法保证正常的心理活动，而且还表现出异常的心理特点，随时破坏人的身心健康。当然，正常心理和异常心理之间的差异是相对的，很难划出一条严格的界限。比如注意分散，记忆减退，精力不能集中，以及抑郁、焦虑、恐惧等不良心态，在正常人身上也可能存在，只有达到一定程度或者出现病理性变化才能表明由正常心理变为异常心理。所以绝对的正常和异常是很难确定的。另一方面，心理正常或异常往往受多种因素的影响，各种形态的心理或精神症状都不是孤立存在的，而是相互影响、互相交织或互为因果的，往往表现为某种形态的症状群。比如抑郁总会伴随着焦虑、恐惧和哀伤，而焦虑也难免紧张和惶恐，不同的症状总是相伴而生，相随而行，每个人心理上的承受能力和康复能力也各不相同，因而很难规定一个不变的、到处适用的绝对准确的标准。当然我们也必须明确，心理上的正常或异常也和其他事物一样具有内在的差异性和界限，不管怎样复杂，总是客观存在的，是可以认识的。因而从不同的角度提出某些条目，确定某种标准，作为鉴别和诊断心理正常与否的客观依据是可能的，也是必须的。以下是李心天(1991)对正常与异常心理提出的检验标准。一般来说，人们对于心理正常与否的区分常常通过以下几个方面来阐述：

（一）统计学标准

从统计学角度，通过设置心理的指标来确定正常与异常的界限。有研究者采用统计学上正态分布的概念，利用常模的平均值与标准差来确定心理的数值区间。统计学标准就是把心理特征偏离统计常模（即平均值）的程度作为判断心理正常或异常的标准。事实表明，在普通人群中，对某些方面的心理特征进行测量的统计结果，往往呈现正态分布，即居于中间状态者为大多数，视为心理的正常范围，而偏离中间状态居于两端者为少数，视为心理异常的范围。例如，智力可以视为正态分布，超常儿童和低常儿童都是少数，绝大多数儿童的智力发展都处于正常范围。

统计学标准提供了心理特征的量化资料，比较客观，便于分析比较，操作简便易行，统计结果一目了然，因而受到研究者的欢迎。比如症状自评量表中(SCL-90)，把总分160分或者因子平均分大于2.0，即可以确定为阳性症状。然而，统计学标准缺点也是显而易见的。首先，统计学标准是以心理测量的统计结果为依据的，心理正常或异常的界限是人为划定的，因而也不可避免地存在着某些局限性。其次，必须明确，依据统计学标准认定的所谓正常或异常也是相对的，在心理疾病的诊断中仅有参考意义。因为一个人的心理由正常到异常，是一个连续的变化过程,某些心理症状,如抑郁、焦虑、恐惧、注意分散或人格结构上的某些弱点或缺陷在居中的大多数正常人身上也可能或多或少地存在着,未必就是病态,只有偏离均值达到一定程度,超过一个半或两个标准差以上才是不正常的,并且偏离程度越大越不正常。尽管如此,也未必都有病理性变化,因而不可轻易作出心理疾病的诊断,一般可表述为某项或某几项症状偏高或略显偏高。最后,由于有些心理特征和行为表现在人群中也不一定都呈正态分布,比如在应激条件下,具有处变不惊、镇定自若、刚毅果敢等人格特征者,在同样条件下的随机人群中往往是少数,如果据此来判断心理正常或异常就可能得出荒谬的结论。此外,心理测量的方式和内容也往往受到不同的社会文化和风俗习惯的影响,因而在进行心理诊断时,按统计学标准评定的结果只能作为辅助性的参考,不可据此轻率地下结论。

(二) 医学标准

医学标准是将心理异常或心理障碍与躯体疾病同样看待,是指以是否具有主观症状和生理病理性变化为根据的心理诊断标准。支持医学标准的学者认为,一个人的心理之所以出现异常,其大脑、神经系统、内分泌系统或其他系统必定存在着生理病理性变化的过程,即使目前未能发现任何生理病理性变化,也不等于这种变化过程不存在,有时甚至会表现出强烈的症状的主观感受。随着现代科学和诊查技术的发展,必定能在更加精细的分子水平上发现这种变化的过程和变化的程度。所以,人体这种生理病理性变化的存在,并且以主观感受表现出来,才是判断心理正常或异常的可靠标准。因而,医学标准十分重视物理的、化学的和生物的技术检查及心理上的测定。一般在精神科进行诊断的患者,一般会被要求进行器质性医学检查,以排除是否有器质性的病变。

一般来说,医学标准对于大脑及其他躯体病变导致的伴发性心理障碍及癫痫、药物中毒性精神障碍的诊查十分有效,而对神经症和人格障碍则无能为力。因为导致心理异常的因素通常都不是单一的,往往是生理的、心理的和社会文化的因素等多种因素共同作用的结果,因而单凭医学标准是不够的,还需要其他方面的判断标准相互印证。

(三) 社会适应标准

从社会适应的角度出发,心理正常与异常就是社会适应是否良好。心理诊断的标准中,最直观也最有效的标准就是以个人能否适应环境来划分心理正常与否。按此观点,若一个人对环境适应良好,则此人的心理是正常良好的,反之心理是不正常的,这就是心理的适应性标准。社会适应标准是大部分学者都会采纳的标准。社会适应最主要的就是人际关系的适应。人际关系的适应也就是评判心理正常与否的重要标准。丁瓒教授曾经指出:"人类的心理适应,最主要的就是对人际关系的适应。所以人类的心理病态,主要是由于人际关系的失调而来的。"很多评估量表把人际关系的适应问题作为心理正常与否的评价指标,例如,心理健康自评量表,大学生心理健康量表。

(四) 内省标准

从内省经验标准出发,把自我体验作为衡量心理正常与否的标准。所谓内省,是对自己的心理活动进行自我观察、体验的过程，用以了解个体心理的内容、过程和产生机制。这里的内省经验指两方面，其一是指人的主观体验，如个人自己觉得有焦虑、抑郁或没有明显原因的不舒适感，或自己不能适当地控制自己的行为，因而寻求他人支持和帮助。但是，在某些情况下没有这种不舒适感反而可能表示有心理异常，如亲人丧亡或因学业不及格而退学时，如果没有一点悲伤或忧郁的情绪反应，也需考虑其有心理异常。其二是从观察者而言的内省经验，即观察者根据自己的经验作出心理正常还是异常的判断。当然这种判断具有很大的主观性，其标准因人而异，即不同的观察者有各自评定行为的常模。但由于接受过专业教育以及通过临床实践的经验积累，观察者们也形成了大致相近的评判标准，故对大多数心理变化仍可取得一致的看法，但对少数人则可能有分歧，甚至截然相反。

当然，除了统计学标准、医学标准、社会适应标准和内省标准之外，也有研究者提出其他的标准。社会工作者贝姆（W·W·Boehm）认为，心理正常就是合乎某一水准的社会行为。一方面能为社会所接受，另一方面能为本身带来快乐。例如，在游泳池里面穿泳衣就是心理正常的表现，而在大街小巷上穿泳衣穿梭来回，就是心理不正常的表现。很明显，学者们认为应该评价心理正常与否应该考虑社会规则。从社会规则角度出发，心理正常与否就是以是否符合特定条件下人们的期许。行为符合公认的社会行为规范，视为正常，明显偏离常态视作异常。许多心理卫生工作者认为，此种观点虽符合一般常识，但不能作为普遍应用的原则。这是因为各个社会的政治制度、文化背景、风俗习惯彼此不同，因而衡量一个人的行为是否符合社会标准也就随之有异。例如，在西方国家，拥抱和亲吻是比较常见的见面礼，但是在东方，亲吻就显得格格不入。即使在同一社会文化类型下，不同宗教、地区、社会阶层的人，衡量行为也有不同的标准。特别与人的认知观点和意识倾向有密切联系的情感、性格等一些比较复杂的心理现象，往往受社会历史条件、文化背景的制约，如果离开了这些，就很难说它是正常的还是不正常的。按个人行为是否符合社会规范来划分正常与不正常，还会引起另一严重的问题，即将犯罪行为和心理异常等同起来，要么把所有犯罪行为一概视为心理异常，要么将所有心理异常的人都当作罪犯看待。

既然目的是区分心理正常与异常，就应该从心理学的角度切入，以心理学对人类心理活动的一般性定义为依据，即"心理是客观现实的反应，是脑的机能"这一观点，提出心理正常与异常的划分依据：

1. 主观世界与客观世界的统一性原则

心理是客观现实的反映，所以任何正常心理活动或行为，在形式和内容上必须与客观环境保持一致。如果一个人坚信他看到或听到了什么，而客观世界中，当时并不存在引起他这种感觉的刺激物，我们就可以认定，他的精神活动不正常了，他产生了幻觉。如果一个人的思维内容脱离现实，或思维逻辑背离客观事物的规定性，并且坚信不疑，我们就可以认定他的精神活动不正常了，他产生了妄想。这些都是我们观察和评价人的精神和行为的关键，我们又称它为统一性（或者同一性标准）。人的精神或行为只要与外界环境失去统一性，必然不能被人理解。在精神科临床上，常把有无自知力作为判断精神障碍的指标，其实，这一指标已经涵盖在上述的标准之中。所谓无自知力或自知力不完整，是指患者对自身状态的错误反映，或者说是自我认知与自我现实统一性的丧失。在精神科临床上，还把有无现实检验能力作为鉴别心理正常与异常的指标，其实，这一点也包含在上述标准之中。因为，若要以客观现实来检验自己的感知和观念，必须以认知与客观现实的一致性为前提。

2. 心理活动的内在协调性原则

虽然人类的心理活动可以被分为认知、情绪情感、意志行为等部分，但是它自身是一个完整的统一体。各种心理过程之间具有协调一致性关系。这种协调一致性，保证人在反映客观世界过程中的高度准确和有效。例如，一个人遇到一件令人愉快的事，会产生愉快的情绪，手舞足蹈，欢快地向别人诉说自己内心的体验。这样，我们就可以说他有正常的心理与行为。如果不是这样，用低沉的语调向别人述说令人愉快的事，或者对痛苦的事，做出快乐的反应，我们就可以说，他的心理过程失去了协调一致性，成为异常状态。

3. 人格相对稳定性的原则

在长期的生活道路上，每个人都会形成自己独特的人格特征。这种人格特征一旦形成，便有相对的稳定性，很难发生改变。在没有重大外界变革的情况下，一般是不易改变的。如果在没有明显外部原因的情况下，一个人的个性相对稳定性出现问题，我们也要怀疑这个人的心理活动出现了异常。这就是说，我们可以把人格的相对稳定性作为区分心理活动正常与异常的标准之一。例如，一个非常吝啬的人，突然挥金如土，或者一个待人接物和热情的人，突然变得非常冷漠，如果我们在他的生活环境中找不到足以促使他发生改变的原因，那么，我们就可以说，他的精神活动已经偏离了正常轨道。

三、心理健康与心理正常、不正常的区别

在学习当中，初学者往往对心理健康与不健康、心理正常与不正常概念容易产生混淆，为此，我们有必要作出解释。

首先，所谓正常心理指的是一种常态，与正常相对是异常，与常态相对是变态，都是相对而言。心理健康与不健康是正常心理下的一对相对的概念。我们口头所称的心理有问题是排除心理健康之外所指的心理状态，其包括了心理不健康、心理障碍等范畴。

其次，所谓心理正常，就是具备正常功能的心理活动，或者说是不包含有精神病症状的心理活动；而"心理不正常"，就是变态心理学中说的"异常心理"，是指有典型精神障碍（俗称"精神病"）症状的心理活动，亦可以称之为心理障碍。很显然，"正常"，是标明和讨论"有精神障碍"或"没有精神障碍"等问题的一对范畴。而"健康"和"不健康"，是另外一对范畴，是在"正常"范围内，用来讨论"正常心理"，水平的高低和程度如何。可见，"健康"和"不健康"这两个概念，统统包含在"正常"这一概念之中。因此，不健康并不代表有病，不健康和病是两类不同性质的问题。另外，在临床上，鉴别心理正常和异常的标准与区分心理健康水平高低的标准也是截然不同的。

最后，从静态与动态的角度看，心理健康是一种心理状态，它在某一时段内，展现着自身的正常功能，而从发展角度看，心理健康是在常规条件下，个体为应对千变万化的内、外环境，围绕某一群体的心理健康常模，在一定（两个标准差）范围内不断上下波动的相对平衡过程。从动态角度看，心理健康是一种不断平衡的状态。人类及其个体不是静止的，无论他们自身

状态,或是他们的生存环境,都是处在变化之中的。倘若主体自身,或内、外环境发生了激烈的变化,那么,这种动态平衡过程就可能被打破,心理活动就可能远远偏离群体心理的健康常模。这时,心理活动就可能变为另一种相对失衡的状态和过程。假如,在非常规条件下,当心理活动变得相对失衡,而且对个体生存发展和稳定生活质量起着负面作用,那么,这时的心理活动,便称为"不健康心理"状态。"不健康心理活动"涵盖一切偏离常模而丧失常规功能的心理活动。据此,我们给"不健康心理活动"的定义是:不健康心理活动是一种处于动态失衡的心理过程。三种概念的区分以表 13-1 作出标示。

表 13-1 心理正常、心理不健康、心理异常问题三种概念

心理异常	心理正常	
含变态人格, 确诊的神经症 其他各类精神障碍	心理不健康 (包括一般心理问题,严重心理问题,含部分可疑神经症等)	心理健康 个体对自身的主观体验和内心世界的状况有良好的心情和恰当的自我评价、能够基本适应社会生活、工作以及人际关系的动态过程

第二节 中小学生常见的异常心理

近年来,国内的心理学研究者对中小学生心理健康状况做了大量的研究工作,调查结果也显示当前中小学生的心理健康状况不容乐观。以中小学为例,小学生有心理与行为问题的人数占总数 10％左右,初中生约为 15％,高中生约为 19％,并有逐年递增的趋势。

一、抑郁症

抑郁是在持续的精神刺激因素作用下而产生的一种以情绪低沉为特点的情绪体验,而抑郁障碍是情感性精神障碍的一种,被称之为"心理病理中的普通感冒"。由于青少年正处于发育阶段,其情绪的状态具有快速波动的特点,因此,抑郁症的诊断也相对困难,在实践中,我们可以参考以下标准。

(一)临床表现
抑郁症可以表现为单次或反复多次的抑郁发作,以下是抑郁发作的主要表现。

1. 心境低落
心境低落是抑郁症最明显的症状。主要表现为显著而持久的情感低落,抑郁悲观。轻者闷闷不乐、无愉快感、兴趣减退,重者痛不欲生、悲观绝望、度日如年、生不如死。典型患者的抑郁心境有"晨重夜轻"的节律变化。在心境低落的基础上,患者会出现自我评价降低,产生无用感、无望感、无助感和无价值感,常伴有自责自罪,严重者出现罪恶妄想和疑病妄想,部分

患者可出现幻觉。

2. 思维迟缓

患者思维联想速度缓慢,反应迟钝,思路闭塞,自觉"脑子好像是生了锈的机器","脑子像涂了一层糨糊一样"。临床上可见主动言语减少,语速明显减慢,声音低沉,对答困难,严重者交流无法顺利进行。

3. 意志活动减退

患者意志活动呈显著持久的抑制。临床表现行为缓慢,生活被动、疏懒,不想做事,不愿和周围人接触交往,常独坐一旁,或整日卧床,闭门独居、疏远亲友、回避社交。严重时社会化功能缺失,甚至连吃、喝等生理需要和个人卫生都不顾,蓬头垢面、不修边幅,甚至发展为不语、不动、不食,称为"抑郁性木僵",患者流露痛苦抑郁情绪。伴有焦虑的患者,可有坐立不安、手指抓握、搓手顿足或踱来踱去等症状。严重的患者常伴有消极自杀的观念或行为。消极悲观的思想及自责自罪、缺乏自信心会萌发绝望的念头,认为"结束自己的生命是一种解脱","自己活在世上是多余的人",并会使自杀企图发展成自杀行为。这是抑郁症最危险的症状,应提高警惕。

4. 认知功能损害

研究认为抑郁症患者存在认知功能损害。主要表现为近事记忆力下降、注意力障碍、反应时间延长、警觉性增高、抽象思维能力差、学习困难、语言流畅性差、空间知觉、眼手协调及思维灵活性等能力减退。认知功能损害导致患者社会功能障碍,而且影响患者远期预后。

5. 躯体症状

躯体症状主要有睡眠障碍、乏力、食欲减退、体重下降、便秘、身体任何部位的疼痛、性欲减退、阳痿、闭经等。躯体不适的主诉可涉及各种内脏器官,如恶心、呕吐、心慌、胸闷、出汗等。自主神经功能失调的症状也较常见。病前躯体疾病的主诉通常加重。睡眠障碍主要表现为早醒,一般比平时早醒 2~3 小时,醒后不能再入睡,这对抑郁发作具有特征性意义。有的表现为入睡困难,睡眠不深;少数患者表现为睡眠过多。体重减轻与食欲减退不一定成比例,少数患者可出现食欲增强、体重增加。

(二)诊断评估

抑郁症的诊断主要应根据病史、临床症状、病程及体格检查和实验室检查,典型病例诊断一般不困难。目前国际上通用的诊断标准有 ICD‐10 和 DSM‐Ⅳ。国内主要采用 ICD‐10,是指首次发作的抑郁症和复发的抑郁症,不包括双相抑郁。患者通常具有心境低落、兴趣和愉快感丧失、精力不济或疲劳感等典型症状。其他常见的症状是:①集中注意和注意的能力降低;②自我评价降低;③自罪观念和无价值感(即使在轻度发作中也有);④认为前途暗淡悲观;⑤自伤或自杀的观念或行为;⑥睡眠障碍;⑦食欲下降。病程持续至少 2 周。

(三)临床治疗

1. 药物治疗

药物治疗是中度以上抑郁发作的主要治疗措施。目前临床上一线的抗抑郁药主要包括选择性 5 -羟色胺再摄取抑制剂（SSRI,代表药物氟西汀、帕罗西汀、舍曲林、氟伏沙明、西酞普兰和艾司西酞普兰）、5 -羟色胺和去甲肾上腺素再摄取抑制剂（SNRI,代表药物文拉法辛和度洛西汀）、去甲肾上腺素和特异性 5 -羟色胺能抗抑郁药（NASSA,代表药物米氮平）等。

2. 心理治疗

药物治疗在对抑郁症患者进行治疗时,应该积极开展心理治疗,特别是对有明显心理社会因素作用的抑郁发作患者,在药物治疗的同时常需合并心理治疗。常用的心理治疗方法包括支持性心理治疗、认知行为治疗、人际治疗、婚姻和家庭治疗、精神动力学治疗等,其中认知行为治疗对抑郁发作的疗效已经得到公认。

二、恐怖症

恐怖症是以恐怖症状为主要临床表现的一种神经症。患者对某些特定的对象或处境产生强烈和不必要的恐惧情绪,而且伴有明显的焦虑及自主神经症状,并主动采取回避的方式来解除这种不安。患者明知恐惧情绪不合理、不必要,但却无法控制,以致影响其正常的社会活动。恐惧的对象可以是单一的或多种的,如动物、广场、闭室、登高或社交活动等。中小学生群体中以社交恐怖症居多。

（一）临床表现

恐怖症的核心症状是恐惧紧张,并因恐怖引起严重焦虑甚至达到惊恐的程度。因恐怖对象的不同可分为以下几种:

1. 社交恐怖症

主要是在社交场合下几乎不可控制地诱发即刻的焦虑发作,并对社交性场景持久地、明显地害怕和回避。具体表现为患者害怕在有人的场合或被人注意的场合出现表情尴尬、发抖、脸红、出汗或行为笨拙、手足无措,怕引起别人的注意。因此回避诱发焦虑的社交场景,不敢在餐馆与别人对坐吃饭,害怕与人近距离相处,尤其回避与别人谈话。赤面恐怖是较常见的一种,患者只要在公共场合就感到害羞脸红、局促不安、尴尬、笨拙、迟钝,怕成为人们耻笑的对象。有的患者害怕看别人的眼睛,怕跟别人的视线相遇,称为对视恐怖。

2. 特定的恐怖症

特定的恐怖症是对某一特定物体或高度特定的情境强烈的、不合理的害怕或厌恶。儿童时期比较常出现特定的恐怖症。典型的特定恐怖是害怕动物（如蜘蛛、蛇）、自然环境（如风暴）、血、注射或高度特定的情境（如高处、密闭空间、飞行）。患者会因此而产生回避行为。

3. 场所恐怖症

不仅害怕开放的空间,而且害怕待在人群聚集的地方,在这些场所会感到焦虑。场所恐怖症的关键特征是担心没有即刻可用的出口,因此患者常回避这些情境,或需要家人、亲友陪同。

（二）临床诊断

1. 符合神经症的诊断标准；

2. 以恐惧为主，需符合以下 4 项：①对某些客体或处境有强烈恐惧，恐惧的程度与实际危险不相称；②发作时有焦虑和自主神经症状；③有反复或持续的回避行为；④知道恐惧过分、不合理，或不必要，但无法控制；

3. 对恐惧情景和事物的回避必须是或曾经是突出症状；

4. 排除焦虑症、分裂症、疑病症。

（三）临床治疗

在临床实践中，一般会参与药物治疗和心理治疗相结合的治疗模式：

1. **药物治疗**

减轻紧张、焦虑或惊恐发作，可选用苯二氮卓类药物或/和抗抑郁剂，如选择性 5-羟色胺再摄取抑制剂、三环类抗抑郁剂等。

2. **心理治疗**

心理治疗是治疗该病的重要方法，常用的有：

（1）行为治疗。包括系统脱敏疗法、暴露疗法等，为治疗特定恐怖症最重要的方法。其原则包括：一是消除恐惧对象与焦虑恐惧反应之间的条件性联系，二是采取有效的措施对抗回避反应。

（2）认知行为治疗。认知行为疗法是治疗恐怖症的首选方法。以往的行为治疗方法更强调可观察到的行为动作，长期疗效不甚满意。认知行为治疗在调整患者行为的同时，强调对患者不合理认知的调整，效果更好。尤其对社交恐怖症患者，其歪曲的信念和信息处理过程使得症状持续存在，纠正这些歪曲的认知模式是治疗中非常关键的内容。

（3）社交技能训练。社交恐怖症的患者常有社交技能缺陷或低估自己的社交技能，因此可以通过一定时间的训练来改善患者的症状。包括：治疗师的示范作用、社交性强化、暴露的作业练习、自我肯定训练等。

图 13-1 儿童校园恐怖症

三、焦虑症

每个人都会在一定的生活情形下感受压力和焦虑。但是对大部分人来说，这种焦虑感很快就会消失，然而，有些人却没有那么幸运，焦虑几乎成为一个问题，干扰了他们有效处理日常生活的能力，最严重的结果是他们会失去对生活的热爱和生活的兴趣。这就是焦虑症的表现形式。焦虑症，又称为焦虑性神经症，是神经症这一大类疾病中最常见的一种，以焦虑情绪体验为主要特征。根据焦虑延续的时间可分为慢性焦虑（广泛性焦虑）和急性焦虑发作（惊恐障碍）两种形式。主要表现为：无明确客观对象的紧张担心,坐立不安,伴有植物神经症状(心悸、手抖、出汗、尿频等)。注意区分正常的焦虑情绪,如焦虑严重程度与客观事实或处境明显不符,或持续时间过长,则可能为病理性的焦虑。

(一)临床表现

1. 慢性焦虑(广泛性焦虑):当一个人在至少6个月以上的日子里面感到焦虑或者担心,但却不是由于受到特定的危险所威胁,临床专家就将其诊断为慢性焦虑症。

(1)情绪症状在没有明显诱因的情况下,患者经常出现与现实情境不符的过分担心、紧张害怕,这种紧张害怕常常没有明确的对象和内容。患者感觉自己一直处于一种紧张不安、提心吊胆、恐惧、害怕、忧虑的内心体验中。

(2)植物神经症状头晕、胸闷、心慌、呼吸急促、口干、尿频、尿急、出汗、震颤等躯体方面的症状。

(3)运动性不安,坐立不安,坐卧不宁,烦躁,很难静下心来。

2. 急性焦虑发作:突如其来和反复出现的莫名恐慌和忧郁不安的特点,每次发作持续几分钟到数小时,又称惊恐发作、惊恐障碍。

(1)体验到濒死感或失控感。在正常的日常生活中,患者几乎跟正常人一样。而一旦发作时(有的有特定触发情境,如封闭空间等),患者突然出现极度恐惧的心理,体验到濒死感或失控感。

(2)同时出现植物神经系统症状,如:胸闷、心慌、呼吸困难、出汗、全身发抖等

(3)一般持续几分钟到数小时,发作显得很突然,但是意识很清楚。

(4)极易误诊。发作时患者往往拨打"120"急救电话,去看心内科的急诊。尽管患者看上去症状很重,但是相关检查结果大多正常,因此往往诊断不明确。发作后患者仍极度恐惧,担心自身病情,往往辗转于各大医院各个科室,做各种各样的检查,但不能确诊。既耽误了治疗也造成了医疗资源的浪费。

(二)临床诊断

专科医生主要根据病史、家族史、临床症状、病程以及体格检查、量表测查和实验室辅助检查作出诊断,其中最主要的依据就是临床症状和病程。诊断标准具体可参照国际疾病的诊断分类标准(ICD-10)中焦虑症的诊断。

另外,作为早期筛查或自我诊断,大家也可以采用一些简单的焦虑自评量表,如SAS。如果分数较高,建议到精神科或心理科做进一步检查。

(三)临床治疗

专科医师一般会根据患者病情、身体情况、经济情况等因素综合考虑药物治疗和心理治疗。

1. **药物治疗**

一般会选择一些抗抑郁药。其基于如下原因:焦虑会导致机体神经-内分泌系统出现紊

乱,神经递质失衡,而抗抑郁药可使失衡的神经递质趋向正常,从而使焦虑症状消失,情绪恢复正常。治疗的药物还包括苯二氮卓类药物(又称为安定类药物)、帕罗西汀(赛乐特)、艾司西酞普兰(来士普)、文拉法辛(博乐欣、怡诺思)、黛力新等。一般建议服药1～2年左右。停药及加量请咨询医生,不可自行调整药物治疗方案。在服药期间,注意和医生保持联系,出现副作用或其他问题及时解决。

图13-2 儿童焦虑症

2. 心理治疗

心理治疗是指临床医师通过言语或非言语沟通,建立起良好的医患关系,应用有关心理学和医学的专业知识,引导和帮助患者改变行为习惯、认知应对方式等。药物治疗是治标,心理治疗是治本,两者缺一不可。还有适合焦虑症患者的心理治疗生物反馈治疗、放松治疗等等。

四、强迫症

曾几何时,你或许有一种这样的体验:一些毫无意义、甚至违背自己意愿的字词、句子、或者想法、冲动反反复复侵入自己的脑海,自己想去反抗,却每次都以失败告终。又比如,明明确定自家的门已经关好了,却还是怀疑自己的门没有关严实,反复检查门窗。这就是强迫行为。如果持续发展,有可能就是强迫症。世界卫生组织(WHO)所做的全球疾病调查中发现,强迫症已成为15～44岁中青年人群中造成疾病负担最重的20种疾病之一。强迫症(OCD)属于焦虑障碍的一种类型,是一组以强迫思维和强迫行为为主要临床表现的神经精神疾病。强迫症主要特点为有意识的强迫和反强迫并存,一些毫无意义、甚至违背自己意愿的想法或冲动反反复复侵入患者的日常生活。患者虽体验到这些想法或冲动是来源于自身,极力抵抗,但始终无法控制。二者强烈的冲突使其感到巨大的焦虑和痛苦,影响学习工作、人际交往甚至生活起居。例如,明明知道手是干净的,但是还是控制不住自己需要洗手的意识和行为。另外患者常出于种种考虑,在起病之初未及时就医,一些怕脏、反复洗手的患者可能要在症状严重到无法正常生活后才来就诊,起病与初次就诊间可能相隔十年之久,无形中增加了治疗的难度,因此我们应当提高对强迫症的重视,早发现早治疗。

(一)临床表现

强迫症的症状主要可归纳为强迫思维和强迫行为。强迫思维又可以分为强迫观念、强迫情绪及强迫意向。如反复怀疑门窗是否关紧,碰到脏的东西会不会得病,太阳为什么从东边升起西边落下,站在阳台上就有往下跳的冲动等。强迫行为往往是为了减轻强迫思维产生的焦虑而不得不采取的行动,患者明知是不合理的,但不得不做,比如患者有怀疑门窗是否关紧的想法,相应地就会去反复检查门窗,确保安全;碰到脏东西怕得病的患者就会反复洗手以保持干净。一些病程迁延的患者由于经常重复某些动作，久而久之形成了某种程序，比如洗手时一定要从指尖开始洗，连续不断洗到手腕，如果顺序反了或是中间被打断了就要重新开始洗，为此常耗费大量时间，痛苦不堪。

（二）临床诊断

诊断应根据病史、精神检查、体格检查及必要的辅助检查排除由于器质性疾病及其他精神疾病而引发的强迫症状。依据世界卫生组织发布的国际疾病分类第十版（ICD-10）中强迫症的诊断标准，要作出肯定诊断，患者必须在连续两周中的大多数日子里存在强迫思维或强迫行为，或两者并存，这些症状引起痛苦或妨碍活动。强迫症状需要符合临床表现中的四条特点。

1. 病症源自患者自己的思维或冲动，而不是外界强加的。

2. 必须至少有一种思想或动作仍在被患者徒劳地加以抵制，即使患者已不再对其他症状加以抵制。

3. 实施动作的想法本身会令患者感到不快（单纯为缓解紧张或焦虑不视为真正意义上的愉快），但如果不实施就会产生极大的焦虑。

4. 想法或冲动总是令人不快地反复出现。

（三）临床治疗

虽然强迫症的病因至今未明，但依据现有的研究我们不难发现其发病不仅与人的个性心理因素有关，同时也与脑内神经递质分泌失衡有着莫大的联系。因而不论是心理治疗还是药物治疗，对缓解患者病情都起着举足轻重的作用。

1. 心理治疗

强迫症作为一种心理疾病，其发生机制非常复杂，具有相似症状的患者其心理机制可能千差万别。在心理治疗中，治疗师通过和患者建立良好的医患关系，倾听患者，帮助其发现并分析内心的矛盾冲突，推动患者解决问题，增加其适应环境的能力，重塑健全人格。

临床上常用的方法包括：精神动力学治疗，认知行为治疗，支持性心理治疗及森田疗法等。其中，认知行为治疗被认为是治疗强迫症最有效的心理治疗方法，主要包括思维阻断法及暴露反应预防。思维阻断法是在患者反复出现强迫思维时通过转移注意力或施加外部控制，比如利用设置闹钟铃声，来阻断强迫思维，必要时配合放松训练缓解焦虑。暴露反应预防是在治疗师的指导下，鼓励患者逐步面对可引起强迫思维的各个情境而不产生强迫行为，比如患者很怕脏必须反复洗手以确保自己不会得病，在暴露反应预防中他就需要在几次治疗中逐步接触自己的汗水、鞋底、公共厕所的门把手及

图 13-3　开关门强迫行为

马桶坐垫而不洗手,因患者所担心的事情实际上并不会发生,强迫症状伴随的焦虑将在多次治疗后缓解直至消退,从而达到控制强迫症状的作用。

2. 药物治疗

强迫症的发病与脑内多种神经递质失衡有关,主要表现为 5 - 羟色胺系统功能的紊乱。目前使用的抗强迫药物都是抗抑郁药,其特点就在于能够调节脑内 5 - 羟色胺等神经递质的功能,从而达到改善强迫症状的作用。使用比较多的主要为选择性 5 - 羟色胺再摄取抑制剂(SSTIS),包括氟伏沙明、帕罗西汀、舍曲林、氟西汀、西酞普兰等,及三环类抗抑郁药氯米帕明,必要时临床上也使用心得安及苯二氮卓类药物辅助缓解患者焦虑情绪,改善失眠。对于难治性强迫症常联合应用利培酮、喹硫平、奥氮平、阿立哌唑等作为增效剂提高疗效。同心理治疗一样,药物治疗的疗效也不是立竿见影的,一般的 SSRIS 类药物需要 10~12 周才能达到充分的抗强迫作用,且如果治疗有效仍需维持用药 1~2 年以巩固疗效。

3. 物理治疗

对于难治性的强迫症患者可根据具体情况选择性采用改良电休克及经颅磁刺激。神经外科手术被视为治疗强迫的最后一个选择,因其存在痉挛发作、感觉丧失等不良反应,必须严格掌握手术适应症,患者应在经过三位精神科主任医师会诊后再考虑是否手术。

五、网络成瘾

网络成瘾是伴随着网络技术的发展形成的一种新型成瘾现象,具体是指青少年重复地使用网络所导致的一种慢性或周期性的着迷状态,并产生难以抗拒的再度使用的欲望,同时会产生想要增加使用时间的张力与耐受性、克制、退避等现象。由于青少年处于心理不成熟阶段,心理网络成瘾问题比较突出。据调查显示,青少年心理网络成瘾的比例约为 5.40%。

(一)临床表现

成瘾行为可使患者人格发生明显变化,变得懦弱、自卑、意志减退、丧失自尊、失去朋友和家人的信任,引起躯体、心理以及行为改变。

1. 心理上:对网络有着强烈的渴望,一旦不上网就会表现出焦虑不安、易激怒等,上网后上述症状有所减轻或者消失;每天沉寂在网络世界时间很长,而且时间有增无减,虽然也试图减少上网的时间,但是每次都是无功而返。

2. 生理上:长期使用网络的青少年常常表现出对外界事物的注意力涣散,同时对网络内容有着特殊而敏感的注意能力,而且很难自控离开网络。网络成瘾者在离开网络的一段时间后大都会出现焦躁不安、情绪低落的症状。

3. 社会适应方面:在现实交往当中,社会交往的兴趣不大,参加现实聚会和活动兴趣明显减退,存在退缩,逃避等表现。有可能导致孤独和抑郁的增加,并会导致社会卷入的减少与幸福感降低,自尊感降低、失去朋友和家人的信任,引起躯体和行为改变。

（二）临床诊断

网络成瘾行为是一种冲动控制障碍(ICD)，Shapira 建议对于网络成瘾的诊断应该从冲动控制障碍的角度制定诊断标准，并提出了诊断网络成瘾的三个标准：

（1）沉迷于网络使用，至少具备下列一项：①具有不可抵抗的强烈欲望；②超过计划的时间。

（2）对网络的沉迷会引起临床上显著的痛苦，对社会、职业或其他重要社会功能造成影响。

（3）过度的网络使用不是出现在轻度躁狂或躁狂期，并且不能够由其他精神障碍来解释。在其诊断中应结合临床案例对这个标准进行解释和验证。

结合临床对网络成瘾进行诊断，考虑到了网络成瘾和其他精神障碍可能的共病性，不仅能够更加客观地诊断网络成瘾，也为寻找网络成瘾的成因和治疗提供了很好的基础。

（三）干预

1. **团体心理辅导**：有研究发现，通过提供情感与社会支持以及具有针对性的团体心理辅导，可以帮助网络成瘾者改善情绪状态，降低社交焦虑以及孤独感，从而促进其社会心理发展。

2. **药物疗法**：有研究报告了网络成瘾者服用抗抑郁药物后症状减轻，服用稳定类药物后出现了积极的反应。而且发现在控制网络使用情况下，服用情绪稳定类药物要比抗抑郁类药物能够减轻症状。

3. **行为疗法**：主要是根据斯金纳的操作性条件学习理论，认为成瘾行为作为一种后天习得的行为，既然可以通过强化的方式加以习得，同样也可以通过强化的方式加以消退。对网络成瘾使用的行为疗法主要包括强化干预，例如一旦发现成瘾者有了减少上网的行为时，就给予奖励、表扬或肯定性评价，而一旦发现上网时间增加时，立即给予处罚。此外，厌恶疗法也会采用，例如常用橡皮圈拉弹法、社会不赞成法、内隐致敏法等。

图 13-4　网络成瘾

第三节　心理健康教育的途径和方法

2012 年，教育部重新修订的《中小学心理健康教育指导纲要》中明确提出心理健康教育的途径和方法。总结而言，纲要中提出的途径和方法主要有三个方面：课堂与课外相结合；学校与家长相结合；一般专题教育与个体辅导相结合。

一、课堂与课外途径相结合

课堂与课外途径相结合是心理健康教育课堂教学与课外教学相互结合、补充，以促进中小学生心理健康发展为目的教育形式。心理健康教育以课堂教学为主,而课外教学则是心理健康教育的有机组成部分,两者做到相互结合,才能发挥出积极的效果。课堂途径就是利用课堂教学形式将心理健康教学与学科教学做到相互渗透。教师在学科教学中遵守心理健康教育的规律,将适合学生特点的心理健康教育内容有机渗透到日常教育教学活动中。例如:《羚羊木雕》一文表现了朋友间珍贵的友谊,启示学生要珍惜真诚的友情;《海伦·凯勒》一文中讲述了海伦·凯勒坚强地与命运抗争的故事,启迪学生要坚强乐观;《敬业与乐业》一文阐述了一个人只有热爱本身的职业才会有所为。八年级语文上册教材中,有"当一次主持人"活动,就可以锻炼学生的自信心,增添学生敢于展示本身的勇气;还有"假如我是导游"实践活动课中,学生学会站在别人的立场上换位思考,锻炼了自身的人际交往能力。

课堂上开展心理健康教育主要有以下优势:1、最直接、最有效。学习是学生的主体活动,学生大量的心理困扰都产生于学习过程中,理应在教学过程中得到满意的解决。2、素材丰富,做到有的放矢。各科教材中蕴涵着不少适合心理健康教育的内容素材,教学过程中也经常会出现有利于心理辅导的教育情景,教师只要细心挖掘,善于利用,一定可以收到心理健康教育的实效。

因此,在课堂教学过程中渗透心理健康教育是学校开展心理健康教育最有效、最有价值的途径。教师应该自觉地在各学科教学中遵循心理健康教育的规律,将适合学生特点的心理健康教育内容有机渗透到日常教育教学活动中;教师要注重发挥教师人格魅力和为人师表的作用,建立起民主、平等、相互尊重的师生关系;教师要将心理健康教育与班主任工作、班团队活动、校园文体活动、社会实践活动等有机结合,充分利用网络等现代信息技术手段,多种途径开展心理健康教育。当然,开展心理健康教育与学科教学相互渗透的方法,对于老师各方面的要求比较高。

课外途径是心理健康教育最经常最重要的形式之一,它是课堂教学的继续、补充和延伸。课外活动是指在学校或校外教育机关的指导下,受教育者根据自己的兴趣、爱好、特长以及实际的需要,自愿地组织、选择和参加的活动,主要包括班团队活动、校园文体活动、社会实践活动等课外活动。从全面实施素质教育的角度来看,开展各种课外心理健康教育活动,让学生感受到实实在在的心理健康教育,对培养学生良好人格的特质能够发挥出重要的作用,因为课外活动不仅能发挥受教育者的积极性和主动性,而且能使受教育者的才能、个性得到充分发展,有利于受教育者的良好心理健康品质的培养。例如,组织中学生参观敬老院,开展"学雷锋、献爱心"社会实践活动,旨在培养学生们的社会实践能力、社会公德意识,弘扬中华民族"尊老、敬老、爱老、助老"传统美德,塑造学生良好的人格。

课堂教学与课外教学是心理健康教育的"双臂",缺一不可,并且在中小学生良好人格塑造的过程中,两者都各自发挥着不可替代的影响作用,只有让两者相互结合、相互作用、相互取长补短,这样才能最大限度地发挥出两者的教育优势。

二、学校教育与家庭教育相结合

学校是专门的教育机构,由于学校和教师的特点,决定了学校在心理健康教育中突出地位。首先,学校是培养人才的主阵地,也是心理健康教育的主渠道。其次,学校在心理健康课程设计、心理健康活动、心理健康宣传方面占有优势,心理健康教育能够形成系统。最后,学校教育能够整合各科教学、德育、班主任及团队工作、社会实践等教育活动,形成心理健康教育合力,发挥出更大的功效。

除了发挥学校在心理健康教育中的重要作用,还应该突出家庭教育的重要地位。马卡连柯说:"家庭是社会的一个天然的基层细胞,人类的美好生活在这里实现,人类胜利的力量在这里滋长,儿童在这里生活,成长着,这是人生的主要快乐。"家庭是儿童生活的第一环境。父母是儿童的第一任老师。孩子从幼儿到小学、中学时期,大部分时间是生活在家庭里,这正是孩子们长身体、长知识的时期,也是科学的世界观形成的基础时期,家庭对孩子的影响是极其深远和重要的。家庭教育对一个人的成长过程来说,特别是对于婴幼儿的早期教育,起着学校和社会难以起到的作用。

大量事实证明,学生在品质、才智方面表现出来的差异,其重要的原因之一是家庭教育带来的。如:科技大学少年班的学生有69.8%来自有文化教养的家庭,他们的身心发展从小就得到家长的引导和训练。据统计,北京西城区工读学校两个班的48名学生中,受家庭的教唆或不良行为熏染的有18人;家庭教育不当者16人;家庭结构破裂,父母离婚、吵架,孩子得不到应有的温暖和教育的9人。正反两方面的事实说明,家庭教育在儿童心理品质培养方面起着至关重要的作用。

为此,家庭教育应该做到以下几点:第一,要注重家长的良好榜样作用。家长要深刻认识到自己的一言一行、一举一动对孩子心理健康发展有潜移默化的影响,起关键作用。家长要言传身教,以身作则。其次,家长对孩子的教育要采取良好的教养方式。有研究表明,家长教养方式对青少年人格特征形成及其对生活事件应对方式都有重要影响。家长良好的教养方式使孩子情绪稳定,轻松兴奋,自信开朗,能促进青少年人格特征健康发展和形成,使青少年形成解决问题、求助的积极应对方式。不良的家长教养方式极有可能会让孩子形成自我中心、骄横任性,或自卑懦弱、敏感多疑,或自私自利、冷漠无情,人际关系差,适应能力差,主观幸福感缺失,导致青少年形成不健康的人格特征,使青少年面对问题和挫折时,采取自责、幻想、退避、僵化等消极应对方式。最后,构建和谐稳定的家庭氛围。家庭氛围主要指家庭成员之间形成的气氛。夫妻关系、亲子关系是家庭中最重要的关系,夫妻关系是否融洽对孩子成长有重大意义。一个充满爱的家庭是孩子心理健康成长的乐园。和谐的家庭氛围是孩子心理健康成长的重要保障。

三、专题教育与个体辅导相结合

在学校心理健康教育实践中,一般采用专题教育与个体辅导两种形式。所谓专题教育就是利用地方课程或学校课程开设心理健康教育课,对学生进行系统化、专业化的教育过程。心理健康专题教育以活动为主,可以采取多种形式,包括团体辅导、心理训练、问题辨析、情境设计、角色扮演、游戏辅导、心理情景剧、专题讲座等。心理健康专题教育要防止学科化的倾向,避免将其作为心理学知识的普及和心理学理论的教育,要注重引导学生心理积极健康发展,最大限度地预防学生发展过程中可能出现的心理与行为问题。

个体辅导是指在心理辅导室内,咨询教师运用心理学等专业知识和技能,通过个别化的辅导,帮助个体解决学习、生活或成长过程中所遇到的暂时困惑或一般心理问题,从而形成良好的心理素质。心理辅导室是心理健康教师开展个别辅导和团体辅导,帮助学生解决在学习、生活和成长中出现的问题,排解心理困扰的专门场所,是学校开展心理健康教育的重要阵地。教育部门将对心理辅导室建设的基本标准和规范做出统一规定。在个体辅导过程中,首先,教师要树立危机干预意识,对个别有严重心理疾病的学生,能够及时识别并转介到相关心理诊治部门。其次,由于心理辅导是一项科学性、专业性很强的工作,心理健康教育教师应遵循心理发展和教育规律,向学生提供发展性心理辅导和帮助。最后,教师在开展个体辅导过程中也必须遵守职业伦理规范,在学生知情自愿的基础上进行,严格遵循保密原则,保护学生隐私,谨慎使用心理测试量表或其他测试手段,不能强迫学生接受心理测试,禁止使用可能损害学生心理健康的仪器和治疗手段。

本章小结

1. 随着社会的不断发展,心理健康越来越受人们所重视。心理学工作者提出了许多心理健康标准,从先前世界卫生组织对于心理健康定义为身体、智力和情感的最佳状态,到马斯洛关于心理健康十条标准,可以看出,学者们不仅关注个体的认知、情感、社会适应,还对于个体人格、人际关系都予以关注。目前,有研究者提出的医学标准、统计学标准、内省经验标准、社会适应标准,作为区分正常心理与异常心理的标准。正常心理指的是一种常态,与正常相对是异常,与常态相对是变态,都是相对而言。心理健康与不健康是正常心理下的一对相对的概念。

2. 中小学生常见的心理异常问题主要有:抑郁症、恐怖症、焦虑症、强迫症、网络成瘾等问题。作为教师,了解这些心理异常的表现,有助于作出正确的判断和恰当的处置。

3. 目前中小学心理健康教育的途径、方法很多,只有坚持以实践和活动为基础,通过课堂教育与课外教育、学校教育与家庭教育、一般专题教育与个体辅导相结合的三个途径开展,才能收到理想的效果。

思考题

1. 请简述几个有代表性的心理健康标准。

2. 结合实际谈谈你对心理健康的认识。

3. 根据正常心理和异常心理的区分标准,结合实际,说明对心理问题进行评估时应该注意的问题有哪些?

4. 请解释心理健康、心理不健康、心理正常与异常几个概念。

5. 根据抑郁症、焦虑症、强迫症、恐怖症和网络成瘾的诊断依据、方法和要求,结合实际,说明对学生以上心理问题进行诊断时应该注意的问题有哪些?

6. 作为一名人民教师,你觉得开展心理健康教育途径有哪些?

7. 结合自身的专业特点,谈谈如何做到与心理健康教育相互渗透?

参考文献

1. 杜亚松.儿童心理障碍诊疗学.北京:人民卫生出版社,2013

2. [美]理查德·格里格,菲利普·津巴多.心理学与生活.王垒,王甦等译.北京:人民邮电出版社,2016

3. 俞国良.现代心理健康教育:心理卫生问题对社会的影响及解决对策.北京:人民教育出版社,2007

4. 殷炳江.小学生心理健康教育.北京:人民教育出版社,2003

5. 易法建,冯正直.心理医生.重庆:重庆出版社,2006

6. 雷雳.青少年"网络成瘾"干预的实证基础.心理科学进展,2012,20(6):791~797

7. 唐红波.小学生常见心理问题及疏导.广州:暨南大学出版社,2005

8. 李心天.医学心理学.北京:人民卫生出版社,1991

9. 郭念锋.临床心理学.北京:科学出版社,1995

第十四章　学校心理辅导方法

我们可以怎么帮助她？

新学期，咨询室来了一位高二的学生。她的名字叫李雨。李雨读初中时是一个成绩非常好的学生，每次摸底考试基本上都是名列前茅。可是中考成绩并不太理想，但是她还是勉强考上了一所重点高中。高一时曾考过年级前一百名。她告诉我这学期投入了更多的时间和精力去学习，可是却没有达到她想要的结果，名次不进反退。她感到很迷茫，总觉得自己是不是脑子太笨了，不是一块学习的料。花了那么多的时间，却没有达到预期的效果，以至于现在一天到晚都没有什么学习的劲头，精神也不太好，总是觉得自己怎么会这么没有用，辜负了家长和老师对她的期望，结果导致上课看到老师的眼神就会非常紧张、冒汗。一个多月来，自己无法上课、失眠。班主任及同学都反映李雨非常用功，个性很要强，有几次因为考得不好还会在班级流眼泪，劝都劝不住。

厌学症是目前中学生诸多学习心理障碍中最普遍、最具有危险性的问题，是青少年最为常见的心理疾病之一，对青少年的生理，心理健康具有极大的危害性。如何让李雨从学习的困境当中走出来，怎样帮助李雨缓解内心的焦虑感，怎样重新让她体会到学习的乐趣，最终回到以前的学习状态，这就是心理学中关于心理辅导方法选择的问题。然而，不同理论学派的心理学家对如何辅导却有着不同的看法：

研究行为主义的学者认为，李雨的学习焦虑是学习中得来的，因此也可以在学习中消除。当李雨出现焦虑和恐惧刺激的同时，通过放松训练来减弱刺激物的敏感性，从而使自己逐渐消除焦虑与恐惧，不再对有害的刺激发生敏感而产生病理性反应。

认知心理学派的心理学家则认为，李雨的学习焦虑并不是源自于外界环境刺激，例如父母和老师的期待，而是其内在错误的认知观念。在本案例中，李雨的错误认知观念就有总觉得自己的脑子太笨了。因此辅导的重点就是重塑李雨的认知方式，即由错误的认知方式转变为积极可行的正确认知。

人本主义者认为：自我概念与经验的不协调是心理问题产生的原因。目前李雨的自我概念是建立在别人自我概念基础上，通常否认自己的经验以获得别人的肯定和接受。因此人本主义的辅导思路就是引导李雨的自我概念与经验的和谐，以此达到人格的重建。以人为中心疗法就是帮助李雨充分利用自身的评价过程，能接受她原来的真实经验和体验，不再信任别人的评价，而是更多的信任自己。这样，人就会从面具背后走出来，成为她自己。

在上述案例中，由于持不同的心理学理念，对待李雨问题的理解也有所不同，因此选择旨在使李雨发生转变的心理辅导方法也是多样的。在学校，作为心理辅导教师，应通过必要的

发展与教育心理学

科学训练,掌握某种心理辅导的科学方法,懂得心理辅导方法操作的科学流程,才能使心理辅导发挥好的效果。在当前中小学生心理辅导实践中,一般常用的心理辅导方法有行为主义辅导法、认知主义辅导法、人本主义辅导法等。每一种辅导方法都有其自成一体的运用过程。本章主要介绍行为主义、认知主义和人本主义等心理辅导的理论依据和方法应用,同时介绍心理辅导的发展趋势,使学校心理辅导更有针对性和实效性。

第一节　行为主义辅导方法

行为主义心理学以实用主义、新实在论和机械唯物论为基础。它的基本理论假设是:动物和人的心灵实际上是一块白板,其行为经验完全是后天获得的。从这些假设出发,行为主义者认为,心理障碍不是像精神分析者所认为的那样是潜意识中的本能作用,而是人在婴儿和年轻时所建立起来的不健康的条件反射的结果。对这些障碍或疾病,不仅可通过在人的发展早期设置条件反射的适宜程序予以预防,而且还可通过控制环境或刺激,形成新的条件反射加以消除。从这种观点出发,行为主义者形成了自己独特的辅导模式:心理辅导实质上就是行为的矫正与重塑,即控制环境和反应,通过适当的强化改变已有的问题行为,形成新的正常的行为。行为主义辅导的方法比较有代表性的方法有系统脱敏法、冲击疗法、代币制强化法、放松训练法、角色扮演法等。

一、系统脱敏法

1. 基本理论

南非精神病学家沃尔普(J. Wolpe)在 20 世纪 50 年代创立"系统脱敏法",又称交互抑制法。系统脱敏法的基本原理是:一个原本可引起微弱焦虑的刺激,由于在处于全身松弛状态的来访者面前重复暴露,最终失去了引起焦虑的作用。该方法主要是通过放松方法来减弱来访者对引起焦虑、恐怖情绪的刺激物的敏感性,鼓励其逐渐接近令其害怕的事物,直至不再恐惧。具体方法是:咨询师与来访者共同设计引起来访者恐惧感的由轻到重的恐惧事物分级表,然后要求来访者在放松的状态下逐级训练,想象恐怖事物并同时放松,等到恐惧感接近消失时,再升级想象更害怕的内容,如此直至面对真实恐惧事物时,情绪反应趋于正常。例如,如果来访者害怕的是一种东西,如蛇,那就先让他观看辅导师触摸、拿起和放下蛇的示范后,再从事一些与接近、触摸蛇有关的一些活动,而后逐渐接近蛇、触摸它,直到敢于拿起它而无紧张感为止。

此方法的要点是:设计合理的恐惧分级程度,循序渐进,恐惧时放松。主要用于中小学生的校园恐怖症、口吃、强迫症等等。

2. 基本过程

首先,建构一个焦虑(恐惧)等级表。辅导师与来访者讨论并建立恐怖或焦虑的等级层次,列出引起焦虑的事件或情境,把引起焦虑的事件或情境排一个顺序,从引起最小的焦虑到最大的焦虑。一般是给每个事件指定一个焦虑分数,最小的焦虑是 0,代表完全放松,最大焦虑是 100，代表高度焦虑。理想的焦虑等级应当做到各等级之间的级差要平均，是一个循序渐进的系列层次。尤其要注意的是，每一级刺激因素引起的焦虑，应小到能被全身松弛所拮抗的程度。这是系统脱敏法成败的关键之一。要使这一等级的刺激量恰到好处，使各等级之间的级差比较均匀，还主要取决于来访者本人。当然，除了实际的刺激物外，也可以采用想象刺激法。例如：要求来访者闭上眼睛想象各种刺激画面，画面要具体、清晰，并且置身其中能出现相应的情绪变化。如果有实际的刺激物，就不用闭目想象。下面以辅导一名蜘蛛恐怖症来访者为例，介绍系统脱敏法辅导的基本过程。

(1) 打印"蜘蛛"字样的卡片；

(2) 看一幅静止的蜘蛛图画；

(3) 看移动的蜘蛛画面；

(4) 观看园子里 5 米远的静态蜘蛛；

(5) 观看 2 米远蜘蛛的运动；

(6) 近看蜘蛛结网；

(7) 让小蜘蛛在戴手套的手上爬行；

(8) 让蜘蛛在裸手上爬行；

(9) 让大蜘蛛在裸手上爬行；

(10) 拿起大蜘蛛并让它向手臂上爬行。

其次，在辅导师的引导下进行放松训练，也就是肌肉松弛训练。一般需要 6—10 次练习，每次历时半小时，每天 1 至 2 次，以达到全身肌肉能够迅速进入松弛状态为合格。比如：靠在沙发上，全身各部分处于舒适状态，双臂自然下垂或搁置在沙发扶手上。想象自己处于令人轻松的情境中，例如，静坐在湖边或者漫步在一片美丽的田野上，使其达到一种安静平和的状态。然后，依次练习放松前臂、头面部、颈、肩、背、胸、腹及下肢的肌肉放松，重点强调面部肌肉放松（如放一些舒缓的音乐更好）。每日 1 次，每次 20—30 分钟。一般 6—8 次即可学会放松。反复练习，直至能在实际生活中运用自如。达到几分钟内全身自我放松之后，便可进入系统脱敏练习程序。

最后，进行系统脱敏练习。在完成以上两项工作之后，即进入系统脱敏练习，按照设计的焦虑等级表，由小到大依次逐级脱敏。系统脱敏练习要在来访者完全放松的状态下，按某一恐怖或焦虑的等级层次进行放松、想象脱敏训练、实地适应训练。

3. 注意事项

(1) 如果引发来访者焦虑或者恐惧的情境不止一种，可以针对不同情境建立几个不同的焦虑等级表。然后，对每个焦虑等级表分开实施脱敏训练。

(2) 系统脱敏时来访者想象次数多少，依据个体不同和情境不同而不同。

(3) 系统脱敏过程中，如果一开始焦虑分数超过 50，仅靠重复放松很难降低，这表明焦虑等级设计得不够合理，应当将焦虑等级划分得细一些，每个等级之间的跨度不要太大。

(4) 有的来访者不能用想象和放松的方法降低焦虑水平，可以考虑改用其他辅导方法。

二、冲击疗法

冲击疗法，是暴露疗法的一种，又称"满灌疗法"、"情绪充斥疗法"和"快速脱敏疗法"。冲击疗法是用来辅导负性情绪反应的一类行为辅导方法。它是通过细心地控制环境，引导来访者进入有助于问题解决的情境中，而不采取任何缓解恐惧的行为，让恐惧自行降低。

1. 基本原理

（1）动物实验的验证

冲击疗法（implosive therapy）的产生，基于一项动物实验。当实验场所发出恐怖性声、光或电击刺激时，实验动物惊恐万状，四处乱窜，想逃离现场。如果没有出路，它只得被迫无奈地待在现场，承受极其痛苦的刺激。当刺激持续了一段时间之后，可见动物的恐惧反应逐渐减轻，甚至最终消失。这一实验表明，所谓放松、交互抑制似乎并不重要，只要持久地让被试者暴露在刺激因素面前，惊恐反应终究将自行耗尽（exhaust itself）。冲击疗法是尽可能迅猛地引起来访者极强烈的焦虑或者恐惧反应，并且对这种强烈而痛苦的情绪不给予任何强化（哪怕是同情的眼光也不给一点），任其自然，最后迫使导致强烈情绪反应的内部动因逐渐减弱乃至消失，情绪反应自行减轻乃至消除，即所谓消退性抑制。所以冲击疗法总是把危害最大的刺激放在第一位。

（2）冲击疗法与系统脱敏法的区别

1）从辅导程序来看，冲击疗法程序简洁，没有繁琐的刺激定量和确定焦虑等级等程序，而且不需要全身松弛这一训练过程；

2）系统脱敏法设计合理，效果好，不足之处是辅导时间较长，方法较繁复，而且需要求治者高度的配合和耐心；而冲击疗法是一种快速脱敏疗法，如果求治者合作，可以在几天或几周内，至多在2个月内可取得明显疗效。

3）两者所采用的原理有所不同。系统脱敏采用交互抑制原理，即每一次只引起来访者一点点焦虑，然后用全身松弛的办法去拮抗它。因此，系统脱敏程序总是将引起最小焦虑的刺激情境首先呈现出来，而冲击疗法则刚好相反，采用消退原理，它总是把危害最大的刺激情境放在第一位，尽可能迅速地使来访者置身于最为痛苦的情境之中，尽可能迅猛地引起来访者最强烈的恐惧或焦虑反应，并对这些焦虑和恐惧反应不作任何强化，任其自然。最后，迫使导致强烈情绪反应的内部动因逐渐减弱甚至消失，情绪的反应自行减轻或者消失。

2. 基本过程

（1）筛选确定辅导对象

冲击疗法是一种较为剧烈的辅导方法，来访者应做详细体格检查及必要的实验室检查，如心电图、脑电图等。必须排除以下情况：

1）严重心血管病，如高血压、冠心病、心瓣膜病等。

2）中枢神经系统疾病，如脑瘤、癫痫、脑血管病等。

3）严重的呼吸系统疾病，如支气管哮喘等。

4）内分泌疾患,如甲状腺疾病等。

5）老人、儿童、孕妇及各种原因所致的身体虚弱者。

6）各种精神病性障碍。

（2）签订协议

由于辅导过程中,个体有可能将受到强烈的精神冲击,经历不快甚至是超乎寻常的痛苦体验,为了确保辅导的顺利完成,有必要时签订协议。如果来访者及其家属下定决心接受辅导之后,应签订辅导协议。签订协议的目的在于增强来访者的自我约束,以保证辅导过程的顺利进行。为此,仔细地向来访者介绍辅导的原理、过程和各种可能出现的情况,尤其要清楚说明在整个过程中可能承受的痛苦,不能隐瞒和淡化。让来访者了解只要在恐怖情境中坚持停留下去,焦虑感就会减轻。

（3）辅导准备工作

首先,确定刺激物。它应该是来访者最害怕和最忌讳的事物,因为这种事物是引发症状的根源。比如有的来访者非常怕狗,一见到狗就惊惶失措,担心患狂犬病而惶惶不可终日,那么就可以确定狗是导致他症状发生的刺激物。有时刺激物不止一种,那么,就选择一种在来访者看来是最可怕的事物。

其次,根据刺激物的性质再决定辅导的场地。如果刺激物是具体的、无害的而且可以带到室内来的,最好在辅导室内进行。比如对利器恐怖的来访者进行辅导时可将尖锐锋利的刀剪若干件布置在室内。对灯光恐怖的来访者进行辅导时则可在室内安放多盏炫目的白炽灯。辅导室不宜太大,应布置简单,一目了然,除了着意安排的刺激物外别无其他。来访者处于任何一种方位都可以感觉到刺激物的存在,没有可以回避的栖身之地。房门原则上由咨询师把持,来访者无法随意地夺路而逃。

最后,为了防止意外,应准备安定、心得安,肾上腺素等应急药品。

（4）实施刺激物的冲击。来访者接受辅导前应正常进食、饮水,最好排空大小便。穿戴宜简单、宽松。有条件的可在辅导中同步进行血压和心电的监测。来访者随咨询师进入辅导室,在指定位置坐下。然后咨询师迅速、猛烈地向来访者呈现刺激物。来访者受惊后可能惊叫、失态,咨询师不必顾及,应持续不断地呈现刺激物。如来访者有闭眼、塞耳或面壁等回避行为时,应进行劝说并予以制止。辅导过程中大多数来访者都可能出现气促、心悸、出汗、四肢震颤、头昏目眩等情况,应严密观察。除非情况严重,或血压和心电的监测指标显出异常情况,辅导应继续进行。如果来访者提出中止辅导,甚至由于激怒而出言不逊,咨询师应保持高度理智与冷静,酌情处理。如果来访者的一般情况很好,病史较长,原来求治要求十分迫切,应激反应不是十分强烈的话,咨询师可以给予鼓励、规劝或者是漠视。特别是在来访者的应激反应高峰期之后,成功近在眼前,一定要说服甚至使用适当的强制手段让来访者完成辅导。因为此时退却,将前功尽弃。每次辅导时间应根据来访者应激反应的情况而定。其情绪反应要求超过来访者以往任何一次焦虑紧张的程度,力求达到极限,其生理反应要求出现明显的植物神经功能变化。所谓极限,以情绪的逆转为其标志。如见来访者的情绪反应和生理反应已过高潮,逐渐减轻的话,则表明已基本达到这次辅导的要求,再呈现 5～10 分钟的刺激物,来访者将显得精疲力竭,对刺激物视而不见,听而不闻。此时便可停止呈现刺激物,让来访者休息。通常一次辅导要持续30～60分钟。

在现场实施冲击疗法时，因客观条件不好控制、调度，难度更大，更要求事前做好来访者的疏导工作，得到来访者的配合。现场辅导更具有真实性、自然性，这是它的独到之处。冲击疗法一般实施2～4次，1日1次或隔日1次。少数来访者只需辅导1次即可痊愈。如咨询过程中来访者未出现应激反应由强到弱的逆转趋势，原因之一是刺激物的刺激强度不够，应设法增强刺激效果，另一个原因是该来访者不适合冲击疗法，应停止冲击辅导，改用其他辅导方法。

3. 注意事项

（1）从伦理的角度说，要让来访者对冲击疗法有足够的了解，理解这种用于减轻焦虑的方法在辅导过程中会引起强烈的焦虑和恐惧情绪反应。经来访者同意，签订协议，方可采用此法。

（2）在冲击疗法实施过程中，来访者因无法忍受而提出终止辅导是十分普遍的现象。咨询师若有求必应则会一事无成。辅导前的协议就是为了增加来访者的自我约束力，从而保证辅导进展顺利。尽管如此，如果来访者反复要求退出辅导，或者是家属提出取消辅导，经咨询师劝说无效时，辅导应立即停止。咨询师切不可以协议为凭，一意孤行。

（3）辅导中来访者若出现通气过度综合症、晕厥或休克的情况时，也应停止辅导，并对症处理。

三、代币制强化

代币制（token program）又称标记奖酬法（token economy），是用象征钱币、奖状、奖品等标记物为奖励手段来强化良好行为的一种行为辅导方法。代币制强化法在小学、幼儿园阶段运用广泛。代币制疗法不仅可用于个体，而且可在集体行为矫治中实施。临床实践表明，在多动症儿童、药瘾者和酒癖者等的矫治中，在衰退的精神来访者的康复中，代币制强化法都有良好的效果。

1. 基本原理

代币其实是一种中介物，在行为改变的过程中，用一种本来不具有增强作用的物体为表征（如筹码、铜币、纸币等），让它与具有增强作用的其他刺激物（如食品、玩具等）相联结，让这一种表征物变成具有增强力量的东西。这一种经由制约历程而获取增强力量的表征物，通常称为制约增强物。能够累积并可兑换其他增强物的制约增强物，则称为代币。针对一组人实施一套专门运用代币来作为增强目标行为的有组织的方案，就称为代币制。任何可以累积的东西，都可以在代币制中充当中介物，以之换取后援增强物，如食物、日常用品等。代币制的成效，完全取决于后援增强物的种类多寡以及增强力量的大小，所以行为改变方案务必慎重选择后援增强物。

2. 实施步骤

（1）明确目标行为，即代币制的实施目的是为增加实施者的良好期望行为，因此代币制的第一个过程是确定在实施过程中需要强化的期望行为。目标行为的确定在很大程度上取决于需要处理的特定行为问题,被实施者的特点,实施者对被实施者的期望值等。

(2) 确定代币:实施代币应根据被实施者的特点实施不同的代币。

(3) 确定代币交换系统:建立兑换比率,量化每个目标行为,代币兑换的时间和地点。

(4) 实施代币制:实施时,要按照事先确定好的实时系统进行,保证实施的强化效果。

(5) 将期望的行为移植到自然情景中:逐渐取消代币制;增加后援强化物的价值;适时增加社会强化物。

一例小学生学习行为矫正的个案

晓峰,男,10岁,某小学四年级学生。该生的注意力总是不集中,表现为:上课不认真听讲,东张西望,还喜欢找周围的同学讲话,影响其他同学听课以及课堂秩序。课后作业总是不能按时完成,有时延迟上交,有时根本就欠交且不理睬,屡教不改。字迹潦草,书写随便且不整洁。每个字的大小不一,几乎每行字都歪歪斜斜,字的笔画大多不清晰,笔顺也不符合规则,书面相当马虎! 因此,晓峰的作文分数总是不高,科任老师给予的平时成绩也较低,从而影响了他的大考成绩,打击了他的学习积极性。可无论老师怎么批评劝导,他总是屡教不改,家长也没少打骂他。但是晓峰也有不少优点,他头脑灵活,数学成绩一直很好,体育素质也很不错。针对晓峰的问题,辅导老师决定采取"代币法"来矫正他的不良习惯。

辅导的步骤:第一步,明确目标行为,晓峰上课能认真听讲,维持课堂秩序,从而和其他同学一起享受课堂。按时按量完成家庭作业,并及时上交。作业字迹工整,书面整洁。第二步:代币的确定,小学生中常见的小苹果贴纸。第三步,确定代币交换系统,在与家长的联系中,辅导老师了解到了晓峰的爱好,并得出了一些适合他的强化物,并制定了交换系统表,见表14-1。第四步,制定让晓峰逐步达成矫正目标的子目标,根据其完成情况,发给代币。以下为晓峰的行为价值表,见表14-2。第五步,将期望的行为移植到自然情景中:逐渐取消代币制;增加老师的表扬、鼓励支持等心理效应;适时增加社会强化物。

表 14-1　交换系统表

强化物	所需代币
可以看动画片20分钟	7个
可以选择爱吃的食物	8个
周末去公园划船或者其他户外活动	15个
买一件运动服	20个
买玩具枪	30个

表 14 - 2　行为价值表

行为	代币奖惩表
每天至少三位任课老师反映其课堂纪律好	+ 3
每天按时完成作业	+ 4
练习按时按量上交作业一周	+ 5
练习按时按量上交作业三周	+ 16
连续对照字帖练习写字一周(至少 5 页)	+ 3
连续对照字帖练习写字二周(至少 5 页)	+ 8
每周字帖老师评分都在 80 分以上	+ 5
有老师反映纪律差、无按时交作业,每天未完成字帖练习、字帖练习评分不及格	- 3

3. 注意事项

(1) 注意对孩子的各种行为表现给予适当的分值,并获取相应的代币。

(2) 一定的代币需要进行的相应增强物的选择。

(3) 代币制属于变化增强,要注意引导孩子行为表现的社会和心理意义。

第二节　认知辅导方法

认知行为疗法以古希腊哲学家苏格拉底的"辩证法"为基础,它的基本理论假设是:人的行为问题,并不是源自于外界环境刺激,而是其内在错误的观念。在这个假设的基础上,认知心理学家认为,心理障碍不是像行为主义者认为的那样是外在环境强化的结果,而是认知过程及其导致的错误观念,是行为和情感产生的关键因素。因此,人的心理障碍或心理疾病与个体的认知有关。对这些障碍或疾病,可通过改变个体的认知观念,帮助来访者重新建构积极的认知结构,从而消除来访者痛苦的体验。从这种观点出发,认知心理学家形成了自己独特的辅导模式:心理辅导实质上就是认知的重塑,即重新建构认知的过程,通过形成积极的认知结构,最终产生新的正常行为。认知疗法常采用认知重建、心理应付、问题解决等技术进行心理辅导,其中认知重建最为关键。其中有代表性的是阿尔波特·埃利斯的合理情绪行为疗法,贝克的认知行为疗法。

一、合理情绪疗法

1. 基本原理

阿尔波特·埃利斯博士在 20 世纪 50 年代创立了合理情绪疗法(rational emotive therapy, RET)。RET 的基本要点是:情绪不是由某一诱发性事件本身直接所引起的,而是由经历这一事件的个体对这一事件的解释和评价所引起的。这一理论又称 ABC 理论。ABC

理论模型中，A指诱发性事件（Activating events），特指某一特定的生活事件或者环境；B指个体在遇到诱发性事件之后相应的信念（Beliefs），即他对这一事件的想法、解释和评价；C指在特定情境下，个体的情绪及行为的结果（emotional and behavioral Consequences）。通常，人们认为情绪及行为反应是直接由诱发性事件A引起的，即A引起C。但ABC理论指出，诱发性事件A只是引起情绪及行为反应的间接原因，而人们对诱发性事件所持的信念、看法、解释才是引起人的情绪及行为反应的更直接的因素。

举例：小明和小文同样在一次很重要的英语考试中失败了，但两人对这同一事件A（英语考试失败）所持信念B可能完全不同。其中，小明的想法可能会是这样的：“我真不愿在这次考试中失败，真希望事情并不是这样。考坏了这多不好呀！”这时他对此事的情绪反应虽然会后悔、惋惜，有一种受挫感，但他决定克服这些情绪，再做努力，争取下一次考出好成绩。而小文则可能会有不同的想法：“我是必须考好的，我没考好这简直糟透了！我没法忍受这种失败，连这样的考试也失败了，我简直是个废物”。这样，他会感到自卑、抑郁，很难打起精神再做努力。由此可见，同一生活事件，由于不同的信念，引发的情绪与行为反应也截然不同。

2. 辅导的过程

由于人们的情绪障碍是由人们的不合理信念所造成，因此合理情绪疗法就是要以理性治疗非理性，帮助来访者以合理的思维方式代替不合理的思维方式，以合理的信念代替不合理的信念，从而最大限度地减少不合理的信念给情绪带来的不良影响，通过以改变认知为主的治疗方式，来帮助患者减少或消除他们已有的情绪障碍。辅导过程主要包括三个阶段：心理诊断阶段、领悟阶段、修通阶段。

（1）心理诊断阶段

在这一阶段，辅导老师主要的任务是根据ABC理论对来访者的问题进行初步分析和诊断，向来访者解说情绪ABC理论，使来访者能够接受这种理论及其对自己问题的解释。

① 找出情绪困扰和行为不适的具体表现（C），以及与这些反应相对应的诱发性事件（A），并对两者之间的不合理信念（B）进行初步分析。

② 针对可能存在的多个信念问题（B），分清主次矛盾，找出来访者最希望解决的问题，并与来访者共同协商制定咨询目标

③ 咨询师向来访者解释合理情绪疗法ABC理论，使来访者能够接受这种理论及其对自身问题的理解。

（2）领悟阶段

本阶段的主要任务明确来访者的不合理信念，领悟自己的问题与自身的不合理信念的关系。使来访者认识到是信念引起了情绪和行为后果，而不是诱发事件本身。来访者因此对自己的情绪和行为反应负有责任。只有改变了不合理信念，才能减轻或消除他们目前存在的各种症状。

（3）修通阶段

主要任务是运用多种技术，使来访者修正或放弃原有的非理性的观念，并代之以合理的观念，从而使症状得以减轻或消除。主要有以下技术：

1）与不合理信念辩论

"产婆术"：苏格拉底的辩证法。苏格拉底的方法是让你说出你的观点，然后依照你的观点进一步推理，最后引出谬误，从而使你认识到自己先前思想中不合理的地方，并主动加以纠正。这种辩论的方法是指从科学、理性的角度对来访者持有的关于他们自己、他人及周围世界的不合理信念和假设进行挑战和质疑，以动摇他们的这些信念。这一技术通过咨询师主动的提问来进行的，而咨询师的提问具有明显的挑战性和质疑性的特点，其内容紧密围绕来访者信念中的非理性特征。

2）合理的情绪想象技术

首先，使来访者在想象中进入产生过不适当的情绪反应或自我感觉最受不了的情境之中，让他体验在这种情境下的强烈情绪反应。

然后，帮助来访者改变这种不适当的情绪体验，并使他能体验到适度的情绪反应。这一步是通过改变来访者对自己情绪体验的不正确认识来进行的。

最后，停止想象。让来访者讲述他是怎样想的，自己的情绪有哪些变化，是如何变化的，改变了哪些观念，学到了哪些观念。对来访者情绪和观念的积极转变，咨询师应及时予以强化，以巩固他获得的新的情绪反应。

3. 案例分析

合理情绪疗法的主要目标就是降低来访者各种不良的情绪体验，使他们在辅导结束后能带着最少的焦虑、抑郁（自责倾向）和敌意（责他倾向）去生活，进而帮助他们拥有一个较现实、较理性、较宽容的人生哲学。这个目标包含了两层涵义：一方面是针对来访者症状的改变，即尽可能地减少不合理信念所造成的情绪困扰与不良行为的后果，这称为不完美目标；另一方面的涵义是着眼于使来访者产生更长远、更深刻的变化。它不仅要帮助来访者消除现有症状，而且也要尽可能帮助他们减少其情绪困扰和行为障碍在以后生活中出现的倾向性，这称为完美目标。这一目标的关键在于帮助来访者改变他们生活哲学中非理性的成分，并学会现实、合理的思维方式。

案例

合理情绪疗法辅导片段

来访者：小杨，女，13岁，初中二年级学生。经过向班主任了解，该女生为独生女，父母为国企高管，父母对她的要求一概满足，造成性格强势，什么事情都要围绕她而做。班级人际关系冲突，没有多少朋友，一年前从一所中学转学过来，刚开始跟同学关系还不错，半个学期过后，发现很多同学有意远离她，对她不理不睬，尤其是同桌女孩子小韩。半学期后，发现小韩对自己漠不关心，而且发现，小韩多次与其他同学玩在一起，两人关系逐渐出现裂痕。为此，她一直处于矛盾、冲突、抑郁以及怨恨同桌的情绪状态中。

咨询师在了解了来访者的基本背景情况后，决定对其采用合理情绪疗法。下面是咨询过程中的一个片断。

咨询师：你觉得是什么原因使你一直处于目前这种情绪状态中？

来访者：那还用说吗？我们俩经常吵架，她一点儿也不关心我……还有比这更糟糕的事吗？

咨询师：这些都是你生活中发生的一些事，我们称之为诱发事件，但它们可能并不是直接原因。

来访者：那是什么原因呢？

咨询师：是你对这些事的一些看法。人们对事物都有一些自己的看法，有的是合理的，有的是不合理的，不同的想法可能会导致不同的情绪结果。如果你能认识到你现在的情绪状态是你头脑中的一些不合理的想法造成的，那么你或许就能控制你的情绪。

来访者：会是这样吗？

咨询师：我们举一个例子，假设有一天你去公园玩，你把你非常喜欢的一个风筝放在长椅上，这时走过来一个人，坐在椅子上，结果把风筝压坏了。此时，你会怎么样？

来访者：我一定会很气愤。他怎么可以这样随便毁坏别人的东西。

咨询师：现在我告诉你他是一个盲人，你又会怎么样？

来访者：哦——原来是个盲人，他一定是不小心才这样做的。

咨询师：你还会对他愤怒吗？

来访者：不会了。我甚至有点儿同情他了。

咨询师：你看，都是同样一件事——他压坏了你的风筝，但你前后的情绪反应却截然不同。为什么会这样呢？那是因为你前后对这件事的看法不同了。

来访者：的确是这样。看样子我的问题的确是因为我的一些想法在作怪。

咨询师：就你的问题来说，别人也可能遇到。同学之间人际交往问题，这在同学间是常见的事，但并不是每一个人都像你现在这个样子，为什么会这样呢？

来访者：难道是我与他们想的不一样？可是，我还看不到我的想法里有哪些不合理的地方。

咨询师：这正是我们下一步所要做的。

可以看出，咨询师在向来访者介绍 ABC 理论，但是咨询师并没有通过空洞的说教和宣讲，而是通过举例来使来访者接受这一理论的。而且在来访者稍有领悟之后，咨询师马上结合她的具体问题进行了分析，指出她的问题别人也会遇到，但并不是每个人都像她这样。这样，咨询师就把 ABC 理论同来访者的具体问题联系起来，并引导来访者按这一理论来思考自己的问题。从上面的谈话可以看出，咨询师还没有指出来访者的某个具体的不合理信念，但他已经使来访者对下一步的工作——寻找不合理观念并加以辩论有了心理准备。这对下一阶段咨询是很有好处的。

二、贝克的认知行为疗法

一位心理学家采用有效的问题解决技术已经帮助许多来访者矫正错误的认知观念，这位心理学家就是贝克。贝克早期使用精神分析的方法治疗抑郁症,但是在实际工作经验中他发现,来访者的通病是想法上的歪曲与偏见,为此建立自己的认知辅导理论。1976年贝克出版了专著《认知疗法与情绪障碍》,首次提出了认知辅导这一专业术语和心理辅导方法。1979年又出版了《抑郁症的认知治疗》,全面系统地阐述了认知治疗的理论基础、辅导过程及其技术应用。

1. 基本原理

贝克认知行为疗法的基本心理学基础是:行为和情感是由认知作为中介的,适应不良性行为和情感与适应不良性认知有关。咨询师的任务是识别这些认知,并提供适当的方法或学习技术矫正这些适应不良性认知。由于适应不良性认知被矫正,将导致心理障碍的好转。贝克总结出人比较容易产生的几种认知歪曲:

(1)主观推论:指在缺乏充分的证据或证据不够客观的情况下,仅凭自己的主观感受就草率得出结论。例如:我是无用的,因为我去买东西时商店已经关门了。

(2)选择性断章取义:仅仅根据个别细节,不顾整个背景的重要意义,就对整个事件做出结论。例如:单位中有许多不学无术的人在工作,这是我做领导的过错。

(3)过分概括化:指将某意外事件产生的不合理信念不恰当地应用在不相干的事件或情况中。例如:我是一个失败的母亲,因为孩子生病了。

(4)扩大与贬低:指过度强调或轻视某种事件或情况的重要性。例如:考试成绩是没有任何用处的。

(5)个人化:指一种将外在事件与自己发生关联的倾向,即使没有任何理由也要这样做。例如:母亲生病住院,肯定是上天认为自己不孝。

(6)乱贴标签:根据缺点和以前犯的错误来描述一个人和定义一个人的本质。例如:因为偶然的开玩笑,并无恶意地撒了一次谎,于是认为完全丧失了诚意。

(7)极端化思考:"全或无"的思维方式。以绝对化的思考方式对事物作出判断或评价,要么全对,要么全错。例如:人都是自私的,每个人都是毫无诚意的。

2. 辅导的过程

贝克认知疗法是根据认知过程影响情感和行为的理论假设,通过认知和行为技术来改变来访者不良认知的一类心理辅导方法。咨询师的任务就是与来访者共同找出这些适应不良性认知,并提供"学习"或训练方法矫正这些认知,使来访者的认知更接近现实和实际。随着不良认知的矫正,来访者的心理问题亦逐步好转。认知疗法一般分为七个辅导过程:

(1)建立辅导关系

咨询师与来访者的关系要和谐,因此尽量采取商讨式的态度。辅导者要扮演诊断者和教育者的角色。来访者也不能只是被动接受,对自己不正确的观念要加以内省,还要提高自己主动认识事物和解决问题的能力。这是个主动再学习的过程。

(2)确定辅导目标

目标即为发现并纠正错误的认知过程,使之改变到正确的认知方式上来。辅导者与来访者要目标一致。

(3)确定问题:提问和自我审查技术

接触到来访者的认知过程及认知观念,为了找到不正确的认知观念,首要的任务是把来访者引到特定的问题上来。方法为提问和自我审查。提问是要把来访者的注意力导向与他的情绪和行为密切相关的方面。对于重要的问题可以反复提问。自我审查是鼓励来访者说出自己的看法，并对自己的看法进行细致的体验和内省。

（4）检验表层错误观念：建议、演示、模仿

表层错误观念为来访者对自己行为的直接具体的解释。对于这些观念可采取建议的技术，建议来访者进行某一项与错误解释有关的活动，检验其正确与否；采取演示的技术，鼓励来访者进入现实的或者想象的情境，使其对错误观念的作用方式及过程进行观察；可以演心理剧，将自己的行为及观念投射到所扮演的角色身上，通过观察角色，来客观地对待自己；可以采用模仿的技术，模仿别人的行为。

（5）纠正核心错误观念：核心错误观念往往表现为一些抽象的与自我概念有关的命题。语义分析技术是针对来访者错误的自我概念，常用的句式是：主—谓—表。例如我是一个笨蛋。语义分析技术把主语位置上的"我"换成与我有关的具体事件和行为。另外，表语位置上的词必须能够根据一定的标准进行评价。例如："我是一个笨蛋"，让来访者纠正为"我的智力水平不太高"。

（6）认知的进一步改变：行为矫正技术

行为矫正技术对来访者认知结构的改变的具体做法是通过特定的行为模式，让来访者体验过去忽略的与认知有关的情绪，表现在以下两方面：一方面，咨询师可以通过设计特殊的行为模式或情境，帮助来访者产生一些通常为他所忽视的情绪体验，这种体验对来访者认知观念的改变具有重要作用，例如对于多次考试失败的学生，咨询师可以帮助该生重新体验过去考试失败中积极的成分。另一方面，在行为矫正的特定情境中，来访者不仅体验到什么是积极的情绪，什么是成功的行为，而且也学会了如何获得这些体验的方法。

（7）新观念的巩固：认知复习

通过留家庭作业的方式给来访者提出相应的任务，它是前几步辅导的延伸。使其在现实生活中更多地巩固那些新建立的认知过程和正确的认知观念。

3. 注意事项

认知行为疗法可以有效地解决一般心理问题，并可用以辅导抑郁性神经症、焦虑症、恐怖症（包括社交恐怖症）、考试前紧张焦虑、情绪的激怒和慢性疼痛的来访者。对神经性厌食、性功能障碍及酒精中毒等，也可作为选用的一种方法。但是，心理障碍和疾病有很多种类，认知行为辅导并非对所有这些障碍和疾病都有效。

第三节 人本主义的辅导方法

人本主义疗法（Humanistic Therapy）是建立在存在主义哲学、现象学的基础之上，通过为来访者创造无条件支持与鼓励的氛围使来访者能够深化自我认识、发现自我潜能并且回归本我，来访者通过改善"自知"或自我意识来充分发挥积极向上的、自我肯定的、无限地成长和自我实现的潜力，以改变自我的适应不良行为，矫正自身的心理问题。在进行心理辅导时，辅导者能体验及表达其关怀、真诚和理解，这种潜能就可释放出来。但辅导者和来访者之间的特

殊辅导关系是整个辅导过程的关键所在。在进行心理辅导时,辅导者只表示对他了解、同情、关怀、尊重,接受和愿意听他的倾诉等,对来访者的行为不作任何解释,干涉或控制。因此,这种辅导也称非指导性疗法。在这种环境中,来访者内部的潜在资源能得到很好发挥,他能说出内心症结所在,也能获得对自己清楚的了解,达到辅导的效果。

一、基本理论

(一)对人性的看法

人本主义疗法理论对人性的看法是积极乐观的。该理论把人看做是一个努力寻求健全发展的人。罗杰斯坚持认为人们是值得信赖的,可利用的"能源"是丰富的,并能够自我理解、自我指导,能够进行积极的改变,过着有效的丰富的生活。其基本观点是:

1. 人有自我实现的倾向。罗杰斯认为,人天生就有一种基本的动机性的驱动力,可称之为"实现倾向"。这种实现倾向是人类有机体的一个中心能源,它控制着人的生命活动。它不但维持着人的有机体,而且还要不断地增长与发展。这种实现倾向,不但存在于人身上,而且存在于一切有机体;它是一切有机体的共同属性,体现了生命的本质。任何生物,只要被赋予了生命,他(它)就一定会出现强烈生长的趋势。人有自我实现倾向,这一点是罗杰斯积极人性观的理论前提,也是来访者中心疗法理论的核心。自我实现的趋势是一个引导人们努力认识、实践、自治、自我决定、完善的过程。个体有远离不适当调节并趋向心理健康的内在能力,个体内部的成长力量提供了治愈的内部资源。

2. 人拥有个体的评价过程。个体在其成长过程中,不断地与现实发生着互动,个体不断地对互动中的经验进行评价,这种评价不依赖于某种外部的标准,也不借助于人们在意识水平上的理性,而是根据自身机体上产生的满足感来评价,并由此产生对这种经验及相联系的事件的趋近或是回避的态度。个体自身的满足感是与自我实现倾向相一致的。也就是说,个体的评价标准是自我实现倾向。凡是符合自我实现倾向的经验,就被个体所喜欢、所接受,成为个体成长发展的有利因素,而那些与自我实现倾向不一致的经验,就被个体所回避和拒绝。在个体的评价过程中,经验总是被准确地接受,较少被歪曲。个体的评价过程把个体的经验与自我实现有机地协调配合,使人不断迈向自我实现。

3. 人是可以信任的。来访者中心的辅导理论对人性的看法是积极的、乐观的,相信每个人都是理性的、能够自立和自我负责,每个人都有积极的人生趋向,因此人可以不断地成长与发展,迈向自我实现。人都是有建设性和社会性的,是值得信任的,是可以合作的。人的这些好的特性是与生俱来的,而不好的特性,如欺骗、憎恨、残忍等,则都是人对其成长的不利环境防御的结果。人的负面情绪,如愤怒、失望、悲痛、敌视等,是由于人在爱与被爱、安全感、归属感等基本需要不能得到满足,遭受挫折而产生的。人有能力发现自己的心理问题,并寻求改变,以达到并保持心理健康。心理辅导只要为来访者提供了足够的尊重与信任,来访者就会依靠自己的能力发生改变,并不需要心理咨询师从其外部进行控制和指导。

（二）自我理论

自我理论实际就是人格理论。罗杰斯的人格理论是一种现象学的理论，自我理论强调自我实现是人格结构中的唯一的动机，人格结构、人格的形成和发展，人格异化和心理障碍产生的原因等，也是人格理论的内容。

1. 经验。经验的概念来源于现象场。在以人为中心的辅导理论中，罗杰斯所使用的经验概念是指，来访者在某一时刻所具有的主观精神世界，其中既包括有意识的心理内容，也包括那些还没有意识到的心理内容。包括个体的认知和情感事件，它们能够被个体知觉到，或者具有被知觉的能力。经验被个体体验、知觉的状况对一个人自我的形成与发展，对一个人心理适应的情况具有重要的影响。

2. 自我概念。自我概念不同于自我，自我是指来访者的真实本体，而自我概念主要是指来访者如何看待自己，是对自己总体的知觉和认识，是自我知觉和自我评价的统一体。自我概念包括对自己身份的界定，对自我能力的认识，对自己的人际关系及自己与环境关系的认识等。例如："我是一个学生"、"我的社交能力不行"、"同学们都不喜欢我"等。在以人为中心理论中自我概念并不总是与一个人自己的经验或机体的真实的自我相一致的。自我概念是通过个体与环境的相互作用，尤其是个人与生活中的重要他人相互作用而形成的。自我概念是由大量的自我经验和体验堆积而成，人的行为是由他的自我概念决定的，比如人的自我概念决定了他接受与处理经验的方式与态度。

3. 价值的条件化。人都存在着两种价值评价过程。一种是人先天具有的有机体的评价过程，另一种就是价值的条件化过程。价值条件化是建立在他人评价的基础上，而非建立在个体自身的有机体的评价基础之上。个体在生命早期就存在着对于来自他人的积极评价的需要，即关怀和尊重的需要。当一个人的行为得到别人好评，被别人赞赏时，这种需要得到满足，人会感到自尊，然而，这种需要的满足常常取决于别人，也就是得到别人的积极评价是有条件的，得符合他们的价值观标准，这种有条件的满足常常与自身的体验相矛盾。

比如，一个小孩把一个玻璃杯摔在地上，他觉得很好玩，很快乐。但父母却对他说："你很坏，你这样做一点也不可爱。"这个男孩这时体验到一种消极评价，因为他父母不喜欢他这样做，结果他可能产生歪曲的评价"我觉得这种行为是不让父母满意的"，而正确的体验应该是"在我干这件事时，我感到高兴而我的父母感到不满"。孩子在以后的行为中，他就把父母对这种行为的不满作为一种价值条件，为了讨得父母的喜欢不再做这样的事。久而久之，他就会把父母的价值观内化，把这些观念内化为自我概念的一部分。一旦当孩子把父母的价值观念当作自己的自我概念时，他的行为不再受有机体评价过程的指导，而是受了内化的别人的价值规范的指导，这个过程就是价值条件化的过程。这一过程并不能真实地反映个体的现实倾向，当他采用这一过程反映现实时，就会产生错误的知觉。当对某一行为自己感觉满意，而别人没有感到满意，或别人感到满意而自己没有感到满意时，就会出现一种困境，自我概念与经验之间就会出现不一致，不协调，问题也就出来了。

（三）心理失调的实质

自我概念是以人为中心辅导理论了解心理失调的关键。自我概念与经验之间的不协调是心理失调产生的原因。个体的经验与自我观念之间存在着三种情况：一是符合个体的需要，被个体直接体验、知觉到，被纳入到自我概念之中。二是由于经验和自我感觉不一致而被忽略。三是经验和体验被歪曲或被否认，用以解决自我概念和体验的矛盾。适应程度低的个体，他的自我概念是建立在价值的条件化作用的基础上的，当别人价值标准的经验不符合自己的愿望时，可能就会否认和改变自己的价值，虽然这种改变并不符合自己的意愿。结果就是个体会把其他重要人物或团体倡导的角色当成自己的角色，而失去了对自己个人的认同。通过否认自己的经验以达到被别人肯定和接受，实际是在欺骗自己，压抑了自己的真实感受。一旦自我概念不是由个人有机体的评价过程来定义，而是通过价值的条件化，把别人的价值当成是自己的价值，但实际上又不是自己的真实价值时，自我概念和经验之间就发生了不和谐。

（四）心理辅导的实质

以人为中心辅导的实质是重建个体在自我概念与经验之间的和谐，或者是说达到个体人格的重建。对于以人为中心的辅导实质，国内学者江光荣用一个形象的比喻"去伪存真"来概括是很准确的。许多心理问题的产生，都是因为环境出了问题，使自我实现受阻，个人成长出现了障碍。在影响自我实现的因素中，最重要的是人际关系。个人成长中的重要他人或社会规范，通过价值的条件化，形成了与自己原来真实经验不一致的自我概念，并由此衍生出一套符合别人的需要，适应环境的一套生活方式、思想、行动和体验方式，使个人生活得越来越不像他自己，仿佛是戴着面具生活一样。以人为中心疗法就是帮助人们去掉价值的条件化作用，充分利用有机体的评价过程，使人能够接受他原来的真实经验和体验，不再信任别人的评价，而是更多地信任自己。这样，人就要可以活得真实，达到自我概念与经验的和谐，人就会从面具背后走出来，成为他自己。罗杰斯说："他变得越来越是他真正的自己，他开始抛弃那些用来应付生活的虚假的伪装、面具和角色，他力图想要发现某种更本质、更接近于真实的东西。"当一个人一旦达到了自我的和谐，他就会对任何经验都比较开放，不再歪曲和否认自己的某些经验；他的自我经验变得能与经验相协调，不再相冲突，他变得更信任自己的有机体的评价过程，而不是去符合别人的价值标准，他愿意使自己成为一个变化的过程，使生命迈向成长，迈向自我实现。

二、基本技术

来访者中心疗法的基本假设是人性本善，人是完全可以信任的，且人具有自我实现和成长的能力，有很大的潜能理解自己的问题，而无需咨询师进行直接干预，如果处在一个特别的咨询关系中，人能够通过自我引导而成长。罗杰斯认为咨询师的态度和个性以及咨询关系的质量是首要的，咨询师的理论和技能是次要的，相信来访者有自我治愈的能力。来访者中心疗法通过建立一种恰当的咨访关系，来帮助来访者重新找回自我实现的能力。在建立这种关系的过程中，需要几个关键技术：

1. 促进设身处地理解的技术

设身处地的理解意味着从来访者的角度出发去知觉他们的世界，并把这种知觉向来访者交流出来。促进这种设身处地理解的技术包括：关注、设身处地的理解的言语和非言语交流、使用沉默的技术等。

（1）言语交流设身处地的理解。设身处地的理解意味着理解来访者的情感和认知信息，并且让来访者知道他们的感情和想法是被准确地理解了的，不论是表面水平的还是深层次的。表面水平上的理解，即咨询师的言语交流仅限于重复或反映来访者所表达的内容。例如：

来访者：考试之后我的分数很低。但我并不认为自己做得很差。

咨询师：你对考试成绩感到失望。

而较深层次的设身处地的反应则是理解并表达出潜在的和深层的含义。例如：

咨询师：你对你的考试成绩感到惊讶，也很烦恼，因为在你的预料中成绩不应该这么糟（反映出深层的含义）。

（2）非言语交流设身处地的理解。设身处地的理解包括准确地解释咨询师和来访者所表达出来的言语和非言语线索。非言语信息可以通过几种方式传达出来，手势、表情、目光的接触等等。

（3）沉默作为交流过程中设身处地理解的一种方式。在心理咨询的很多情况下，"沉默是金"。咨询中出现某一时刻，咨询师和来访者都需要考虑所说的话，而不需要任何语言，而且这时任何语言都可能起干扰作用。

2. 坦诚交流的技术

艾根（Egan，1975）的帮助技巧系统来自于罗杰斯的理论。该观点认为坦诚交流包括：

（1）不固定的角色。咨询师不固定自己的角色，就意味着在咨询中的表现如同在现实生活的表现一样坦率，但是并不把自己隐藏在职业咨询师的角色之内，而是继续保持与当时的情感和体验的和谐，并交流自己的感情。

（2）自发性。一个自发的人会很自由地表达和交流，而不是总在掂量该说什么。自发的心理咨询师表现很自由，不会出现冲动或者压抑，并且不为某种角色或者技术所羁绊。他的语言表达和行为都以自信心为基础。

（3）无防御反应。坦诚的人也是没有防御反应的。一个没有防御反应的咨询师很了解他自己的优势和不足之所在，并且很了解该如何感受它们。因此。他们可以公开面对来访者的消极反应并且不会感到受到打击。他们能够理解这种消极的反应并进一步探索自己的弱点，而不是对它们做出防御反应。

（4）一致性。对坦诚的人来说。他的所思、所感及所信的东西与他的实际表现之间只有很小的差异。例如，一个坦诚的咨询师不会在对来访者有某种看法时，反而告诉来访者另外的内容；他们也不会信奉某一价值观时却表现出与这一价值观相冲突的行为。

（5）自我的交流。坦诚的人在合适的时候能够袒露自我。因此，坦诚的咨询师会让来访者及其他人通过他的公开的言语和非言语线索了解他的真实情感。

 案例

下面这段对话反映了在咨询关系中的坦诚。地点是咨询室内。来访者对教师（也就是咨

发展与教育心理学

询师)感到很生气。事先征得来访者的同意,然后在咨询室做示范会谈。

来访者:你前天把我一个人晾在那儿。我本来还想请你做这个咨询师委员会的主任,而你总是以工作太忙而推托。对此我讨厌极了。你应该是对人热情、能接受和理解人的。

咨询师:看来你还在生我的气,因为你觉得我的行为不符合你理想中的我的形象。

来访者:你在课堂上倒表现得像一个关心别人的人,但你又怎么解释你以前对我那么无情,甚至不给我说明自己处境的机会?

咨询师:在你看来我的行为没有一致性,而且还可能是虚伪的。

来访者:对!也正因为这一点我不会再请你出任委员会的主任,即使你是系里唯一的一个人我也不会请你。

咨询师:我对此很抱歉。看来我已处于一种双重的困境之中,而且如果我去争取做这个委员会的主任的话,你也会处于一种双重困境之中。

在这段对话中,咨询师既拒绝了来自各方面的压力,同时又没有对此进行辩解或防御。通过非防御性的反应,思想与行为间的一致,以及拥有自己的情感等,咨询师在被当面痛斥时仍能应付自如。通过一种不加任何威胁的方式拥有自己的情感,咨询师可以让来访者了解到尽管目前的问题可能难以解决,但来访者仍是受到尊重的,而且咨询师表现坦诚,仍然是可以信任的。

3. 无条件积极关注的技术

心理咨询师可以用不同的方式向来访者表示对他们的尊重,从来访者的人性和发展的潜力这一基础上而对其表示尊重,应表示自己也会与他们一起努力,把来访者作为一个独特的个体予以支持,并帮助他们发展这种独特性。此外,相信来访者具有自我导向的潜力,而且相信来访者是能够做出改变的。在咨询过程中,如果心理咨询师表现出以下四个行为,上述态度就会发生作用:

(1)对来访者的问题和情感表示关注。

(2)把来访者作为一个值得坦诚相对的人来对待,并且持有一种非评价性的态度。

(3)对来访者的反应要伴有准确的共情,并因此表示出对来访者的认知结构的理解。

(4)培养来访者的潜力,并以此向来访者表明他们具有较大的潜力以及行为的能力。

心理学家艾根将无条件的积极关注称为尊重,并且指出它是一个高水平咨询师的最高价值观。

三、基本过程

1. 建立良好的咨访关系

在来访者中心辅导中,关系是最根本的:它是咨询过程的开始,是咨询中的主要事件,也是咨询的结束。心理咨询师与来访者之间的关系应是安全和相互信任的,而且一旦建立了一种安全和相互信任的气氛,就能促进咨询关系的发展。由于来访者中心辅导从根本上来讲是一种以关系为导向的方法,因此,在罗杰斯的辅导策略中并不包括为来访者做什么的技术。

没有什么固定的步骤、技术或工具用来促进来访者产生朝向某一辅导目标的进步,取代它们的是对关系体验的促进策略。这些策略是发生在此时此地的,允许来访者和心理咨询师去体验,并且"生活"于正在进行的过程。心理咨询师不会理性地谈论来访者所关心的问题,而是直接关注来访者在某一时刻内心深处所关心的问题。

2. 咨询师把握咨询过程的特点和规律

来访者中心的心理咨询过程注重在心理咨询师与来访者互动的过程中,来访者内在的态度、情感及体验性的活动过程,注重来访者内在的心路历程及其发展演变规律性的特点。罗杰斯认为,在心理辅导过程中,来访者从刻板固定走向变化,从僵化的自我结构迈向流动,从停滞在连续尺度的一端迈向更加适应、灵活的另一端。美国心理学家佩特森(Patterson)把这个咨询过程分为7个阶段:

(1) 来访者对个人经验持僵化和疏远态度阶段。

(2) 来访者开始"有所动"阶段。

(3) 来访者能够较为流畅地、自由地表达客观的自我。

(4) 来访者能更自由地表达个人情感,但在表达当前情感时还有所顾虑。

(5) 来访者能够自由表达当时的个人情感,接受自己的感受,但仍然带有一些迟疑。

(6) 来访者能够完全接受过去那些被阻碍、被否认的情感,他的自我与情感变得协调一致。

(7) 自由地表达自己。

这七个阶段是一个有机的过程,每一个阶段都渗透着下一阶段的发展变化。整个心理咨询过程是来访者人格改变的过程。这个过程是渐进的、灵活的、相互联系的过程,并非相互割裂的,也并不是区分十分严格的。

四、注意事项

1. 来访者中心疗法体现了人本主义的哲学思想,是一种不断发展和变化的理论体系。罗杰斯本人也提出不能把来访者中心辅导理论作为一个固定的完整的疗法,他希望别人把他的理论作为与咨询辅导过程如何发展相关的一种试探而不是教条,期望他的模型能够完善、开放与包容地发展。随着这一理论的发展,它的名称也几经变化,从非指导性的、来访者中心的、经验的,一直到以人为中心的。尽管这一理论在今天已逐渐吸收了很多新的理论概念和技术,但其基本的理论基础并没有改变。

2. 来访者中心疗法认为咨询辅导导向的首要责任在于来访者,来访者面临着决定他们自己的机会。咨询辅导总的目标就是共享经历,获取自我信任,发展内部评价资源,促进来访者自我成长。心理咨询师不能把具体目标强加给来访者,应让来访者自己选择自我价值和目标。这个理论目前的应用允许心理咨询师在更广范围表达他们的评价、反应以及心理咨询过程中的情感,而且,心理咨询师必须全身心地投入这种咨询关系中。

3. 来访者中心疗法的一个潜在的局限是一些正在接受培训的初学者倾向于接受没有挑战性的来访者。由于对这种方法基本观念的错误理解,他们限制了自己的反应和咨询风格,只把精力放在了反应和倾听上。可以将人本主义的基本态度作为心理咨询师形成必备的干预技能的基础。

4. 来访者中心疗法的一些辅导理论，已经整合到现代心理辅导中。它关于心理咨询关系的理论，关于心理咨询师对来访者的共情、尊重、真诚的态度等已经变成了各种现代心理辅导方法的基本原理和技术。掌握来访者中心疗法所强调的基本原理应当成为当代心理咨询师素质培养的基础内容。

第四节　心理辅导的新趋势

目前为止，我们所讨论的所有辅导方法都是辅导师与来访者一对一的辅导情况。然而，在现实情况中很多人所得到的辅导经验来自于小组辅导、家庭辅导以及团体辅导。以上领域的蓬勃发展，并且在一些情况下甚至比个体咨询更加有效。

一、家庭辅导

随着临床实践的发展，研究者逐渐发现，个体的心理问题更多源自于家庭内部成员的相互关系和互动方式出现问题，个人的行为或心理出现问题往往是由于其家庭内部出现问题所致，个人问题只是家庭系统出现故障的一个外在表现。个人问题的背后通常蕴藏着更为严重的家庭问题，个体只是家庭病症的替罪羔羊。因此，要想有效并彻底地解决个人问题，不能仅从个人身上寻找原因和方法，而要以家庭系统作为辅导对象，从家庭整体的角度去理解个人，找到个人问题的真正症结，即通过对家庭内部系统的调整和改善来达到对个人问题的辅导。

从 20 世纪 20 年代小组动力对家庭辅导的影响作用到 20 世纪 50 年代家庭辅导运动的到来，家庭辅导一路蓬蓬勃勃地发展。1970 至 1985 年进入黄金时代，转而曲曲折折演进至当下，演变出很多辅导理论与实践，其中比较有代表性的理论有结构式家庭治疗、系统性家庭治疗和萨提亚家庭辅导等。

（一）结构式家庭治疗

结构式家庭治疗理论认为，家庭结构就是指家庭成员之间的亲疏程度和家庭联盟。在一些功能不良的家庭结构中，可能存在着像母亲与孩子联盟，父亲被孤立的家庭结构。这样的结构就导致了夫妻次系统的功能不健全。其治疗的目标就是直接有针对性地改变家庭结构，以使家庭能够解决其问题。因此，结构式家庭治疗的目标是在于家庭结构的改变，即重建家庭的正常结构，而家庭问题的解决只是整体目标的副产品而已。整个过程就是：辅导师进入家庭系统内部，主动、直接地挑战家庭的互动模式，帮助家庭成员改变其刻板的交往模式，通过改变界限和重塑子系统，从而帮助改变每个家庭成员的行为和经验。要注意的是辅导师并不去直接解决家庭的问题，那是家庭的工作。辅导师的工作只是帮助调整家庭的功能，以使家庭成员能够自己解决他们的问题。这种辅导方式类似于动力心理治疗，即症状的消除本身并非治疗的终极目标,它只是结构改变的结果。不同的是,精神分析治疗师的工作是调整患者的心理结构,结构式家庭辅导师的工作是调整来访者的家庭结构。

(二)系统性家庭治疗

以家庭为对象,将家庭中每个成员父母、孩子等带入到治疗中,提供了多角度、全方位讨论家庭系统各种变化的可能性。近十几年来,系统性家庭治疗在中国的发展十分迅猛,应用前景广泛。家庭治疗被称为继人本主义、精神分析、行为治疗之后的心理治疗的"第四势力"。该理论强调以系统(system)的观念去了解并把握家庭,即在大系统的家庭里,每个成员都是一个子系统。家庭系统中成员间的互动方式构成的家庭模式与规则是个人患者症状发生的主要原因。因而治疗的重点就在于围绕症状而找出家庭规则中的"问题系统",加以扰动,从而促成症状的消失。主要方法有:循环提问、假设性提问、差异性提问。以假设性提问为例,辅导师通过假设性问题给家庭成员照镜子,即提出看问题的多重角度让来访者自己认识自己,并有助于家庭行为模式的改变,促进家庭成员的进步,或者让当事人将问题行为与家庭里的人际关系联系起来。一些简单的常见的假设性提问,如"请你们二位设想一下,要是这孩子没有那些阵发性气喘症状,你们在两年前提起的离婚问题今天大概会发展到什么地步了","假如从现在开始,妈妈不再去玩麻将,你爸爸发火的机会会更多呢,还是会少一些"。系统性家庭疗法不仅适用于子女学习困难,行为障碍等亲子关系治疗,而且在临床上被广泛应用于神经症、心身疾病、少年儿童心理行为障碍等治疗。

(三)萨提亚家庭辅导模式技术

其辅导理论和方法是基于人性本善的基本信念以及对于家庭沟通的重视。萨提亚家庭辅导模式的关键是将控制个体或家庭病态表现的能量重新塑造和转化,而不是单纯的消除症状,是健康取向的辅导方法,因此又被称为人性认同过程模型。萨提亚家庭辅导模式的辅导方法与技术主要有成分干预技术、个性部分舞会、沟通姿态、家庭重塑、雕塑、隐喻、自我的曼陀罗、冥想、温度读取、绳索的使用等等。其中,个性部分舞会、家庭重塑、雕塑、自我的曼陀罗、绳索的使用等更多地是让辅导主体能够更好地认识自我、自身的内部资源以及基本三角关系,并承认和接纳,进而刺激主体寻求改变以达到转化、整合与改变的目标。而成分干预技术、温度读取则更多地倾向于在认识的同时去实践改变,效果显著,但应强调练习与巩固。所以,在萨提亚家庭辅导中,辅导师需要合理恰当地综合运用各种辅导方法与技术,以求达到更好的辅导目标。

二、社会支持团体辅导

团体辅导是一门在学校中经常被用来进行发展性与预防性辅导工作的技术。据估计,美国每年大约有一千万成年人会参加这类团体。在团体辅导中,辅导师会向具有相同问题的人提供交流的机会,从而帮助大家渡过难关。团体辅导的心理基础在于利用团体动力学的原理,通过团体成员的互动,促使个体在人际交往中认识自我、探讨自我、接纳自我,调整和改善

发展与教育心理学

与他人的关系,学习新的态度与行为方式,增进适应能力,最终预防或解决问题并激发个体潜能的助人过程。其优势主要来自于实践过程,而且治疗成本相对廉价,可以实现由少数心理健康从业者就能够帮助很多人解决问题的目标。其核心的优势在于:

1. 团体归属感是人的一种基本需要。我们每一个人都喜欢和别人生活在一起,都希望归属于某种团体,并被团体成员所接纳。在一个团体里,个人的心理与行为往往受团体心理现象的影响。不同的团体气氛、团体规范、团体凝聚力对团体成员的影响也是不同的。所以,我们必须重视研究团体的心理现象,并通过培养团体,去影响和改变个体的心理和行为。

2. 团体辅导能够为参与者提供观察他人,向他人学习的机会,最终使参与者了解到自我认识为什么与其他人不一样。例如:别人是怎么看待失败的,自己又是如何看待失败的。

3. 团体辅导的情境类似于真实的社会生活情境。团体作为社会的一个缩影,提供了一个模拟现实的形式。对青少年而言,它符合班级教育的情境,更接近学校教育的形式,因此它是一种感染力强且效果容易巩固的方式。

4. 团体辅导为参与者提供家庭成员的集体,在集体中大家相互支持和理解,这样可以使参与者的情绪体验有机会得到矫正。

团体辅导能够帮助大家意识到个体所存在的症状、问题或者变态的行为并非自己独有,它们通常也会存在每一个人身上。只是其他人往往会在别人面前掩饰自己身上的负面信息,所以很多人可能都会有一个相同的问题,那就是认为"为什么受伤的总是我"。团体经验的分享可以打破个体对自己状态错误的认知,增进成员之间的相互了解,成员的互动增进对自己及他人的了解。在团体中,由于彼此的交流与互动,既有自己,又有他人,团体的其他成员就像一面镜子,使自己有了一个可以比较的对象,作为反思自己、了解自己的参考。俗语说"当局者迷,旁观者清",别人的反馈意见也会有助于自己了解自我。最终认识到"受伤的不仅仅是我"。

团体辅导作为新兴的心理健康教育手段,目前广泛运用于成瘾行为的治疗与辅导、躯体和精神障碍的治疗、生活或者学习的变迁或者危机以及创伤性体验的治疗。在中小学校心理辅导实践中,团体辅导是运用最广泛的辅导手段,尤其对学生的学校焦虑、人际适应、创伤性应激障碍(例如,恐怖性、性侵犯、地震)等方面效果良好。

三、发展性心理辅导

发展性心理辅导是指着眼于每个学生的健全人格培养与潜能开发,根据个体身心发展的一般规律和特点,帮助不同年龄阶段的个体尽可能圆满地完成各自的心理发展课题,妥善解决心理矛盾,更好地认识自己、社会,开发潜能,促进个性发展和人格完善。发展性辅导改变过去着眼于来访者的问题行为取向,真正开始关心正常个体的心理发展。

许多学者对发展性心理辅导进行过详尽的论述。早期代表人物布洛克尔(D. Blocker)指出:"发展性心理辅导关心的是正常个体在不同发展阶段的任务和应对策略,尤其重视智力、潜能的开发和各种经验的运用,以及各种心理冲突和危机的早期预防和干预,以便帮助个体顺利完成不同发展阶段的任务"。发展性辅导理论的形成,标志着心理辅导迈入了一个重要的发展时期,即由重障碍、重矫正的辅导模式转变为重发展、重预防的辅导模式,由服务于少数人转为面向多数人,由关注现实问题转向关注未来发展问题,由少数专业人员从事的工作发展为经培训后,众多教育、心理、医务、社会工作者都可以参与的活动,由障碍性内容为主转变为发展性内容为主,由消除心理障碍为目的转变为促进心理发展为目的,从而形成了现代意义上的心理辅导,并为心理辅导的发展开辟了广阔的天地。

发展性心理辅导在校园的推广是未来心理辅导的主流趋势,将在学校的心理课程建设、团体发展性辅导、心理拓展活动、班级团队建设以及心理咨询中有着用武之地。

本章小结

1. 行为主义辅导把人的各种心理与行为问题,都看成是一种适应不良或异常的行为,这些适应不良的行为都是个体在过去的生活经历中经过条件反射,即所谓"学习"过程固定下来的。因此,只要设计某些特殊的辅导程序,通过条件反射的方法,即"学习"的方法,便可以消除或纠正来访者异常的行为和心理功能。其方法主要有系统脱敏法、代币强化法、冲击疗法等。

2. 认知行为辅导尝试通过改变人们关于其生活经历的思维方式来解除个体的痛苦。认知行为法的本质在于通过将一个人的消极的自我陈述转变为具有建设性的积极陈述,从而取代之前无法接受的行为模式。其方法有理性情绪疗法和贝克的认知行为疗法。理性情绪疗法鼓励来访者克服他们头脑的狭隘观念,选择他们想要的生活方式。认知行为疗法主要帮助来访者识别自身存在的适应不良性认知,并提供适当的方法或学习技术矫正这些适应不良性认知。

3. 人本主义辅导强调人作为一个整体处于连续变化和成长之中的概念,具有巨大潜能。辅导师的主要工作就是清除那在些限制来访者积极潜能表达的障碍,因此需要辅导师提供一个非指导的环境,使来访者可以这种环境中克服错误的思维模式,从而达到自我实现。因此,人本主义需要来访者的悟性较高,具有顿悟的能力。

4. 当前最流行的家庭辅导、团体辅导以及发展性辅导都是对过去经典辅导理论与实践反思的结果。家庭辅导坚信个人问题只是家庭系统出现问题的一个外在表现,在个人问题的背后通常蕴藏着更为严重的家庭问题,个体只是家庭病症的替罪羔羊。团体辅导非常重视团队的"场"的影响力,借助团体的影响力来促进个体发生改变。发展性辅导着眼于个体的发展性问题,改变过去依赖问题行为的取向,将辅导重点体现在个体发展性问题的改变上来。

思考题

1. 比较行为主义、认知心理学以及人本主义辅导模式,并阐述各自独特的理论视角。

2. 试评行为主义辅导的主要观点,并谈谈你作为教师如何发挥应有的作用?

3. 请阐述认知行为辅导方法的特点以及过程。

4. 人本主义中心疗法有关人性的观点是什么?

5. 请分析未来心理辅导与咨询的趋势有哪些?

6. 试联系实际,分析中小学生某个常见的心理问题,并谈谈你对这种心理问题的辅导思路。

参考文献

1. 崔景贵.学校心理辅导新论.南京:南京大学出版社,2014

2. 李彩娜,赵然.家庭辅导.北京:中国轻工业出版社,2009

3. [美]理查德·格里格,菲利普·津巴多.心理学与生活.王垒,王甦等译.北京:人民邮电出版社,2016

4. 郭黎岩.小学生心理健康与辅导.北京:高等教育出版社,2014

5. 黄静著.心理学改变你:青少年心理健康辅导手册.北京:北京师范大学出版社,2014

6. 徐光兴.学校心理学——教育与辅导的心理.上海:华东师范大学出版社,2009